술
취한
식물학자

First published in the United States under the title:
THE DRUNKEN BOTANIST: The Plants That Create the World's Great Drinks
by Amy Stewart

Copyright © 2013 by Amy Stewart
Design by Tracy Sunrize Johnson
Korean Translation Copyright © 2016 by MUNHAKDONGNE Publishing Corp.
All rights reserved.

This Korean edition is published by arrangement with Algonquin Books of Chapel Hill,
a division of Workman Publishing Company, Inc., New York through KCC(Korea Copyright Center Inc.)

이 책의 한국어판 저작권은 KCC(Korea Copyright Center Inc.)를 통해 Workman Publishing Company, Inc.와
독점 계약한 (주) 문학동네에 있습니다. 저작권법에 의하여 한국 내에서 보호를 받는 저작물이므로
무단 전재와 무단 복제를 금합니다.

이 도서의 국립중앙도서관 출판시도서목록(CIP)은 서지정보유통지원시스템 홈페이지(seoji.nl.go.kr)와
국가자료공동목록시스템(http://www.nl.go/koilsnet)에서 이용하실 수 있습니다. (CIP제어번호: CIP2016016977)

술 취한 식물학자

에이미
스튜어트
Amy Stewart
지음

구계원
옮김

The Plants
That Create
the World's
Great Drinks

위대한
술을
탄생시킨
식물들의
이야기

The
Drunken
Botanist

문학동네

차례

식전주 015

레시피에 대하여 022

1부
와인과 맥주, 증류주를 탄생시키는
발효와 증류라는 두 가지 연금술을 탐험해보자

고전적인 술의 원료로 사용되어온
대표적 식물

아가베	agave	026
사과	apple	043
보리	barley	059
옥수수	corn	073
포도	grapes	091
감자	potato	106
쌀	rice	113
호밀	rye	122
수수	sorghum	128
사탕수수	sugarcane	138
밀	wheat	151

세계의 이색적인 알코올 원료와
독특한 양조 음료

바나나	banana	157
캐슈애플	cashew apple	159
카사바	cassava	161
대추야자	date palm	166
잭푸르트	jackfruit	169
마룰라	marula	170
멍키 퍼즐	monkey puzzle	172
파스닙	parsnip	174

손바닥선인장	prickly pear cactus	176
사바나 대나무	savanna bamboo	181
딸기나무	strawberry tree	182
타마린드	tamarind	184

2부
그다음에는 우리가 창조한 술에
놀라울 정도로 다채롭고 풍요로운 자연을 접목하자

허브와 향신료

올스파이스	allspice	188
알로에	aloe	191
안젤리카	angelica	193
아티초크	artichoke	195
월계수	bay laurel	197
나도후추잎	betel leaf	198
향모	bison grass	200
창포	calamus (sweet flag)	202
캐러웨이	caraway	203
카다멈	cardamom	205
정향	clove	207
코카	coca	209
코리앤더	coriander	212
쿠베바	cubeb	214
다미아나	damiana	215
크레탄 디타니	dittany of crete	217
목향	elecampane	218
에라트래아센타우리움	european centaury	219
호로파	fenugreek	220
양강	galangal	222

용담	gentian	223
카매드리스	germander	226
생강	ginger	227
기니아 생강	grains of paradise	230
주니퍼	juniper	231
레몬밤	lemon balm	237
방취목	lemon verbena	238

감초 향 허브:
아니스 | 아니스 히솝 | 회향 | 히솝 | 감초
팔각 | 스위트 시슬리   241

봉작고사리	maidenhair fern	248
메도스위트	meadowsweet	251
육두구/육두구화	nutmeg/mace	252
오리스	orris	254
핑크 페퍼콘	pink peppercorn	256
사르사파릴라	sarsaparilla	257
사사프라스	sassafras	258
끈끈이주걱	sundew	260
스위트 우드러프	sweet woodruff	262
담배	tobacco	263
통카 콩	tonka bean	265
바닐라	vanilla	267
향쑥	wormwood	269

꽃

캐모마일	chamomile	275
엘더플라워	elderflower	277
홉	hops	281
재스민	jasmine	289

양귀비	opium poppy	291
장미	rose	293
사프란	saffron	295
제비꽃	violet	297

나무

앙고스투라	angostura	301
자작나무	birch	308
카스카릴라	cascarilla	311
기나나무	cinchona	312
계피	cinnamon	317
미송	douglas fir	319
유칼립투스	eucalyptus	321
유향수	mastic	324
모비	mauby	325
몰약나무	myrrh	327
소나무	pine	328
아라비아 고무나무	senegal gum tree	330
가문비나무	spruce	333
사탕단풍	sugar maple	336

열매

살구	apricot	340
블랙 커런트	black currant	343
카카오	cacao	349
무화과	fig	351
마라스카 체리	marasca cherry	353
유럽산 자두	plum	359

콴동	quandong	363
로언베리	rowan berry	364
슬로베리	sloe berry	365

감귤류:

광귤 | 캘러먼딘 | 키노토 | 시트론 | 자몽
레몬 | 라임 | 귤 | 포멜로 | 오렌지 | 유자   369

견과와 씨앗

아몬드	almond	393
커피	coffee	395
헤이즐넛	hazelnut	399
콜라 너트	kola nut	401
호두	walnut	403

3부
마지막으로 정원을 거닐며
칵테일 제조의 마지막 단계에 사용되는
다양한 계절별 가니시와 식물성 희석음료를 만나보자

허브	407
꽃	415
과실수	420
베리와 덩굴	428
과일과 야채	433

식후주 443
추천 도서 444

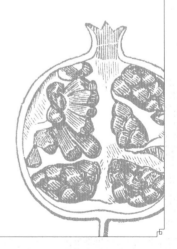

칵테일

넘버원 사케 칵테일	no. 1 sake cocktail	118
네그로니	negroni	376
다이커리	daiquiri	143
닥터 스트루베의 수즈 앤 소다	dr. struwe's suze and soda	224
댄싱 위드 더 그린 페어리	dancing with the green fairy	273
더글러스 탐험	the douglas expedition	320
동베의 마지막 말	dombey's last word	238
라모스 진 피즈	ramos gin fizz	388
라벤더 마티니	lavender martini	419
라벤더-엘더플라워 샴페인 칵테일	lavender-elderflower champagne cocktail	418
러스티 네일	rusty nail	68
레드 라이언 하이브리드	red lion hybrid	373
로얄 태넌바움	royal tannenbaum	329
마마니 진 토닉	the mamani gin & tonic	314
마이 타이	mai tai	389
맨해튼	manhattan	126
모스크바 뮬	moscow mule	228
모히토 이 마스	mojito y mas	148
바빌로프 어페어	the vavilov affair	53
발렌시아	valencia	341
베르무트 칵테일	vermouth cocktail	96
베이 럼	the bay rum	189
부에나 비스타 아이리시 커피	buena vista's irish coffee	397
블랙 골드	black gold	112
블러드 오렌지 사이드카	blood orange sidecar	386

블러싱 메리	blushing mary	442
비손그래스 칵테일	bison grass cocktail	200
사이다 컵	cider cup	47
사즈랙	sazerac	247
샴페인 칵테일	the champagne cocktail	302
슬로 진 피즈	sloe gin fizz	367
어비에이션	the aviation	298
올드 패션드	old-fashioned	80
완벽한 파스티스	the perfect pastis	244
워커 퍼시의 민트 줄렙	walker percy's mint julep	413
잭 로즈	jack rose	427
제리 토머스의 리젠트 펀치	jerry thomas' regent's punch	249
차오 벨라	ciao bella	380
카리부	caribou	338
키르	kir	348
클래식 마가리타	classic margarita	34
클래식 마티니	the classic martini	236
프랭크 마이어의 탐험	the frank meyer expedition	382
프레지에 어페어	the frezier affair	439
프렌치 인터벤션	french intervention	39
프리클리 페어 상그리아	prickly pear sangria	177
피스코 사우어	pisco sour	103
핌스 컵	pimm's cup	220
허니 드립	honey drip	134
(혼합형) 브루클린 칵테일	the (hybridized) brooklyn cocktail	357

시럽, 인퓨전, 가니시

가든 인퓨전 심플 시럽	garden-infused simple syrup	411
검 시럽	gomme syrup	332
냉장고 피클	refrigerator pickles	437
리몬첼로 및 기타 리큐어	limoncello and other liqueurs	432
손바닥선인장 시럽	prickly pear syrup	178
엘더플라워 코디얼	elderflower cordial	278
인퓨전 보드카	infused vodkas	431
정원에서 기른 재료로 만든 칵테일: 칵테일 조합 가이드	garden cocktails: a template for experimentation	436
직접 절인 올리브	brine your own olives	424
캐필레어 시럽	capillaire syrup	248
홈메이드 그레나딘	homemade grenadine	426
홈메이드 노치노	homemade nocino	404
홈메이드 마라스키노 체리	homemade maraschino cherries	355

일러두기

· 표기는 국립국어원 외래어표기법을 따랐으나 일반적으로 통용되는 표기가 있을 경우 이를 참조했다.

· 질량 단위는 미터법 도량형을 따르는 것을 원칙으로 삼았으나, 칵테일 레시피에서 통용되는 온스와 파인트 등의 단위는 따로 변환하지 않고 그대로 살려 표기했다.

식전주

APERITIF

이 책을 집필할 영감을 얻은 것은 오리건 주 포틀랜드에서 열린 원예 작가 총회에서였다. 나는 투손Tucson에서 온 스콧 캘훈Scott Calhoun과 함께 호텔 로비에 앉아 있었는데, 그는 아가베와 선인장 전문가였다. 마침 어떤 사람이 스콧에게 그 지역에서 생산한 어비에이션Aviation이라는 고급 진 한 병을 건네주고 간 참이었다. "진은 별로 즐겨 마시질 않아서요." 스콧이 입을 열었다. "이거 어떻게 해야 할지 처치 곤란인데요."

그 진을 활용하는 법이라면 내가 잘 알고 있었다.

"제가 아는 칵테일 레시피가 있는데요, 그렇게 마셔보면 진을 좋아하게 될 거예요." 스콧은 믿지 못하는 눈치였지만 나는 계속해서 말을 이었다. "필요한 재료는 신선한 할라페뇨와 실란트로, 그리고 체리토마토 몇 개랑……"

"잠깐만요." 스콧이 끼어들었다. "좋아요. 만들어봅시다." 할라페뇨 베이스 칵테일을 거절한다면 투손 사람이 아니다.

그날 오후 우리는 포틀랜드 시내를 돌면서 재료를 구했다. 그러는 동안 나는 스콧에게 진의 수많은 장점에 대해 계속 떠들어댔다. "식물에 약간이라도 관심을 가진 분이라면 어떻게 진의 매력에 빠지지 않을 수가 있겠어요? 원료를 보세요. 주니퍼! 침엽수의 일종이죠. 코리앤더는 아시다시피 실란트로 식물의 열매이고요. 모든 진에는 감귤류의 껍질이 들어가죠. 이 진에는 라벤더 꽃봉오리도 들어 있네요. 나무껍질에서 잎사귀, 씨앗, 꽃, 열매에 이르기까지 전 세계에 있는 각양각색의 식물에서 알코올을 추출해낸 것이 바로 진이랍니다." 그때쯤 우리는 주류 판매점에 도착했고 나는 우리를 에워싼 선반을 마구 가리켰다. "이게 바로 정원이 아니고 뭐겠어요! 이 많은 술병들 속에 들어 있잖아요!"

내가 칵테일 재료로 사용하기 위해 싸구려 합성 토닉 워터가 아니라 기나피기나나무 속껍질을 말린 것와 진짜 사탕수수로 만든 제대로 된 토닉 워터를 찾는 동안 스콧은 다양한 병에 담긴 아가베를 살펴보고 있었다. 스콧은 희귀한 아가베와 선인장을 찾아 멕시코의 여러 지역을 누비고 다녔는데, 그가 자랑스럽게 여기는 표본 중 상당수는 오악사카Oaxaca식 핸드메이드 증류기가 가동되고 있는 양조장에서 발견한 것이었다.

우리는 주류 판매점을 나서기 전에 잠시 문간에 서서 주변을 둘러보았다. 매장에 진열된 술병 하나하나마다 원료로 사용된 식물의 종과 속을 모두 지목할 수 있었다. 버번? 무성하게 웃자라는 풀인 옥수수를 원료로 한다. 압생트? 많은 오해를 받고 있는 지중해산 허브 향쑥으로 만든 술이다. 폴란드 보드카? 괴이한 식물군이라 할 수 있는 가짓과의 일종인 감자가 원료다. 맥주? 대마초와 같은 과의 식물인 끈끈한 덩굴식물 홉을 사용해서 만든다. 주위는 갑자기 주류 판매점이 아니라 세상에서 가장 이국적인 식물원으로 변했다. 우리는 이상할 정도로 식물이 무성하게 자라난, 꿈속에서나 만나볼 수 있는 환상적인 온실 안에 서 있었던 것이다.

그렇게 해서 만든 칵테일(마마니 진 토닉, 314쪽 참조)은 원예 작가들 사이에서 큰 인기를 끌었다. 스콧과 나는 그날 밤 출판사 부스에서 저자 사인을 하는 와중에, 번갈아가며 펜을 내려놓고 고추를 썰거나 실란트로를 머들링muddling, 허브나 과일의 맛과 향이 더욱 강해지도록 으깨는 것했다. 이 책의 대략적인 틀을 생각하게 된 것은 바로 그때, 식물을 재료로 한 그 칵테일 두세 잔을 마시면서였다. 이 책은 당시 스콧에게 그 어비에이션 진을 준 사람에게 헌정해야 마땅하다. 물론 우리 둘 중 하나라도 그게 누구였는지 기억할 수만 있다면.

17세기에 영국의 과학자이자 근대 화학의 창시자 중 한 명인 로버트 보일 Robert Boyle은 물리학, 화학, 의학, 박물학에 대한 3권짜리 논문인 『철학적 작업 Philosophical Works』을 발표했다. 보일은 술과 식물학의 연관성을 정확하게 이해했고, 나 역시 이 부분에 매력을 느끼고 있다. 다음은 이 주제에 대한 보일의 의견을 요약한 것이다.

카리브 제도의 주민들은 독이 있는 뿌리식물 카사바를 빵과 술로 변신시키는 놀라운 광경을 보여주었다. 이 식물을 씹어서 물에 뱉어내면 금세 유독한 성분이 빠져나온다. 옥수수나 인디언 옥수수로는 좋은 맥아를 만들기가 아주 까다롭다는 사실을 발견한 아메리카의 일부 농장에서는 일단 옥수수를 빵으로 만든 후 빵을 사용하여 아주 좋은 술을 빚어낸다. 중국에서는 보리로 발효주를 만들며, 중국 북부 지역에서는 쌀과 사과로 술을 만든다. 일본 역시 쌀을 원료로 하여 도수가 높은 술을 빚는다. 마찬가지로 우리 영국에서도 외국에서 자란 것보다는 다소 품질이 떨어지는 체리, 사과, 서양배 등으로 아주 다양한 술을 만든다. 브라질 등지에서는 물과 사탕수수로 도수가 높은 발효주를 만들며, 바베이도스에는 우리가 알지 못하는 다양한 술이 있다. 포도주로 빚은 와인이 법으로 금지되어 있는 터키에서는 유대인과 기독교인들이 발효된 건포도로 만든 술을 선술집에 보관한다. 동인도의 수라주는 코코아나무에서 흘러나오는 즙으로 만든다. 또한 인도에서는 선원들이 야채를 잘라서 얻은 즙을 발효시켜 만든 술을 마시고 취하는 일이 빈번하다.

이런 식이다. 이 세상에 추수하고 양조해서 술병에 담지 않는 교목과 관목, 섬세한 야생화는 하나도 없는 것처럼 보인다. 식물학이나 원예 과학이 진보할 때마다 알코올이 듬뿍 들어 있는 인간의 음료도 그만큼 발전을 거듭해왔다. 술 취한 식물학자라고? 전 세계의 위대한 술들을 만들어내는 데 식물이 하고 있는 역할을 생각해보면 오히려 술에 취하지 않은 식물학자가 있다는 것이 놀라울 정도다.

나는 이 책을 통해 식물의 관점에서 술에 대해 이야기하고, 약간의 역사와 원예학을 다루며, 실제로 식물을 키워보고자 하는 사람에게 도움이 될 만한 몇 가지 재배 관련 조언까지 제공하고자 한다. 처음에는 포도나 사과, 보리와 쌀, 사탕수수와 옥수수처럼 실제로 알코올의 원료가 되는 식물들부터 시작할 것이다. 효모의 도움만 받으면 이들 식물 중 어느 것이든 취기가 돌게 하는 에탄올 분자로 변신할 수 있다. 하지만 이는 시작에 불과하다. 근사한 진이나 고급 프랑스 리큐어는 헤아리기도 힘들 만큼 많은 허브, 씨앗, 과실로 풍미를 내는데, 증류 과정에서 재료로 사용되는 식물이 있는가 하면 술을 병에 넣기 직전에 첨가되는 것들도 있다. 일단 이러한 술병이 술집까지 도달하게 되면 세 번째로 민트, 레몬과 같은 혼합용 식물들이 등장하고, 만약 우리집에서 열리는 파티라면 신선한 할라페뇨도 빠지지 않을 것이다. 나는 맥아 혼합물 통이나 증류기에서 술병과 술잔까지 이어지는 여정을 따라가는 형태로 이 책을 구성했다. 각 섹션 내에는 일반적으로 사용되는 이름을 따라 알파벳순으로 식물들이 배열되어 있다.

이제까지 알코올음료에 풍미를 더하는 데 사용되었던 식물을 전부 소개하는 것은 불가능한 일이다. 지금 이 시각에도 브루클린 어딘가의 증류주 작업실에서는 보도의 갈라진 틈에서 잡초를 뽑아 과연 그것이 새로운 비터즈

bitters, 칵테일에 쓴맛을 내는 술 제품에 풍미를 더하기에 적합한지 실험하고 있을 것이 틀림없다. 알자스의 오드비eau-de-vie, 과실로 만든 브랜디 양조업자 마르크 부허 Marc Wucher는 기자에게 이런 말을 하기도 했다. "우리는 장모님만 빼고 모든 것을 증류합니다." 알자스 지방에 가본 적이 있는 사람이라면 이 말이 과장이 아니란 걸 알 것이다.

그래서 나는 세계의 풍부한 식물들 중에서 일부를 취사선택할 수밖에 없었다. 되도록이면 우리가 마시는 술의 원료 중에서 그다지 잘 알려져 있지 않고, 이국적이고, 잊힌 식물들도 좀 다루고 세계를 여기저기 여행해야만 비로소 만나볼 수 있는 희귀한 술도 몇 가지 소개하려고 노력했지만, 이 책에서 만나게 될 대부분의 식물은 아마 미국과 유럽의 주당들에게 친숙할 것이다. 모두 160종의 식물을 다루었으므로 마음만 먹으면 몇백 종을 더 소개하기는 그다지 어려운 일도 아니었을 것이다. 여기서 소개한 식물의 상당수가 식물학과 약학에서, 또 요리법에서도 방대한 역사를 보유하고 있어 고작 몇 페이지 분량으로 충분히 설명할 수 있을 리 없고, 실제로 퀴닌, 사탕수수, 사과, 포도, 옥수수와 같은 몇몇 식물은 이미 그 중요도에 걸맞게 책 한 권에 걸쳐 심도 있게 다뤄지기도 했다. 내가 바라는 바는 독자들이 이 책을 통해 술집의 카운터 뒤편에 진열되어 있는 그 모든 술병 속에 들어 있는 풍요롭고, 복잡하고, 맛있는 식물들의 삶을 약간이나마 맛보았으면 하는 것이다.

이 책을 시작하기에 앞서 몇 가지 유의사항을 언급해두고자 한다. 술의 역사는 전설, 왜곡, 반쪽짜리 진실, 노골적인 거짓말로 점철되어 있다. 식물학만큼 신화와 잘못된 사실이 난무하는 학문 영역도 생각해내기 어려울 정도인데, 칵테일 연구를 시작하고서 보니 상황은 더욱 심각했다. 진실은 몇 잔의 술을 거치는 사이에 형상조차 알아보기 힘들 정도로 왜곡되기도 하며, 주류회사는 반드시 진실을 고수해야 할 의무가 없다. 비밀 레시피를 공개하지 않는 경우도 많은데다 허브가 담긴 삼베 자루가 양조장 근처에 있다고 해도 그럴

듯한 분위기를 내기 위해, 심지어는 혼란을 야기하기 위해 일부러 거기 놓아두었을 가능성도 있다. 만약 이 책에서 어떤 리큐어에 특정한 허브가 들어 있다고 확실하게 지목한다면 제조업자나 양조 과정에 대한 직접적인 지식을 가지고 있는 누군가가 재료를 공개했기 때문이다. 어떤 비밀 재료가 사용되었는지 추측할 수밖에 없을 때에는 그것이 추측이라는 사실을 분명하게 언급하려 노력했다. 또한 특정 음료의 기원에 대한 이야기가 미심쩍거나, 누렇게 변색되어 가는 신문 기사 한 꼭지 이외에는 검증할 수 있는 방법이 없는 경우에도 그 점을 있는 그대로 밝혀두도록 하겠다.

증류나 칵테일 제조에 대해 단순히 스쳐가는 흥미 이상의 관심을 가지고 있는 독자들에게는 잘 모르는 식물을 사용해 실험을 할 때 만전을 기하도록 경고하고 싶다. 나는 독성이 있는 식물에 대한 책을 펴낸 저자 입장에서, 활성 재료를 추출하려는 목적으로 적절치 않은 허브를 증류기 또는 병에 한 방울만 떨어뜨리더라도 그 작업을 마지막으로 세상을 하직하게 될 수 있다고 장담한다. 매우 비슷하게 생긴 치명적 독성 식물이나 위험한 유사 식물에 대한 주의사항 몇 가지도 이 책에 언급해두었다. 식물은 인간이 자신에게 하고자 하는 바로 그 행동, 즉 땅에서 뽑아내어 게걸스럽게 먹어치우는 행위에 저항하기 위해 강력한 화학물질을 동원한다는 사실을 잊지 말자. 식물채집을 나서기 전에 믿을 수 있는 안내 책자를 구해서 자세히 읽고 따르도록 하자.

또한 양조업자들은 매우 정교한 장비를 사용해 식물에서 해로운 성분은 피하고 풍미만 추출해낼 수 있지만, 나뭇잎 한줌을 보드카에 담그는 아마추어는 그렇게 세세하게 성분을 조절할 수 없다는 점도 잊지 말아야 한다. 이 책에서 설명한 식물 중 일부는 독성이 있거나, 불법이거나, 철저하게 규제되고 있다. 양조업자가 그러한 식물들을 안전하게 다룰 수 있다고 해서 여러분 역시 그럴 수 있다는 의미는 아니다. 그냥 전문가의 손에 맡기는 편이 좋을 때도 있는 법이다.

마지막으로 약용식물에 대해 주의할 점을 한 가지 언급해둘까 한다. 이 책에 소개된 상당수 허브, 향신료, 과일의 역사는 동시에 의술의 역사이기도 하다. 수많은 식물들이 전통적으로, 그리고 지금도 다양한 질병을 치료하는 데 사용되고 있다. 나는 약용식물의 역사에 큰 매력을 느끼고 이 책에도 관련 내용을 일부 소개했지만 그렇다고 해서 의학적인 권고를 할 생각은 전혀 없다. 이탈리아의 식후주는 배앓이나 괴로운 마음에 놀랄 만큼의 효과를 발휘하지만, 그 이상은 추측을 삼가도록 하겠다.

세상의 모든 위대한 술은 식물에서 출발한다. 여러분이 정원 가꾸기를 좋아한다면 이 책이 칵테일파티에 영감을 불어넣어주기를 바란다. 만약 여러분이 바텐더라면 이 책을 읽고 온실을 짓거나 적어도 창가에 화단이라도 하나 마련할 생각이 들기를 바란다. 그리고 식물원을 산책하거나 산을 하이킹하는 모든 사람들이 단지 초록색 풍경뿐만 아니라 식물이 우리에게 선사하는 삶의 묘약인 알코올도 떠올리게 된다면 더 바랄 것이 없겠다. 나는 항상 원예학을 기분좋게 취할 수 있는 주제라고 생각해왔다. 여러분 역시 그러길 바란다. 건배!

레시피에 대하여

여기에 소개하는 간단한 정통 레시피들은 특정한 식물을 알코올에 활용할 수 있는 가장 좋은 방법들이다. 독창적인 레시피도 몇 가지 포함되어 있지만 그 역시 정통 레시피를 기반으로 변화를 준 것이다. 여러분이 칵테일 제조에 그다지 익숙하지 않다면 다음과 같은 몇 가지 팁을 참조하기 바란다.

제공량: 일반적으로 칵테일은 많이 마시는 술이 아니다. 요즘 마티니 잔은 흉물스러우리만큼 거대하다. 가장자리까지 채우면 약 8온스의 술이 들어간다. 그 정도면 웬만한 술 4, 5잔에 해당하기 때문에 누구라도 앉은자리에서 쉽게 들이켜기 어려운 양이다(하다못해 다 마시기도 전에 술이 미지근해진다).

술을 스트레이트로 마실 때 1회 제공량은 1.5온스이며, 이는 편리하게도 칵테일 계량용 컵 중 큰 컵과 같은 양이다(작은 쪽은 포니pony라고 부르며 3/4온스다). 리큐어나 베르무트를 추가한 적당한 도수의 음료에는 독주가 약 2온스 정도 들어간다.

이 책에 소개된 레시피는 위와 같은 기준을 따른다. 비율을 잘 맞춰 만든 칵테일을 차가울 때 마시면 그야말로 천상의 맛이다. 원한다면 두번째 잔을 마셔도 좋지만 문화인답게 한 번에 소량의 칵테일 한 잔만 만드는 습관을 들이라. 그러려면 모든 재료를 측정해둔 다음 거대한 칵테일 잔은 제발 치워버리고 (또는 과일주스를 많이 넣은 음료를 만들 때 사용하거나) 적당한 크기의 목이 긴 잔 세트를 마련하자. 아차, 잔 이야기가 나와서 말인데 이 책에 소개된 레시피에는 가늘고 긴 샴페인 잔champagne flute, 와인 잔, 그리고 다음과 같은 잔들을 사용할 수 있다.

- **올드패션드 글래스(위스키 잔)** - 높이가 낮고 폭이 넓은 6~8온스짜리 텀블러.
- **하이볼 잔** - 보다 길이가 긴 잔으로 약 12온스가 들어간다. 일반적인 16온스 음료 잔이나 입구가 넓은 식품용 유리 용기도 사용 가능하다.
- **칵테일 잔** - 긴 손잡이가 달린 원뿔 모양이나 우묵한 모양의 잔. 기본적인 마티니 잔.

기타 재료 및 용어

얼음: 얼음이나 약간의 물을 술에 첨가하는 것을 주저하지 말자. 술이 희석되는 것이 아니라 오히려 더욱 맛있어진다. 실제로 물은 알코올이 가두어놓고 있던 방향성 분자를 활성화하는 역할을 하기 때문에 맛이 희석되기는커녕 더욱 풍부해진다.

머들링: 머들링은 허브나 과일을 칵테일 셰이커의 바닥에서 으깨는 것으로, 주로 머들러라고 부르는 뭉툭한 나무 막대를 사용한다. 머들러가 없는 경우 나무로 된 스푼을 사용한다. 머들링한 재료로 만든 칵테일은 식물의 과육이 잔에 들어가지 않도록 한 번 걸러서 낸다.

심플 시럽: 심플 시럽은 물과 설탕을 동일한 분량씩 섞은 다음 열을 가해 설탕이 녹을 때까지 끓이고 나서 식힌 것이다. 설탕물에는 박테리아가 번식하기 쉬워 오래 보관할 수 없으므로 많은 양을 한꺼번에 만들어두지 않는 편이 좋다. 필요할 때마다 약간씩만 혼합해서 사용한다. 시간이 없을 경우 전자레인지와 냉동고를 사용하면 끓이고 냉각하는 데 필요한 시간을 상당히 단축할 수 있다.

계란 흰자: 몇 가지 레시피에서는 익히지 않은 계란 흰자를 사용한다. 날계란 섭취로 인해 건강에 문제가 생길까 걱정된다면 건너뛰기 바란다.

토닉 워터: 좋은 술을 싸구려 토닉으로 망치지 말라. 인공 향료와 과당이 다량 함유된 콘 시럽을 사용한 토닉 워터보다는 제대로 된 재료로 만든 피버 트리Fever-Tree나 큐 토닉Q-Tonic 등의 프리미엄 브랜드를 찾으라.

더 많은 레시피와 칵테일 제조 기술을 보려면 drunkenbotanist.com을 방문하기 바란다.

1부

와인과 맥주, 증류주를 탄생시키는
발효와 증류라는 두 가지 연금술을 탐험해보자

식물의 세계는 풍부한 알코올을 생산해낸다. 아니, 더 정확하게 말하자면 식물이 당을 만들어내고, 당이 효모를 만나면 알코올이 탄생한다. 식물은 이산화탄소와 태양빛을 흠뻑 받아 이를 당으로 바꾸고 산소를 배출한다.
우리에게 브랜디와 맥주의 원료를 제공해주는 이 과정이 바로 지구 위의 생명을 지탱해주는 과정이라고 해도 그다지 과장된 말은 아닐 것이다.

고전적인 술의 원료로
사용되어온

대표적 식물

우선 알코올 제조에

가장 보편적으로 사용되는 대표적 식물들을

아가베에서 밀까지

알파벳순으로 살펴본다

아가베   밀

아가베(용설란)에 대해서는 제대로 알려진 것보다 잘못 알려진 것들이 더 많다. 어떤 사람들은 아가베가 선인장의 일종이라고 생각한다. 그러나 사실 아가베는 식물학 분류상 아스파라거스 목에 속하므로 선인장보다는 아스파라거스에 더 가까우며, 그 외에는 그늘을 좋아하며 정원을 화려하게 수놓는 비비추, 푸른 히아신스 구근, 뾰족뾰족한 사막 유카와 같은 의외의 식물들과 관련이 깊다.

또하나의 오해는 아가베를 세기의 식물century plant이라고 부르는 데에서 발생하는데, 이 명칭은 100년에 한 번만 꽃을 피운다는 인상을 준다. 사실 상당수의 아가베가 8~10년 만에 꽃을 피우지만 '10년 식물'이라는 말은 결코 세기의 식물이라는 표현만큼 낭만적인 느낌을 주지 않는다. 그러나 이렇게 어렵사리 피는 아가베의 꽃은 매우 중요하다. 이 괴상하고도 열기를 사랑하는 다육식물을 증류하거나 발효해서 테킬라, 메스칼을 비롯한 수십 가지 술의 원료를 만들기 때문이다.

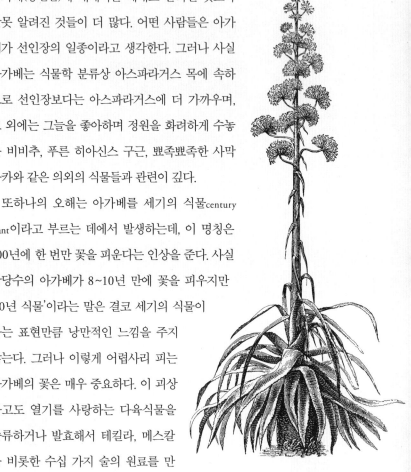

풀케pulque

아가베를 사용해서 만든 최초의 술은 아구아미엘aguamiel이라 부르는 아가베 수액을 가볍게 발효한 풀케다. 멕시코에서는 아가베를 마게이maguey라고 부른다. 고고학 유적지에 남은 흔적을 통해 인간이 이 아가베를 8000년 전부터 재배해 구워먹었다는 사실이 알려졌다. 틀림없이 아가베의 달콤한 즙도 마셨을 것이다. 멕시코 촐룰라의 피라미드에 있는 서기 200년경의 벽화에는 풀케를 마시는 사람들이 등장한다. 스페인 정복자들이 파괴하지 않은 몇 안 되는 콜럼버스 이전 필사본 중 하나인 아즈텍 페예르바리-메이어 필사본Codex Fejérváry-Mayer에는 아가베의 여신인 마야우엘Mayahuel이 술 취한 토끼 자식들에게 젖을 먹이는 모습이 묘사되어 있는데, 아마도 모유 대신 풀케를 주고 있는 모습이라 추정된다. 마야우엘에게는 '센촌 토토치틴Centzon Totochtin'이라 부르는 400명의 자녀가 있었고, 이들은 풀케와 만취를 상징하는 토끼신으로 알려져 있다.

고대부터 인간이 풀케를 마셨다는 증거 중에서도 가장 엉뚱한 것은 에릭 캘런Eric Callen이라는 식물학자가 제시한 증거로, 에릭 캘런은 1950년대에 고고학 유적지에서 발견되는 인간의 배설물을 다루는 분석糞石 연구라는 학문을 개척한 학자다. 캘런은 이상한 전문 분야 때문에 동료들에게 웃음거리 취급을 받으면서도 고대인들의 음식 섭취와 관련해 몇 가지 놀라운 사실을 발견해냈다. 캘런은 자신의 연구실에서 물을 첨가해 복원한 샘플의 냄새만으로도 2000년 전 배설물에서 '마게이 맥주'의 존재를 확인할 수 있다고 주장했다. 이는 캘런의 코가 유난히 민감하거나 아주 오래된 풀케의 향취가 그만큼 강하다는 증거다.

풀케를 만들기 위해서는 아가베의 줄기에서 막 꽃이 맺히려는 시점에 줄기를 잘라낸다. 아가베는 바로 이 순간을 위해 평생을 기다리며 그 꽃 한 송이의 등장을 고대하는 마음으로 10년, 또는 그 이상의 기간 동안 당을 축적해둔다. 줄기를 잘라내면 더이상 위로 자랄 수가 없으므로 밑동이 부풀어오르게 되는데, 이 시점에서 잘라낸 상처 부위를 덮고 몇 달 정도 그대로 내버려두면 내부에서 수액이 생성된다. 그다음 다시 구멍을 뚫고 심장부가 썩도록 둔다. 썩어버린 부분을 파낸 다음 그 구멍의 안쪽을 반복해서 긁으면 식물이 잔뜩 성이나서 수액이 풍부하게 흘러나오게 된다. 일단 수액이 흐르기 시작하면 고무관이나, 옛날식으로 아코코테acocote라는 이름의 박으로 만든 대롱을 사용해 매일 수액을 추출한다(아코코테는 그릇과 악기를 만드는 데에도 사용되는 일반적인 호리병박Lagenaria vulgaris의 길고 가는 부분으로 만드는 경우가 많다. 직접 재배해보고 싶은 분들은 참고하기 바란다).

아가베 한 그루는 몇 개월간에 걸쳐 하루에 약 3.8리터(1갤런)씩 수액을 생산할 수 있어 총 950여 리터 이상의 수액을 배출하는데, 이는 아가베가 한꺼번에 보유할 수 있는 양보다 훨씬 많다. 결국 수액이 말라버리고 아가베는 일그러져서 죽어간다(이는 언뜻 비극적 최후로 보일 수도 있겠지만 아가베는 딱 한 번만 꽃을 피우고 죽어버리는 1회 결실성이라는 점을 생각할 때 이 과정은 생각만큼 안타까운 일은 아니다).

수액은 채 하루도 되지 않아 발효되며 바로 마실 수 있는 상태가 된다. 수액을 발효시키는 용기로는 전통적으로 나무통, 돼지가죽, 또는 염소가죽 등이 사용되었다. 일반적으로 발효를 시작하기 위해 이전에 발효했던 술을 '종균'으로 약간 추가하게 된다. 또 수액이 빨리 발효되는 이유 중 하나는 자이모모나스 모빌리스Zymomonas mobilis라는 박테리아 때문인데, 이는 아가베를 비롯해 알코올의 원료가 되는 사탕수수, 야자수, 카카오 등의 열대식물에서 자연적으로 발생하여 서식하는 박테리아다(이 박테리아는 매우 효율적으로 에탄올을 생성하기 때문에 오늘날에는 생물 연료를 만드는 데에도 사용된다). 그러나 다른 양조 과정에서는 이 미생물이 전혀 반갑지 않은 존재다. 이 박테리아는 발효 사과주 한 통 전체를 망쳐버릴 수도 있는 '사이다 병cider sickness'이란 2차 발효를 일으킨다. 또한 맥주에도 좋지 않은 영향을 미쳐, 이 박테리아에 오염된 맥주에서는 고약한 유황 냄새가 난다. 그래도 아가베 수액을 풀케로 바꿔놓는 데에는 완벽한 촉매 역할을 한다. 일반적인 양조 효모인 사카로미케스 케레비시아*Saccharomyces cerevisiae*가 발효를 도우며, 야채에서 번식해 피클과 사우어크라우트를 발효시키는 박테리아인 류코노스톡 메센테로이데스*Leuconostoc mesenteroides* 역시 힘을 보탠다.

위와 같은 박테리아를 비롯한 여러 미생물들이 신속하게 거품을 내며 발효를 촉진한다. 풀케는 부피 대비 알코올 함유량(알코올 도수, ABV)이 4~6퍼센트에 불과한 약한 술로, 섭취 적기를 지난 배나 바나나처럼 약간 신맛이 난다. 이것은 어느 정도 익숙해야 즐길 수 있는 맛이다. 16세기 스페인의 역사학자 프란시스코 로페스 데 고마라*Francisco López de Gómara*는 이런 글을 남겼다. "죽은 개, 심지어 폭탄도 풀케의 냄새만큼 거리의 모든 사람을 도망가게 할 수는 없다." 고마라는 코코넛, 딸기, 타마린드, 피스타치오, 또는 다른 과일로 맛을 낸 풀케 쿠라도pulque curado를 더 선호했을 것이다.

풀케에는 보존제를 넣지 않기 때문에 항상 신선한 상태로 제공된다. 이스트와 박테리아의 활동이 왕성해 며칠 사이에 맛이 변한다. 저온 살균해 캔에 밀봉한 제품도 있지만 미생물이 죽어버리므로 아무래도 맛은 덜하다. 풀케가 맥주뿐 아니라 요구르트와 비교해서도 자랑할 수 있는 점은 역시 활발하게 움직이는 여러 종류의 미생물 조합이다. 비타민B군, 철분, 아스코르빈산이 상당량 함유된 풀케는 사실상 건강식품으로 간주된다. 멕시코에서는 수십 년간 맥주가 가장 인기 있는 음료였지만, 최근에는 풀케가 멕시코는 물론이고 샌디에이고 같은 미국 국경도시에서까지 다시금 주목을 받고 있다.

메스칼mezcal과 테킬라

여러 유명한 문헌에서는 테킬라와 메스칼을 설명하면서 스페인 사람들이 멕시코에 상륙해 앞으로 펼쳐질 유혈이 낭자한 긴 투쟁을 앞두고 용기를 북돋울 목적으로 센 술이 필요했으며, 풀케를 사용해 도수가 높은 술을 제조하기 위해 증류라는 방법을 도입했다고 주장한다. 그러나 사실 테킬라와 메스칼은 풀케와 전혀 다른 종류의 아가베로 만든다. 식물을 수확하고 증류주로 만드는 방법도 완전히 다르다.

풀케를 증류기에 넣어 알코올 도수가 높은 술을 만들어내는 것은 상당히 까다로운 작업이다. 아가베 즙에 들어 있는 복합당질 분자는 발효중에 쉽게 분해되지 않으며 증류 작업중에 나오는 열 때문에 원치 않는 화학반응이 일어나 황이나 고무 타는 냄새 등의 고약한 풍미를 내기도 한다. 증류를 위해 아가베의 당을 추출하려면 다른 종류의 기술이 필요한데, 멕시코인들은 이미 스페인 사람들이 상륙하기 전부터 이 기술을 완벽하게 익히고 있었다.

앞에서 언급했던 에릭 캘런 및 여러 학자가 실시한 배설물 분석 연구를 비롯해 다양한 고고학적 증거를 살펴보면 스페인 침략 이전에 멕시코에 살던 사람들 사이에서는 오랫동안 아가베의 속대 부분을 구워서 먹는 전통이 있었다는 사실을 알 수 있다. 토기 조각, 원시적인 도구, 그림, 소화된 아가베의 실제 잔해 등은 모두 이를 분명히 확인해주는 증거다. 구운 아가베는 상당히 맛이 좋다. 구운 아티초크 속대보다 더 두툼한 식감에 풍부한 맛을 낸다고 생각하면 된다. 그것만으로도 상당히 훌륭한 식사가 되었을 것이다.

한편 이 구운 속대로 도수가 높은 증류주도 만들어낼 수 있다. 굽는 과정에서 당이 다른 방식으로 분해되어 근사한 캐러멜 향미를 내기 때문에 훈제 향이 풍부하게 감도는 술이 탄생한다. 멕시코에 상륙한 스페인 사람들은 원주민들이 아가베 밭을 돌보며 식물을 유심히 관찰하다가 발달의 특정 시기, 즉 꽃자루가 될 싹이 밑동에서 돋아나기 바로 직전에 수확하는 것을 지켜보았다. 풀케를 만들 때처럼 중심부를 긁어내서 억지로 수액이 흘러나오도록 하는

MEZCAL과 MESCAL,
어느 쪽이 메스칼의
올바른 표기일까?

미국과 유럽인들은
mescal 이라는 철자를
선호할지 모르지만
멕시코에서는 언제나
이 증류주의 이름을
mezcal 이라고 적으며,
멕시코 법에도 mezcal 이라고
표기되어 있다.

병합파 분류학자, 세분파 분류학자, 그리고 하워드 스콧 젠트리

여러분은 아마도 휴대용 가이드북을 들고 멕시코 사막을 배회하며 사막에서 자라는 야생 아가베를 구분하려 애써본 적이 없을 것이다. 물론 이는 들새 관찰처럼 만족감을 느낄 수 있는 취미는 아니다. 거의 구별이 불가능한 아가베 종이 많을 뿐만 아니라, 완전히 다른 종처럼 보여도 사실 생물학적으로는 별개의 종으로 취급할 만큼의 뚜렷한 차이가 없는 단순한 변종인 경우도 있다. 토마토를 예로 들어보자. 방울토마토와 큼직한 비프스테이크 토마토는 생김 새나 맛이 전혀 다르지만 둘 다 솔라눔 리코페르시쿰Solanum lycopersicum이라는 같은 토마토 종으로 분류된다.

아가베도 마찬가지다. 하워드 스콧 젠트리Howard Scott Gentry, 1903~1993는 세계적인 아가베 권위자다. 젠트리는 미국 농무부USDA의 식물 탐사관 자격으로 24개국에서 표본을 수집했다. 그는 분류학자들(지나치게 많은 종을 하나로 묶으려는 경향을 가진 사람들을 병합파 분류학자, 너무 많은 변종을 별도의 종으로 세분하려는 경향을 띠는 사람들을 세분파 분류학자라고 부른다)이 아가베의 종류를 지나치게 세분화했다고 생각했다. 젠트리는 아가베 테킬라나와 다른 종들의 차이가 너무나 미미하기 때문에 아가베 테킬라나를 별도의 종으로 분류하는 것이 맞지 않을 수도 있다고 주장했다. 젠트리는 꽃의 특성에 따라 아가베를 분류하는 것을 선호했다. 물론 이 경우 식물학자들이 아가베를 제대로 식별하려면 표본의 꽃이 필 때까지 30년이나 기다리는 수밖에 없지만 말이다.

젠트리의 동료인 아나 발렌수엘라-사파타Ana Valenzuela-Zapata와 게리 폴 나브한Gary Paul Nabhan은 젠트리가 세상을 떠난 후에도 그의 연구를 이어나갔으며, 순수하게 과학적인 관점에서 아가베 테킬라나를 포함한 수많은 종들을 A. 앙구스티폴리아A. angustifolia라는 보다 광범위한 종으로 묶을 수 있다고 주장했다. 그러나 두 사람은 역사와 문화, 그리고 멕시코 주류법에 아가베 테킬라나라는 명칭이 성문화되어 있다는 사실 때문에 재분류가 어렵다는 점을 인정했다. 때로는 전통이 식물학보다 우선시되는 법이다. 특히 멕시코 사막에서는.

것이 아니라 아가베의 잎을 베어내서 파인애플이나 아티초크 속대처럼 생긴 피냐piña라는 조밀한 심을 드러낸다. 이 피냐를 수확한 다음 땅을 파고 벽돌이나 돌을 둘러 만든 오븐에서 구운 후 뚜껑을 덮어서 며칠간 그을린다.

원주민들은 아가베를 수확하고 굽는 방법을 확실히 알고 있었다. 멕시코와 미국 남서부에서는 콜럼버스 시대 이전에 이러한 목적으로 만든 돌 구덩이가 아직도 발견된다. 최근에 일부 고고학자들은 원시적 증류기의 잔해를 근거로 들어 원주민들이 단순히 먹기 위해 아가베를 구웠던 것이 아니라 유럽인들이 진출하기 전부터 이미 증류를 하고 있었을지도 모른다는 주장을 내세웠다.

이러한 주장은 학계에서 뜨거운 논쟁을 불러일으켰다. 우리가 확실히 아는 것은 스페인 사람들이 새로운 기술을 소개했다는 사실이다. 멕시코에서 발견되는 초기 형태 증류기의 상당수는 필리핀식 증류기에서 유래한 것으로, 식물을 중심으로 주변에서 구할 수 있는 재료만을 사용해서 만든 아주 단순한 장치다. 스페인 사람들이 이 초기 증류기 도입에 기여했다고 알려진 이유는 필리핀 사람들을 마닐라와 아카풀코를 오가는 갈레온선15~17세기에 사용되던 스페인의 대형 범선에 실어 멕시코로 데려온 이들이 바로 스페인 사람들이기 때문이다. 이 무역선은 순풍을 잘 이용해 넉 달이면 필리핀에서 아카풀코까지 항해할 수 있었다. 이 배들은 1565년부터 1815년까지 250년간 향료, 비단을 비롯한 아시아의 여러 가지 사치품을 신대륙으로 실어 날랐고, 돌아오는 길에는 통화로 사용할 멕시코 은을 가져왔다. 멕시코와 필리핀 사이에 일어난 문화 교류의 흔적은 심지어 오늘날까지 남아 있으며, 멕시코로 건너갔던 필리핀 사람들은 두 지역의 연관성을 보여주는 한 가지 사례일 뿐이다.

이 단순한 증류기는 땅을 파고 벽돌을 대서 만든 화덕 위에 속을 파낸 나무 둥치(과나카스테guanacaste, 또는 코끼리귀나무라고도 불리는 콩과의 엔테롤로비움 사이클로카르품Enterolobium cyclocarpum을 많이 사용했다)를 걸쳐놓는 형태였다. 발효된 혼합물을 나무둥치 안에 넣고 끓이는 것이다. 이때 구리로 만든 얇은 덮개를 둥치 위에 덮어놓으면 마치 솥뚜껑 안쪽에 수증기가 맺히듯이 액체가 끓어오르면서 구리 뚜껑에 닿게 된다. 이렇게 증류된 액체는 구리 덮개 아래에 놓아둔 나무 홈통으로 떨어져 대나무로 만든 관이나 돌돌 말아놓은 아가베 잎을 타고 증류기 밖으로 흘러나간다. 아랍식 증류기라고 부르는, 더 전통적인 스페인식 구리 증류기 역시 일찍부터 도입되었다.

라틴아메리카에서 증류가 언제 시작되었든 간에, 1621년쯤에는 증류법이 확실히 정착되어 있었다. 할리스코의 사제 도밍고 라사로 데 아레기 Domingo Lázaro de Arregui는 구운 아가베 속대에 대해 "증류하면 물보다 더 투명하고 사탕수수 술보다 도수가 높은 술이 나오며 상당히 맛이 좋다"고 기록하기도 했다.

지난 수세기 동안, 심지어 약 10년 전까지만 해도 아가베로 만든 증류주는 질 좋은 스카치나 코냑과 비교할 수 없는 조악한 술이라는 인식이 팽배했다. 1897년에 『사이언티픽 아메리칸』지의 기자는 이렇게 적었다. "메스칼은 휘발유, 진, 짜릿함이 섞인 맛이라고 표현할 수 있다. 테킬라는 그보다 더욱 고약해서 살인과 폭동, 혁명을 선동한다고들 한다."

진과 짜릿함이라면 근사한 칵테일 재료가 될 것 같기는 하지만, 위와 같은 설명은 아무래도 칭찬이라고 보기 어렵다. 그러나 오늘날 할리스코와 오악사카에 있는 수제 양조장에서는 고대와 현대의 기술을 결합하여 아주 부드럽고 질 좋은 고급 증류주를 빚어낸다.

클래식 마가리타

테킬라 1과 1/2온스
갓 짜낸 라임즙 1/2온스
쿠앵트로 또는 기타 고급 오렌지 리큐어 1/2온스
아가베 시럽이나 심플 시럽 소량
라임 한 조각

품질 좋은 100퍼센트 아가베 테킬라를 사용한다. 블랑코blanco 테킬라 무색무향의 숙성하지 않은
테킬라로 보통 칵테일 베이스로 사용된다를 쓰면 무난하지만 시험 삼아 좀더 숙성된 테킬라를 사용해보는
것도 좋다. 라임 조각을 제외한 모든 재료를 넣고 얼음과 함께 잘 섞은 다음 스트레이트로 칵테일
잔에 따라서 내거나 얼음을 채운 올드패션드 글래스 위스키 잔에 담아낸다. 라임 조각으로
장식한다.

최고급 메스칼은 멕시코의 마을에서 수작업으로 만들어내는 양질의 증류
주로, 다양한 종류의 야생 아가베를 사용해 전통적인 기술로 소량씩 생산한
다. 아직도 피냐를 잘라내서 땅을 파고 만든 화덕에 천천히 구워내며 며칠 동
안 현지에서 자라나는 오크, 메스키트mesquite, 남미산 나무로 숯을 만들거나 음식을 구울 때
흔히 사용한다 등의 나무를 때서 훈연 효과를 낸다. 그다음 타호나tahona라고 부르
는 돌방아로 짓이긴다. 타호나는 돌로 만든 바퀴가 원형으로 파인 홈을 따라
굴러가도록 되어 있는 것으로 예전에는 당나귀를 이용해서 방아를 돌렸다.
물론 오늘날에는 이보다 좀더 발달된 형태의 기계를 사용하는 경우도 있다
(한편 이 돌방아는 유럽에서 사과주를 만들기 위해 사과를 갈 때 사용하던 돌방아
와 놀랍도록 유사하다. 타호나를 처음 멕시코에 소개한 이들이 과연 스페인 사람들
인지는 고고학자와 역사학자들 사이에 뜨거운 논쟁이 되고 있는 주제다).

일단 구운 피냐를 으깬 다음 즙을 짜내 물과 야생 효모를 넣어 발효시키면
비교적 가벼운 맛의 메스칼이 되며, 으깬 아가베 과육까지 전부 넣어 발효시
키면 어떤 스카치 애호가라도 만족시킬 만큼 맛이 풍부하고 훈제 향이 가득

한 메스칼이 된다. 일부 지역에서는 점토와 대나무로 만든 전통적인 증류기를 사용해서 증류하기도 한다. 또한 고급 위스키와 브랜디를 만드는 데 사용되는 증류기와 매우 유사한 형태의 보다 현대적인 구리 항아리 증류기를 사용하는 양조장도 있다. 완벽한 맛을 내기 위해 두세 번씩 증류하는 메스칼도 적지 않다.

일부 양조업자들은 공정을 매우 엄격하게 관리하기 때문에 향기 분자가 몇 개만 들어가도 메스칼의 맛이 변질될까 우려하여 향이 진한 비누를 사용한 방문객은 증류기 가까이 다가가지 못하게 한다. 품질이 좋은 메스칼은 고급 프랑스 와인처럼 라벨에 아가베의 종과 생산지를 표기한다. 현재의 멕시코 법률에 따르면 오악사카 주와 바로 옆에 있는 게레로 주, 그보다 북쪽에 위치한 두랑고, 산루이스포토시, 사카테카스 주에서 생산한 증류주에만 메스칼이라는 이름을 붙일 수 있다.

메스칼을 위스키나 브랜디와 차별화시키는 재료 한 가지는 바로 죽은 닭이다. 페추가Pechuga라는 희귀하고도 근사한 메스칼은 증류를 할 때 현지에서 나는 야생 과일을 넣어 약간의 단맛을 더하고, 껍질을 벗겨 씻은 생닭의 가슴살을 통째로 증류기에 걸어놓아 증기가 닭고기를 훑고 지나가게 한다. 닭을 넣는 것은 과일의 단맛을 상쇄하기 위함이라고 한다. 그 목적이 무엇이든, 이 방법은 기가 막힌 효과를 발휘한다. 페추가 메스칼을 맛볼 기회가 있다면 절대 놓치지 말기 바란다.

그렇다면 테킬라는 어떻게 다를까? 수세기 동안 메스칼은 아가베의 구운 속대로 만든 모든 멕시코산 증류주를 아우르는 일반적인 용어로 사용되어 왔다. 19세기에는 단순하게 할리스코 주의 테킬라라는 도시 및 그 주변 지역에서 만든 메스칼을 테킬라라고 불렀다. 사용한 아가베의 종은 달랐을지 모르지만 양조 방법은 대체적으로 같았다.

20세기에 들어서면서 테킬라는 현재와 같이 '베버 블루Weber Blue'라 불리는 아가베 테킬라나 재배종을 사용해 할리스코 주변의 지정된 지역에서만 생산되는 증류주의 형태로 정착되었다. 아가베 테킬라나는 야생에서 수확하기보다 밭에서 대규모로 재배하는 경우가 많으며, 땅속 구덩이에서 천천히 굽기보다는 화덕에서 가열하고 증기로 찐다(오늘날 테킬라 양조장에서는 20톤짜리 고압 멸균 처리기가 설치되어 있는 광경을 어렵지 않게 볼 수 있다). 안타깝게도 테킬라의 정의는 아가베와 다른 당의 혼합물을 증류해서 만든 테킬라인 믹스토mixto로까지 확대되었으며, 이 믹스토에는 아가베 이외의 다른 재료에서 얻은 당으로 발효한 성분이 최대 49퍼센트까지 함유되어 있다. 미국인들이 마가리타의 형태로 한입에 쭉 털어넣는 테킬라는 대부분 이 믹스토다. 100퍼센트 아가베로 만든 테킬라를 주문하기 위해서는 여전히 약간의 발품을 팔아야 한다. 하지만 기꺼이 수고를 무릅쓴다면 충분히 그만한 가치를 발휘한다. 어떤 테킬라는 잘 숙성된 럼처럼 달콤한 맛을 내기도 하며 고급 위스키처럼 훈연 향과 나무 향을 내는 것, 프랑스 리큐어처럼 예상치 못한 꽃내음을 풍기는 테킬라도 있다. 테킬라는 그 자체로 완벽하다. 수작업으로 빚은 질 좋은 테킬라의 맛을 굳이 라임즙과 소금으로 망칠 필요는 없다.

이제 메스칼과 테킬라가 자체적인 명칭 체계(멕시코에서는 DO, 즉 원산지표시Denominación de Origen라고 부른다)를 갖추게 되고 나니, 아가베로 만든 다른 증류주도 원산지를 강조하기 시작했다. 라이시야Raicilla는 푸에르토 바야르타 주변 지역에서 생산되며, 바카노라bacanora는 소노라에서, 사막의 스푼이라고도 불리는 연관 식물 사막소톨Dasylirion wheeleri로 만드는 소톨sotol은 치와와에서 생산된다.

식물 보호하기

앞서 설명한 증류주들이 점차 인기를 더해감에 따라 멕시코 양조업자들에게는 아가베와 토양의 보호라는 새로운 골칫거리가 생겨났다. 테킬라 이외의

테킬라·메스칼 가이드

100퍼센트 아가베: '베버 블루'라고 불리는 아가베 테킬라나만을 재료로 하여 당은 일절 추가하지 않고 정해진 원산지DO에서 생산해야 한다. 반드시 멕시코에 있는 양조업자가 보틀링한 것이어야 한다. '100% de agave' '100% puro de agave'라고 부르기도 한다. 메스칼의 경우 반드시 공인된 아가베 품종 중 하나를 사용해 당을 추가하지 않고 DO에서 제조해야 한다.

테킬라: 단순히 '테킬라'라는 라벨이 붙은 병은 믹스토이며, 이는 아가베에서 추출하지 않은 당의 함량이 최대 49퍼센트까지 달할 수 있다는 의미다. 특정한 조건하에서는 DO 이외의 지역에서 보틀링한 것도 테킬라라고 부를 수 있다. 제대로 된 테킬라를 즐기고 싶다면 부디 믹스토는 피하기를 바란다.

실버 테킬라(블랑코 또는 플라타Plata): 숙성되지 않은 것.

골드 테킬라(호벤Joven 또는 오로Oro): 숙성되지 않은 것. 테킬라의 경우 캐러멜 색소, 오크 추출물, 글리세린, 설탕 시럽 등으로 맛과 색을 낼 수도 있다.

숙성 테킬라(레포사도reposado): 프렌치 오크통이나 화이트 오크통에 담아 최소 2개월 이상 숙성시킨 것.

장기 숙성 테킬라(아녜호Añejo): 600리터 이하의 프렌치 오크통 또는 화이트 오크통에 담아 1년 이상 숙성시킨 것.

초장기 숙성 테킬라(엑스트라 아녜호): 600리터 이하의 프렌치 오크통 또는 화이트 오크통에 담아 최소 3년 이상 숙성시킨 것.

'베버 블루' 아가베의 베버는 누구 이름일까?

테킬라에 대한 대중서를 읽어본(또는 인터넷에서 술에 관한 내용을 검색해본) 독자라면 아가베 테킬라나라는 이름을 붙인 사람이 1890년대에 멕시코를 방문했던 독일의 식물학자 프란츠 베버Franz Weber라는 이야기를 접해봤을지도 모른다. 그러나 식물학 문헌에 실려 있는 내용은 다르다. 식물학자들이 비록 특정 식물을 계통도의 어느 위치에 놓아야 할지, 무엇이라고 불려야 할지에 대해서는 생각을 달리할지 몰라도 보통 한 가지에 대해서만큼은 의견을 같이하는 법이다. 바로 그 식물에 이름을 붙이고 처음으로 기록을 남긴 사람이 누구인가 하는 점이다. 국제식물명목록IPNI, International Plant Names Index은 이름이 있는 세상 모든 식물에 대한 표준 정보를 공개하기 위해 전 세계 식물학자들이 협력하여 만들어낸 색인이다. 식물들은 학명순으로 열거되어 있고, 학명 옆에는 괄호 안에 해당 식물을 처음으로 기술한 식물학자의 이름이 약자로 표기되어 있다.

IPNI를 참고하면 1902년에 파리 자연사 학술지에 발표한 기사를 통해 처음으로 아가베 테킬라나를 소개한 사람이 프레데리크 알베르 콩스탕탱 베버르Frédéric Albert Constantin Weber라는 사실을 알 수 있다. 베버르가 사망한 1903년의 사망 기사를 보면 그가 알자스에서 태어났고, 1852년에 의학 공부를 마쳤으며, 뇌내출혈을 주제로 한 논문을 출판했고, 그 직후 프랑스 군대에 입대해 자신의 기술을 십분 발휘했다고 되어 있다. 베버르는 나폴레옹 3세 지휘하의 프랑스가 부채를 회수하기 위해 영국 및 스페인과 손을 잡고 멕시코를 침략할 때 멕시코로 전출되었다. 오스트리아 출신의 멕시코 황제 막시밀리안 1세의 짧은 통치와 뒤이은 총살형 때문에 베버르는 식물 채집이라는 개인적인 취미에 탐닉할 시간이 많지 않았을 것이다. 그래도 여러 종류의 선인장과 아가베를 수집하고 기록할 수 있었으며, 나중에 파리로 돌아와 식물학 학술지에 그 목록을 발표했다. 좀더 나이가 든 후에는 프랑스 자연보호학회Société nationale d'acclimatation de France의 회장직을 역임했다. 베버르의 동료들은 1900년에 그의 이름을 딴 아가베 베버리A. weberi를 명명하면서 멕시코에 머물렀던 당시 베버르의 행적을 보다 자세하게 기술했는데, 이 글을 보면 베버르가 1866년부터 1867년까지 공무로 멕시코에 체류했으며 여가에 식물을 수집했음을 알 수 있다.

그렇다면 프란츠 베버는 누구일까? 설사 1890년대에 멕시코에서 같은 이름으로 활동했던 독일 식물학자가 있다고 하더라도 그의 이름은 과학 학술지에 소개된 어떤 식물과도 연관된 바가 없다. 아가베 테킬라나의 이름을 지었다고 인정받을 수 없음은 물론이다.

증류주 중 상당수는 야생 아가베를 재료로 사용한다. 어떤 증류주 제조업자들은 야생 아가베가 거의 무한대로 자라기 때문에 개체수가 급감하는 일은 있을 수 없다고 생각했다. 그러나 안타깝게도 세쿼이아를 비롯한 몇몇 야생 식물 개체군이 파괴된 것도 바로 이런 안일한 생각 때문이었다. 일부 아가베는 영양생식생식기관이 아닌 잎, 줄기, 뿌리 등의 영양기관을 사용한 번식이 가능하며 개체에서 떼어낸 후에도 다시 자랄 수 있는 '새끼' 분지分枝를 만들어내지만, 수확 방법 때문에 꽃이 필 수 없다. 꽃을 피우고, 번식을 하고, 씨를 맺지 못하게 된 식물은 유전적 다양성에 심각한 타격을 받는다. 아가베가 자연적으로 꽃을 피우지 못하게 되자 심지어 아가베의 수분 작업을 돕는 야생 박쥐의 개체수까지 감소했다.

보통 야생에서 채취하기보다는 재배한 식물을 원료로 하여 만드는 테킬라의 경우 상황이 더욱 심각하다. 테킬라를 제조할 때에는 A. 테킬라나라는 한 가지 종만 사용할 수 있기 때문에 단일 품종만 재배하는 상황이 되고 말았다.

프 렌 치 　 인 터 벤 션

대다수 메스칼 증류업자들은 자신들이 만든 메스칼을 칵테일에 사용한다는 생각 자체를 엉뚱한 발상이라 여기겠지만 미국의 바텐더들은 실험해보고 싶은 유혹을 뿌리칠 수 없었다. 사실 테킬라와 메스칼은 위스키, 호밀 위스키, 또는 버번이 들어가는 칵테일이라면 어떤 것에든 멋지게 잘 어울린다. 프랑스와 멕시코산 원료를 혼합한 이 칵테일의 이름은 1862년에 일어난 프랑스의 멕시코 침략을 상징하며, A. 테킬라나의 이름을 지은 베버르 박사가 멕시코로 건너간 것도 바로 이때였다.

숙성 테킬라 또는 메스칼 1과 1/2온스
릴레 블랑 Lillet Blanc 3/4온스
녹색 샤르트뢰즈 소량
자몽 껍질

자몽 껍질을 제외한 모든 재료와 얼음을 넣고 잘 섞어서 칵테일 잔에 따라낸다. 자몽 껍질로 장식한다.

이는 캘리포니아 북부 포도밭에서 벌어진 상황과 비슷하다. '시엠브라 아술 Siembra Azul' 테킬라의 소유주이자 테킬라 역사 보존과 테킬라 산업의 지속 가능성을 주장하는 데이비드 수로-피녜라David Suro-Piñera는 이렇게 말한다. "우리는 이 품종을 학대해왔습니다. 야생에서 번식할 수 없도록 막았지요. 이제 이 식물은 유전적으로 만신창이가 되었고 질병에 매우 취약한 상태입니다. 저는 이런 상황이 몹시 걱정스럽습니다." 수로-피녜라는 식물이 허약해진 원인으로 살충제, 살진균제, 제초제의 사용 증가를 꼽는다. 또한 테킬라를 비롯한 여러 증류주에서는 물 역시 중요한 재료다. 화학물질의 과도한 사용이나 토질 저하는 상수도 오염으로도 이어질 수 있다.

이미 질병이 크게 번져 아가베 재배지가 황폐화되었으며, 이는 재앙과도 같았던 아일랜드의 감자 기근이나 유럽 대륙의 포도밭을 쑥대밭으로 만들었던 포도나무뿌리진디 창궐 사태를 연상시킨다. 아가베의 경우, 아가베부리바구미Scyphophorus acupunctatus가 박테리아를 감염시키고 알을 낳으면 부화하여 나온 작은 유충들이 아가베를 먹어치우기 때문에 안쪽부터 식물이 썩어가게 된다. 바구미가 안쪽 깊숙이 구멍을 뚫기 때문에 살충제를 사용해도 그다지 효과가 없다.

작물을 튼튼하게 하고 야생 아가베를 보존하기 위해서는 간작(아가베와 다른 작물을 번갈아 재배하는 방법)뿐만 아니라 유전적 다양성을 증가시키기 위한 야생 지역 보호, 화학물질 사용 절감, 토질 회복을 위한 조치 등 다각도의 노력이 필요하다.

음미하는 방법

좋은 테킬라나 메스칼은 고급 위스키처럼 아무것도 섞지 않고 약간의 물이나 얼음 정도만 곁들여 올드패션드 글래스에 담아 맛을 즐겨야 한다. 라임과 소금은 필요 없다. 이 두 가지 부재료는 질이 낮은 증류주의 맛을 가리는 목적으로만 사용한다.

아가베 및 아가베 증류주의 선별 목록

모든 아가베가 똑같은 것은 아니다. 어떤 아가베는 수액을 풍부하게 생산하여 풀케를 만드는 데 더욱 적합한가 하면, 구워서 증류하기에 안성맞춤인 통통한 섬유질의 속대를 만들어내는 아가베도 있다. 또한 독소나 사포닌이 들어 있어 식용으로는 사용할 수 없는 아가베도 적지 않다. 사포닌은 비누 거품 같은 거품이 나는 화합물로 스테로이드와 호르몬 성분을 함유하고 있어 섭취하기에 안전하지 않다. 다음은 술을 만드는 데 사용되는 아가베의 일부에 불과하며, 이중 몇 가지는 수천 년간 사용되어왔다.

아가바 Agava	A. tequilana(남아프리카에서 생산)
바카노라 Bacanora	A. angustifolia
100% 블루 아가베 증류주	A. tequilana(미국에서 생산)
리코르 데 코쿠이 Licor de cocuy	A. cocui(베네수엘라에서 생산)
메스칼	법적으로는 다음 종만 사용할 수 있다. A. angustifolia(maguey espadin), A. asperrima(maguey de cerro, bruto o cenizo), A. weberi(maguey de mezcal), A. potatorum(Tobalá), A. salmiana(maguey verde o mezcalero). 또한 그 외의 종이라도 다른 DO에 따라 이미 같은 주에서 생산되는 다른 음료에 사용하도록 지정되지 않았다면 재료로 이용할 수 있다.
풀케	A. salmiana(A. quiotifera), A. americana, A. weberi, A. complicate, A. gracilipes, A. melliflua, A. crassispina, A. atrovirens, A. ferox, A. mapisaga, A. hookeri
라이시야 Raicilla	A. lechuguilla, A. inaequidens, A. angustifolia
소톨	D. wheeleri(사막의 스푼이라고 불리는 아가베의 사촌)
테킬라	법적으로 A. tequilana '베버 블루'만 사용할 수 있다.

왜 벌레가 들었을까?

가끔씩 메스칼 술병 바닥에서 발견되는 구사노gusano, 즉 벌레는 아가베부리바구미 *S.acupunctatus* 또는 아가베나방 *Comadia redtenbacheri*의 애벌레다. 이는 아가베를 먹이로 삼지만 그다지 큰 피해를 미치지 않는 나방 히폽타 아가비스 *Hypopta agavis*와는 다르다.

이 유충은 단순히 마케팅 전략으로 사용됐을 뿐이며 전통적인 제조법에서는 이를 찾아볼 수 없다. 보통 벌레가 들어 있으면 메스칼에 대해 잘 모르는 술꾼들을 노린 싸구려 제품인 경우가 많다. 양질의 메스칼을 만드는 양조업자들은 이 때문에 메스칼 전반의 이미지가 나빠진다고 생각하여 벌레 넣는 일 자체를 금지하려고 로비를 펼치기도 했지만 실패로 돌아갔다. 벌레가 메스칼의 맛에 별 영향을 미치지는 않지만, 2010년에 실시된 연구를 통해 애벌레와 함께 보틀링한 메스칼에 해당 벌레의 DNA가 들어 있음이 밝혀졌다. 따라서 벌레가 들어 있는 메스칼을 한 모금 마실 때마다 실제로 벌레의 일부를 먹게 된다는 사실이 증명된 셈이다.

또하나의 유감스러운 마케팅 수단은 독침을 제거한 전갈을 메스칼 병에 넣는 것이다. 다행히도 테킬라 규제위원회는 테킬라 병에 그런 말도 안 되는 짓을 하지 못하도록 금지하고 있다.

사과주와 브랜디를 만드는 데 가장 적합한 사과는 우리가 보통 스피터spitter, 뱉어버린다는 뜻라고 부르는 종류다. 스피터는 너무나 쓰고 떫은 맛이 강하기 때문에 일단 입에 넣으면 바로 뱉어버리고서는 루트비어root beer, 탄산음료의 일종, 컵케이크, 아니면 무엇이든 입가심을 할 만한 달달한 것을 찾아 주위를 둘러보게 된다. 부드러운 녹색 호두, 덜 익은 감, 혹은 연필 깎고 남은 부스러기 한줌을 씹는다고 상상해보자. 그게 바로 최악의 스피터 맛이다. 그런 과일에서 청량하고 맑은 사과주, 포근하고 부드러운 칼바도스Calvados 같은 술을 빚어내는 방법은 도대체 어떻게 발견해냈을까?

이 의문에 대한 대답은 사과나무의 독특한 유전자에서 찾을 수 있다. 사과의 DNA는 인간의 DNA보다 더 복잡하다. 최근에 실시된 골든 딜리셔스 Golden Delicious, 사과 품종의 하나 게놈의 염기 배열 연구에서는 5만 7000개의 유전자가 발견되었는데, 이는 인간이 보유하고 있는 유전자 2만~2만 5000개의 두 배 이상에 해당한다. 인간 정도의 유전적 다양성만으로도 모든 자손은 어느 정도 고유한 특성을 지녔으되 절대 부모와 똑같은 복제본은 아닌, 가족과 어느 정도만큼만 닮은 아이가 태어난다. 그런데 사과는 부모를 전혀 닮지 않은 후손이 탄생하는 '극단적인 이형접합성heterozygosity'을 보인다. 사과 씨를 심은 다음 몇 십 년을 기다리면 부모와 모양도, 맛도 완전히 다른 사과를 맺는 나무로 자란다. 사실 유전적으로 보면 한 묘목에서 얻은 사과는 시간과 장소를 막론하고 지금까지 존재했던 그 어떤 사과와도 다르다.

사과를 직접 길러보자

햇볕이 잘 드는 곳

물은 잦지 않은 빈도로 듬뿍 주기

-32℃까지 견딤

나무 선택하기: 좋은 과실나무 묘목상이라면 여러 가지 '사과주용 사과'를 갖춰두고 그중 기후에 적합한 사과를 선택할 수 있도록 조언해줄 것이다. 사과 재배종에 따라 휴면 상태를 깨우기 위해 필요한 '냉각 시간'(11월에서 2월 사이에 7℃ 이하로 떨어지는 시간 수)이 다르기 때문에 살고 있는 지역의 겨울 날씨에 맞는 나무를 선택하는 것이 중요하다. 또한 묘목상에서는 해당 재배종 나무 근처에 교잡수분을 위해 다른 나무가 있어야 하는지 여부도 알려줄 것이다. 재배종에 따라 특성이 다르기 때문이다.

대목臺木: 사과나무는 성장을 통제하고 생산을 조절하며 질병에 저항하는 역할을 하는 대목에 접붙여서 기른다. M9은 널리 사용되는 왜성대목矮性臺木으로 사과나무 높이가 3미터 정도까지만 자라게 해준다. EMLA 7을 사용하면 4.5미터까지 자란다.

솎음과 가지치기: 사과주용 사과는 제대로 솎아주지 않으면 2년에 한 번씩 열매를 맺게 된다. 대규모 과수원에서는 꽃이 어느 정도 피었을 때쯤 사과꽃 위에 화학약품을 도포하는데, 이렇게 하면 꽃봉오리가 열린 꽃들이 죽고 열매를 맺는 꽃의 개수도 크게 줄어든다. 집에서 정원을 가꿀 때는 열매가 대략 포도알 정도의 크기가 되었을 때 각 열매 무리마다 몇 개씩만 솎아내면 된다. 묘목상이나 지역 농촌지도소에서 솎음하고 가지치기하는 법에 대한 조언을 구하는 것이 좋으며, 이런 곳에서는 강좌를 열기도 한다.

살충제: 사과주용 사과의 큰 장점 중 하나는 나무 자체가 기본적으로 해충 저항력이 강하다는 것이다. 게다가 벌레가 약간 파먹는다고 해도 어차피 사과주를 만들려면 사과를 으깨야 하므로 별 문제가 되지 않는다.

또한 사과가 공룡이 멸망하고 영장류가 처음 모습을 드러낼 즈음 등장해 약 5, 6000만 년 동안 지구상에서 살아왔다는 점을 생각해보자. 수천만 년 동안 사과나무는 인간의 개입 없이 번식하며 마치 도박꾼이 주사위를 굴리듯 복잡하게 얽힌 유전자를 제멋대로 결합하고 조합해왔다. 영장류, 그리고 훗날의 인간이 새로운 사과나무를 만나 그 열매를 깨물 때는 어떤 맛이 날지 절대 알 수 없었다. 다행히 우리 조상들은 맛없는 사과로도 멋진 술을 만들 수 있다는 사실을 발견했다.

사과주cider

사과로 만들어 낸 최초의 알코올 혼합물이 바로 사과주였다. 미국인들은 거르지 않은 사과 주스를 애플사이다apple cider라고 부르며 보통 계피 조각을 곁들여 뜨겁게 마신다. 그러나 다른 나라에서 사이다를 주문하면 샴페인처럼 드라이하고 기포가 많으며 맥주처럼 차갑고 청량감 있는, 훨씬 멋진 음료가 나올 것이다. 북미에서 이런 음료를 마시려면 무알코올 버전과 구분하기 위해 알코올 사이다를 주문해야 하지만, 다른 지역에서는 굳이 그렇게 구분해서 말할 필요가 없다.

그리스와 로마인들은 사과주를 만드는 방법을 완벽하게 익혔다. 기원전 55년 무렵 로마가 영국을 침략했을 때, 로마인들은 이미 영국 현지인들이 사과주를 즐기고 있다는 사실을 발견했다. 그즈음에는 벌써 오래전부터 카자흐스탄 주변 숲 지대에서 퍼져나간 사과나무가 유럽과 아시아 지역에 걸쳐 단단히 뿌리를 내리고 있었다. 사과의 발효 기술 및 향후의 증류 기술이 완벽하게 완성된 것은 영국 남부, 프랑스, 스페인 지역에서였다. 오늘날 이 고대 기술의 증거는 사과 열매를 으깨는 데 사용되던 커다란 원형의 사과 분쇄석이 아직도 들판에 반쯤 묻혀 있는 유럽 시골 지역에서 찾아볼 수 있다.

먼 옛날의 과수원은 묘목 과수원이었기에 모든 나무를 종자에서부터 직접 키워냈다. 이전에는 본 적 없는 새로운 사과들이 뒤죽박죽 열렸을 것이다. 따라서 초기의 사과주는 단맛이 부족해서 그냥 먹기는 어려운 열매를 이것저것 모두 섞어서 만들었을 가능성이 크다. 인기 있는 사과 재배종을 번식시키는 유일한 방법은 그 품종을 다른 나무의 대목에 접붙이는 것으로, 이는 기원전 50년 이후로 이따금 사용되어온 기술이다. 사과 농부들은 접목을 통해 똑같은 품종을 생산해내기 시작했고 인기 있는 품종에는 마침내 이름이 생겼다. 1500년대 후반 노르망디에는 이름이 붙은 사과 품종이 적어도 65종 이상 있었다. 수백 년 동안 사과주 만들기에 가장 적합한 사과는 대부분 이 지역에서 탄생했으며, 이들은 모두 산도와 타닌, 향, 당도의 균형 및 생산성에 따라 선별되었다.

미국에서는 조니 애플시드Johnny Appleseed로 알려진 존 채프먼John Chapman 이라는 사람이 19세기 초반 변경 지역에 사과 묘목장을 세우면서 유전자 주사위 던지기가 계속되었다. 채프먼은 접목으로 나무를 길러내는 것은 옳지 않다고 생각했기에 언제나 자연의 섭리대로 씨를 심어 나무를 키웠다. 이 말은 초기 정착민들이 대서양 건너편에서 번성하던 잘 알려진 영국이나 프랑스 재배종이 아니라 미국 고유의 사과를 재배하고 이를 원료로 사과주를 만들었다는 의미다.

사과주용 사과의 유산 보존하기

세계에서 가장 훌륭한 사과주용 사과 품종들이 사라지지 않게 보존하기란 결코 쉽지 않다. 제1차 세계대전 당시에는 독일과 연합군 전투의 최전방 지대가 공교롭게도 프랑스 메스Metz 근처에 있는 시몽 루이-프레르Simon Louis-Frères의 유명한 사과 묘목장을 정통으로 가로지르고 지나갔다. 1943년의 쿠르스크Kursk 전투 때는 모스크바 남쪽에 있는 대규모 묘목장과 과수원이 쑥대밭이 되었다. 오늘날 코넬 대학의 과실학자들은 오래된 사과 품종의 목록을 만들고 보호하자는 전 세계적인 노력의 일환으로 뉴욕 주 북부에 있는 과수원에서 다양한 품종들을 보존하고 있다.

사 이 다 컵

중세 사람들은 사과를 비롯한 여러 과일을 물에 담가 과일즙이 자연적으로 발효되도록 하여 데팡스dépense라는 가벼운 발효주를 만들었다. 이 칵테일은 훨씬 더 깔끔한 버전으로, 여름날 오후 내내 마셔도 괜찮을 만큼 도수가 낮다.

진한 사과주 2단위
저민 사과, 오렌지, 멜론, 또는 기타 계절과일
얼린 산딸기, 딸기, 또는 포도
진저비어 또는 무알코올 진저에일 1단위

커다란 피처에 사과주와 저민 과일을 섞은 후 3~6시간 담가둔다. 저민 과일을 걸러낸다. 하이볼 잔에 얼음과 얼린 과일을 넣고 사과주를 잔의 3/4까지 채운 다음 마지막에 진저비어를 넣어 맛을 낸다.

역사학자들은 우리 조상들이 얼마나 술을 즐겨 마셨는지 보여주기 위해 20세기 이전의 사과주 소비량에 대한 통계를 제시하는 경우가 많다. 사과 재배 지역에서는 사람들이 하루에 500리터 또는 그 이상의 사과주를 마셨지만, 사실상 이를 대체할 다른 음료가 많지 않았다. 물은 콜레라, 장티푸스, 이질, 대장균, 그 이외에도 헤아릴 수 없을 만큼 많은 고약한 기생충과 질병을 감염시켰기 때문에 믿고 마실 수 있는 음료가 아니었다. 당시 사람들은 이러한 병균 상당수에 대해 자세히 알지 못했지만 이러한 병균이 물을 통해 전염된다는 점만은 확실히 인식하고 있었다. 사과주처럼 알코올이 약간 들어간 음료는 박테리아가 번식하기 어려워 짧은 기간이라면 보관에도 별 문제가 없었고, 심지어 아침식사에도 곁들여 마실 수 있을 정도로 안전하고 맛이 좋았다. 어린아이들을 비롯해 모든 사람이 사과주를 마셨다.

사과 자체에 함유된 당분이 적기 때문에 사과주는 언제나 알코올 도수가 낮다. 예를 들어 가장 당도가 높은 사과조차 포도보다는 당분 함유량이 훨씬 적다. 사과주 통에서는 효모가 얼마 안 되는 당분을 먹고 이를 알코올과 이산화탄소로 바꾸지만, 일단 당분이 소진되고 나면 효모는 먹을 것이 없어 대략 4~6퍼센트의 알코올이 들어 있는 발효 사과주를 남기고 사라진다.

오늘날 일부 사과주 제조업자들은 제품을 병에 담은 다음 또 한 차례 당분과 효모를 첨가해 병 안에서 이산화탄소가 쌓이고 샴페인처럼 기포가 생기게 한다. 한편, 대규모 상업용 양조장에서 제조되는 소위 산업용 사과주에도 대중이 원하는 단맛을 내기 위해 사카린이나 아스파탐 같은 비발효 감미료를 넣는 경우가 있다.

사과주 제조를 위한 사과 분류

달콤한 맛: 낮은 타닌, 낮은 산도
▶골든 딜리셔스, 비네 루주Binet Rouge, 윅슨Wickson

새콤한 맛: 낮은 타닌, 높은 산도
▶그래니 스미스Granny Smith, 브라운스Brown's, 골든 하비Golden Harvey

쌉쌀하면서 새콤한 맛: 높은 타닌, 높은 산도
▶킹스턴 블랙Kingston Black, 스토크 레드Stock Red, 폭스웰프Foxwhelp

쌉쌀하고 달콤한 맛: 높은 타닌, 낮은 산도
▶로열 저지Royal Jersey, 더비넷dabinett, 뮈스카데 드 디에프Muscadet de Dieppe

칼바도스와 애플잭

하지만 사과로 만드는 술이 사과주뿐인 것은 아니다. 1555년에 질 드 구베르빌이라는 프랑스 사람은 한 방문객이 사과주를 이용해 투명하고 알코올 도수가 높은 증류주를 만드는 방법을 제안했다는 일기를 남겼다. 그는 일단 발효시킨 사과주를 가열하면 알코올이 증기와 함께 증발해 구리로 만든 통에 모이므로 이 알코올을 추출하여 병에 담으면 된다고 설명했다. 이 술을 오크통에 잠시 숙성시키면 더욱 맛이 좋아진다. 아마도 처음에는 이 증류주를 오드비 드 시드르eau-de-vie de cidre(오드비는 원래 모든 유형의 증류주를 포괄적으로 일컫는 용어였다)라고 불렀겠지만, 곧 생산지인 노르망디의 지역 이름을 따 칼바도스라는 이름으로 불렸다.

미국인들 역시 지체 없이 자신들만의 칼바도스를 만들었다. 뉴저지에 있는 레어드 양조회사Laird & Company Distillery는 1780년에 미국 최초로 발급된 양조장 면허를 소지하고 있다는 데 자부심을 갖고 있다. 레어드 가문의 기록에 따르면, 알렉산더 레어드는 1698년에 스코틀랜드에서 이주해 와서 사과를 재배하고 친구와 이웃들을 위해 '사과주로 만든 증류주', 즉 애플잭을 생산하기 시작했다. 로버트 레어드가 조지 워싱턴의 지휘하에 참전하게 되자 가족들은 병사들을 위해 애플잭을 선물로 보냈다. 레어드 가문에서는 워싱턴이 애플잭을 무척 마음에 들어한 나머지 제조법을 알려달라고 해서 자신의 농장에서 직접 만들기 시작했다고 주장하지만, 마운트 버넌Mount Vernon, 조지 워싱턴의 옛집과 묘지가 있는 버지니아 주의 지명에서 애플잭을 증류했다는 기록은 없다. 반면 사과주는 워싱턴가 사람과 고용인, 노예를 위해 정기적으로 제조되었다.

구리 증류기를 만들 기술이 부족했던 정착민들은 다른 제조 방식을 찾아냈는데, 바로 겨울에 사과주를 담은 통을 실외에 놓아두어 수분이 얼게 한 다음얼지 않은 알코올 성분을 뽑아내는 방법이었다. 그러나 이 '동결 증류법'은 위험천만했다. 이 방법을 사용하면 일반적인 증류 과정에서 충분히 제거할 수

사과로 만든 증류주

사과 브랜디: 발효된 사과 주스나 으깬 사과로 만든 증류주를 일컫는 일반적인 용어로, 최소 40도의 도수로 보틀링하며 일반적으로 오크통에서 숙성시킨다.

애플잭: 미국에서 사과 브랜디를 일컫는 또다른 용어다. '블렌디드 애플잭 Blended Applejack'에는 최소 20퍼센트 이상의 애플잭이 포함되어 있으며, 나머지는 중성 주정 95도 이상의 순수 알코올로 보통 다른 술과 섞어 마심으로 구성되어 있다.

사과 리큐어: 사과를 이용하여 좀더 달콤하고 알코올 성분이 낮은 식전주(도수 20도 정도가 흔하다)를 만드는 방법에는 여러 가지가 있다. 그중 하나는 효모가 모든 당분을 소진하기 전에 발효중인 사과주에 사과 브랜디를 추가하는 것이다. 브랜디의 강한 알코올 성분 때문에 효모가 죽어 발효가 정지되므로 디저트 와인처럼 달콤하며 상큼한 사과맛이 나는 음료가 탄생한다. 사과 리큐어는 보틀링하기 전에 오크통에서 숙성시키기도 한다.

사과 와인: '사과 와인'은 아주 오래전에 사과주를 일컫는 용어로 쓰였지만, 오늘날에는 당분과 효모를 추가로 첨가해 알코올 함유량을 최소 7도 이상으로 높인 형태의 사과주를 가리킨다. 사과 와인에는 일반적으로 탄산이 들어 있지 않다.

칼바도스: 프랑스 북부의 특정 지역에서 생산되는 사과 브랜디. 지정된 과수원에서 생산되는 사과를 사용하되, 지역 품종의 함량은 최소 20퍼센트 이상, 쌉쌀한 품종 또는 쌉쌀하면서 달콤한 품종의 함량은 최소 70퍼센트 이상이 되어야 하며, 새콤한 품종의 비율은 15퍼센트를 넘으면 안 된다. 이 증류주는 최소 40퍼센트의 도수로 보틀링한다.

칼바도스 동프롱테 Calvados Domfrontais: 이 사과 브랜디에는 반드시 30퍼센트 이상의 배가 함유되어 있어야 하며 그 외에는 칼바도스의 다른 규칙을 따른다. 이 술은 증류탑에서 단일 증류하여 최소 3년 이상 오크통에서 숙성시킨다.

칼바도스 페이 도주 Calvados Pays D'auge: 페이 도주 지역의 특산물이다. 칼바도스의 다른 모든 규칙을 따르며 반드시 전통적인 구리 증류기에 두 번 증류하고 최소 2년 이상 숙성시켜야 한다.

오드비: 발효한 과일로 만든 투명한 증류주로 오크통에서 숙성시키지 않으며 40도 또는 그 이상의 도수로 보틀링한다. '화이트 위스키'의 과일주 버전이다.

퐁모Pommeau: 발효하지 않은 사과주와 사과 브랜디를 섞어서 약 16~18도의 도수로 보틀링한 상쾌한 프랑스 음료.

있는 농축된 독성 화합물이 알코올에 고스란히 남아 간을 손상시키거나 실명을 일으키기도 했다. 그 바람에 애플잭에 안타까울 정도로 좋지 않은 이미지가 생기기도 했지만, 다행히 더 나은 증류 방법이 널리 보급되었다.

또한 사과로 양질의 오드비를 만들 수도 있다. 오드비는 도수가 높고 투명한 술로, 보통 발효된 사과 주스를 증류기에 통과시키는 것이 아니라 사과를 통째로 으깨서 발효시킨 다음 증류해서 만든다. 코넬 대학의 과실학자인 이언 머윈Ian Merwin에 따르면 사과를 통째로 사용하는 경우 증류주에 사과의 풍미를 더해주는 향미 성분이 훨씬 더 많이 나온다. "사과를 으깨 발효해서 만든 좋은 오드비는 칼바도스보다 훨씬 더 사과에 가까운 맛을 낸다"는 것이 머윈의 주장이다. 또한 오드비를 제조할 때 흔히 사용되는 정교한 분별증류기도 향을 더욱 확실하게 보존하는 데 도움이 된다. 프랑스 법에 따라 칼바도스는 반드시 옛날부터 써온 얼렘빅alembic이라는 단식증류기로 증류해야 하는데, 물론 이것이 전통에 충실한 방법이기는 하지만 아무래도 증류의 정밀도는 떨어지기 마련이다.

오드비는 통에 담아 숙성하지 않기 때문에 오드비의 맛은 전적으로 오크통이 아닌 과일에서 나온다. 머윈은 이렇게 말한다. "칼바도스는 사실 단순히 사과를 재료로 해서 만든 에탄올 용매를 오크통에 넣고 거기서 오크 향을 뽑아낸 것에 불과하다. 물론 그것도 나름대로 훌륭한 맛을 내기는 하지만 오크통에서 꺼낼 때에는 사과의 맛이 그다지 많이 남아 있지 않다."

칼바도스 애호가들에게는 이런 말을 삼가는 것이 좋다. 잘 숙성된 칼바도스는 오직 사과에서만 얻을 수 있는, 황금빛 태양 같은 독특한 풍미를 지니고 있다. 칼바도스는 아무것도 섞지 않고 저녁식사 전후 또는 식사중에 즐기는 것이 가장 좋다. 노르망디에서는 '노르망디 구멍Norman hole'이라는 의미의 트루 노르망trou normand이라는 말을 쓰는데, 이는 코스 식사를 하는 도중에 칼바도스 한 잔을 곁들여 식욕에 '구멍'을 냄으로써 나머지 요리를 위한 공간을 만든다는 뜻이다.

바빌로프 어페어

러시아의 식물학자 니콜라이 바빌로프Nikolai Vavilov는 야생 사과나무의 조상을 보존하는
데 모든 것을 걸었던 사람이다. 바빌로프는 20세기 초반에 사과, 밀, 옥수수, 기타 곡물
등과 같이 중요한 작물의 지리학적 기원을 파악하기 위해 세계를 여행하며 수십만 개의
식물에서 씨앗을 채집한 뒤 씨앗 은행을 만들어 유전학의 발달에 기여했다. 그는 러시아
농부들을 위해 작물의 수확량을 늘리겠다는 신념으로 그 일을 했지만 이오시프 스탈린은
바빌로프를 국가의 적으로 간주했다. 스탈린은 과학에 대해 엉뚱한 생각을 가지고 있었다.
그는 사람의 행동이 유전자 구성을 바꾸어놓을 수 있다고 믿었기 때문에 일생 동안 몸에
익힌 습관이 DNA를 통해 다음 세대로 전달될 수 있다고 생각했다. 이러한 생각에 동의하지
않는 과학자들은 감옥에 가두었다.

바빌로프는 1940년에 자신의 신념 때문에 투옥되었다. 그는 세상을 떠날 때까지 동료
죄수들에게 유전학에 대한 강의를 했고, 그들 중 상당수는 틀림없이 스탈린이 식물학자가
아닌 열쇠공이나 다이너마이트 전문가를 체포했으면 좋았을 텐데 하고 바랐을 것이다.
올드패션드 칵테일을 약간 변형한 이 버전은 바빌로프를 기리기 위해 동량의 애플잭과
버번을 섞어 사과와 옥수수, 곡물을 혼합하는 효과를 낸다.

각설탕 1개
앙고스투라 비터즈 Angostura bitters 소량으로 두 번 정도
애플잭 3/4온스
버번 3/4온스
그래니 스미스나 후지 같은 새콤한 사과 두 조각

각설탕을 올드패션드 글래스 바닥에 놓는다. 소량의 비터즈와 물 몇 방울을 각설탕
위에 떨어뜨리고 머들링한다. 얼음과 애플잭, 버번을 넣고 잘 젓는다. 사과 한 조각을
스퀴저오렌지나 레몬 등의 즙을 짜내는 기구에 넣어 짜낸 즙을 그 위에 첨가한다. 나머지 사과 한
조각은 잔에 넣어 장식한다.

인류가 가장 오래전부터 길러온 생물은 말도 아니고 닭도 아니며, 옥수수나 밀도 아니다. 바로 음식을 보관하고, 빵을 부풀어오르게 하고, 음료를 발효시키는 야생 단세포 무성 생명체, 즉 효모다.

효모는 어디에나 존재한다. 공중을 떠다니기도 하고, 우리 몸 안팎에 살고 있으며, 약간의 당분이나마 끌어내기를 바라며 과일의 표면을 감싸고 있기도 하다. 야생 효모를 일부러 찾아다닐 필요는 없다. 부엌 조리대에 밀가루와 물이 담긴 그릇을 놓아두면 효모가 알아서 찾아올 것이다. 그러나 몇 가지 특정 종류의 효모, 특히 효모균목 속에 속하는 이스트들은 매우 효과적으로 발효하기 때문에 사람들은 이러한 효모를 산 채로 보관하거나 대량으로 배양하는 방법을 익혔고, 결국에는 맥주 및 증류주 양조장에 판매하게 되었다. 세계 도처에는 자체 효모 균주를 배양하고 있는 연구소가 있다. 포도주, 맥주, 증류주 양조장은 제품에 독특한 개성을 부여하는 토종 효모를 파괴할지도 모른다는 두려움에 시설 개조나 이전, 장비 교체를 꺼리는 경우가 많다. 같은 방식으로 만든 사과주를 대상으로 실험해본 결과, 특정 종의 효모가 맛에 커다란 영향을 미치며, 완성품에 독특한 과실의 풍미와 꽃향기를 더해준다는 사실이 밝혀졌다.

발효의 과학은 놀라울 정도로 단순하다. 효모는 당분을 섭취한다. 그리고 에탄올과 이산화탄소라는 두 가지 부산물을 남긴다. 솔직히 말하면 주류 매장에서 파는 제품들은 화학적으로 볼 때 그저 수백만 마리에 달하는 효모의 배설물을 엄청난 가격표가 붙은 예쁜 병에 넣어놓은 것에 지나지 않는다.

하지만 배설물이라고는 해도 효모의 배설물은 그 쓰임새가 무한하다. 일단은 배설물에서 이산화탄소를 먼저 제거한다. 증류용 통에서 발효를 진행하는 경우 이산화탄소는 간단히 날아가버린다. 맥주 양조업자들은 맥주에서 거품이 나도록 약간의 이산화탄소를 남겨두기도 한다. 또한 병에 담는 과정에서 다시 약간의 이산화탄소를 추가하기도 한다. 스파클링 와인의 경우, 추가적으로 약간의 효모를 병에 주입하여 이차 발효가 되게 함으로써 기포를 생성시키고 코르크 아래에서 압력이 상승하도록 한다(제빵업자는 양조업자와 공통점이 많다. 빵 반죽이 부풀어오르는 것도 바로 이산화탄소 때문이다).

그렇다면 또하나의 배설물인 에틸알코올은 어떨까? 우리가 순수 알코올 또는 에탄올이라고 부르는 것이 에틸알코올이다. 이 에틸알코올은 약간만 가공하면 멋진 음료로 변신하지만, 효모에게만큼은 치명적이다. 효모는 이 알코올을 분비하면서 자신의 무덤을 파게 된다. 자기 몸에서 나온 배설물의 농도가 높아지면 생존할 수 없기 때문에 알코올 함량이 15퍼센트를 넘어가면 효모는 죽어버린다. 증류 기술이 발명되기 전까지 인간이 맥주나 와인보다 도수가 높은 술을 즐기지 못했던 것도 바로 이 때문이다.

따라서 효모의 일생은 이렇게 끝난다. 당분이 떨어져서 굶어죽거나, 아니면 당분을 너무 많이 먹은 나머지 자신이 배출한 알코올 때문에 죽거나. 어떤 쪽이든 효모는 자신의 주특기를 발휘하면서, 즉 인간에게 술을 만들어주는 일을 하면서 죽어간다.

- -

당분을 발효하는 통에서 효모가 분비하는 물질이 에탄올뿐이라면 세계의 브랜디 제조업자들과 보드카 증류업자들은 너무나 쉽게 제품을 만들어낼 수 있었을 것이다. 단순히 에탄올을 희석하고, 맛을 첨가하고, 병에 담기만 하면 되었을 테니 말이다. 하지만 효모 역시 살아있는 생명체이므로 완벽하지는 않으며, 효모가 살고 있는 으깬 포도나 짓이긴 사과 자체도 불완전하고 복잡한 물질이다. 포도를 담아놓은 통에는 당분만 들어 있는 것이 아니라 타닌, 방향족화합물, 산, 효모가 소화할 수 없는 형태의 당분(비발효 당분이라고도 부른다) 역시 여기저기 흩어져 있다. 발효 탱크에서 그토록 많은 일이 일어나기 때문에 실수가 생긴다고 해도 놀랄 일은 아니다.

이러한 '실수' 중 상당수는 효모 세포 안에 들어 있는 효소가 화학반응을 조절하는 과정에서 일어난다. 효소를 열쇠를 찾고 있는 자물쇠에 비유해보자. 분자들이 발효 탱크 안을 돌아다니다가 효소를 만나 '잠금'을 시도하지만 그다지 잘 맞지 않는 경우가 있다. 이렇게 불완전한 결합이 발생하면 불완전한 화합물이 생기며, 이러한 화합물 때문에 발효된 음료는 복잡하고 난해해지며, 가끔은 위험해지기도 한다.

이렇게 우연히 생긴 부산물은 동종 화합물congener이라고 부르는데, 비슷한 단어인 'congenital(선천적이라는 뜻)'에서 유추할 수 있는 바와 같이 발효 음료가 만들어질 때부터 이 화합물이 존재했다는 의미를 담고 있다. 이러한 부산물 중 일부는 상당히 독성이 강하므로 증류 과정에서 신중히 제거해야 한다.

발효 과정에서 이러한 독성 물질이 만들어진다면 왜 맥주나 와인을 마셔도 죽지 않을까? 우선 양조업자들은 장비, 사용하는 효모의 종류, 발효 온도를 적절하게 선택하여 발효 과정을 조절할 수 있다. 발효된 음료를 보관하거나 와인 제조업자처럼 오크통에서 숙성시키면 추가적인 화학반응이 일어나 화합물이 분해되기도 한다.

그래도 일부 동종 화합물은 남아 있을 수밖에 없지만, 상대적으로 아주 미량만 존재하기 때문에 보통은 간에서 처리할 수 있다. 와인을 지나치게 많이 마시면 누구나 어느 정도는 몸에서 미처 다 처리하지 못한 이 독성 물질의 축적 때문에 숙취를 겪게 된다.

그런고로 증류의 까다로운 점은 맥주나 와인과 비슷한 발효 혼합물에서 에틸알코올을 추출해 알코올 도수가 높은 증류주를 만들되, 농축된 동종 화합물은 최대한 제거해야 한다는 데 있다. 다행히도 이러한 화합물은 모두 끓는점이 다르기 때문에 혼합물을 가열하여 원하지 않는 분자들이 끓어오를 때마다 분리해내는 방식으로 처리할 수 있다.

맥주나 와인이 담겨 있는 통을 가열하면 독성이 있는 퓨젤유 곡물 발효의 부산물 가 가장 먼저 증발한다. 양조업자들은 이 퓨젤유를 증류의 '머리'라고 부르는데, 이 성분은 매니큐어 제거제와 비슷한 냄새가 난다. 플리머스Plymouth 진 양조장에서는 이 퓨젤유를 사업용 세척제로 재활용한다. 그다음에는 온도가 계속 올라감에 따라 '심장', 즉 증류의 목적이기도 한 에틸알코올이 나온다. 마지막에는 독성 물질과 함께 위스키와 브랜디의 깊은 맛을 내는 강한 풍미 성분이 일부 함유되어 있는 무거운 화합물이 끓어오른다. '꼬리'라고 부르는 이 부분 역시 반드시 잘라서 제거해야 하지만, 증류주의 맛을 위해 조금 남겨두는 경우도 있다.

머리와 꼬리를 어디서 잘라야 하는지 정확히 아는 것이 우수한 양조업자의 자질이다. 아마추어가 직접 위스키나 진, 기타 증류주를 만들어보겠다고 시도했을 때, 이러한 독성 물질을 제대로 추출해내지 않아 치명적인 결과를 낳을 수도 있다. 대량생산되는 저렴한 증류주 역시 이러한 독성 물질을 제대로 추출해내지 못했거나 필터로 걸러내지 못했을 경우 고약한 숙취를 일으키기도 한다. 어떤 술은 두 번, 또는 세 번 증류해서 만드는데, 이 말은 '심장' 부분을 다시 증류기로 흘려보낸 다음 더 많은 머리와 꼬리 성분을 추출해낸다는 의미이며, 보드카를 비롯한 몇 가지 술은 숯으로 걸러내서 아주 미량의 불순물까지 제거하므로 투명하고 냄새와 맛이 거의 없는, 순수 에틸알코올에 최대한 가까운 증류주가 탄생한다.

술 병 속 의 벌 레
여섯 개의 다리가 달린
효모 배달 시스템

술에 벌레가 들어간다고? 어제오늘의 문제가 아니다. 발효는 뚜껑을 열어 놓은 탱크에서 진행해야 하는데, 그러지 않으면 이산화탄소 때문에 생기는 압력이 위험한 수준으로 높아지기 때문이다. 과일주스나 으깬 곡물이 들어 있는 통을 낡은 헛간이나 창고에 놓아두고 양조한다면 그 안에 벌레가 들어 가는 일은 피할 수 없다. 이것이 항상 나쁜 일만은 아니다. 브뤼셀의 랑비크 lambic, 상면발효 방식으로 생산되는 벨기에 맥주의 한 종류 맥주 양조업자들은 가장 좋은 효모 균주 몇 가지가 서까래에서 떨어지는 곤충에서 나온다는 사실을 발견했다. 사실 효모는 자신을 몸에 싣고 옮겨주지 않을까 하는 희망에 에스테르를 분 비하여 곤충을 끌어들인다. 이렇게 해서 벌레들은 자신도 모르는 사이에 당 분과 효모가 만들어내는 예술의 조력자 역할을 하게 된다.

병에 저 배를 어떻게 넣었을까?

페리Perry라고 부르는 서양배주는 구할 수만 있다면 아주 기분좋은 음료다. 서양배주를 만드는 데 가장 적합한 서양배(페리용 배라고 부른다)는 크기가 작고 맛이 씁쓸하며, 수분이 적고, 디저트로 먹는 서양배보다 타닌 성분이 많다. 서양배주가 덜 보편화된 이유 중 하나는 서양배 나무가 부란병이라는 박테리아 감염 질병에 취약하기 때문이다. 이 병은 막기가 힘들며 이 병 때문에 여러 오래된 과수원의 나무들이 전멸하기도 했다. 또한 서양배 나무는 성장 속도가 느리고 열매도 늦게 맺기 때문에 빨리 수확할 수가 없어서 장기적인 투자로 생각해야 한다. 그래서 농부들은 "후손을 위해 서양배 나무를 심으라"라고 말한다.

일단 서양배를 수확하면 즉시 발효시켜야 한다는 것이 또하나의 문제점이다. 서양배는 사과주용 사과처럼 보관해둘 수가 없다. 또한 서양배에는 소르비톨이라는 비발효 당분이 들어 있는데, 이 성분은 단맛을 더해주지만 한 가지 단점을 지니고 있다. 장이 민감한 사람이 솔비톨을 섭취하면 설사를 할 수도 있다. 인기 있는 영국산 서양배 품종인 블레이크니 레드Blakeney Red는 엄청난 속도로 장을 통과한다고 해서 번개 배Lightning Pear라고 불리기도 한다. 이러한 특징 때문에 페리용 배와 관련해서 이런 말이 생기기도 했다. "페리는 벨벳처럼 넘어가고, 천둥처럼 순환하며, 번개처럼 빠져나간다."

이렇게 말은 했지만, 서양배 향을 첨가한 사과주가 아닌 진짜 서양배주는 충분히 구해다 마셔볼 가치가 있다. 단맛이 나지만 질릴 정도는 아니고 일부 사과주에서 느껴지는 산미와 시큼함도 전혀 없다.

서양배 브랜디와 오드비 드 푸아르eau-de-vie de poire, 푸아르는 프랑스어로 배를 뜻한다는 사과 브랜디와 마찬가지로 발효된 배의 과육이나 주스를 증류해서 만든다. 푸와르 윌리엄스Poire Williams는 윌리엄스라는 품종의 배로 만든 유명한 프랑스산 브랜디로, 미국에서는 이 품종이 바틀릿Bartlett이라는 이름으로 알려져 있다. 이 브랜디 한 병을 만들기 위해서는 약 13.6킬로그램의 서양배가 필요하기 때문에 이것만 해도 손이 매우 많이 가는 일인데, 어떤 서양배 브랜디는 한술 더 떠서 아예 병 안에 배가 들어 있는 상태로 판매된다. 아직 열매가 작을 때 조심스럽게 열매를 병에 덮어씌운 뒤 근처에 있는 나뭇가지에 병을 걸어서 지탱하는데, 나무에 매달린 채로 유리병 안에 들어 있는 배가 점차 익어갈수록 과수원에서 이를 돌보는 데에 상당한 어려움을 겪게 된다.

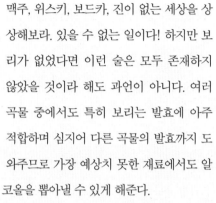

맥주, 위스키, 보드카, 진이 없는 세상을 상상해보라. 있을 수 없는 일이다! 하지만 보리가 없었다면 이런 술은 모두 존재하지 않았을 것이라 해도 과언이 아니다. 여러 곡물 중에서도 특히 보리는 발효에 아주 적합하며 심지어 다른 곡물의 발효까지 도와주므로 가장 예상치 못한 재료에서도 알코올을 뽑아낼 수 있게 해준다.

거의 기적에 가까운 보리의 힘을 이해하기 위해서는 우선 보리, 호밀, 밀, 쌀 등의 곡식은 사과나 포도처럼 발효성 당으로 넘쳐나지 않는다는 사실을 알아두어야 한다. 곡물은 대부분 전분으로 이루어져 있다. 이 전분은 일종의 저장 시스템으로, 식물이 광합성을 통해 생성한 당분을 나중에 사용할 수 있도록 보관하게 해준다. 곡물에서 알코올을 만들기 위해서는 우선 이 전분을 다시 당으로 변환해야 한다.

다행히도 식물은 물만 있으면 이러한 마법을 부릴 수 있다. 각 낟알은 사실상 씨앗이다. 씨앗에서 싹이 트면 뿌리를 내리고, 잎사귀를 펼치며, 직접 영양분을 만들어낼 수 있을 만큼 성장할 때까지 스스로를 지탱할 식량이 필요하다. 바로 이때 저장된 당분이 사용되는 것이다. 양조업자는 그저 곡물에 물만 뿌려주면 되는데, 맥아 제조라고 부르는 이 과정을 통해 씨앗의 싹이 트기 시작하고 곡물 안에 들어 있는 효소가 가냘픈 싹에 영양을 공급하기 위해 전분을 당분으로 분해한다. 그다음에는 효모를 추가해 당분을 먹어치우고 알코올을 배출하도록 하는 일만 남았다. 간단하다고? 사실은 그렇지 않다.

증류업자들은 수많은 시행착오를 겪으면서 모든 곡물이 순순히 당분을 배출하지는 않는다는 사실을 깨달았다. 바로 여기서 보리가 활약하게 되는 것이다. 보리에는 전분을 당분으로 변환하는 효소가 유독 많이 들어 있다. 보리를 밀이나 쌀 같은 곡물과 섞어놓으면 다른 곡물의 전분 분해 과정이 시작되도록 돕는다. 이러한 이유 때문에 맥아는 최소한 지난 만 년간 양조업자의 가장 가까운 벗 역할을 해왔다.

맥주의 식물학

보리는 추위나 가뭄, 척박한 토양에 크게 구애받지 않는 튼튼하고 키가 큰 작물로 전 세계에서 널리 재배되어왔다. 야생 보리의 경우 싹이 틀 준비가 되면 작은 이삭들이 패면서 아래로 떨어진다. 그러나 개척 정신이 강한 먼 옛날의 조상들은 가끔씩 알갱이가 떨어지지 않고 단단히 붙어 있는 보리가 있다는 사실을 발견했다. 식물의 입장에서는 별다른 득이 되지 않는 이 흔한 돌연변이가 인간의 마음에는 꼭 들었다. 알갱이가 떨어지지 않고 줄기에 붙어 있으면 수확하기가 훨씬 쉬웠기 때문이다.

이렇게 해서 보리의 재배가 시작되었다. 사람들은 마음에 드는 성질을 가진 씨들을 선별했고, 이렇게 선별된 씨앗이 전 세계로 퍼져나갔다. 보리의 원산지는 중동이며 기원전 5000년에는 스페인에, 기원전 3000년에는 중국에 전파되었다. 유럽에서는 주요 작물 중 하나가 되었다. 콜럼버스는 두번째 항해에서 보리를 아메리카 대륙에 가져갔지만, 보리가 신대륙에 확실히 뿌리를 내린 것은 스페인 정복자들이 라틴아메리카에 보리를 전파하고 영국과 네덜란드 정착민들이 북미 지역에 보리를 가져온 1500년대 후반에서 1600년대 초반에 이르러서였다.

오랜 옛날 우연히 일어난 행복한 사건이 맥주의 발명으로 이어지는 광경을 상상해보기란 어렵지 않다. 누군가 보리가 담긴 통을 밖에 내버려두는 바람에 밤새 딱딱한 겉껍질이 말랑말랑해지도록 흠뻑 젖었을 것이다. 이 통에 야생 효모가 번식했고, 효모가 모든 당분을 먹어치우고 나서 생긴 거품 낀 이상한 혼합물을 누군가 맛보아야겠다고 생각했을 것이 틀림없다. 이렇게 해서 맥주가 탄생했다! 발효 향을 풍기고, 거품을 내며, 약간 취기가 오르게 하는 맥주 말이다. 석기시대 말기 즈음해 이 영광스러운 사건을 한층 대규모로 재현하기 위한 사회적 움직임이 일어나면서 인간의 우선순위에 큰 변화가 일어났을 것이 틀림없다(그 뒤를 이은 것이 거대한 금속 탱크를 앞세운 청동기시대라는 사실이 놀랍지 않을 정도다).

고고학적인 기준으로 볼 때 정교한 맥주 제조 기술이 발달하는 데에는 그다지 긴 시간이 걸리지 않았다. 발효와 증류의 역사를 연구하는 펜실베이니아 대학 박물관의 고고학자 패트릭 맥거번Patrick McGovern은 이란 서부의 유적지 고딘 테페Godin Tepe에서 발견된 도자기 조각의 잔류물을 분석했다. 그는 음료수 그릇에서 보리 맥주의 흔적을 검출했고, 그 시기를 기원전 3400년에서 기원전 3000년 정도로 추산했다. 맥거번은 당시의 맥주가 정교하게 필터링되지 않았다는 점만 빼면 오늘날 우리가 마시는 맥주와 크게 다르지 않았을 것으로 보았다. 동굴벽화와 도자기에 새겨진 무늬에는 사람들이 커다란 맥주통 주위에 둘러앉아 긴 빨대로 맥주를 마시는 장면이 묘사되어 있다. 빨대는 바닥에 가라앉은 침전물이나 위로 떠오른 부유물을 피할 수 있도록 맥주통 중간에 꽂혀 있다.

맥주 제조 기술은 로마시대에 더욱 정교하게 발달했다. 로마의 역사학자 타키투스는 독일 부족을 묘사한 글에서 이렇게 적었다. "이들은 보리나 밀로 만든 액체를 발효하여 포도주와 비슷하게 만들어 마신다." 그로부터 머지않아, 이르게 잡아 기원후 600년경부터 보리를 재배하는 지역에 사는 사람들은 포도주나 사과주와 마찬가지로 맥주도 증류하여 더욱 도수 높은 술을 만들

맥주와 위스키의 색은 어떻게 내는 걸까?

위스키를 숙성 통에서 꺼낼 때 반드시 짙은 호박색을 띠고 있는 것은 아니며, 맥주도 발효 탱크 안에 있을 때 항상 병에 들어 있는 맥주처럼 짙은 색을 띠지는 않는다. 일부 맥주에는 캐러멜 색소를 사용해 서로 다른 시기에 생산된 맥주들이 균일한 색을 띠도록 만든다. 특정한 보틀링 시기를 나타내기 위해 색소를 사용하기도 한다. 8년 묵은 스카치와 20년 묵은 스카치의 경우, 숙성 통에서 나올 때에는 색에 별 차이가 없다 하더라도 오래된 위스키를 약간 더 진한 색으로 만들어 보다 긴 숙성 기간을 거쳤음을 표시한다. 맥주의 경우 음료의 색상은 제품의 이미지와 밀접한 연관이 있다. 앰버amber 맥주는 붉은색을 띠어야 하고 스타우트는 짙은 갈색이어야 한다.

순수주의자들은 캐러멜을 없애야 하는 불필요한 첨가물로 여긴다. 소위 맥주 캐러멜이라고 부르는 3등급 150c 캐러멜은 암모늄 화합물로 만드는데, 발암 물질이 포함되어 있을 가능성 때문에 소비자 단체로부터 비난을 받는 두 가지 유형의 캐러멜 색소 중 하나다(암모늄 화합물로 만드는 나머지 하나는 4등급 '탄산음료 캐러멜'이다).

한편, 위스키는 암모늄 화합물을 원료로 사용하지 않는 '증류주 캐러멜', 즉 1등급 150a 캐러멜로 색깔을 낸다. 이 캐러멜은 인체에 무해하다고 알려져 있으며 음료의 맛에는 아무런 영향을 미치지 않지만 일부 순수 위스키 애호가들은 불필요한 색소를 사용하지 않은 '진짜 위스키'로 회귀할 것을 주장한다. 하이랜드 파크 스카치Highland Park Scotch는 자신들이 생산하는 증류주에 색소를 일절 첨가하지 않는다는 사실을 자랑스럽게 여기며, 소규모 수제 증류업자들 대다수 역시 캐러멜 색소의 사용을 피한다. 미국에서는 블렌드 위스키에만 캐러멜을 사용할 수 있으며 '스트레이트 위스키' 또는 '스트레이트 버번'에는 색소를 사용할 수 없게 되어 있다.

수 있다는 사실을 깨달았다. 14세기 후반이 되자 위스키가 영국제도에서 생산되기 시작했으며, 당시에는 증류주를 가리키는 일반적인 용어인 아쿠아 비타이aqua vitae, 생명의 물이라는 의미라는 이름으로 불렸다.

완벽한 보리 재배하기

누가 위스키를 처음 발명했는지에 대한 아일랜드와 스코틀랜드 사이의 논쟁은 영원히 결론이 나지 않을지도 모르지만, 한 가지 확실한 사실은 위스키가 이 지역에서 탄생한 것은 이곳의 기후와 토양이 보리를 재배하기에 안성맞춤이기 때문이라는 점이다. 스코틀랜드 작물연구소Scotish Crops Research Institute의 보리 연구학자 스튜어트 스완스턴Stuart Swanston은 스코틀랜드의 쌀쌀한 날씨가 보리가 자라기에 완벽한 기후라고 믿는다. "스코틀랜드 동쪽 해안 지역의 장점은 북해에 가깝다는 점입니다. 겨울은 온화하지만 여름은 형편없죠. 작물이 자라는 내내 서늘하고 습한 날씨가 이어집니다. 이 말은 곡물 안에 전분이 다량 축적된다는 의미고, 이는 높은 알코올 함량을 만들어내기에 매우 적합합니다." 하지만 날씨가 좋지 않아 전분이 완벽하게 형성되지 않으면 재배한 작물은 동물의 사료로 사용되며, 스코틀랜드에서 손꼽히는 증류업자들은 프랑스나 덴마크에서 좋은 품질의 곡물을 수입해야 한다.

어떤 유형의 보리가 양조와 증류에 가장 적합한지에 대해서는 다소 논란의 여지가 있다. 보리는 크게 두줄보리와 여섯 줄 보리로 분류할 수 있다. 두줄보리는 이삭의 양쪽에 알갱이가 한 줄씩 붙어 있고 여섯 줄 보리는 양쪽에 세 줄씩 붙어 있다. 여섯 줄 보리는 신석기시대에 활발하게 일어났던 유전적 돌연변이의 결과로 탄생했으며 면적당 수확량이 많고 단백질 함유량이 높다. 반면 두줄보리는 단백질 함유량은 적지만 당분으로 전환할 전분이 많이 들어있다. 따라서 두줄보리는 직접 섭취보다는 양조와 증류에 더욱 적합하다. 유럽의 양조업자와 증류업자들은 전통적으로 두줄보리를 사용해왔지만 미국에서는 여섯 줄 보리를 선호하는 경향이 있는데, 보다 쉽게 구할 수 있다는 것도 그 이유 중 하나다. 또한 여섯 줄 보리는 미 전역에 걸친 다양한 기후대를 견뎌낼 수 있기에 대규모로 재배하기가 더욱 용이하다.

보리를 더욱 세분화하면 성장 계절에 따라 봄보리와 겨울보리로 나눌 수 있다. 겨울보리는 가을에 심어서 봄에 수확하고 봄보리는 봄에 심어서 여름에 수확한다. 전통적으로 양조업자들이 사용해온 것은 봄보리이지만, 현대 유전학 연구를 통해 두 보리 사이에 사실상 별다른 차이가 없다는 점이 확인되었다.

그보다 중요한 것은 날씨와 토양이다. 심지어 밭에 사용하는 비료의 유형도 영향을 미칠 수 있다. 토양에 질소가 너무 많으면 곡물에도 질소 함량이 지나치게 많아지므로 단백질의 비율이 높아지고 전분의 양은 줄어든다. "단백질 함량이 너무 많으면 전통적인 에일과 위스키를 증류하기에 적합하지 않습니다." 스완스턴의 말이다. "하지만 그냥 다른 곡물에 추가할 맥아 보리를 만드는 경우에는 사실 단백질 함량이 높은 편이 더 좋지요. 다른 곡물의 전분 분해를 도와주는 효소가 더 많이 들어 있기 때문입니다."

맥아 제조에 대해

특히 스카치 위스키의 독특한 풍미에 기여하는 또하나의 중요한 천연자원은 바로 토탄土炭이다. 토탄 습지는 수천 년에 걸쳐 식물의 잔해가 서서히 부패되면서 형성된다. 습지에서 말끔히 잘라낸 토탄 목재는 수세기 동안 천천히 연소하는 연료로 사용되어왔으며, 증류 작업을 위해 맥아 보리를 만들 때 핵심적인 역할을 한다.

전통적인 제조 과정에서는 물에 젖은 보리 알갱이를 맥아 제조장 바닥에 깔아놓고 약 4일 동안 싹을 틔우는데, 그동안 곡물에 들어 있는 효소가 산소를 흡수해서 당분을 분해하며 당분 안에 저장된 탄소 중 일부를 이산화탄소

whiskey와 whisky, 위스키의 올바른 철자는?
칵테일 작가를 짜증나게 하는 질문

위스키라는 말은 '생명의 물'을 뜻하는 게일어 위시게 바하uisgebeatha에서 유래했다. 이 말은 위스키보whiskybae와 같은 형태로 바뀌었고, 18세기 초반에는 보다 짧은 버전인 'whiskie'나 좀더 발음이 경쾌한 'whiskee'라는 말이 사용되었다. 19세기가 되자 스코틀랜드와 영국에서는 whisky라는 단어를 사용했으며 아일랜드와 미국에서는 whiskey라는 표기를 선호했다(그러나 미국 주류법에는 한 군데를 제외하고는 모두 whisky라고 표기되어 있다). 캐나다, 일본, 인도에서도 whisky라는 이름을 사용한다.

어떤 작가들은 굳이 번거로움을 감수해가며 심지어 같은 문장 안에서도 누가 만든 술을 가리키느냐에 따라 두 가지 표기를 섞어 쓴다. 또한 미국인이 영국의 양탄자 색을 묘사할 때 colour(미국에서는 color라는 철자를 쓴다 ─ 옮긴이)라고 적지 않으며, 런던 사람들이 먹는 가지를 어버진aubergine(미국에서는 에그플랜트eggplant를 쓴다 ─ 옮긴이)으로 표현하지는 않는다는 이유를 들어 자신의 국가에서 사용되는 철자를 고수하는 작가들도 있다. 이러한 경우 'whisky'라는 단어는 e를 피하는 나라에서 증류된 제품을 구체적으로 언급할 때에만 사용된다.

보리를
직접
길러보자

햇볕이 잘 드는 곳

물은 적게 주기

-23℃까지 견딤

아무리 장인 정신이 투철한 양조업자라 해도 보리를 직접 재배할 생각은 하지 않겠지만 사실 불가능한 일은 아니다. 9제곱미터 남짓한 땅이 있으면 보리 4.5킬로그램쯤을 수확할 수 있는데, 이는 집에서 190리터 정도 되는 넉넉한 양의 수제 맥주를 생산하기에 충분한 양이다. 작은 정원에 곡물을 재배할 준비를 시작하기에 가장 좋은 시기는 가을이다. 땅에서 잡초를 제거하되 땅을 파지는 않는다. 그 대신 상자용 종이나 신문 몇 겹을 겹쳐서 땅을 덮어둔다(신문은 땅 전체가 최소한 20장 정도의 두께로 덮이도록 한다). 물을 골고루 뿌려 종이가 움직이지 않도록 한 다음 거름, 퇴비, 풀, 마른 나뭇잎, 볏짚, 또는 시판 배합토를 여러 겹으로 덮어둔다. 최소 30센티미터 정도 높이가 되도록 두둑이 쌓는다. 이것들은 겨울 동안 삭아들면서 높이가 상당히 내려가게 된다. 봄이 되면 자라난 잡초를 깨끗이 뽑고 퇴비를 얇게 덮는다. 땅이 마르면 씨를 뿌리고 가볍게 갈퀴질을 한 다음 물을 준다(씨앗은 약 350그램 정도가 필요하다). 늦여름까지 물을 주면 보리가 황금색으로 익어간다.

낟알이 딱딱하게 마르기 시작하면 줄기를 베어서 수확한 다음 여러 묶음으로 묶는다. 일단 알갱이가 완전히 마르면 깨끗한 표면에 놓고 뭉툭한 나무 기구로 세게 두들겨서 탈곡할 수 있다(빗자루 손잡이를 사용하면 좋다). 까부르기라고 하는 전통적인 낟알 손질 방법은 바람이 많이 부는 날 야외에서 낟알들을 양동이 두 개에 번갈아 부어가면서 마른 지푸라기가 바람에 날아가도록 하는 것이다.

의 형태로 배출한다. 이 과정에서 자연스럽게 열이 발생하기 때문에 갈퀴질을 해서 온도를 낮추고 어린뿌리들이 서로 엉키지 않도록 한다. 이 단계의 보리를 생맥아라고 부른다.

보리에 물을 뿌리고 싹을 틔운 후에는 가열을 해서 발아를 중단시켜야 하며, 특히 새로 배출된 당분을 잡아두는 동시에 어린싹을 죽이는 것이 중요하다. 토탄 목재로 불을 피워 8시간에 걸쳐 낱알을 천천히 말리는데 이때 나오는 연기가 좋은 스카치에서 느낄 수 있는, 진하고 구수한 기분좋은 풍미를 낱알에 불어넣는다. 최소한 예전에는 이렇게 제조를 했다. 오늘날까지 전통적인 플로어 몰팅floor malting 방식을 고수하며 직접 맥아 보리를 만들고 토탄 연기를 쏘이는 증류업체는 라프로익Laphroaig, 스프링뱅크Springbank, 킬호먼Kilchoman 등 몇 군데에 불과하다. 대다수의 스코틀랜드 증류업자들은 그들이 원하는 정도만큼 토탄 연기를 낱알에 쏘여주는 대규모 산업용 맥아 제조업체에서 보리를 주문한다. 이렇게 하면 토탄의 사용량이 줄어들어 토탄 습지를 보호하는 데 도움이 된다. 전 세계의 위스키 제조업체들은 이 독특한 풍미를 얻고자 하는 경우 스코틀랜드에서 토탄 연기를 쏘인 보리를 주문한다.

일단 보리를 맥아로 만들어서 말린 다음에는 보통 이를 한 달 정도 그대로 놓아두었다가 물과 효모를 섞어서 맥아 혼합물을 만든다. 이것을 하루 이틀 정도 발효시킨 다음 맥주와 비슷한 워시wash라는 액체를 곡물 찌꺼기에서 분리해낸다. 이 액체가 증류기에 들어갈 때는 알코올 함량이 대략 8퍼센트 정도이며, 증류 작업을 거쳐 위스키가 완성된다.

교배를 통해 더 좋은 품종 만들어내기

전 세계의 식물학자들은 맥주, 위스키, 또는 맥아추출물을 만드는 데 더욱 적합한 새로운 보리 품종을 개발하기 위해 연구에 매진하고 있다. 스코틀랜드 작물연구소는 푸사륨fusarium 등에 의한 흰곰팡이병 문제를 해결하기 위해 노

러 스 티 네 일

드람뷔Drambuie는 스카치, 꿀, 사프란, 육두구, 그리고 비밀에 싸인 여러 가지 향료로 만든
진하고 멋진 리큐어다. 다른 술과 마찬가지로, 드람뷔에도 마케팅 간부나 좋아할 만한
전설이 따라다니고 있어 불필요한 부담으로 작용한다. 1745년, 보니 프린스 찰리Bonnie
Prince Charlie라고 알려져 있는 찰스 에드워드 스튜어트Charles Edward Stuart는 반대파
세력에게 축출된 아버지의 왕위를 되찾으려 하고 있었다. 그는 스카이 섬Isle of Skye으로
망명을 떠났고, 전해 내려오는 이야기에 따르면 자신을 보호해준 사람들에게 감사의
표시로 소중하게 간직하던 이 술의 제조법을 가르쳐주었다. 이 드람뷔가 오늘날과 같은
상업적 제품이 되기까지는 몇 차례 더 손을 거쳐야 했다.
꼭 왕위에서 밀려난 왕자까지 내세우지 않더라도 드람뷔는 그 자체만으로 저녁식사 후에
얼음을 넣어 마시거나 세계에서 가장 간단하면서도 맛이 좋은 칵테일의 재료로 사용하기에
훌륭한 술이다. 러스티 네일은 아직 스카치의 상쾌한 숲 내음을 만끽할 준비가 되어 있지
않은 사람들에게 완벽한 기분 전환용 칵테일이 되어줄 것이다(아일랜드에도 이에 뒤지지
않는 위스키 리큐어가 있다. 미지의 여행자가 고대 필사본을 아일랜드에 가져왔고 이
필사본이 몇 대에 걸쳐 전해 내려왔다는 아이리시 미스트Irish Mist의 이야기는 심지어
드람뷔의 이야기보다 더 큰 신비에 싸여 있다. 아이리시 미스트는 드람뷔처럼 달콤하고 톡
쏘는 맛이 있는 리큐어이며, 드람뷔만큼 대중적인 인기를 누리는 것은 아니지만 아이리시
위스키의 열렬한 애호가라면 꼭 한번 마셔보아야 한다).
이 레시피는 스카치와 스카치를 함유한 리큐어를 혼합한 것이라는 점에서 영민한 바텐딩
기술을 보여주고 있기도 하다. 가능하다면 기본적으로 증류주에 섞는 리큐어는 해당
증류주를 재료로 하여 만든 것을 사용하는 편이 좋다.

드람뷔 1온스
스카치 1온스

얼음을 반쯤 채운 올드패션드 글래스에 재료를 넣고 젓는다. 이 칵테일의 아일랜드 버전인
블랙 네일은 아이리시 미스트와 아이리시 위스키로 만든다.

력하고 있는데, 이런 문제는 장미에 흑반병을 일으키는 병의 원인이기도 하다. 특히 유럽에서는 작물에 살포할 수 있는 화학물질의 종류를 제한하기 때문에 흰곰팡이에 내성을 가지고 있는 보리가 있다면 매우 유용할 것이다. 또한 미네소타 대학의 식물학자들도 푸사륨 문제 해결에 매진하는 한편 새로운 품종을 미국 양조업자들에게 소개하고 있으며, 이미 미국 내에서 생산되는 모든 맥주의 약 3분의 2가 미네소타 대학에서 제공한 보리 품종을 사용하고 있다.

오늘날의 교배 프로그램은 지난 수만 년간 인간이 시도한 여러 가지 실험을 체계화한 것에 지나지 않는다. 스튜어트 스완스턴은 이렇게 말했다. "보리는 스칸디나비아 반도 북쪽에서 히말라야의 구릉지, 캐나다에서 안데스에 이르기까지 폭넓게 자랍니다. 비옥한 초승달 지대나일 강에서 티그리스와 유프라테스 강 주변에 이르는 초승달 모양의 고대 농업지대에서 출발해 놀라운 적응력을 바탕으로 경이로운 여행을 하며 전 세계로 퍼져나간 것이지요."

스카치와 물의 마법, 그리고 냉각 여과를 둘러싼 논란

사실 알코올 도수가 높은 어떤 증류주의 경우에도 마찬가지겠지만 위스키를 가장 맛있게 즐기는 방법은 약간의 물만 첨가하여 마시는 것이다. 스카치 전문가들은 30그램당 물 5~6방울을 첨가할 것을 권한다. 이렇게 하면 풍미가 희석되는 것이 아니라 오히려 더 강해진다.

그 이유를 이해하기 위해서는 대부분의 향미 성분을 구성하는 분자들의 특징을 고려해야 한다. 증류 과정의 거의 마지막에 나오는 덩치 큰 지방산인 이 분자들은 수분을 만나면 알코올에서 분리되어 현탁액을 형성하는 경향이 있다. 그래서 일부 위스키에 약간의 물을 뿌리면 뿌옇게 변하면서 현탁액에 들어 있는 이 분자 덩어리들이 풍부한 향미를 전면으로 드러낸다(압생트에 얼음물을 살짝 떨어뜨리면 뿌옇게 되는 것도 거의 비슷한 이유 때문인데 이에 대해서는 나중에 자세히 설명하겠다).

심지어 위스키를 낮은 온도에서 보관하기만 해도 뿌옇게 변할 수 있다. 위스키는 일반적으로 숙성 통에 들어 있을 때와 같이 높은 도수로 판매하지 않는다. 통에서 꺼냈을 때에는 도수가 상당히 높기 때문에 병에 넣기 전에 물을 첨가해 40퍼센트 정도의 도수로 희석한다. 일단 물을 첨가하면 낮은 온도에서 지방산 분자들이 분해되어 병 안에서 뿌연 현탁액을 형성할 가능성이 더 커지는데 증류업자들은 이 현상을 한랭혼탁chill haze이라고 부른다.

많은 위스키 제조업자들이 이 현상을 피하기 위해 증류주를 제조할 때 온도를 일부러 낮게 만들어 이 지방산이 서로 뭉치게 한 다음 금속 필터로 걸러내는 냉각 여과 과정을 동원한다. 이렇게 하면 혼탁 현상을 방지할 수는 있지만 일부 위스키 애호가들은 냉각 여과가 캐러멜 색소 첨가와 마찬가지로 풍미를 방해하는 불필요한 기교이므로 없애야 한다고 생각한다. 아일레이 스카치 위스키인 아드벡Ardbeg은 라벨에 냉각 여과를 하지 않은 제품이라고 분명히 표기하고 있으며, 부커스Booker's의 버번 역시 여과 과정을 거치지 않았다는 점을 내세운다.

다음에 술집에 가게 되면 위스키에 물을 첨가해 위스키 안에 긴사슬지방산 분자가 들어 있는지 확인하며 화학 지식을 뽐낸 다음 잔을 들고 즐겨보자.

술 병 속 의 벌 레
지렁이

스카치 전문가들은 가끔씩 위스키 리뷰에서 이상한 용어를 만나게 된다. 매우 자극적이고 묵직하며 맥아 향이 진한 증류주를 독특한 벌레worm 풍미가 있다고 묘사하는 것이다. 스카치 위스키에서 가장 두드러진 풍미가 바로 흙내음이 나는 토탄 연기 향이라는 사실을 생각해볼 때 그 안에 지렁이 몇 마리가 섞여 들어가는 광경을 상상하기란 그다지 어렵지 않다.

하지만 여기서 증류업자들이 말하는 웜worm은 물에 침수시킨 코일형 구리관을 의미한다. 이 응축 기술은 증류기의 모양 및 풍미를 추출하는 방식을 통해 증류주의 풍미에 미묘한 변화를 주려는 또하나의 기술일 뿐이다. 일부 증류업자들은 '웜 튜브'를 사용하면 완제품에 보다 진한 고기 향을 낼 수 있다고 주장하지만, 이것이 위스키를 만드는 과정에서 진짜 벌레가 희생된다는 뜻은 아니다.

하지만 그렇다고 해서 알코올 성분이 있는 물약을 만들 때 벌레가 사용된 적이 없다고는 하기 어렵다. 켄터키의 농부 존 B. 클라크의 기록에서 발췌한 1850년대의 '이여즈Eyaws'(아마도 피부와 관절에 고약한 박테리아 감염이 발생하는 열대 피부병인 매종이었을 것이다) 치료제 제조법에는 단순히 지렁이뿐만 아니라 다른 무시무시한 재료도 들어간다. 만약 이 약에 별다른 치료 효과가 없었다면 이 약을 먹은 환자들은 틀림없이 다시 쓰러져 며칠 더 침대에서 일어나지 못했을 것이다.

이여즈 치료제 제조법

굳힌 돼지기름 1파인트(0.473리터)

지렁이 한줌

담배 한줌

붉은 피망 4개

후추 1스푼

생강 뿌리 1개

모든 재료를 섞고 잘 끓인 다음 브랜디를 약간 섞어 사용한다.

옥수수CORN

Zea mays

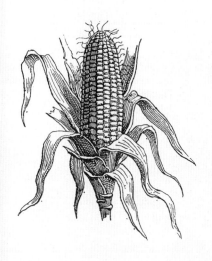

초기에 제임스타운Jamestown, 버지니아에 있는 북미 최초의 영국 식민지 식민지에서는 좋은 소식이 거의 들려오지 않았다. 정착민들은 기근, 질병, 가뭄, 그리고 끔찍한 사고로 고통을 받았다. 농사는 실패했고 영국에서 와야 할 보급품은 아무리 기다려도 도착하지 않았다. 그런 상황에서 정착지 구축을 주관한 사람 중 한 명인 존 스미스John Smith는 1620년에 식민지 주민인 조지 소프George Thorpe로부터 다음과 같은 기분좋은 문장이 들어 있는 편지를 받고 틀림없이 매우 기뻐했을 것이다. "우리는 인디언 옥수수로 맛이 기가 막힌 술을 만드는 방법을 찾아냈는데, 나는 몇 번이고 근사한 영국 맥주를 거부하고 그 술을 마셨다오." 아마도 본국에서 오는 얼마 안 되는 보급품 중에는 증류기를 만들기에 딱 알맞은 양만큼의 구리가 들어 있던 모양이다. 옥수수 위스키는 악전고투하던 버지니아의 식민지에서 만들어낸 최초의 혁신적인 발견 중 하나였다.

옥수수는 유럽인들에게 완전히 새로운 작물이었다. 콜럼버스는 카리브 해 지역의 타이노Taino족 사람들에게서 마히스mahis라는 단어를 들어보았기 때문인지 옥수수를 메이즈maize라고 불렀다(당시 'corn'이라는 단어는 모든 종류의 곡물을 뜻하는 일반적인 용어였기 때문에 유럽인들은 옥수수를 밀, 기장, 호밀, 보리 등 다른 곡물과 구별하기 위해 인디언 옥수수라고 불렀다). 콜럼버스는 항해에서 돌아오면서 옥수수를 유럽으로 가져왔고, 머지않아 유럽, 아프리카, 아시아에서 옥수수가 재배되기 시작했다. 옥수수는 기르기 쉬웠으며 적응력이 뛰어났고 무엇보다도 알갱이를 저장하여 겨울 식량으로 사용할 수 있었다. 또한 소프가 말한 대로 근사한 술의 재료가 되기도 했다.

치차와 옥수숫대 술

멕시코에서 발견된 고고학적 증거를 통해 이르게는 기원전 8000년경부터 옥수수가 주식으로 사용되었음을 알 수 있다. 옥수수는 중미와 남미 일부 지역에 걸쳐 자랐는데, 각 문명권마다 이 작물을 다른 용도로 사용했다. 스페인 정복자들이 도착했을 때에는 잘 익은 노란색 알맹이로 만든 옥수수 맥주와 줄기의 달콤한 즙으로 만든 옥수숫대 술, 두 가지 발효 음료가 널리 음용되고 있었다. 정확히 언제 이런 전통이 시작되었는지, 어떤 야생 옥수수가 사용되었는지는 오늘날까지 고고학자들을 괴롭히고 있는 문제다.

옥수수는 너무나 오랫동안 재배되어왔기 때문에 옥수수의 조상이 되는 종은 더이상 남아 있지 않다. 식물학자들은 먼 옛날의 옥수수는 속대가 훨씬 가늘어서 대략 손가락 크기 정도였을 것이라 짐작한다. 옥수수 속의 다른 식물들은 이삭이 그다지 눈에 띄지 않는 평범한 장초형長草型인데, 아마 과거의 옥수수도 이와 비슷한 모양이었을 것이다. 이런 잡초성 근연종近緣種을 테오신테teosinte라고 부른다. 테오신테의 모양은 오늘날의 옥수수와 전혀 다르다. 중심 줄기 하나가 튼튼하게 자라는 것이 아니라 무성한 풀 더미가 넓게 자라는 형태다. 수백 개의 알갱이가 속대를 둘러싸고 있는 옥수수와 달리 테오신테의 이삭에는 작은 씨앗 5~10개가 일렬로 들어 있다.

브리티시컬럼비아 대학의 마이클 블레이크를 필두로 한 몇몇 고고학자들은 초기의 옥수수는 알맹이가 아니라 즙 때문에 재배되었을 수도 있다고 말한다. 기원전 5000년경까지 거슬러올라가는 고고학 유적지에서 발견된 옥수숫대 찌꺼기(식물 섬유를 잘게 잘라 씹은 다음 뱉어낸 잔여물)는 고대인들이 달콤한 맛 때문에 옥수수를 소중하게 생각했음을 시사한다. 또한 이러한 유적지에서 발견되는 사람의 유해를 분석하면 옛날 사람들이 옥수수 당분은 식량으로 섭취했지만 알맹이는 잘 먹지 않았음을 알 수 있다.

시간이 흐르고 인간의 선택과 우연한 교배, 돌연변이가 조합되면서 옥수수는 오늘날 우리가 알고 있는 것과 비슷한 형태를 갖게 되었다. 콜럼버스가 처음으로 옥수수를 보았을 때 옥수수 열매 자체는 더 작았을지 모르지만, 옥수수에서 진짜 가치 있는 부분은 줄기에서 나오는 당분이 아니라 알맹이에 있다는 사실을 쉽게 알 수 있었을 것이다. 콜럼버스는 아메리카 대륙에 사탕수수라는 새로운 감미료를 들여왔고, 그때부터 옥수숫대에서 나오는 당분은 점차 중요성을 잃게 되었다.

하지만 옥수숫대 술이 완전히 사라진 것은 아니었다. 몇 세기 후, 벤저민 프랭클린은 다음과 같은 글로 옥수숫대 술을 만드는 관행이 여전히 존재한다는 기록을 남겼다. "옥수숫대를 사탕수수처럼 압착하면 달콤한 즙이 나오는데 이를 발효해서 증류하면 멋진 증류주가 탄생한다." 심지어 오늘날까지도 멕시코 북서부의 타라우마라Tarahumara와 같은 몇몇 부족은 부족 전통의 방법으로 술을 만든다. 옥수숫대를 바위에 찧어서 즙을 짜낸 다음 물과 다른 식물을 섞어 자연 발효시킨 음료를 며칠 안에 마신다.

유럽인들이 만나게 된 또하나의 옥수수 음료는 치차chicha라고 부르는 옥수수 맥주였다. 치차의 정확한 기원은 다소 수수께끼에 싸여 있지만, 스페인 정복자들이 도착했을 때에는 이미 수세기 전부터 상당히 발달된 제조 과정이 이미 정착되어 있었으며 이러한 전통이 오늘날까지 이어지고 있다. 다른 곡물과 마찬가지로 옥수수에 들어 있는 전분은 일단 발효할 수 있는 당분으로 변환해야 효모가 먹이로 사용할 수 있다. 페루와 그 주변 지역에서는 생으로 갈아낸 옥수수를 씹어서 뱉은 다음 그 옥수수 덩어리를 물과 섞어서 술을 만들었다. 침에 들어 있는 소화효소가 전분을 당분으로 변환하는 데 효과적이었기 때문에 침과 함께 뱉어내는 것이 이 제조 과정의 중요한 단계였다.

고대 알코올음료의 기원을 연구하는 고고학자 패트릭 맥거번은 델라웨어에 있는 도그피시 헤드Dogfish Head 맥주회사의 협조를 받아 전통적인 방법 그대로 맥주를 제조하는 실험을 했다. 이 실험을 위해 마치 오래된 농담의 도입부처럼 고고학자 두 명, 양조업자 한 명, 그리고 뉴욕타임스 기자가 술집으로 향했다. 하지만 그다음에 일어난 일은 결코 농담할 성질의 것이 아니었다. 술집 안에는 갈아놓은 자주색 페루산 옥수수가 산처럼 쌓여 있었고, 이 옥수수를 씹고, 뱉어내고, 전통적인 제조법대로 보리·노란색 옥수수·딸기와 섞어야 했다. 특히 옥수수를 씹는 일은 정말 참을 수 없을 만큼 고역이었다. 기자는 그 식감을 요리하지 않은 오트밀에 비유했으며 씹어서 뱉어놓은 덩어리에 대해서는 "자주색이라는 점만 제외하면 고양이 주인에게 매우 익숙한 고양이 배설물을 닮았다"고 묘사했다. 실험을 통해 생산된 것은 아주 소량의 맥주에 불과했고 그것으로 실험은 끝났다. 현대적인 장비가 가득 들어찬 양조장이 있는데도 날옥수수를 씹는다는 것은 전혀 수고할 가치가 없는 일이었다.

옥수수의 성생활

다음번에 신선한 옥수수를 먹다가 치아 사이에 낀 옥수수염 조각을 뽑아내게 되면 방금 뱉은 것이 나팔관이었다는 사실을 떠올려보자. 옥수수는 해부학적으로 흥미로운 식물이다. 줄기 맨 꼭대기에 장식용 술처럼 자라나는 것은 수꽃이다. 완전히 자라면 이 수꽃은 200만~500만 개의 꽃가루를 만들어낸다. 그러면 바람이 이 꽃가루를 실어나르게 된다.

옥수수에서 우리가 먹는 부분은 사실 암꽃의 무리다. 어린 옥수수에는 대략 1000개 정도의 밑씨가 들어 있는데 그 하나하나가 알맹이로 자랄 수 있다. 밑씨에서는 '실'이 자라나 옥수수의 끝부분으로 뻗어나간다. 이러한 실 중 하나가 꽃가루를 만나면 꽃가루가 발아를 하고 관이 생겨나 실을 따라 알맹이까지 내려간다. 이렇게 하여 마침내 난자와 꽃가루가 만나게 되는 것이다. 일단 수정이 되면 난자는 통통한 알맹이로 부풀어오르고, 이것이 바로 옥수수의 다음 세대, 또는 관점에 따라 버번 한 병의 시작을 의미한다.

물론 이러한 결론에 도달한 맥주회사는 비단 도그피시 헤드뿐만이 아니었다. 오늘날 라틴아메리카에서 판매되는 치차는 현대적인 맥주 양조와 비슷한 방식으로 제조된다. 치차는 아가베로 만든 맥주인 풀케처럼 소량씩 만들어 신선할 때 마시며, 과일이나 여러 가지 감미료로 맛을 내는 경우가 많다.

버번의 탄생

옥수수 맥주에서 옥수수 위스키로 넘어가는 과정은 그리 어렵지 않았다. 초기 정착민들은 낯선 이주지에서 가장 재배하기 쉬운 작물이 옥수수라는 사실을 깨달았다. 그리고 다행스럽게도 경험 많은 토착 인디언 농부들의 본보기를 따를 수 있었다. 손으로 만든 도구만으로 밭을 고르는 것은 허리가 휘도록 힘든 일이었기 때문에 옥수수를 나무 그루터기 사이에 뿌릴 수 있다는 사실을 알았을 때 정착민들이 얼마나 안도했을지는 어렵지 않게 상상할 수 있다. 작물을 시장으로 옮기는 일도 만만치 않았기 때문에 집 근처에서 옥수수를 활용할 방법을 찾아야 했다. 카리브 해 지역에서 수입한 당밀을 사용해서 양조했을 가능성이 큰 초기의 옥수수 맥주는 매우 인기 있는 해결책 중 하나였다. 거기서 출발해 상당히 거칠고 조악한 위스키가 탄생했고, 그다지 오랜 시간이 지나지 않아 버번bourbon이 등장했다.

옥수수는 무척 재배하기 쉬운 작물이었기 때문에 정착민들은 보통 옥수수밭을 가꾸어 땅의 소유권을 주장했다. 이러한 역사는 켄터키와 버번에 얽힌 일종의 작은 신화를 만들어냈다. 증류업자와 버번 애호가들은 버지니아의 주지사였던 토머스 제퍼슨이 옥수수를 재배할 사람에게는 누구에게든 24만 제곱미터의 땅을 제공했다고 주장한다. 사실 제퍼슨이 주지사로 취임하기 전달에 통과된 버지니아 토지법을 보면 정착 사실을 입증하는 정착민들에게 162만 제곱미터 정도의 땅을 제공한다고 되어 있고, 옥수수를 심는 것은 그 지역에 정착했음을 보여줄 수 있는 여러 가지 방법 중 하나였을 뿐이다. 그럼에도

옥수수의 종류

마치종(馬齒種, *ZEA MAYS VAR. INDENTA*):
경립종과 연립종을 교배한 것으로 알맹이의 양옆이 움푹 들어간 비교적 부드러운 옥수수다. 사료용 옥수수라고도 불리는 이 마치종은 미국에서 가장 보편적으로 재배되는 품종이다.

경립종(硬粒種, *ZEA MAYS VAR. INDURATA*):
겉껍질은 딱딱하고 배유 부분은 부드러운 이 옥수수는 수확량은 적지만 다른 품종보다 빨리 자란다.

연립종(軟粒種, *ZEA MAYS VAR. AMYLACEA*):
부드러운 옥수수, 보통 갈아서 가루로 만든다.

유부종(有浮種, *ZEA MAYS VAR. TUNICATA*):
각 알맹이마다 겉껍질로 둘러싸인 먼 옛날의 페루산 품종.

폭립종(爆粒種, *ZEA MAYS VAR. EVERTA*):
이 옥수수는 배유 부분이 매우 크며 열을 가하면 이 배유가 폭발하면서 알맹이의 안쪽이 밖으로 터져 나오고 투명한 껍질이 안쪽으로 들어간다.

감립종(甘粒種, *ZEA MAYS VAR. SACCHARATA* 또는 *ZEA MAYS VAR. RUGOSA*):
통조림을 만들거나 그냥 먹는 용도로 재배하는 부드럽고 당도가 높은 옥수수.

납질종(蠟質種, *ZEA MAYS VAR. CERATINA*):
1908년에 중국에서 발견된 품종으로 다른 종류의 전분을 함유하고 있다. 이 품종은 접착제로 사용되거나 식품 가공 과정에서 농축제 또는 안정제로 사용된다.

불구하고 켄터키가 오늘날과 같은 영광스러운 버번의 땅이 될 수 있게 한 정책을 펼친 사람이 미국 건국의 아버지 중 한 명이었다는 이야기가 훨씬 더 흥미롭게 들리는 것만은 사실이다.

켄터키에는 풍부하게 자라는 옥수수 외에도 버번 제조에 필요한 몇 가지 다른 요소들이 갖춰져 있었다. 켄터키 초기 이민자들 중 상당수가 스코틀랜드나 아일랜드 출신이었기에 이들은 증류기 다루는 법을 잘 알고 있었다(정보는 한 방향으로만 흐른 것이 아니었다. 1860년대가 되자 스코틀랜드의 증류업자들도 옥수수를 주요 원료로 사용하게 되었다). 켄터키에는 위스키 제조에 적합한 또하나의 천연자원이 있었는데, 바로 맑고 시원한 샘물이 솟아나는 풍부한 석회암 매장층이었다. 정착민들은 아무래도 샘물이 솟아나는 근처에 캠프를 세울 가능성이 높았기 때문에 초기 양조장 역시 샘물이 솟아나는 곳 근처에 들어선 점 또한 놀라울 건 없었다. '석회수'의 여러 가지 장점 중 하나는 지하에서 솟아나올 때 10℃ 정도의 온도를 유지한다는 것인데, 냉장 기술이 발달하기 이전에는 이 온도가 냉각과 응결 과정에 꼭 맞는 완벽한 온도였다. 강한 알칼리성 덕분에 위스키에 쌉쌀한 맛을 낼 수 있는 철분 입자가 억제됐다. 또한 칼슘, 마그네슘, 인산 함유량이 높아 발효에 중요한 역할을 하는 젖산균도 왕성하게 성장했을 것이다. 옥수수로 조악한 밀주를 만드는 사람들은 미국 어디에나 있었지만 켄터키는 주변의 천연자원을 최대한 활용해 견실한 위스키 산업의 기반을 닦아나가기 시작했다.

켄터키는 세계 버번 공급량의 약 90퍼센트를 생산한다. 최근 버번의 인기가 상승하면서 수출 시장도 활기를 띠게 되어 양조업체들이 공장을 최대한 가동하고 있으며, 관광객에게 인기가 많은 켄터키 버번 트레일 투어는 켄터키로 방문객을 유치하는 역할을 톡톡히 해내고 있다. 켄터키가 유명세를 누리고 있는 가장 큰 이유 중 하나는 여전히 물이지만, 오늘날 켄터키의 모든 버번이 자연에서 얻은 샘물로 만들어지는 것은 아니며 대규모 공장들은 정수한 강물을 사용한다. 켄터키 대학의 수문 지질학자 앨런 프라이어는 버번에서 물이 어떤 역할을 하는지 분석했다. 프라이어는 석회수가 뛰어나다는 주장, 특히 석회수가 물속의 철분을 억제한다는 점은 어느 정도 과학적 근거가 있지만 그 가치는 대부분 수치화할 수 없는 것이라고 생각한다. 다음은 프라이어의 말이다. "와인의 테루아terroir, 와인에 영향을 미치는 지리적, 기후적 환경을 포괄하는 용어와 같은 개념이지요. 켄터키의 물은 옥수수를 재배하는 데 사용되고, 냉각하는 데 사용되며, 옥수수를 으깨서 덩어리로 만드는 데에도 사용되지요. 물이 정확히 어떻게 맛에 변화를 일으키는지를 수치로 나타내기란 거의 불가능하지만, 물이 중요하다는 사실만은 분명합니다." 증류주 생산자들은 항상 켄터키의 좋은 수질을 중요하게 여긴다. 버번 업계의 전문가인 제임스 오리어는 한때 이런 말을 했다고 한다. "버번에 들어 있는 석회석 덕분에 다음날 아침에 일어나면 신사가 된 기분을 느낄 수 있습니다."

올드패션드

버번 1과 1/2온스
각설탕 1개
앙고스투라 또는 오렌지 비터즈 두세 방울 정도
마라스키노 체리 칵테일, 아이스크림 등에 사용하는 설탕에 절인 체리 **또는 오렌지 껍질(선택)**

각설탕을 올드패션드 글래스 바닥에 놓고 비터즈를 몇 방울 넣는다. 물을 약간 섞은 다음
머들러로 재료를 함께 으깬다. 잔 안에 있는 혼합물을 젓다가 버번, 얼음을 추가하고 다시 젓는다.
이 칵테일에 과일을 추가하는 것을 신성모독처럼 생각하는 사람들도 있지만 진짜 이탈리아산
마라스키노 체리는 버번 본연의 달콤함과 완벽하게 어울린다.

근사한 옥수수 한잔하시죠

블렌드 위스키: 나라마다 정의는 다르지만 블렌드 위스키에 약간의 옥수수가 포함되는 경우가 있다. 예를 들어 산토리Suntory의 히비키Hibiki와 로열 Royal 브랜드에는 옥수수와 기타 곡물이 들어 있다.

버번: 미국에서 옥수수를 재료로 만들어 안쪽을 불로 태운 새 오크통에서 숙성시킨 술. 옥수수 함량은 최소 51퍼센트 이상이 되어야 한다. 스트레이트 버번은 최소 2년 이상 숙성시키며 색소, 향, 또는 다른 증류주를 첨가하지 않는다. 블렌드 버번에는 최소 51퍼센트 이상의 스트레이트 버번이 포함되어 있어야 하지만 색소, 향, 또는 다른 증류주를 첨가할 수 있다.

치차 데 호라 Chicha de jora**:** 발효시킨 남미의 옥수수 맥주. 치차 모라다 Chicha morada는 이 술의 무알코올 버전이다.

옥수수 맥주: 일부 맥주는 옥수수를 부원료로 사용하며, 혼합물의 최대 10~20퍼센트까지 옥수수를 첨가한다. 옥수수가 함유된 맥주로는 중국의 하얼빈 맥주, 멕시코의 코로나 엑스트라 등이 있으며, 약 25퍼센트의 옥수수가 포함된 켄터키 커먼 맥주Common Beer 역시 오늘날까지 전문 양조장에서 생산되고 있다.

옥수수 보드카: 수제 양조업자들은 멋진 옥수수 보드카를 빚어낸다. 텍사스 오스틴에서 생산되는 티토스 수제 보드카Tito's Handmade Vodka가 그 좋은 예다.

옥수수 위스키: 버번과 비슷하지만 옥수수 함량이 최소 80퍼센트 이상이어야 한다. 숙성을 시키지 않거나 헌 오크통 또는 안쪽을 불로 태우지 않은 새 오크통에서 숙성시킨다.

문샤인Moonshine **또는 화이트 도그**White dog**:** 숙성되지 않은 위스키를 포괄해 일컫는 용어로, 옛날부터 옥수수가 재료로 사용되었으며 아직도 옥수수로 만드는 경우가 많다.

파시키Paciki: 멕시코산 옥수숫대 맥주.

케브란타우에소스Quebrantahuesos: 이 이름은 '성가신 일'이라는 뜻이다. 옥수숫대즙, 구운 옥수수, 페루후추나무*Schinus molle*를 발효한 멕시코 음료다.

테하테Tejate: 옥수수, 카카오와 몇 가지 다른 재료로 만든 무알코올 맥주로 오악사카와 그 주변 지역에서 생산된다.

테후아노Tejuino: 옥수수 반죽으로 만든 멕시코의 차가운 발효 음료(알코올 도수는 매우 낮음)로 오늘날에도 널리 판매된다.

테스기노Tesguino: 멕시코 북부 지방의 전통적인 옥수수 맥주.

티스윈Tiswin: 옥수수로 만든 남서부 지방의 맥주로 선인장 열매, 구운 아가베즙, 또는 기타 재료를 섞어서 만들기도 한다.

움콤보티Umqombothi: 옥수수와 수수로 만든 남아프리카의 맥주.

완벽한 옥수수 고르기

와인이 주로 사용된 포도의 품종에 따라 분류되는 것과 대조적으로, 증류업체들은 최근까지도 예전부터 전해 내려온 고유한 옥수수 품종에 별다른 관심을 기울이지 않았다. 옥수수 알맹이는 여전히 보편적인 재료라고 생각한다. 위스키는 보통 황옥 1호나 황옥 2호로 만드는데, 이는 알맹이의 색깔과 '온전함'만을 측정하는 표준이다. 여기서 온전함이란 한 부셸 곡물이나 과일의 중량 단위로 약300리터에 해당하는 양 안에 들어 있는 손상되지 않고, 병충해가 없으며, 이물질이 없는 알맹이의 양을 나타낸다. 도대체 왜 여러 세대에 걸쳐 전해 내려오는 특별한 옥수수 품종을 사용해서 버번을 만들지 않는 것일까? 수상 경력에 빛나는 탁월한 품질의 버번 라인을 보유하고 있는 우드퍼드 리저브Woodford Reserve에서 브레인 역할을 하고 있는 증류 장인 크리스 모리스는 이렇게 말한다. "우리는 그저 크고, 깨끗하고, 잘 마른 옥수수를 찾습니다. 가장 중요한 것은 전분이지요. 옥수수는 사실 알코올을 만들어내는 데 사용하는 근육 정도에 지나지 않습니다. 여러 종류의 옥수수를 사용해서 증류 작업을 해보았지만 기본적으로 옥수수는 그냥 옥수수죠. 심지어 유기농 곡물로도 실험을 해보았지만 차이가 없었어요."

그러나 뉴욕 가디너에 위치한 터트힐타운 스피리츠Tuthilltown Spirits의 조엘 엘더는 이 주장에 동의하지 않는다. "진정한 장인의 솜씨는 증류 과정에서 발휘된다고들 말하지만 저는 생각이 좀 다릅니다. 제 생각에는 증류가 가장 쉬운 부분인 것 같아요. 발효, 곡물 처리, 저장, 재배 등 제조 과정을 하나씩 거꾸로 거슬러올라갈 때마다 장인의 손길이 더욱 많이 필요하게 되지요. 와인을 생각해보세요. 와인에서는 사실 포도가 가장 중요한 화두가 되잖아요. 버번에서는 아무도 옥수수에 관심을 두지 않아요." 엘더는 붉은 알맹이를 맺는 것으로 알려진 와프시 밸리Wapsie Valley 종을 비롯해 예전부터 전해져 내려온 옥수수 품종 여러 가지로 실험을 해보았다(와프시 밸리와 관련해서는, 옥수수 껍데기를 벗기다 붉은색 알맹이를 찾아낸 남성은 누구든 자기가 원하는 여성에게 키스를 할 수 있다는 전설이 내려오기 때문에 와프시 밸리가 순수한 모임을 난장판으로 만들어버리기도 한다). 엘더는 또한 금주법 시행 당시 밀주를 만드는 데 널리 사용되었던 미네소타 13이라는 마치종 옥수수도 재배한다. "우리는 이 품종에서 풍부한 버터팝콘 향을 이끌어내지요." 엘더는 말을 이었다. "옥수수 품종에 따라 차이가 있냐고요? 그냥 그 두 품종을 가지고 따로따로 증류만 해봐도 누구든 차이가 있다는 걸 인정하게 될 겁니다."

코르크 오크나무

포르투갈 원산 오크나무인 퀘르쿠스 수베르Q. Suber는 와인과 증류주에 사용되는 또하나의 중요한 재료인 코르크의 원료다. 이 나무의 수명은 200년 이상이며 수령 40년 정도가 되면 코르크 4000개를 충분히 만들 수 있을 정도로 두껍고 푹신한 나무껍질이 생겨난다. 껍질은 다시 자라나기 때문에 벗겨내도 나무 자체에는 해를 끼치지 않는다. 사실 코르크 재배자들은 껍질을 수확하여 경제적인 이익을 얻을 수 있기 때문에 거대하고 오래된 코르크나무가 그대로 보존될 수 있는 것이라 주장한다.

스크류형 마개와 합성 마개의 사용이 증가하면서 대다수의 코르크나무 숲이 자리잡고 있는 포르투갈, 스페인, 북아프리카의 코르크 산업이 큰 타격을 받았다. 코르크 재배업자들은 천연 코르크가 전통에 부합하며 와인에 더 좋을 뿐만 아니라 합성 대용품보다 오히려 더 환경친화적이라고 주장한다.

천사의 몫 Angel's share: 술을 보관하는 동안에 약간의 알코올 성분이 증발을 통해 통을 빠져나간다. 증류업자들은 이 유실되는 알코올을 천사의 몫이라고 부른다. 위스키와 브랜디 제조업자들은 매년 천사들이 통에 담겨 있는 알코올의 약 2퍼센트를 가져간다고 추산하는데, 물론 그 양은 습도와 온도에 따라 달라진다. 다행히도 대부분의 증류주는 최종적으로 보틀링하는 도수보다 더 높은 도수에서 숙성시키므로 알코올이 일부 유실되더라도 큰 손해는 발생하지 않는다(수분도 일부 유실되는데 그래서 전체적인 알코올 도수가 크게 떨어지는 경우는 드물다).

이 점진적인 알코올 유실 때문에 증류공장 밖에서는 거의 관찰되지 않는 이상한 생명체가 모여들게 된다. 에탄올을 섭취하는 검은 곰팡이 *Baudoinia compniacensis*는 스카치 위스키와 코냑을 보관하는 동굴과 창고의 벽에 검은색 얼룩의 형태로 나타난다. 유럽의 증류업자들은 이 곰팡에 그다지 신경을 쓰지 않는다. 사실 이 곰팡이는 별다른 해를 끼치지 않는 동반자이자 제대로 만든 술임을 증명하는 표시로 간주된다.

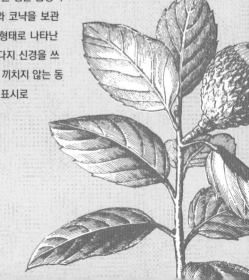

오크OAK

Quercus spp. 참나뭇과

거친 증류주를 부드럽게 길들이는 것으로 오크나무만한 것이 없다. 처음에는 보관 문제에 대한 현실적인 해결책으로 위스키나 와인을 통에 넣어 숙성시키는 관행이 시작되었을지 모르지만, 머지않아 알코올이 나무, 특히 오크와 접촉하면 놀라운 일이 일어난다는 사실이 분명하게 드러났다.

오크나무는 6000년 가량 지구상에서 생존해왔다. 공룡이 멸망한 후 그다지 오래지 않아 별도의 속屬으로 등장했다. 오크나무의 종이 정확히 몇 개인지는 분류학자들 사이에서 의견이 분분하며, 누구에게 물어보느냐에 따라 67종에서 600종까지의 다양한 대답을 듣게 될 것이다. 하지만 여기서는 와인과 증류주를 보관하는 통을 만드는 데 사용되는 미국, 유럽, 일본산 종 몇 가지만 다루겠다.

고고학적 증거로 판단해볼 때 나무로 만든 통은 최소한 4000년 이상 사용되어왔으며, 처음부터 자연스럽게 오크나무가 선택되었을 가능성이 크다. 오크나무는 목질이 단단하고 조밀하지만 구부려서 완만한 곡선을 만들 수 있을 정도로 유연하기도 하다. 배를 만드는 데에도 사용되었으며, 당시 배에 맨 처음으로 선적하는 화물 중 하나는 틀림없이 선원들을 위한 와인 한 통이었을 것이다.

초기의 통 제조업자들은 오크의 해부학적 구조가 단순히 액체를 담는 데 적합할 뿐 아니라 안에 담긴 액체에 풍미를 부여하기에도 완벽하게 만들어졌다는 사실까지는 알지 못했을 것이다. 오크나무는 환공성이라는 특징을 가지고 있는데, 이는 물을 나무 위쪽으로 운반하는 도관이 바깥쪽 나이테에 자리잡고 있다는 의미다. 나무가 성장함에 따라 오래된 도관은 전충제塡充劑라는 결정질 구조로 막혀 나무의 중심인 심재心材는 전혀 수분에 접촉하지 않게 되기 때문에 물이 새지 않는 통으로 사용하기에는 안성맞춤이다. 미국산 오크는 유럽산 오크에 비해 특히 전충제가 풍부하다. 사실 유럽 오크나무는 자칫하면 도관이 파열되어 통에서 물이 샐 수 있으므로 자르기보다는 나뭇결을 따라 조심스럽게 쪼개야 한다.

또한 오크나무는 놀랍도록 다양한 풍미 화합물을 생성하며, 알코올과 접촉하면 이러한 성분이 나무에서 분리된다. 유럽산 오크인 퀘르쿠스 로부르*Quercus robur*는 특히 타닌이 풍부하기 때문에 와인에 부드러우면서도 입안에 꽉 차는 풍미를 더해준다. 반면 미국산 화이트 오크나무는 바닐라, 코코넛, 복숭아, 살구, 정향 등에 들어 있는 향미 분자를 발산한다(사실 인공 바닐라 색소는 톱밥 파생물을 재료로 만드는데, 그 이유는 바닐린바닐라의 독특한 향을 내는 화학물질 함량이 매우 높기 때문이다). 와인 제조업자들은 이러한 달콤한 풍미를 별로 달가워하지 않을지 모르지만 버번에서는 이것이 그야말로 마법과 같은 힘을 발휘한다.

오크통에서 숙성시킨 증류주에 가장 중요한 영향을 미치는 요소는 나무 자체라기보다는 쿠퍼cooper라고 불리는 통 제조업자일 것이다. 이들은 긴 오크 조각을 손질하여 부드러운 곡선으로 만들기 위해서는 시간과 열이 필요하다는 사실을 깨달았다. 갓 자른 오크를 일정 시간 동안 건조시키면 다루기가 쉬워질 뿐만 아니라 중요한 풍미들이 더욱 농축되는 효과가 있다. 또한 오크 조각에 살짝 열을 가하면 더욱 유연해져 모양을 만들기가 쉬우며, 열로 인해 풍미 성분의 일부가 캐러멜화되므로 캐러멜, 버터스카치, 아몬드, 토스트, 따스한 나무향의 훈연 농축 성분이 활성화된다.

어떤 위스키 통은 완전히 내부를 태워 만들기도 한다. 이러한 관행이 어떻게 시작되었는지에 대해서는 알려진 바가 없다. 통 제조업자가 실수로 생각보다 큰 불을 피웠다가 타버린 통을 그냥 사용하기로 했을 수도 있다. 아니면 검소한 증류업자가 소금에 절인 물고기나 고기를 저장하는 데 사용했던 오래된 통의 안쪽을 태워 냄새를 없앤 다음 위스키를 채웠을지도 모르는 일이다. 시작이 어쨌든 간에 숯층이 위스키를 걸러주고 풍미를 더해주는데, 특히 날씨의 변화에 따라 나무가 팽창과 수축을 반복하면 이러한 현상이 더욱 활발히 일어난다. 이를 한 단계 더 발전시킨 것이 잭 다니엘Jack Daniel's로 유명해진 '링컨 카운티Lincoln County'라는 증류 과정으로, 사탕단풍을 태운 후 위스키를 3미터 길이의 숯에 통과시켜 여과한 다음에야 통에 담는다.

통 제조업자들이 기여한 것이 또하나 있다. 금주법이 철회되고 합법화된 주류 산업을 규제할 새로운 법률을 제정해야 했을 때, 이 통 제조업자들은 1936년 7월 1일부터 버번과 위스키라는 이름을 사용하기 위해서는 반드시 안쪽을 태운 새 오크통에 술을 저장해야 한다는 규정이 채택되는 데에 큰 역할을 했다. 새롭게 출범한 연방주류관리국Federal Alcohol Administration은 이것이 바로 '미국 스타일 위스키'의 특징이며, 이 요소로 인해 미국산 위스키는 더 높은 알코올 도수로 증류하며 헌 통에 보관함으로써 더욱 부드러운 맛을 지니고 있는 캐나다산 위스키와 차별화된다고 주장했다. 주류관리법은 몇 차례 개정을 거쳤고 이에 관한 이의도 제기되었지만 매번 버번을 만들 때마다 새 통을 사용해야 한다는 규정은 전시 물자 부족 때문에 집행이 일시 중단되었던 1941년~1945년 사이를 제외하고는 꾸준히 유지되었다.

미국 주류법의 이 독특한 규정 때문에 자연스럽게 수많은 중고 버번 통이 매물로 쏟아져나왔다. 스카치 제조업자들은 이를 반겼고, 버번, 포트와인, 셰리주 등이 담겼던 중고 통을 섞어 사용하면서 자신들이 만든 고급 증류주에 기분좋은 복합적 풍미를 더했다. 실제로 라프로익 양조공장은 메이커스 마크Maker's Mark, 켄터키의 유명한 버번위스키 브랜드의 통만 사용한다는 점을 자랑스럽게 여긴다. 중고 버번 통은 럼과 다른 위스키 블렌드를 숙성시키는 데에도 사용된다.

독특한 방식으로 증류주를 흡수하고 배출하는 오크통에 관해서는 수많은 실험이 진행되었다. 나무가 자란 곳의 기후나 토양은 나뭇결의 조밀함과 타닌, 풍미 분자의 함유량에 영향을 미칠 수 있으므로 통 제조업자들은 특정 기후나 토양에서 자란 나무를 선별해서 통을 만들기도 한다. 심지어 밀도가 높고 흡수력이 낮은 심재가 아닌 변재邊材, 나무껍질 바로 안쪽의 희고 무른 부분를 사용해서 통을 만들 수도 있다. 증류업자들은 위스키 전문가들이 다양한 위스키를 환영하며 즐겨 마실 것이라는 생각에 오크나무의 다양한 부분으로 만든 통에서 숙성한 위스키를 시판하기 시작했다.

오크나무 미니 가이드

Q. 알바 Q. Alba: 미국산 화이트 오크. 미국 동부에서 자라며
위스키와 와인 제조에 사용된다.

Q. 가리아나 Q. Garryana: 오리건산 오크. 태평양 연안 북서부의
와이너리와 양조장에서 사용된다. 프랑스산 오크와 비슷하다.

Q. 몽골리카 Q. Mongolica: 일본산 오크. 일본의 양조장에서 널리 사용된다.

Q. 페트라이아 Q. Petraea: 졸참나무 또는 프랑스산 오크라고 부르며 보주와 알리에
지방에서 자란다. 와인 제조업자들이 선호하는 오크다.

Q. 피레나이카 Q. Pyrenaica: 포르투갈산 오크로 포트와인, 마데이라주,
셰리주 제조에 사용된다.

Q. 로부르 Q. Robur: 유럽산 오크. 리무쟁에서 자란다. 코냑과 아르마냑을 제조할 때는 이
종을 선호한다.

깍지벌레
Kermes vermilio

깍지벌레는 나뭇가지에 달라붙은 채 자신을 보호하는 껍질 아래에 숨어 사는 작은 벌레다. 여기서 말하는 깍지벌레는 지중해 지방에서 자라는 Q. 코키페라*Q. coccifera*라는 오크나무 종에 기생한다. 암컷은 나무의 수액을 빨아먹으면서 진드기처럼 둥글게 부풀어오르고 진홍색의 끈끈한 삼출액을 분비하기 시작한다. 먼 옛날, 누군가 나무에서 깍지벌레를 긁어내다가 이 붉은색 색소가 옷과 손에 붉은 물을 들인다는 사실을 알아챘음이 틀림없다. 그리스의 의사 디오스코리데스Dioscorides는 확실히 이 벌레에 대해 잘 알고 있었다. 그는 자신의 저서 『약물에 대하여*De Materia Medica*』(기원후 50~70년)에 오크나무에서 자라는 작은 벌레에 대해 다음과 같은 괴이한 기록을 남겼다. "이 벌레는 모양이 작은 달팽이와 비슷하며, 그곳의 여성들은 입으로 이 벌레를 채집한다." 디오스코리데스의 기록에 몇 가지 오류가 있었다는 사실은 잘 알려져 있다. 그냥 막대기를 사용할 수도 있는데 여성들이 입으로 나무에서 벌레를 떼어냈을 가능성은 낮다. 막대기를 사용하는 것도 쉽지는 않은 일이었다. 벌레가 다치지 않도록 조심스럽게 떼어내어 죽인 다음(보통 열을 가해 찌거나 식초에 빠뜨린다) 말려서 옷감 염색제로 시장에 내다판다.

자연계에서 일어나는 대부분의 특이한 현상이 결국 술을 만드는 일에 응용되듯이, 이 붉은색 색소 역시 이탈리아산 리큐어 제조에 사용되기 시작했다. 이 레시피의 기원은 18세기에 사용되던 콘펙티오 알케르메스confectio alchermes라는 이름의 물약으로 거슬러올라가는데, 이 물약을 만들기 위해서는 벌레로 염색한 실크 한 발을 사과즙과 장미수에 담가 염료를 추출해낸 다음 용연향(향유고래의 담즙)이 들어 있는 희귀한 향료와 금박, 으깬 진주, 알로에, 계피를 첨가해야 한다. 시간이 지나면서 이 제조법은 점차 변형되어 정향, 육두구, 바닐라, 감귤류 등의 보다 익숙한 재료와, 아메리카 대륙에서 새로 건너온 연지벌레라는 곤충에서 뽑은 다른 붉은 색소가 사용되기 시작했다. 이 색소는 색이 더 밝고 수확하기가 쉬웠다.

19세기가 되자 몇몇 이탈리아의 양조장에서는 알커미스alkermes, alchermes라고 부르는 밝은 빨강색의 이 리큐어를 물약이 아닌 식후주로 제조했다. 또한 이 리큐어는 스펀지케이크를 층층이 쌓은 추파 잉글레세zuppa inglese라는 이름의 디저트에 맛을 낼 때도 사용되었다. 이 리큐어의 현대 버전은 아직도 이탈리아에서 판매되며 이탈리아 식재료 전문점에서도 찾아볼 수 있다. 피렌체에 있는 오래된 산타 마리아 노벨라 약국은 자체적으로 배합한 리큐어를 구비해놓고 있다. 안타깝게도 진짜 깍지벌레로 만든 알커미스는 역사의 뒤안길로 사라지고 말았다. 곤충에서 뽑아낸 식용색소 중 유럽연합에서 사용이 허가된 것은 E120, 즉 연지벌레 색소가 유일하다.

지체하지 말고 답해보자. 술의 재료가 되는 과일의 이름은? 머릿속에 가장 먼저 떠오르는 것은 무엇인가? 십중팔구는 포도를 떠올릴 것이다. 하지만 믿거나 말거나, 포도라는 과일이 아직도 존재한다는 사실 자체가 기적에 가까운 일이다. 화석을 통해 추정해보면 포도는 5000만 년 전에 아시아, 유럽, 아메리카에 널리 퍼져 있었다. 그러나 250만 년 전에 시작된 마지막 빙하기 홍적세 때 거대한 얼음층이 포도 분포지 대부분을 덮어버리는 바람에 포도는 멸종의 위기에 처하고 말았다. 원시인들이 접할 수 있었던 것은 세계 도처의 얼어붙지 않은 지역에서 빙하기를 견뎌낸 덩굴들뿐이었다. 빙하기 이전에 번성했던 포도가 오늘날 우리가 재배하는 포도보다 훨씬 더 다양하고 흥미로웠을 가능성도 배제할 수 없다.

포도가 이토록 번성하게 되었다는 사실이 더욱 믿기지 않는 이유는 이렇게 간신히 살아남은 초기의 덩굴에서 열린 과실은 달콤한 구슬 크기의 알이 탐스럽게 달린 현재의 포도송이와는 전혀 달랐을 것이기 때문이다. 빙하기를 견뎌낸 포도 덩굴은 각 개체가 암나무 또는 수나무의 역할을 하는 암수딴그루였다. 꽃가루를 옮기기 위해서는 곤충에 의존할 수밖에 없었고, 만약 암나무가 수나무에서 너무 멀리 떨어져 있는 경우 수정 자체가 일어나지 않았다. 또한 수정을 통해 맺히는 열매 또한 예측하기가 어려웠다. 포도 덩굴은 사과가 그렇듯 모체와는 상당히 다른 과실이 열리기도 한다. 이러한 포도 중에는

귀부병貴腐病

보트리티스 키네레아Botrytis cinerea라는 곰팡이는 포도에 잿빛 곰팡이병이라는 고약한 질병을 일으킨다. 초봄에 포도가 이 곰팡이에 감염되면 잎이 시들고 꽃이 덩굴에서 떨어진다. 설익은 어린 열매에 이 곰팡이가 번식하면 보기 흉한 갈색 병변이 생기면서 까맣게 변해 열매가 부스러진다. 곰팡이가 잔뜩 피어 썩은 포도는 땅으로 떨어져 다시 다른 덩굴을 감염시킨다. 식물학자들은 이렇게 곰팡이에 감염되어 죽은 열매를 미라라고 부른다.

그러나 가끔씩 기후 조건이 기가 막히게 맞아떨어지면 보트리티스 곰팡이가 다 영근 과실에 번식하여 놀라운 일이 일어난다. 온도가 20~25.5℃ 사이로 유지되고 습도가 매우 높은 상태에서 적당히 익은 상태의 포도는 곰팡이에 감염되어도 썩지 않는다. 마법과 같은 일이 일어나기 위해서는 그다음에 습도가 약 60퍼센트 정도로 떨어져야 한다. 즉 서늘한 기온에서 비가 내리다가 포도가 점점 익어가면서 비가 그쳐야 하는 것이다.

이 모든 일이 시기적절하게 일어나면 곰팡이에 감염된 포도에서는 수분이 빠져나가고 당분이 농축되는데 포도가 썩어서 죽지는 않는다. 이런 현상을 귀부병이라고 부르며, 세계에서 가장 근사한 몇몇 귀부 와인botrytized wine은 바로 이 귀부병에 걸린 포도로 만든다. 보르도 특정 지역에서 세미용Semillon, 소비뇽 블랑Sauvignon Blanc, 뮈스카델muscadelle 포도로 만든 소테른Sauternes 와인은 귀부병이 포도에 미칠 수 있는 긍정적인 영향을 가장 잘 보여주는 사례다. 달콤하면서도 희미하게 알싸한 맛이 돌며 꿀과 건포도의 풍미가 두드러진다. 이러한 종류의 와인은 꽤 고가에 팔리기도 한다. 귀부병 자체가 예측할 수 없는 현상인데다 포도송이를 하나하나 수작업으로 수확해야 하고 포도덩굴 전체에서 와인 한 잔에 해당하는 수확량밖에 나오지 않는 경우도 있다. 독일, 이탈리아, 헝가리, 그리고 세계 곳곳의 다른 와인 산지에서도 귀부 와인이 생산되지만, 곰팡이가 어떻게 번질지 예측하기가 너무 어렵고 리스크가 크기 때문에 기꺼이 이런 위험을 무릅쓰고 포도나무에 곰팡이가 번식하도록 내버려두는 와인 제조업자는 드물다.

작고 쓴맛이 나는데다 먹을 수 없는 씨앗이 가득찬 포도도 있었을 것이다.

그렇다면 도대체 무슨 일이 일어났기에 포도가 오늘날처럼 번성하게 되었을까? 바로 식물의 성적 성향을 바꿔놓은 돌연변이가 일어났기 때문이다. 암수딴그루의 암나무에서는 유전자가 수나무의 기관이 형성되지 못하도록 억제하기 때문에 암나무가 되고, 수나무의 경우도 마찬가지다. 그러나 가끔씩 유전자에 이상이 생겨 자연스럽게 암수한그루의 개체가 탄생한다. 이러한 돌연변이 덩굴에는 수나무와 암나무의 기관이 모두 갖춰져 있었다. 이런 덩굴의 경우 꽃가루를 멀리까지 실어나를 필요가 없었기 때문에 더욱 풍부한 과실이 열렸다. 초창기 농부들은 왜 특정한 덩굴에서 열매가 더 많이 열리는지 그 이유를 몰랐겠지만, 어쨌든 과실이 많이 달리는 덩굴을 선택하여 정착지에서 재배했다. 이 선택 과정은 대략 8000년 전에 시작되었으며 그다음부터는 단순히 가장 맛있는 과실을 골라 잘라낸 다음 유전적 복제품을 얻어내는 작업만 남아 있었다. 다행히도 비슷한 시기에 도자기가 발명되어 야생 이스트가 번식할 수 있을 정도로 오랫동안 으깬 과실을 용기에 담아 보관할 수 있는 환경이 마련되었다.

와인의 탄생을 가능하게 했던 다행스러운 사건이 하나 더 있다. 약 5000년 전에 오크나무의 나무껍질 삼출물을 먹고 자라는 야생 효모의 특정 종이 원시적인 형태의 포도 저장용 통에 침투해 매우 왕성한 발효를 일으켰다. 물론 포도의 표면에 자연적으로 서식하는 다른 효모들도 있었겠지만 이만큼 발효 목적에 적합한 효모는 없었다. 어떤 경로인지는 몰라도 발효에 최적화된 오크나무 효모가 포도통에 섞여들어간 것이다.

도대체 어떻게 이런 일이 일어났을까? 과학자들은 몇 가지 이론을 제시한다. 포도 덩굴이 우연히 오크나무를 타고 올라가면서 이 효모와 접촉했을 수도 있다. 또한 사람들이 도토리와 포도를 같은 시기에 수확하면서 양쪽의 미생물이 섞였거나, 오크나무의 효모가 묻은 곤충이 당분에 이끌려 포도 덩굴

쪽으로 가면서 효모를 옮겼을 수도 있다. 어떤 일이 일어났든 간에, 사카로미케스 케레비시아*Saccharomyces cerevisiae*라는 효모 종이 섞여들어가 와인이 탄생하게 되었다. 오늘날 이 효모는 전적으로 인간이 관리하고 있어 야생에서는 거의 발견되지 않으며, 특수화된 여러 가지 품종으로 개량되어 전 세계에서 빵을 부풀리고 와인과 맥주를 발효시키며 맹활약을 펼치고 있다.

최초의 와인

고고학자인 패트릭 맥거번은 전 세계의 고대 도자기 조각을 분석한 결과 중동에서 6000년 전에 와인이 제조되었다는 증거를 발견했다. UCLA의 연구팀은 아르메니아에서 온전한 와인 생산 시설을 발굴해냈는데 이 역시 6000년 전으로 거슬러올라간다. 맥거번은 또한 중국에서 발견된 기원전 7000년경의 도자기 조각에서 포도의 잔유물일 가능성이 높은 흔적을 검출해내기도 했다. 주변에서 자라는 포도로 와인을 제조하는 전통이 발달되지 않은 경우는 아메리카 인디언들이 유일하다. 설령 그들이 와인을 만들었다 하더라도 그와 관련된 증거는 전혀 찾아볼 수 없다. 특히 남미 인디언들은 옥수수, 아가베, 꿀, 선인장 열매, 콩꼬투리, 나무껍질 등의 다양한 재료로 술을 빚었지만 포도를 사용하는 일은 매우 드물었다.

시간이 흐르면서 이집트인, 그리스인, 로마인이 가장 능숙하게 포도주를 제조할 수 있게 되었다. 중세로 접어들면서 고대의 과학적 발견 중 상당수가 잊히고 말았지만 포도주 제조법만큼은 수도사들의 노력 및 종교와 포도주의 밀

접한 연관성 때문에 살아남았다. 1500년대쯤에는 교회가 벌이는 사업의 일환이던 포도원 재배가 개인이 운영하는 형태로 전환되기 시작했고, 이러한 개인 중 상당수가 귀족이었다. 그후 몇 세기 동안 영국은 프랑스와 전쟁중이었음에도 불구하고 가끔씩 적국의 고급 와인을 엄청나게 사들였다. 식민지 정착민들이 신대륙에 도착했을 때쯤에는 유럽에서 이미 활발한 와인 시장이 자리를 잡고 있었을 것이다.

브랜디의 발명

와인을 증류하여 브랜디를 만드는 전통이 시작된 것도 그즈음이다. 13세기 스페인과 이탈리아의 문헌에는 와인을 끓여서 일종의 도수 높은 증류주를 만들었다는 내용이 나온다. 네덜란드인들은 이 술에 '태운 와인'이라는 뜻의 브란데베인brandewijn이라는 이름을 붙였고, 이 말을 짧게 줄인 것이 '브랜디'다. 네덜란드 상인들은 와인 생산지의 항구에 증류기를 설치했는데, 특히 와인이 신통치 않아 브랜디의 형태로 판매하는 것이 더 높은 수익을 낼 수 있는 경우에는 증류하는 일이 많았다. 이러한 지역 중 하나가 프랑스의 코냐크다. 이 지역에서 생산되는 화이트 와인은 질이 그렇게 나쁜 것은 아니었지만 별다른 특성이 없어 밋밋했다. 네덜란드 상인들은 이 와인을 증류하여 알코올 도수가 높은 증류주로 만든 다음 나중에 물로 희석해 와인 대용품으로 사용함으로써 운송비를 절약하려 했다. 가끔은 분주하게 돌아가는 항구에서 혼란이 생겨 의도했던 것보다 오래 증류주를 통 안에 묵혀두는 경우도 있었다. 그 결과는? 풍부하고 복합적인 맛이 나는 잘 숙성된 코냐크가 탄생했다. 훗날에는 포도원에서 나오는 부산물도 발효할 수 있다는 사실이 밝혀졌다. 으깬 껍질, 줄기, 씨앗까지 모두 발효 탱크에 들어가서 그라파grappa와 같은 독한 증류주를 만드는 데 사용되었다.

　포도로 만든 브랜디와 오드비가 그 자체로도 유럽 여러 지역에서 인기를

베르무트 칵테일

이 클래식 칵테일은 가향 와인으로 실험해보기에 매우 좋은 레시피다. 예를 들어 푼트 에 메스Punt e Mes, 이탈리아의 베르무트와 보날 장시안 키나Bonal Gentiane Quina, 프랑스의 식전 와인를 섞으면 매우 멋진 음료가 탄생한다. 또한 릴레Lillet, 보르도 와인에 오렌지 리큐어를 혼합한 것는 대부분 어느 재료와도 잘 어울린다.

드라이 화이트 베르무트 1온스
스위트 레드 베르무트 1온스
앙고스투라 비터즈 소량
레몬 껍질
소다수(선택)

얼음에 화이트 베르무트와 레드 베르무트, 비터즈를 넣고 섞은 다음 걸러서 칵테일 잔에 따라 내거나 얼음 위에 부은 다음 맨 마지막에 소다수를 첨가한다. 레몬 껍질로 장식한다.

얻기는 했지만, 스페인과 포르투갈의 와인 제조업자들은 영국인들이 브랜디를 첨가한 달콤한 와인을 즐긴다는 사실을 알게 되었다. 효모는 알코올 농도가 높은 용액에서 생존할 수 없으므로 와인에 다른 알코올을 첨가하면 쉽게 발효 과정을 중단시킬 수 있었지만 이렇게 하면 다른 종류의 효모가 생존하기 좋은 환경이 조성되었다. 스페인 남부의 헤레스Jerez 지역에서는 전통적으로 통에 화이트 와인을 꽉 채우지 않은 채 숙성시켰다. 그러면 사카로미케스 케레비시아라는 특수한 효모 종이 통에 대량 서식하며 와인 위에 두꺼운 막을 형성했다. 스페인 사람들은 이를 플로르flor라고 부르며 과학자들은 이를 피막이라고 부른다. 다른 효모 종과 달리 이 플로르는 약 15퍼센트 정도의 높은 알코올 도수를 선호하기 때문에 와인 제조업자들은 이 효모를 살려두기 위해 와인에 알코올을 첨가한다.

영국인들은 이 와인을 셰리라고 부르며, 헤레스라는 지역명이 변형되어 이런 이름이 붙었을 가능성도 있다. 셰리는 생물학적으로 숙성되는 와인이 강화 와인은 도수 높은 알코올음료가 첨가된 와인이다. 가장 유명한 강화 와인은 다음과 같다.

마데이라: 중성 포도 증류주로 강화시킨 산화된 포르투갈 와인.

마르살라: 마르살라 지역에서 생산되는 강화 이탈리아 와인.

무스카텔Muscatel **또는 모스카텔**Moscatel**:** 대부분 포르투갈에서 생산되는 달콤한 강화 무스카트 와인.

포트: 발효가 끝나기 전에 포도로 만든 증류주로 강화하여 와인에 약간의 당분을 남겨두는 포르투갈 와인(미국에서는 이런 식으로 생산되는 와인이라면 산지에 관계없이 모두 포트와인이라고 부를 수 있지만, 라벨에 '포르투porto'라는 이름을 붙일 수 있는 것은 포르투갈산 뿐이다).

셰리: 발효가 끝난 후 브랜디를 섞은 스페인산 화이트 와인.

뱅 두 나튀렐 Vins doux naturels**:** 달콤한 프랑스산 강화 와인. 무스카트 포도로 만드는 경우가 많다.

라고 하는데, 그 이유는 시간이 지남에 따라 효모가 맛을 변화시키기 때문이다. 셰리가 더욱 복합적인 풍미를 갖게 되는 것은 솔레라solera라는 숙성 시스템 덕분이다. 셰리가 담긴 통을 4단 높이로 쌓아두고, 완성된 셰리는 맨 밑에 있는 통에서만 꺼낸다. 그러면 밑에서 두번째에 있던 통의 셰리가 맨 밑에 있는 통을 채우고, 이 두번째 통은 다시 밑에서 세번째에 있던 통의 셰리가 채우는 식이다. 새로 만든 와인은 맨 위에 있는 통에만 넣는다. 몇몇 솔레라는 무려 200년 이상 계속해서 운영되고 있기 때문에 완성품에 근사한 깊이와 풍미를 불어넣는다.

다른 지역에서도 나름대로의 알코올 첨가 와인이 발달했다. 포르투갈 와인 제조업자들은 반쯤 발효한 와인에 브랜디를 첨가해 강화함으로써 효모가 당분을 모두 먹어치우지 못하도록 막았다. 탱크나 통에서 몇 년 숙성시켜 건포도 향이 감도는 달콤한 와인으로 완성한 것이 바로 포트와인이다. 역시 포르투갈산인 마데이라도 화이트 와인을 사용하여 비슷한 방식으로 만든 다음 공기에 노출시켜 마치 먼 옛날의 술통들이 오랜 바다 항해에서 겪었을 법한 극단적인 온도를 접하게 해준다. 이렇게 의도적으로 혹독한 환경을 만들어주면 산화된 건조 과실 향이 나며 숙성이 잘 되기 때문에 병을 연 후에도 최대 1년까지 두고 마실 수 있다. 이탈리아의 마르살라Marsala 역시 비슷하게 알코올을 강화하여 숙성시킨 것이며, 그 외에도 전 세계의 와인 산지에서 유사한 와인이 생산된다.

유럽에서 몇 세기 동안 이어져내려온 또하나의 전통은 와인에 허브와 과실로 풍미를 첨가하는 것으로, 그 결과 가향 와인 또는 강화 와인이라고도 부르는 베르무트와 식전 와인이 탄생했다. 이러한 와인들은 원래 약으로 사용하기 위해 제조되었을 가능성도 있다. 약쑥, 퀴닌, 용담, 또는 코카 잎을 함유한 와인은 각각 장내 기생충, 말라리아, 소화불량, 또는 무기력함의 치료제로 사용되었기 때문이다. 그러나 19세기 후반이 되자 이러한 와인들은 그 자체만으로 즐길 수 있는 음료가 되었다. 베르무트는 화이트 와인으로 만들며(레드 베르무트는 레드 와인으로 만드는 것이 아니라 화이트 와인에 캐러멜을 첨가하여 단맛과 진한 색을 낸 것이다), 브랜디나 오드비로 알코올을 약간 강화하여 도수를 약 16퍼센트 정도로 맞춘다.

미국인들의 실험

이토록 우수하고 다양한 와인 제조의 전통을 가지고 있었던 유럽인들의 입장에서 포도 재배에 적합할지 여부도 알 수 없는 대륙으로 항해를 떠나는 일은 쉽지 않았을 것이다. 초기에 조성했던 포도밭은 실패로 돌아갔기 때문에 미국 헌법 제정자들은 와인을 수입하거나 곡물, 옥수수, 사과, 당밀로 집에서 양조한 술을 마셔야 했다. 토머스 제퍼슨은 특히 프랑스 와인에 돈을 아끼지 않았고 자신의 몬티첼로Monticello 정원에서 키우고자 와인 만들기에 적합한 토종 미국산 포도나무를 찾으려고 노력했다. 하지만 토종이든 유럽 품종이든 제퍼슨이 심었던 포도는 제대로 된 와인 한 방울도 생산하지 못했다.

도대체 뭐가 문제였을까? 단순히 미국산 품종이 와인 제조에 적합하지 않았던 점도 있지만, 그에 대해서는 잠시 후에 더 자세히 설명하도록 하자. 유럽산 포도가 실패한 것이 진짜 수수께끼다. 제퍼슨이 몰랐던 것, 아니 19세기 중후반이 되도록 아무도 몰랐던 것은 튼튼한 미국산 포도나무가 마찬가지로 미국 토종이며 진딧물과 비슷한 작은 해충인 포도나무뿌리진디Daktulosphaira vitifoliae의 공격에 잘 견딘다는 사실이었다. 유럽산 포도는 이 해충에 내성이 없었기 때문에 수입한 포도를 미국 땅에 심자 시들어버렸던 것이다.

아무도 이 사실을 깨닫지 못하는 와중에 미국인들은 프랑스에 토종 포도나무를 선물로 보냈다. 안타깝게도 이 나무들 역시 포도나무뿌리진디에 감염되어 있었고 이 자그마한 미국산 해충은 19세기의 프랑스 와인 산업을 초토화시켜버렸다.

처음에는 왜 포도나무가 죽어가는지 아무도 알지 못했다. 사실 이 벌레를 없애는 방법을 찾아내는 것은 고사하고, 단순히 포도나무뿌리진디라는 생명체에 대해 이해하는 데만도 몇십 년이 걸렸다. 이 벌레의 생장 주기는 그때까지 과학자들이 보아온 그 어떤 생명체와도 달랐다. 우선 암컷 포도나무뿌리진디 한 세대는 교미나 짝짓기 한 번 하지 않지만 그래도 알을 낳을 수 있다. 다음 세대도 그렇고 그다음도 마찬가지다. 따라서 암컷 세대는 계속해서 태어나는 것이다. 1년에 한번씩 마침내 수컷 몇 마리가 나타나는데, 이 수컷들은 오직 교미를 하고 죽기 위해 존재한다. 이 불쌍한 생명체에게는 심지어 소화기관도 없다. 수컷은 교미만 하고 사라지는 짧은 일생 동안 식사 한 끼 제대로 즐기지 못하는 것이다. 일단 수컷이 임무를 다하면 암컷은 다시 수컷 없이 번식을 시작하여 몇 세대를 이어나간다. 이들의 서식지 역시 바뀐다. 생장 주기의 어떤 단계에서는 나뭇잎으로 벌레를 숨겨주는 단단한 보호막인 혹병을 만들어 그 안에 숨기도 하고, 또다른 단계에서는 땅속을 파고 들어가서 뿌리를 공격하기도 한다.

마침내 포도나무뿌리진디에 대해 잘 알게 되었을 즈음에는 프랑스의 와인 산업이 거의 황폐화된 상태였다. 해결책은 처음에 문제를 일으켰던 바로 그 식물, 즉 회복력이 강한 미국산 포도나무에서 찾을 수 있었다. 오랫동안 재배

가향 와인 살펴보기

아무리 실험정신이 강한 와인 애호가라 하더라도 가향 와인의 놀라운 세계는 아직 경험해보지 못했을 수도 있다. 가향 와인에는 허브, 과일, 또는 기타 풍미가 추가되어 있으며, 알코올을 첨가하여 도수를 강화시킨 것들도 있다. 베르무트는 가장 잘 알려진 가향 와인 중 하나다. 만약 베르무트 한 잔이 그 자체로 멋진 음료라고 생각하지 않는다면 아래 소개하는 와인들을 시음해보자. 다른 와인과 마찬가지로 일단 뚜껑을 개봉한 다음에는 금세 변질되기 때문에 냉장 보관해야 한다는 점만 기억하자. 알코올 성분이 추가되어 있기 때문에 와인보다는 약간 더 오래 견디지만, 되도록 한 달 안에 마시는 것이 좋다.

미스텔Mistelle: 발효되지 않은 포도즙 또는 반쯤 발효된 포도즙을 알코올과 섞은 음료. 가향 와인의 베이스로 사용되는 경우도 있다. 다음 와인을 시도해보자.

● **보날 장시안 키나:** 미스텔을 베이스로 하여 장시안과 키나로 향을 낸 음료. 그냥 마시거나 칵테일을 만들 때 레드 베르무트 대용으로 사용하면 아주 맛이 좋다.

● **피노 데 샤랑트**Pineau des Charentes: 코냑을 첨가하고 향을 가하지 않은 채 통에서 숙성시킨 미스텔. 프랑스 남서부 지방에서 생산된다. 잊을 수 없는 맛.

킨키나Quinquina: 퀴닌과 다른 향이 첨가된 강화 와인. 다음과 같은 근사한 음료 두 가지를 소개한다.

● **코치 아메리카노**Cocchi Americano: 퀴닌, 허브, 감귤류를 주입한 이탈리아산 강화 와인으로 클래식 칵테일에 사용되지만 단독으로 마셔도 완벽한 맛을 낸다.

● **릴레:** 보르도 와인, 감귤류 껍질, 퀴닌, 과일 리큐어 및 기타 향료를 섞어 만든다. 블랑, 루주, 로제의 세 가지 유형이 있으며, 세 가지 모두 매혹적이다.

베르무트: 약쑥, 허브, 설탕과 함께 알코올을 첨가하여 강화한 와인. 14.5~22퍼센트의 알코올 도수로 보틀링한다. 다음과 같은 두 가지 술을 마셔보면 베르무트의 팬이 될 것이다.

● **돌랭 블랑 베르무트 드 샹베리** Dolin Blanc Vermouth de Chambéry: 드라이 베르무트와 스위트 베르무트의 중간 형태인 돌랭 블랑은 과일과 꽃향기, 기분좋을 정도의 쌉쌀한 맛이 균형 있게 어우러진 좋은 술이다. 얼음 위에 붓고 레몬 트위스트를 얹어 마신다.

● **푼트 에 메스:** 말린 과일과 셰리 향이 감도는 매우 진하고 세련된 가향 레드 와인이며 단독으로 마셔도 훌륭하다. 스위트 베르무트보다 복합적이며 더욱 어른 취향을 낼 수 있는 대용품이다.

해왔던 유럽산 포도나무를 튼튼하고 강한 미국산 포도나무의 대목에 접목하자 다시 포도나무가 번성하고 와인 산업이 살아났다. 물론 그 과정이 와인 맛에 영향을 미치지 않았을까 하는 우려가 있었던 것은 사실이다. 대부분의 와인 전문가들은 이러한 와인 산업의 일시적인 후퇴에도 불구하고 프랑스 와인이 그럭저럭 성공적으로 다시 자리를 잡았다는 데 동의하지만, 그래도 여전히 접목 없이 스스로의 뿌리로 견뎌낸 순수 유럽산 포도나무로 만든 '포도나무뿌리진디 이전의 와인'을 찾으려 노력하고 있다. 예를 들어 칠레의 경우, 스페인 선교사들이 유럽에서 가져온 포도나무는 병충해의 피해를 입은 적이 없기 때문에 포도나무뿌리진디 이전의 와인을 생산하고 있다.

포도나무뿌리진디가 한창 기승을 부렸을 때에는 와인 공급량이 부족했기 때문에 카페에서는 압생트를 즐겨 마셨다. 압생트의 독성에 대한 루머는 지나치게 과장된 것이다. 압생트에 약쑥*Artemisa absinthium*의 향이 첨가되기는 하지만 술 마시는 사람의 정신이 혼미해지는 것은 절대 약쑥 때문이 아니다. 그보다는 높은 알코올 도수 때문이라고 봐야 한다. 압생트는 브랜디보다 두 배 가까이 높은 약 70퍼센트의 도수에서 보틀링한다. 압생트를 사회적 악으로 생각한 이유가 무엇이든, 와인 제조업자들은 앞다투어 프랑스의 금주 운동에 동참했으며 압생트를 금지하는 동시에 건강하고 도덕적인 음료로 간주되었던 와인을 보호하는 금주법을 옹호했다.

이렇게 하여 프랑스 와인 산업은 살아났지만 미국 농부들은 여전히 토종 미국 포도로 좋은 와인을 만드는 방법을 찾느라 고군분투하고 있었다. 특히 포도 그 자체의 유전적 특징 때문에 어려움이 컸다. 유럽산 비티스 비니페라종은 거의 1만 년에 걸쳐 더 크고 더 맛있는 과일을 선별하고 암수딴그루보다는 암수한그루인 포도나무를 선택하는 인간의 선별 과정을 거쳤지만 북미에서는 이러한 인간의 개입이 거의 일어나지 않았다. 인간이 아닌 새들이 그 역할을 대신했다. 새들은 자신들의 눈에 잘 보인다는 이유로 와인 제조에 그다지 적합하지 않은 푸른색 껍질의 품종을 선택했으며, 큰 과일보다는 한입에 먹을 수 있는 자잘한 과일을 골랐다.

따라서 가장 널리 자라는 토종 미국 품종 중 하나인 비티스 리파리아*V. riparia*가 아무리 내한성이 있고 병충해에 강하다고 해도 새가 아닌 와인 제조업자들의 눈에는 자잘한 푸른색 과일이 그다지 매력적으로 보일 리 없었다. 미국의 식물학자들은 300년에 걸친 실험 끝에 이제야 겨우 토종 포도를 와인으로 만드는 방법을 발견해가고 있다. 미네소타 대학의 연구원들은 비티스 리파리아와 유럽산 포도나무를 결합하여 프롱트나크Frontenac나 마켓Marquette처럼 북쪽의 추운 기후에서도 놀랄 만큼 좋은 품질의 와인을 생산할 수 있는 새로운 품종을 만들어냈다. 이러한 품종으로 만든 와인은 강렬하고 활기가 넘쳐 상당히 마시기 좋으며 미국 와인의 특징인 어렴풋한 야생 풀내음을 풍긴다.

피스코 사우어

이것은 페루의 국민 칵테일이다.

피스코 1과 1/2온스
갓 짜낸 레몬즙 또는 라임즙 3/4온스
심플 시럽 3/4온스
계란 흰자 1
앙고스투라 비터즈

얼음을 넣지 않은 칵테일 셰이커에 비터즈를 제외한 모든 재료를 넣고 적어도 **10초** 이상 흔든다. 이렇게 '얼음 없는 셰이크'를 만들면 음료에 거품이 생긴다. 그다음 얼음을 첨가하고 **45초** 이상 흔든다. 칵테일 잔에 부은 다음 맨 위에 비터즈 몇 방울을 떨어뜨린다.

포도를 재료로 하는 전 세계의 증류주

브랜디는 보통 80퍼센트 이하의 알코올 도수로 증류한 다음 35~40퍼센트의 알코올 도수로 보틀링한 와인(또는 다른 과일) 증류주를 일컫는 일반적인 용어다. 포도로 만든 브랜디의 종류는 다음과 같다:

아구아르디엔테 Aguardiente: 포르투갈산 브랜디. 중성 포도 증류주를 가리킬 때에도 이 용어가 사용된다.

아르마냑: 아르마냑 지역 근처에서 생산된다. 단식 증류기를 사용하여 만드는 코냑과는 달리 아르마냑은 알렘빅 alembic이라는 연속식 증류기를 사용하여 보다 낮은 도수가 되도록 만든다. 둘 다 특정한 포도 품종으로 제조한 다음 오크통에서 숙성시킨다.

아르첸테 Arzente: 이탈리아산 브랜디

브랜디 데 헤레스 Brandy de Jerez: 이 술과 단순히 '브랜디'라는 라벨이 붙어 있는 다른 증류주들은 스페인에서 제조한다.

코냑: 프랑스의 코냑 지방에서 생산된다.

메탁사 Metaxa: 그리스산 브랜디.

오드비는 과일로 만든 도수가 높고 투명한 술이다. 과일의 찌꺼기(껍질, 줄기, 씨앗 및 와인 발효를 하고 남은 잔류물)를 사용하여 만드는 경우에는 퍼미스pomace, 과일에서 즙액을 짜고 남은 찌꺼기 브랜디라고 부르며, 다음과 같은 이름을 사용하기도 한다.

포르투갈의 **바가세이라**Bagaceira, 이탈리아의 **그라파**, 프랑스의 **마르크**Marc, 스페인의 **오루호**Orujo, 독일의 **트레스터**Trester, 그리스의 **치쿠디아**Tsikoudia

포도 베이스 진은 주니퍼나 다른 식물을 주입한 포도 보드카를 총칭하는 말이다. 지바인G'Vine은 코냑에 사용되는 것과 같은 종류의 포도에 갓 피어난 포도 덩굴 꽃과 기타 허브 및 향료 추출물을 첨가한 프랑스산 진이다.

포도 보드카는 오드비처럼 도수가 높고 숙성하지 않은 증류주로 자연스러운 느낌을 주도록 만든 술이다. 좋은 포도 보드카로는 비오니에Viognier 포도와 밀을 섞어 만든 세인트 조지 스피리츠St. George Spirits의 행거 원 보드카Hangar One Vodka가 있다. 비오니에 포도는 아주 가벼운 과일 향기를 더해준다. 프랑스산 포도로 만든 시록Ciroc 역시 인기 있는 브랜드다.

피스코는 페루의 항구도시 피스코의 이름을 딴 술로, 18세기 여행자들은 이곳에 배를 정박하고 현지에서 만든 증류주를 선적했다. 이 술은 오크가 아닌 유리나 스테인리스 스틸 용기에서 숙성시킨다. 페루에서는 38~48퍼센트 정도의 높은 알코올 도수로 보틀링한다. 칠레 사람들은 다른 포도 품종을 사용하여 나무통에서 숙성시킨 버전도 제조한다.

아촐라도Acholado는 여러 포도 품종을 섞어서 만든다.

무스토 베르데 Musto verde는 부분적으로 발효된 포도 줄기, 씨앗, 껍질을 사용해서 증류해낸다.

피스코 푸로 Pisco puro는 단일 품종의 포도로 만든다.

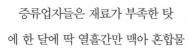

1946년 6월 3일자 뉴욕타임스에는 "감자가 술꾼들의 갈증을 풀어줄지 모른다"라는 표제의 기사가 실렸다. 전시 곡물 부족 현상 때문에 맥주와 위스키 애호가들은 큰 타격을 입었다. 농무부는 곡물을 식량, 가축의 사료, 고무 제조를 위한 공업용 알코올 생산 등 보다 중요한 용도에 사용했다. 전쟁이 끝난 후에도 군대가 임무를 마무리하고 전쟁으로 황폐화된 유럽에 구호물자를 보내는 작업이 진행되면서 알코올에 대한 제재는 계속되었다.

증류업자들은 재료가 부족한 탓에 한 달에 딱 열흘간만 맥아 혼합물을 만들 수 있었고, 거기에 들어가는 호밀이나 다른 곡물의 양 역시 제한되어 있었다. 이렇게 원료 수급이 어려운 상황에서 증류업자들은 창의력을 발휘할 수밖에 없었다. 감자를 넉넉히 배급해줄 것을 요청하면서 품질이 좋은 감자는 식용으로 보관해두고, 등급이 낮고 알이 작으며 모양이 엉망인 감자로는 블렌드 위스키, 진, 또는 코디얼을 만들겠다고 설명했다. 미국 농무부는 이러한 움직임이 "미국인의 음주 습관을 바꾸고 보드카 등 감자로 만든 술을 유행시킬지도 모른다"고 논평했다.

당시 보드카는 미국 애주가들에게 거의 알려지지 않은 술이었다. 1946년에 미국인들이 소비한 보드카의 양은 378만 리터로 전국에서 소비되는 모든 증류주의 1퍼센트 이하에 지나지 않았다. 그러나 1965년이 되자 소비량은 30배나 증가했다. 보드카를 만들 때에는 항상 감자에 호밀, 밀, 그리고 다른 곡물을 추가하기 마련이지만, 미국인들은 유독 보드카를 오직 감자만으로 빚어내는 이국적인 술이라고 생각했다.

잉카의 보물

감자의 기원은 페루에서 찾을 수 있다. 야생 감자*Solanum maglia*와 *S. berthaultii*는 아직 빙하가 높은 표고 영역까지 덮고 있던 1만 3000년 전부터 남미의 서부 해안을 따라 자랐다. 기원전 8000년에 빙하가 후퇴하기 시작하면서 해안가가 더욱 가물어가며 사막처럼 변해가자 사람들은 더 높은 지대로 이주했다. 바로 그곳, 안데스산맥에서 고대 페루인들이 재배한 것이 감자였다. 바위투성이의 산악지대에서는 날씨가 급격히 변했기 때문에 경작 환경은 좋지 않았고 예측하기도 어려웠다. 따라서 수천 개의 다양한 종이 재배되었고, 각 재배종마다 나름대로의 생태학적 위치를 점유하고 있었다.

1528년에 처음으로 잉카 제국을 접한 스페인 사람들은 고도로 발달한 문명에 놀라움을 금치 못했다. 2만 2500킬로미터에 달하는 도로 체계와 고도로 발달된 건축, 세금 제도와 공공사업 프로젝트, 근대적인 농업 기술까지 갖춘 잉카 제국은 가히 로마 제국에 비견할 만했다. 프란시스코 피사로Francisco Pizarro와 그의 부하들은 잉카의 금과 보석에 너무나 매료된 나머지 지저분한 감자 따위는 주울 생각조차 하지 않았다. 감자가 유럽에서 재배되기 시작한 것은 그로부터 몇십 년이 지나서였고, 17세기 후반에 들어서야 감자는 식용 작물로 널리 재배되었다.

유럽인들은 위험한 가짓과 식물인 감자를 좀처럼 믿지 않았다. 사리풀이나 벨라도나 등 구대륙에서 자라던 가짓과 식물들은 강력한 독성을 가지고 있었다. 그 때문에 유럽인들은 감자, 토마토, 담배 등 신대륙에서 발견되는 모든 가짓과 식물을 두려워했다(마찬가지로 인도 원산의 가짓과 식물인 가지에도 의심의 눈길을 보냈다). 그리고 실제로 감자도 다른 가짓과 식물과 마찬가지로 꽃을 피운 다음 작고 독성이 있는 열매를 맺는다. 심지어 전분이 풍부하게 함유된 덩이줄기조차 빛에 노출되면 알칼로이드 솔라닌의 독성이 축적된다. 이는 땅에서 캐낸 연약한 감자를 포식자로부터 보호하려는 방어 기제였다.

가짓과인데다 소위 남미의 미개한 사람들이 먹는다는 감자는 좋게 봐줘야 노예에게 먹이는 음식, 나쁘게 보면 연주창과 구루병을 일으키는 더럽고 사악한 뿌리로 인식됐다. 아일랜드 사람들이 감자를 받아들였다는 사실은 감자가 농부들이나 먹는 하찮은 음식이라는 영국인들의 생각을 더욱 굳히는 결과를 가져왔을 뿐이었다. 그럼에도 불구하고 결과적으로 감자는 유럽 대륙 전역에 단단히 뿌리를 내렸다. 또한 탐험가들은 감자를 아시아, 아프리카, 북미의 새로운 식민지에 전파했다.

보드카의 탄생

요즘 사람들에게 보드카의 기원에 대해 물어보면 감자로 만들었다거나, 러시아에서 온 술이라는 대답을 듣게 될 것이다. 그러나 두 가지 다 100퍼센트 사실은 아니다. 보드카는 감자가 유럽에 전파되기 훨씬 전부터 이미 곡물을 증류해 만들고 있었다. 보드카의 탄생지에 대해서는 러시아와 폴란드가 각각 자국의 술이라 주장하며 끊임없이 논쟁하고 있다. 한 가지 확실히 알려진 사실은 1400년경에 이미 곡물을 재료로 해서 만든 투명하고 도수 높은 증류주가 그 주변 전역에서 걸쳐 생산되고 있었다는 점이다. 스테판 팔리미시Stefan Falimirz는 1523년에 저술한 의학서 『약초와 그 효능On Herbs and Their Powers』에서 '작은 물방울'이라는 뜻의 폴란드어인 보트키wodki를 사용했는데, 이것은 감자로 보드카를 만들기 훨씬 전 일이었다. 당시 감자는 남미에서 막 발견된 식물이었기 때문에 아직 유럽에는 전파되지 않은 상태였다.

18세기에 접어들자 감자는 동유럽에서 주식 작물이 되었으며 1760년경부터는 증류업자들이 감자로 알코올을 생산할 수 있는지 실험하기 시작했다. 초기에는 어려움이 많았을 것이다. 사실 감자는 다음 세대를 위해 양분과 물을 저장하는 굵은 땅속줄기에 불과했으니 말이다. 곡물에 들어 있는 전분이 발아하는 씨앗에 영양분을 제공하기 위해 한꺼번에 당분으로 전환되는 것과 달리 감자에 들어 있는 전분은 한꺼번에 당분으로 전환되지 않는다. 대신 오랜 성장 기간 동안 천천히 분해되며 어린 식물에 꾸준히 영양분을 공급한다. 감자 입장에서는 뛰어난 생존 전략이지만 증류업자들에게는 달갑지 않은 특징이라 할 수 있다.

1809년에 폴란드에서 발간된 『완벽한 증류업자와 양조업자 *The Perfect Distiller and Brewer*』라는 소책자에서는 감자에서 보드카를 증류해내는 과정을 설명하면서 감자로 만드는 보드카는 사탕무, 곡물, 사과, 포도, 도토리로 만드는 보드카보다 품질이 떨어지는 최하등급이라고 경고했다. 사실 감자가 폴란드 보드카의 재료로 흔히 사용된 이유는 양질의 증류주를 만들 수 있기 때문이 아니라 값이 싸고 구하기 쉬웠기 때문이다. 감자를 발효 탱크에 넣으면 걸쭉하고 끈적끈적한 반죽으로 변했으며 감자 전분은 좀처럼 당으로 분해되지 않았고 유독성 메탄올과 퓨젤유도 더 많이 배출되었다. 러시아의 보드카 제조업자들은 폴란드산 싸구려 감자 보드카를 무시했다. 오늘날까지도 러시아 사람들은 감자보다는 호밀과 밀로 만든 보드카가 최고라고 주장한다.

수작업 재배 감자

1946년에 미국 증류업자들이 남아도는 감자를 위스키 블렌드 제조에 사용하려고 배급을 신청할 즈음, 보드카 역시 부활의 조짐을 보였다. 유럽에서 고향으로 돌아온 병사들은 외국 땅에서 약간이나마 술을 접해본 상태였다. 따라

고구마 SWEET POTATO

Ipomoea batatas 메꽃과

고구마는 영어로 '달콤한 감자 sweet potato'라고 하지만 사실 감자와는 전혀 관련이 없는 식물이다. 고구마는 나팔꽃과 매우 유사한 덩굴의 뿌리다. 아 참, 그리고 전분이 풍부한 아프리카산 마속 Dioscorea genus 식물의 뿌리인 얌 yam, 참마과도 아무 관계가 없다(미국인들은 전통적으로 부드러운 주황색 고구마를 얌이라고 부르지만 진짜 얌은 미국에서 거의 판매된 적이 없다).

고구마의 원산지는 중미이며 유럽 탐험가들을 따라 전 세계로 퍼져나갔다. 고구마를 사용하여 만든 최초의 알코올음료 중 하나는 고구마와 물, 레몬즙, 설탕으로 만든 발효 음료 모비 mobbie로, 이 모비에 대해서는 1652년까지 거슬러올라가는 기록이 바베이도스에 남아 있다. 이 술은 고구마 딱정벌레가 창궐하여 작물을 쓸어버릴 때까지 한 세기 이상 '순한 맥주'로 널리 음용되었다. 고구마밭이 있던 자리에 사탕수수 농장이 들어서자 사람들은 럼을 즐겨 마시게 되었다.

브라질 사람들 역시 고구마로 카오위 caowy라는 발효 음료를 만들었다. 유럽인들은 이 음료를 그다지 마음에 들어하지 않았다. 1902년에 미국의 와인 제조업자인 에드워드 랜돌프 에머슨은 포르투갈 사람들이 이 음료의 이름을 비뉴 드 바타타 vinho d'batata로 바꾸자 맛도 좋아졌다고 적었다. "새 이름이 훨씬 듣기 좋은데다 때로는 이름이 상당히 중요한 역할을 하는 법이다."

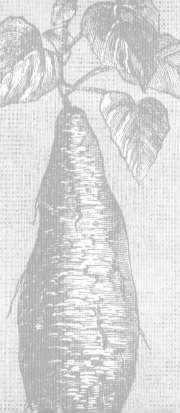

가장 널리 알려진 고구마 증류주는 고구마, 쌀, 메밀, 기타 재료를 증류하여 최대 35퍼센트의 알코올 도수로 만든 일본의 쇼추 shochu, 일본의 소주다. 한국의 소주 역시 고구마로 만드는 경우가 있다.

아시아 전역에 걸쳐 "고구마 와인"은 바베이도스 섬사람들이 마셨던 것과 크게 다르지 않은 자가 양조 음료를 일컫는다. 고구마 맥주는 노스캐롤라이나와 일본에서 생산되며, 고구마 보드카 역시 얼마 전부터 시장에 선보이기 시작했다.

서 무언가 새로운 것을 시도해볼 준비가 되어 있었다. 전후에 경제가 발전하면서 칵테일 분야에도 새로운 시대가 열렸다. 모스크바 뮬이나 블러디 메리 같은 칵테일은 애주가들의 마음을 사로잡았는데, 이들 칵테일에서 보드카는 어디에나 튀지 않게 어울리며 스며드는 역할을 훌륭하게 소화해냈다. 곡물이든 감자든 원재료는 크게 문제가 되지 않았다. 20세기 후반부에 보드카는 칵테일에 즐겨 사용되는 증류주로 자리잡았다.

최근 유기농 재배 채소에 대한 미식가들의 뜨거운 관심에 힘입어 감자로 만든 보드카가 다시금 주목을 받고 있다. 1997년에 북미에서 판매를 개시한 쇼팽Chopin이라는 폴란드산 감자 보드카는 금세 인기를 끌며 고급 브랜드로 자리매김했다. 다른 폴란드 보드카들도 이 전례를 따랐다. 아이다호, 뉴욕, 브리티시컬럼비아, 영국에 있는 수제 양조장에서는 마치 와인 제조업자들이 포도를 선별하듯이 특정한 감자 품종을 선택해 자신들만의 보드카를 생산해낸다.

하지만 감자의 품종에 따라 정말 맛에 차이가 있을까? 이 점에 대해서는 증류업자들 사이에서도 의견이 분분하다. 감자 보드카는 곡물 보드카에 비해 더욱 매끄럽고 풍부한 맛을 낸다고들 하지만, 러셋 버뱅크Russet Burbank 또는 유콘 골드Yukon Gold처럼 서로 다른 품종의 맛까지 구별해낼 수 있느냐 하는 것은 각자의 미각에 달려 있다.

브리티시컬럼비아에 있는 팸버턴Pemberton 양조장의 타일러 슈람은 다섯 품종의 감자를 혼합해서 사용하지만 맛보다는 전분의 함량을 기준으로 감자를 선택한다. 슈람은 이렇게 설명한다. "제 석사 논문 주제가 감자 증류였습니다. 그리고 단일 품종 증류도 시도해봤죠. 우리가 만드는 보드카는 조금씩 음미하는 술이기 때문에 어느 정도 맛이 들어 있어야 합니다. 하지만 감자 품종들 사이에 실제로 사람이 구별해낼 수 있을 정도의 맛 차이는 존재하지 않습니다." 슈람이 보다 중요하게 여기는 것은 환경에 대한 의무와 다른 방법으

로는 사용할 수 없는 식재료를 재활용한다는 증류업자들의 전통적인 역할이
다. 슈람 보드카 한 병을 만들기 위해서는 6.8킬로그램의 감자가 필요하기 때
문에 슈람은 작물에서 사람이 먹지 않는 부분만을 사용하려고 노력한다. 그
래서 유기농법으로 작물을 재배하는 농부에게 부탁해 모양이 이상하거나 크
기가 비정상적이라 판매할 수 없는 감자를 구입한다. 슈람은 브리티시컬럼비
아의 기후 역시 유리한 점으로 작용한다고 믿는다. "곡물과 달리 감자는 저장
하기가 까다롭지요. 저희가 사용하는 방법은 이곳의 날씨가 서늘하기 때문에
가능한 것이지, 어디서나 통한다고 할 수는 없습니다."

　스웨덴에서 제조되는 칼손스 골드Karlsson's Gold라는 보드카는 셀린Celine,
감말 스벤스크 뢰드Gammel Svensk Röd, 햄릿Hamlet, 머린Marine, 프린세스Princess,
상타 토라Sankta Thora, 솔리스트Solist라는 세심하게 선별한 일곱 품종의 감자
를 섞어 증류한다. 보드카는 감자의 풍미가 사라지지 않도록 딱 한 번 증류하
고 최소한의 여과만 거쳐 병에 넣는다. 앱솔루트Absolut를 탄생시키기도 한 블
렌딩 전문가 뵈리에 칼손Börje Karlsson은 자신이 만드는 보드카는 단독으로 즐
겨야 한다고 믿는다. "있는 그대로 마셔보세요." 그는 인터뷰에서도 단호하게
말했다. "마음에 들지 않으면 안 마시면 되니까요." 사실 이 보드카로 만드는
대표적인 음료 블랙 골드Black Gold는 구운 감자에서 영감을 받아 탄생한 것이
분명하다. 곁들임으로 필요한 것은 약간의 버터뿐이다.

블 랙 골 드

칼손스 골드 보드카 1과 1/2온스
후추 간 것

올드패션드 글래스에 얼음을 채우고 그 위에 보드카를 붓는다. 후추를 갈아서 얼음 위에 뿌린다.

쌀은 그토록 오랫동안 재배되어온 중요한 작물이건만 미국 애주가들의 입맛에 별다른 감흥을 일으키지 못했다. 뉴욕타임스는 1896년에 사케가 "쌀로 만든 불쾌한 와인"이며 "더 몸에 좋은 캘리포니아 와인"이 아니라 사케를 선택한 하와이 원주민들에게 "뚜렷한 악영향"을 미쳤다고 보도하기도 했다.

심지어 오늘날에도 우리는 사케를 예전에 캔자스시티에 있던 일식당에서 친척의 성화에 못 이겨 들이켠 이상하게 뜨겁고, 시고, 발효 냄새가 나는 술로 기억하는 경향이 있다. 하지만 그런 질 낮은 싸구려 사케로 사케라는 술에 대한 판단을 내리는 것은 분스 팜Boone's Farm 와인편의점 냉장 코너에서 판매하는 저가 와인 한 병을 기준으로 와인을 평가하는 것이나 다름없다. 사실 사케는 와인만큼이나 다채롭고 흥미로운 술이며 역사는 오히려 와인보다 더 길다. 그리고 포도를 사용해 수없이 많은 증류주가 생산되는 것처럼 쌀을 사용한 알코올음료도 전 세계에서 매우 다양하게 찾아볼 수 있다. 쌀은 버드와이저와 프리미엄 보드카에 사용되기도 하며, 일본에서는 놀라울 만큼 꽃향기에 가까운 쌀의 풍미를 쇼추에 담는다.

평범하지 않은 풀

고고학자와 분자유전학자들이 발견해낸 증거에 따르면 세계에서 자라는 모든 벼 품종의 원산지는 중국의 양쯔 강 유역이다. 이 지역에서는 지금으로부터 8, 9000년 전에 이미 벼 재배를 시작했다. 쌀을 사용해서 일종의 음료를 만들게 되기까지는 그다지 오랜 시간이 걸리지 않았다. 고고학자 패트릭 맥거번은 허난 성 자후 유적지에서 쌀, 과일, 꿀로 만든 8000년 전 술의 흔적을 발견했다(맥거번은 도그피시 헤드 맥주회사와의 협업으로 이 술을 재현했고 거기에 샤토 자후Chateau Jiahu라는 이름을 붙였다). 오늘날과 같은 정교한 사케 제조 과정이 완성되기까지는 수세기에 걸쳐 수많은 시행착오가 필요했겠지만 이 초기의 쌀 와인은 분명 올바른 방향으로 나아가고 있었다.

하지만 일단 벼는 품종이 매우 다양하고 전 세계에 퍼져 있다. 벼는 물을 좋아하는 풀로, 침수된 땅에서는 4.8미터까지 자란다. 그러나 고여 있는 물에서는 그 정도까지 자랄 필요가 없다. 논에서 사용하는 독특한 경작 방식은 우기에 침수된 논에서 튼튼한 벼가 자란다는 사실에 착안하여 개발되었을 가능성이 크다. 수초와 마찬가지로 벼에는 산소를 잎끝에서 뿌리까지 전달해주는 공기 순환 시스템이 잘 발달되어 있다. 이러한 순환 시스템이 없다면 벼는 홍수가 일어날 때마다 썩어서 죽어버릴 것이다. 그러나 수초와 달리 벼는 일반 토양에서도 자랄 수 있다.

침수된 땅에서 벼를 기르는 것은 오래전 아시아와 인도 전역의 농부들에게 아주 효과적인 전략이었다. 홍수의 영향을 받기 쉬운 낮은 지대는 다른 작물을 키우기에는 아무런 쓸모가 없는 땅이었지만 벼를 재배하기에는 완벽한 장소였다. 육지에서 자라는 잡초는 고여 있는 물속에서 살 수 없고 수초는 홍수물이 빠질 때 살아남지 못하기 때문에 침수된 땅에는 고맙게도 잡초조차 없었다.

벼는 풍매 수분을 하며 품종이 매우 다양하다. 천 년이 넘는 시간 동안 맛과 크기뿐만 아니라 특정 토양 유형과 물의 양에 견딜 수 있는 능력, 익은 곡물 알갱이가 줄기에 단단히 붙어 있는 정도, 즉 수확의 용이성에 따라 새로운 품종이 선택되었다. 세계에는 11만 가지가 넘는 다양한 벼 품종이 있으며, 그 외에 북미와 아시아 원산의 줄풀*Zizania* spp.이라는 연관종도 있다. 알코올을 만드는 데는 오리자 사티바 자포니카 종 중 특화된 몇 가지 종만 중요한 역할을 하게 된다. 하지만 쌀은 전체 그림의 일부분일 뿐이다. 쌀이 어떻게 사케와 같은 술로 변하는지 이해하려면 먼저 곰팡이에 대해 살펴봐야 한다.

사케

어떤 곡류든 전분이 당분으로 변환되기 전까지는 발효가 시작되지 않는다. 곡류에 물을 첨가하여 전분을 당으로 분해하는 효소를 활성화시킴으로써 발아에 필요한 영양분을 공급하면 저절로 발효가 일어난다. 양조업자들은 분해 효소가 풍부하게 들어 있는 맥아를 사용해서 이 과정을 촉진시키기도 한다. 하지만 아시아 문화권에서는 다른 방법을 찾아냈다. 일본에서 사용하는 방법은 그중 하나에 불과하지만 가장 널리 알려져 있다. 우선 쌀을 손질하여 겨라고 부르는 겉껍질을 일부 제거한다. 그다음 속에 있던 갈색 낱알을 조심스럽게 도정하여 쌀을 으스러뜨리지 않고서 겨를 깨끗하게 벗겨내야 한다. 낱알에 손상이 가지 않도록 도정하는 것은 쉽지 않은 일이다. 옥수수, 귀리, 밀 등 다른 곡물은 도정하는 동시에 갈아서 밀가루나 굵은 곡물 가루로 만드는 경우가 많기 때문에 알갱이를 부수지 않으면서 쌀을 도정하려면 다른 방법이 필요하다.

쌀을 도정하는 데 사용하는 기술은 여러 세기를 거치면서도 거의 변하지 않았다. 물론 장비가 더욱 정교해지기는 했지만, 쌀알을 수백 번에 걸쳐 숫돌에 치대면서 겉껍질을 제거하고 흰색의 깨끗한 전분 알맹이만 남기는 과정 자체는 그대로 남아 있다. 유일한 차이점이라면 오늘날의 기계가 인간의 힘으로 돌리던 기구보다 인내심이 더 강하다는 것이다. 현대적인 양조장에서는 4일 연속으로 쌀 도정 작업을 하여 놀랍도록 부드럽고 균일하게 겨를 제거한다. 오늘날 제조되는 사케는 수백 년 전의 사케보다 훨씬 품질이 높은 것으로 알려져 있는데, 이는 정교한 도정 기술에 힘입은 바 크다.

포도의 품종이 와인 제조에 큰 영향을 미치듯이 쌀의 품종 역시 사케에서 매우 중요한 요소다. 좋은 사케용 쌀에는 영양분이 알갱이 전체에 고르게 분포되어 있지 않다. 순수한 전분으로 이루어진 알갱이는 안쪽에 있고 영양소는 바깥쪽에 자리잡고 있기 때문에 도정 과정에서 영양소가 붙어 있는 부분을 보다 쉽게 제거할 수 있다. 사케 제조에 적합한 고급 쌀로 가장 유명한 품종은 야마다니시키山田錦다. 이 품종은 1930년대에 기존의 사케용 쌀 품종 두 가지를 교배시켜 탄생했으며 속이 꽉 차고, 둥글고, 부드러운 맛의 쌀로 알려져 있다. 들풀과 꽃을 연상시키는 풍미로 유명한 오마치雄町, 내한성 품종인 미야마니시키美山錦, 1950년대에 기계로 빚어내는 순한 사케용으로 개발된 고하쿠만고쿠五百万石 등도 널리 사용되는 품종이다. 미국 서해안 쪽에서는 포틀랜드 외곽 지역의 양조회사 사케원Sake One을 비롯한 여러 미국 사케 제조업체가 1948년에 캘리포니아에서 개발되어 전국으로 퍼진 칼로스Calrose 쌀을 사용한다.

쌀의 품종보다 더 중요한 것은 바로 도정하는 정도다. 이것은 사케의 품질을 판단하는 기준이 된다. 가장 품질이 좋은 사케는 원래 크기의 50퍼센트 정

사케 맛있게 즐기기

좋은 사케는 너무 뜨겁게 내서는 안 된다. 사케를 따뜻하게 데우는 전통은 거칠고 품질이 좋지 않은 사케의 맛을 감추기 위해 생겨난 것이다. 발달된 발효 기술로 생산된 양질의 사케는 대부분 차갑게 마실 때 더 좋은 맛을 낸다. 신선할 때 마시라. 대다수 사케 양조업자들은 병에 담긴 사케를 1년 이상 묵히지 말라고 조언한다. 일단 병을 연 다음에 냉장 보관하면 와인보다는 약간 더 오래가지만 그래도 몇 주 안에는 다 마셔야 한다. 사케의 종류가 너무나 다양하기 때문에 사케에 익숙해지는 가장 좋은 방법은 지인들과 함께 사케를 파는 술집에 가서 시음을 해보는 것이다.

도로 도정한 쌀로 만든다. 이렇게 하면 곰팡이가 먹이로 삼을 단백질, 지방, 영양분의 함량이 줄어든다(곰팡이에 대해서는 뒤에 자세히 다룬다). 따라서 바로 전분이 많은 쌀의 중심부로 가서 발효를 일으키게 된다.

도정한 쌀은 세척한 다음 물에 담그고 때로는 찌기도 하는데, 이 모든 작업은 수분 함량을 늘리는 데 도움이 된다. 이 시점에서 따뜻하고 매우 건조하며 삼나무로 안을 덧댄, 일본식 사우나와 비슷한 방으로 쌀을 운반한다. 축축한 쌀을 넓은 바닥에 잘 펴서 깔아놓으면 거기서 누룩이라는 곰팡이와 접촉하게 된다. 누룩은 약 3000년 전에 이미 중국에서 사용되기 시작했으며 1000년 후에 일본에 전파되었다. 서양에서 발효와 빵 제조에 사용되는 효모 사카로미케스 케레비시아와 마찬가지로, 누룩은 이제 전적으로 인간에게 길든 생명체다. 사케뿐만 아니라 두부, 간장, 식초를 발효하는 데에도 사용되는 이 누룩은 일본 식문화에서 빼놓을 수 없는 미생물로 자리잡았다.

누룩 포자를 넓게 펼쳐놓은 축축한 쌀 위에 뿌린다. 곰팡이가 핀 빵을 떠올려보면 알 수 있듯이 일반적으로 곰팡이는 표면에서 자란다. 그러나 이 경우에는 주변이 워낙 건조하기 때문에 곰팡이가 생존에 필요한 수분을 찾아 펼쳐놓은 쌀의 안쪽, 각 알갱이 속으로 들어가서 자랄 수밖에 없다. 누룩곰팡이는 이 축축하고 전분이 많은 알갱이의 내부에서 전분을 분해하여 당분으로 바꾸는 효소를 분비한다.

이와 동시에 따로 쌀을 다시 준비하여 누룩, 물, 효모를 한데 섞은 다음 발효를 시작한다. 누룩은 단순히 전분을 당분으로 바꿔주기만 할 뿐이다. 이제는 효모가 당분을 먹고 이를 알코올로 바꾸어놓아야 한다. 일단 효모가 증식하기 시작하면 3, 4일에 걸쳐 이 두 혼합물을 점진적으로 섞어주어 매일매일 더 많은 찐쌀, 수분, 누룩이 효모와 접촉하도록 한다. 이 시점이 되면 하나의 통에서 두 가지 과정이 동시에 일어난다. 누룩은 전분을 당분으로 분해하고, 효모는 분해되는 당분을 먹이로 삼는다. 양조업자는 이렇게 미생물을 사용한

넘버원 사케 칵테일

지난 몇 년간 미국의 아시아 레스토랑들은 사케와 쇼추를 활용한 칵테일을 만들어야 한다는 일종의 의무감을 느끼고 있는데, 이는 매우 안타까운 일이다. 사케와 쇼추 모두 단독으로 마셔도 좋은 술인데다 혼합 음료에는 별로 적합하지 않기 때문이다. 사케의 맛은 다른 칵테일 재료와 그다지 잘 어우러지지 않는다. 하지만 여기서는 수많은 시행착오 끝에 탄생한, 많은 사람들의 입맛을 사로잡은 사케 칵테일을 하나 소개해보겠다. 이 칵테일은 파티 전에 손쉽게 다량으로 만들어둘 수 있기 때문에 레시피를 온스가 아닌 비율로 표시했다. 상황에 따라 대량 또는 소량으로 만들어 보자.

니코리(にごり, 여과되지 않은 탁주) 사케 4
망고 복숭아 주스(병에 든 혼합 주스 사용 가능) 2
보드카 1
도멘 드 캉통Domaine de Canton 진저 리큐어 소량
셀러리 비터즈 몇 방울

비터즈를 제외한 모든 재료를 잘 섞은 다음 맛을 본다. 이 단계에서 진저 리큐어나 보드카를 약간 더 첨가해야 할 수도 있다. 손님들이 올 때까지 냉장 보관했다가 칵테일 잔에 따라서 낸다. 서빙하면서 각 잔마다 셀러리 비터즈를 한 방울씩 떨어뜨린다.

복잡한 양조 과정을 매우 세심하게 관리하며 사케가 완성되는 정확한 시점에서 이를 중단시킨다. 각 재료를 여러 차례에 걸쳐 추가하기 때문에 와인이나 맥주를 발효시킬 때처럼 효모가 빨리 죽어버리지 않는다. 효모는 계속 혼합물 안에서 살아가면서 알코올 함량이 약 20퍼센트에 도달할 때까지 알코올을 분비하게 된다.

일단 양조업자가 만족할 만한 수준이 되면 효모와 곰팡이가 잔뜩 번식한 혼합물을 압착하여 사케에서 고형물을 분리해낸다. 그다음 여과해서 열로 살균하면 발효가 멈춘다. 그러나 살아남은 일부 효소가 계속 발효를 진행시키기 때문에 탱크에 넣어 몇 달간 두면 숙성되어 맛이 좋아진다. 대부분의 사케는 투명하고 제조 당시의 알코올 도수를 그대로 유지하고 있지만, 와인과 비숫한 도수로 희석하거나 가벼운 여과 과정만 거쳐서 효모, 누룩, 미처 분해되지 않은 쌀 지게미로 뿌옇게 된 탁주 형태로 판매하는 경우도 있다. 고급 사케는 깔끔하고 청량하며 상쾌한 맛이 나는 동시에 배와 열대과실 향을 풍기는데, 때로는 보다 구수하고 견과류에 가까운 풍미가 돌기도 한다.

쌀 증류주

사케와 비슷한 혼합물을 재료로 해서 만드는 증류주인 쇼추에는 사케의 이 독특한 맛이 더욱 농축되어 있다. 쇼추는 약 25퍼센트의 비교적 낮은 알코올 도수로 보틀링하며, 미국에서는 주류법상의 일부 허점 때문에 맥주와 와인 라이선스만 보유한 레스토랑에서도 쇼추를 팔 수 있다. 이 때문에 쇼추는 레몬그라스 마티니 등 아시아를 테마로 한 칵테일의 재료로 사용되고 있지만, 사실 쇼추는 얼음을 넣어 단독으로 마시는 것이 가장 좋다. 쇼추는 보리, 고구마, 메밀을 비롯한 다른 재료로도 만들 수 있지만 쌀로 만든 것이 가장 보편적이다. 사실 '보편적'이라는 말 자체가 과소평가된 표현이다. 가장 유명한 소주(한국산 쇼추) 브랜드인 진로는 판매량을 공개하지 않는 일부 중국 브랜드를 제외하면 전 세계의 어느 증류주 브랜드보다도 높은 매출을 자랑한다. 진로는 매년 스미노프 보드카, 바카디 럼, 조니 워커 위스키의 연간 매출을 모두 합친 것보다 많은 6억 800리터의 소주를 팔아치운다.

쇼추나 사케와 비슷한 음료는 아시아 전역에서 찾아볼 수 있다. 한국의 소주뿐만 아니라 중국에서도 미주米酒라는 사케와 비슷한 쌀 양조주를 만든다. 필리핀의 타푸이tapuy, 인도의 손티sonti도 마찬가지다. 발리에서는 브럼brem이라는 술을 찾아볼 수 있으며, 한국에는 단맛이 나는 감주, 티베트에는 락시raksi가 있다.

또한 발효된 쌀떡을 물에 넣어 자가 양조 음료를 만드는 풍습도 아시아 전역에서 관찰된다. 쌀떡을 아주 흥미롭게 활용한 사례 중 하나는 1970년대에 말레이시아의 테렝가누Terengganu 주에서 현장 조사를 실시했던 프랑스의 인류학자 이고르 드 가린Igor de Garine의 기록에서 찾아볼 수 있다. 그가 머물렀던 마을에 사는 사람들은 신앙심 깊은 이슬람교도들이었기 때문에 알코올에는 손도 대지 않았다. 그러나 타파이tapai라는 이름의 증기로 찐 쌀떡을 만드는 전통은 있었다. 현지에서 나는 효모를 섞어 떡을 만들고 고무나무 잎으로 감싼 다음 며칠 동안 더운 곳에 내놓았다. 어찌나 발효가 잘 진행되었던지 가린이 쌀떡을 입에 넣자마자 "누가 이 안에 진을 살짝 넣었군"이라는 생각이 들 정도였다. 가린은 알코올이 들어 있다는 사실을 깨닫지 못한 채, 혹은 인정하지 않은 채 그 쌀떡을 즐기고 있는 마을 사람들에게 절대 그 익숙한 맛에 대해 언급하지 않았다.

쌀은 비단 사케, 소주, 발효된 쌀떡을 만드는 데에만 사용되는 것이 아니다. 기린Kirin을 비롯한 일본의 여러 맥주에도 쌀이 들어 있으며 버드와이저와 그 외 몇 가지 다른 미국 맥주도 마찬가지다. 몇 년 전에는 쌀로 증류한 프리미엄 보드카도 시장에 선보였다. 반대로 저렴한 쪽을 살펴보자면, 한 병에 고작 1달러밖에 하지 않는 라오-라오lao-loa라는 라오스의 쌀 위스키는 세계에서 가장 값싼 위스키라는 점을 내세우며, 홍보 효과를 노리고 완벽하게 보존된 뱀, 전갈, 도마뱀 등을 병에 넣어놓았는데 이를 보면 메스칼에 들어 있는 벌레는 차라리 애교처럼 보일 정도다.

사케의 명칭

다이긴조: 가장 품질이 좋은 사케로 낱알을 최소 50퍼센트 이상 도정한다.

긴조: 다이긴조 다음 등급의 사케이며 도정을 통해 낱알을 최소 40퍼센트 이상 제거한다.

준마이: 도정 비율이 따로 지정되어 있는 것은 아니지만 병에 그 비율을 분명하게 표기해야 한다.

겐슈: 도수가 높은 사케. 알코올 함량 최대 20퍼센트.

고슈: 숙성된 사케(드물다).

나마: 저온 살균하지 않은 사케.

니고리: 거르지 않은 불투명한 사케. 흔들어서 서빙한다.

호밀은 인간이 재배하기에 적합하지 않은
곡물이었다. 낟알은 돌처럼 딱딱하고 가축
들도 딱히 선호하지 않는다. 수확량도 적
다. 또한 '조기 발아'를 하기 때문에 씨앗이
줄기에 붙어 있는 채로 발아가 시작되기도
한다. 조기 발아가 일어나면 최악의 경우
곡물이 못쓰게 되며, 그 지경까지 이르지는
않더라도 양조업자나 제빵사에게는 쓸모없
는 재료가 된다. 일단 전분을 당으로 바꾸
는 과정이 시작되면 빵을 부풀어오르게 하
거나 곡물을 알코올로 바꾸는 세심한 작업
에 사용할 수가 없기 때문이다.

   호밀은 또한 글루텐 함량이 낮고 펜토산
pentosan이라고 부르는 탄수화물의 함량이
높다. 밀 단백질과 비교할 때 호밀 단백질
은 물에 녹는 성질이 강하기 때문에 호밀을
물에 적시면 끈적끈적한 액체나 미끈거리
는 고체로 변한다. 따라서 빵 반죽을 해도 탄력이 떨어지고 양조업자가 맥아
혼합물을 만들면 끈끈하고 지저분한 곤죽이 된다. 호밀 반죽은 대부분 밀가
루를 섞어야 쉽게 다룰 수 있다. 마찬가지 이유로 증류업자들도 술에 들어가
는 호밀의 함량을 제한한다.

   대大 플리니우스Pliny the Elder는 호밀을 좋아하지 않았다. 그는 기원후 77경
에 펴낸 『박물지*Natural History*』에서 호밀이 "매우 열등한 곡물이며, 기근을 피

하기 위해서만 어쩔 수 없이 사용한다"고 적었다. 호밀은 까맣고 쓴맛이 나기 때문에 스펠트밀을 섞어야 그나마 먹을 만하고, 그래도 먹고 나면 "속이 불편하다"는 설명이었다.

인간이 곡류 중에서도 유독 호밀을 늦게 재배하기 시작한 것도 바로 이런 이유 때문인지 모른다. 호밀 경작은 기원전 500년이 되어서야 시작되었으며, 그때에도 내한성 때문에 궁여지책으로 호밀에 의존할 수밖에 없었던 러시아와 동부, 북부 유럽 등의 추운 지역에서만 널리 재배되었다. 호밀의 씨앗은 토양의 온도가 0도를 약간 넘기만 해도 발아하기 때문에 늦은 가을에 파종할 수 있었고, 길고 혹독한 겨울에도 살아남아 봄이 되면 다른 어떤 곡물보다 먼저 수확할 수 있었다. 잡초를 몰아내는가 하면 다른 작물은 거의 자라지 못하는 척박한 토양에서도 잘 자랐다.

그러므로 유럽인들이 식민지 미국에 정착하려고 떠났을 때 호밀을 가져간 것도 어쩌면 당연한 결과인지 모른다. 밀은 성장 시기가 짧은 뉴잉글랜드 지역에서 제대로 자라지 못했지만 호밀은 매서운 겨울을 견뎌낼 수 있었다. 초기의 미국 위스키는 주변에서 구할 수 있는 곡물로 만들었기 때문에 보통 호밀과 옥수수, 밀을 혼합해서 사용했다.

미 건국의 아버지는 양조업자

조지 워싱턴은 건국 초기의 가장 유명한 호밀 위스키 제조업자다. 워싱턴은 대다수 헌법 제정자들과 마찬가지로 농장을 경영하며 생계를 꾸렸다. 두번째 대통령 임기를 마치기까지 채 1년도 남지 않았던 1797년에 워싱턴은 제임스 앤더슨이라는 스코틀랜드 출신 농장 관리인의 권고로 양조장을 지었다. 앤더슨은 워싱턴이 생산·공급망을 확보하고 있다는 점을 간파했다. 자기 땅에서 곡물을 재배하고 수확했으며, 자기 방앗간에서 곡물을 굵게 빻거나 밀가루로 만들었고, 생산한 제품을 쉽게 시장으로 운반할 수도 있었다. 재배한 곡물에서 가장 많은 이윤을 남기는 방법은 이를 위스키로 만들어 파는 것이었는데, 마침 앤더슨에게는 위스키 제조 경험도 있었다.

워싱턴의 위스키는 재배한 곡물들을 혼합해서 만든 것이었다. 일반적인 배합 비율은 호밀 60퍼센트, 옥수수 35퍼센트, 보리 5퍼센트였다. 병에 담거나 별도의 라벨을 붙이기보다는 통에 넣어 '일반 위스키'로 판매했으며, 근처의 알렉산드리아에 있는 술집에서 통에 든 위스키를 손님들에게 따라주는 형태였다. 이 사업은 엄청난 성공을 거두었다. 1799년에 워싱턴이 세상을 떠났을 때, 워싱턴의 양조장은 미국에서 가장 규모가 큰 양조장 중 하나로 매년 3만 8000리터 이상의 알코올을 생산하고 있었다.

워싱턴이 죽은 뒤 이 양조장은 점차 황폐해져서 1814년에는 화재로 전소되었다. 다행히도 미국증류주협회Distilled Spirits Council가 이 사적지에 관심을 기울였다. 증류주협회는 고고학자 및 마운트 버넌 사유지측과 손잡고 양조장 재건을 위한 자금을 댔다. 방앗간 옆에 자리잡고 있는 이 양조장은 오늘날 실제로 가동하며 제임스 앤더슨이 사용했을 법한 장비와 방식으로 호밀 위스키를 생산하고 있다. 한 가지 차이점이 있다면, 현재 마운트 버넌에서 판매되는 위스키는 숙성시키지 않은 "일반 위스키"가 아니라는 점이다. 오크통에서 숙성하여 맛을 끌어올린 다음 병에 담아 매년 한정 수량만 판매하고 있다.

미국에서 '호밀 위스키'라는 라벨을 붙이기 위해서는 증류주에 최소 51퍼센트 이상의 호밀이 함유되어 있어야 하고, 80퍼센트 이하의 알코올 도수로 증류해야 하며, 안쪽을 태운 새 오크통에서 알코올 도수 62.5퍼센트 이하가 되도록 숙성시켜야 한다. 숙성 기간이 2년을 넘어가면 '스트레이트 호밀 위스키'라고 부를 수 있다.

호밀의 귀환

호밀 위스키에도 나름대로의 장점이 있다. 플리니우스는 호밀의 맛을 쓰다고 묘사했지만, 자극적이고 강렬한 맛이라고 하는 것이 보다 정확한 표현일지 모른다. 한때 호밀 위스키는 싸구려 저질 증류주라는 이미지가 있었지만 정교한 증류 기술과 나무통 숙성 과정을 거치면서 호밀을 주재료로 하여 생산된 위스키도 오늘날 시장에 나와 있는 최고급 위스키들과 어깨를 나란히 하게 되었다.

호밀은 일부 독일 및 스칸디나비아 맥주의 재료로도 사용되며, 미국의 수제 양조업자들 역시 호밀을 사용하는 경우가 있다. 러시아와 동유럽 보드카는 항상 호밀을 기본 재료로 사용하여 만든다. 스퀘어 원Square One 보드카는 유기농 다크 노던Dark Northern 및 기타 노스다코타North Dakota 호밀 품종만 사용하여 만든다. 양조장에서는 빵을 만들 수 있을 정도로 맛이 풍부한 품종을 찾기보다는 전분 함량을 기준으로 호밀을 선택하는 경향이 있으며, 그중 일부는 소의 사료로 사용되는 것과 같은 품종이다. "우리가 원하는 것은 전분 입자뿐입니다." 양조장을 경영하는 앨리슨 에바노는 이에 대해 다음과 같이 설명한다. "투명한 증류주에서는 고소한 맛이 그다지 중요하지 않아요." 한 가지 문제점은 벌레다. "사료용으로 재배한 호밀의 경우 보통 벌레가 더 많이 남아 있지요. 곡물 안에 메뚜기가 너무 많이 들어 있어서 납품업자에게 퇴짜를 놓은 적도 있습니다."

호밀 재배업자들이 골머리를 앓는 또하나의 문제가 있다. 바로 호밀이 맥각麥角, *Claviceps purpurea*이라는 균에 취약하다는 점이다. 이 균의 포자는 개화한 꽃을 공격하며 꽃가루처럼 위장하여 씨방에 접근한다. 일단 안으로 침투한

맨 해 튼

맨해튼은 호밀 위스키를 가장 멋지게 활용하는 클래식 칵테일로, 스위트 베르무트가 호밀의 쌉쌀한 맛을 상쇄해준다. 또한 수없이 다양한 버전으로 응용할 수 있는 기본 칵테일이기도 하다. 호밀 위스키 대신 스카치를 사용하면 로브 로이Rob Roy가 되고, 베르무트 대신 베네딕틴Benedictine을 사용하면 몬테카를로Monte Carlo가 된다. 스위트 베르무트를 드라이 베르무트로 대체하고 레몬 트위스트로 장식하면 드라이 맨해튼이 완성된다.

호밀 위스키 1과 1/2온스
스위트 베르무트 3/4온스
앙고스투라 비터즈 소량으로 두 번 정도
마라스키노 체리

얼음에 체리를 제외한 모든 재료를 넣고 잘 섞은 다음 칵테일 잔에 걸러낸다. 체리로 장식한다.

균은 배아 대신 줄기를 따라 자라며, 때로는 낱알과 너무나 비슷하게 보이기 때문에 감염된 개체를 찾아내기가 쉽지 않다. 19세기 후반까지는 식물학자들이 이 이상한 검은색 덩어리가 정상적인 호밀의 일부라고 생각했다. 이 균은 식물 자체에는 치명적이지 않으나 사람에게는 유독하다. 이 균에 들어있는 LSD의 전구체前驅體는 양조나 제빵 과정에서 사라지지 않고 맥주나 빵에 잔류하게 된다.

마시면 환각 작용을 일으키는 맥주라니 언뜻 상당히 매력적으로 들릴지 모르지만 현실은 사뭇 끔찍하다. 맥각중독은 유산, 발작, 정신병을 일으키며 심지어 죽음으로 이어지는 경우도 있다. 중세에는 성 안토니오 열St. Anthony's fire, 또는 무도병이 창궐해 마을 사람들이 전부 한꺼번에 미쳐버리기도 했다. 호밀은 보통 농민들이 먹는 곡식이었기 때문에 맥각중독은 주로 하층민에게 많이 발생했고, 혁명과 농민 봉기의 불씨가 되기도 했다. 일부 역사학자들은 맥각중독으로 발작을 일으킨 소녀들을 보고 귀신에 씌었다고 생각한 마을 사람들이 살렘Salem의 마녀재판을 열었다고 추정하기도 했다. 다행히도 맥각병에 감염된 호밀을 치료하기는 어렵지 않다. 소금 용액으로 헹궈주면 균을 죽일 수 있다.

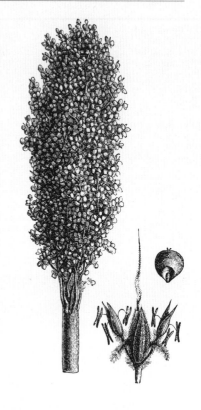

1972년 2월 21일, 베이징에 도착한 닉슨 대통령과 참모, 미국 언론인들은 닉슨의 역사적 중국 방문의 시작을 알리는 연회에 참석했다. 그날 밤의 축하주는 알코올 도수 50퍼센트가 넘는 수수 증류주인 마오타이였다. 대통령보다 먼저 중국을 방문해 이 마오타이를 마셔보았던 알렉산더 헤이그Alexander Haig는 이런 경고를 전해왔다. "어떤 경우에도, 다시 한번 말하지만 그 어떤 경우에도 대통령이 만찬 석상에서 건배를 한 다음 잔에 든 술을 진짜로 마셔서는 안 된다." 닉슨은 이 조언을 무시하고 중국 수상과 대작을 했고, 한 모금씩 마실 때마다 몸을 부르르 떨었지만 한마디도 입 밖에 내지 않았다. 언론인 댄 래더는 이 마오타이가 '액체 면도날' 같은 맛이었다고 했다.

마오타이는 바이주白酒라고 알려진 광범위한 중국 수수 증류주의 한 종류에 불과하다. 기장, 쌀, 밀, 보리 등 다른 곡물도 사용할 수 있지만, 수수로 만든 증류주의 역사가 2000년 전까지 거슬러올라갈 정도로 수수는 아시아에서 오랜 역사를 자랑한다.

적자생존

왜 수수일까? 맛 때문이 아닌 것만은 분명하다. 바이주와 수수 맥주는 시음단으로부터 별로 좋은 평가를 받는 술이 아니다. 하지만 수수는 놀라울 정도로 내건성耐乾性이 강해서 척박한 토양에서도 쉽게 재배할 수 있다. 가혹한 환경을 묵묵히 버티다가 금세 다시 살아나는 식물이다. 얇은 밀랍질의 외피가 식물이 말라 죽는 것을 막아주며, 천연 타닌이 벌레의 공격으로부터 식물을 보호한다. 가뭄이 오면 어린싹에서 시안화물이 분비되는데, 이 물질은 가축에게는 치명적이지만 힘든 시기에 식물을 보호하는 역할을 한다.

한마디로 말하면 수수는 생존자다. 그래서 수수는 기근과 가난을 구제하는 곡물이 되었다. 아무것도 자라지 않는 시기에 사람들이 목숨을 부지할 수 있도록 해준 것이 수수다. 인구가 많고 빈곤한 지역에서 많이 자랐다는 단순한 이유 때문에 수수는 자가 양조를 할 때 기본적으로 사용하는 곡물이 되었다.

수수와 기장은 같이 언급되는 경우가 많다. 그 이유는 기장millet이라는 말이 수수를 포함해 최소한 여덟 개 이상의 서로 다른 곡물 품종을 아울러 일컫는 포괄적인 용어이기 때문이다. 이 기장에 해당하는 품종은 이삭, 즉 작은 씨앗이 헐거운 무리 형태로 열리는 것이 특징이다. 그중에는 모양이 빗자루와 비슷하다고 해서 빗자루옥수수broomcorn라는 이름이 붙은 품종도 있다. 수수는 다른 기장 품종들과 마찬가지로 최대 4.5미터 높이까지 자라는 조밀하고 강인한 풀이다.

수수는 에티오피아와 수단 근처의 북동 아프리카가 원산지이며, 기원전 6000년경에 재배되기 시작했다. 식량 자원으로 무척 유용했기 때문에 이내 아프리카 전역에 퍼졌고 2000여 년 전에는 인도에 전파되었다. 인도에서는 다시 비단길을 따라 중국에 전해졌다. 수수의 품종은 500가지 이상이며 크게는 단수수sweet sorghum와 곡용 수수grain sorghum로 분류할 수 있다. 알코올을 제조하는 경우, 줄기에서 당분을 압착해낸 다음 럼과 같은 증류주를 만들 때에는 단수수가 적합하며, 맥주나 위스키에는 곡용 수수를 사용하는 것이 좋다.

수수는 반죽을 늘이고 부풀게 하는 글루텐을 함유하고 있지 않기 때문에 빵을 만드는 데에는 그다지 적합하지 않으나, 전통적인 플랫브레드인도, 중동에서 먹는 납작한 원형 모양의 빵를 만들 때 사용되기도 한다. 군침 도는 에티오피아의 인제라injera, 곡식을 발효시켜 만든 반죽을 부쳐내는 음식는 수수 또는 기장과 비슷한 곡물인 테프teff를 재료로 만든다.

수수의 큰 장점은 섬유질과 비타민B군이 풍부해 먹을 것이 부족할 때 꼭 필요한 영양분을 공급해준다는 점이다. 옥수수가 널리 퍼지면서 이 점은 더욱 중요해졌다. 지나치게 옥수수에 편중된 식사를 하면 경우에 따라 생명까지 위협할 수 있는 비타민B결핍증 펠라그라pellagra에 걸릴 수도 있다. 옥수수를 수수와 함께 먹으면 펠라그라를 방지할 수 있다.

수수 맥주

수수를 가장 간편하게 활용하는 방법은 포리지porridge나 죽의 형태로 만들어 먹는 것이다. 그래서 수수를 재료로 한 최초의 발효주는 묽은 포리지를 며칠간 방치해두어 알코올 함량이 3, 4퍼센트에 달하도록 만든 것이었다. 전통적인 아프리카의 수수 맥주는 오늘날까지도 수천 년 전과 별로 다르지 않은 방식으로 제조된다. 수수 줄기를 자른 다음 나무 발판이나 풀로 만든 깔개에 세게 쳐서 탈곡한다. 낱알을 하루 이틀 정도 물에 담가두면 발아가 시작된다. 그 다음에는 녹색 잎으로 만든 깔개를 펴놓고 물에 젖은 낱알들을 넓게 편 후 그 위를 덮어주어 발아가 며칠 더 진행되도록 한다. 그러면 그동안 낱알 안에 들어 있는 효소가 전분을 당분으로 바꾸어놓는다. 맥아가 만들어지면 뜨거운 물과 수수 가루를 섞은 다음 식힌다. 며칠간 자연 발효시키고 다시 끓여서 냉각시킨 다음 맥아를 추가하고 며칠 더 발효시킨다. 일단 맥주가 완성되면 가

술의 재료로 가장 많이 사용되는 식물은?

돌발 퀴즈. "칵테일, 맥주, 와인 등에 가장 많이 사용되는 식물은?" 보리나 포도가 먼저 떠오를 것이다. 그러나 아시아와 아프리카에서 알코올음료에 매우 광범위하게 사용되는 수수도 이 둘과 어깨를 나란히 할 수 있을지 모른다. 중국의 바이주와 아프리카의 수수 맥주 중 상당량이 집에서 양조되거나 외진 시골에서 생산되기 때문에 좀처럼 정확한 통계를 내기가 쉽지 않지만, 다음을 생각해보자. 중국의 공식적인 바이주 생산량은 매년 90억 리터에 달한다고 하는데, 자가 제조하는 양 또한 수십억 리터는 훌쩍 넘을 것이다. 게다가 수수로 만드는 중국 맥주도 빼놓아서는 안 된다(중국은 세계 최대의 맥주 시장이며, 미국 맥주 소비량의 거의 두 배에 달하는 약 400억 리터의 맥주를 소비한다).

그리고 아프리카가 있다. 매년 아프리카 국가에서 소비하는 수수 맥주의 양은 적게 잡아 약 100억 리터 정도지만, 실제로는 400억 리터에 달한다고 추산하는 사람들도 있다. 그렇다면 중국과 아프리카에서만도 최소한 200억 ~400억 리터에 달하는 수수 맥주와 증류주가 소비된다는 의미다. 여기에 다른 모든 나라의 상업용 주류에 사용된 수수까지 합친다면?

세계 와인 소비량은 연간 250억 리터에 달하며, 거기에 브랜디와 그 외의 포도 증류주 소비량이 대략 10억~20억 리터쯤 추가된다. 전 세계 애주가들이 1년에 들이켜는 맥주의 양은 1500억 리터이고 곡물을 재료로 한 위스키와 보드카 소비량도 대략 90~100억 리터에 달하지만, 이러한 술은 수수를 포함해 여러 가지 곡류를 혼합하여 만든 것이다. 따라서 포도 및 보리나 쌀 같은 곡류는 역시 유력한 후보다. 하지만 방대하고 복잡한 전 세계 음주 관행의 정확한 통계를 구하는 방법이 있다면, 수수도 분명히 술의 재료로 가장 많이 사용되는 식물 중 하나로 꼽혔을 것이다.

벼운 여과 과정만 거치기 때문에 탁하거나 불투명한 음료가 된다.

수수 맥주를 만드는 일은 보통 여자들의 몫이었다. 국제원조단체들이 좀처럼 이런 관행을 막으려 하지 않는 이유는 여자들이 수수 맥주를 제조하여 약간의 돈을 버는 동시에 가족에게도 영양을 공급할 수 있기 때문이다. 아이들은 수수 맥주의 찌꺼기를 받아 마신다. 걸쭉하고 발효 냄새가 나는 이 찌꺼기는 알코올 성분이 낮고 일반적으로 해로운 박테리아도 들어 있지 않으며 영양소가 풍부하다. 사실 수수 맥주 때문에 생기는 유일한 실질적 위험 요소는 맥주를 양조하는 데 사용되는 용기다. 일부 아프리카 사람들은 유전적으로 철분 과다에 취약하며, 맥주를 제조할 때 사용하는 쇠주전자나 드럼통에 수수에 원래 들어 있는 철분이 합쳐지면 이들에게 위험할 정도로 철분 함량이 높은 맥주가 탄생한다. 살충제나 다른 화학물질을 담아두었던 용기를 제대로 씻지 않고 다시 사용하는 경우 중독 사고가 발생할 수 있지만 이것은 맥주와 아무런 관련이 없는 문제다.

50년 전에는 이런 유형의 자가 제조 맥주가 아프리카 대륙 전체 알코올 소비량의 85퍼센트를 차지했지만 상황은 빠르게 변하고 있다. 수수 가루, 건조 효모, 양조 효소 등의 반 조리 재료뿐 아니라 '물만 첨가하는' 맥주 믹스도 저렴한 가격에 쉽게 구할 수 있다. 자가 제조 맥주에서 한 단계 더 나아간 것이 종이팩에 담아 판매하는 신선한 수수 맥주 치부쿠Chibuku다. 이 맥주는 종이팩 안에서 계속 발효가 진행되므로 이산화탄소가 빠져나갈 수 있도록 공기구멍을 내놓지 않으면 폭발하고 만다. 다국적 맥주 재벌인 사브밀러SABMiller가 치부쿠 셰이크-셰이크Chibuku Shake-Shake라는 브랜드를 인수한 일은 이 뿌옇고 시큼한 수수 맥주 시장이 얼마나 큰지 단적으로 보여주는 예다.

사실 사브밀러는 수수를 맥주 재료로 더욱 잘 활용하기 위해 노력하고 있다. 이 회사는 남아프리카를 비롯한 여러 아프리카 국가에 있는 수천 명의 농부와 계약을 맺고 자사의 양조장에 납품할 수수를 생산한다. 이렇게 하면 서

양식 맥주와 비슷한 '투명한 병맥주'를 현지에서 1달러도 되지 않는 가격에 판매할 수 있다. 물론 한 잔에 몇 푼씩 하는 자가 제조 맥주도 계속 팔리겠지만, 맥주회사들은 아프리카 사람들이 수중에 지니고 있는 얼마 안 되는 돈의 일부를 자사의 고급 맥주에 사용해주기를 바라고 있다.

미국의 수수

수수는 미국 남부에서 다량으로 재배한다. 사실 수수는 옥수수, 밀, 콩에 이어 미국에서 네번째로 많이 재배되는 식물이다. 18세기에 빗자루옥수수의 일부 품종이 재배되기도 했으나, 1856년에 유명한 실험이 진행되기 전까지는 오늘날 우리가 알고 있는 수수를 미국에서 찾아볼 수 없었다. 당시 『아메리칸 애그리컬처리스트*American Agriculturist*』라는 잡지의 편집자는 프랑스에서 수입한 수수 씨를 23미터에 걸쳐 길게 심었다. 그는 여기서 수확한 총 725킬로그램의 곡물을 작은 봉투에 담아 3만 1000명의 정기구독자에게 보냈다. 이 편집자는 2년 후에 다시 한번 똑같은 이벤트를 했다. 미국 특허국 역시 중국과 아프리카에서 들어온 품종을 포함하여 수수 씨앗을 대량으로 배포했다. 공짜 씨앗이 우편으로 배달되자 농부들은 이 씨앗을 사료와 곡물용 작물로 키우기 시작했으며, 머지않아 수수가 밀주를 만드는 데에도 안성맞춤이라는 사실을 깨닫게 되었다.

1862년에 『아메리칸 애그리컬처리스트』는 수수의 달콤한 줄기에서 짜낸 시럽으로 만든 "수수 와인"에 대한 광고를 게재하면서 "최고급 마데이라 와인과 거의 흡사하다"라는 홍보 문구를 걸었다. 노스캐롤라이나 주지사이자 상원의원이었던 제불론 밴스는 남부 연합군 장교로 남북전쟁에 참전했던 시절에 수수 '사탕수수'로 만든 음료를 마셨던 일을 회상했다. 밴스는 "맛이나 영향력 면에서 분명 '기치를 벌인 군대'보다 위력적인(구약성서 아가의 한 구절을 인용—옮긴이) 음료였다"고 말했다. 그 음료의 맛은 적의 사격보다 더 고약했던 모양이다. 그렇다고 해서 밴스가 집에서 만든 술에 반감을 가지고 있었다는 의미는 아니다. 그는 위스키에 부과하는 세금과 밀주 제조업자들을 추적하는 세금 징수원들에 반대하는 입장이었다. 1876년에는 "정직한 사람이 정직한 술을 마시는데도 세금 징수원에게 쫓기는 시대가 되었다"고 한탄하기도 했다.

수수 시럽을 사용해서 불법으로 술을 만드는 일은 계속되었다. 1899년에 사우스캐롤라이나의 밀주업자들은 터석tussick이라는 수수 증류주를 만들었다는 이유로 체포되었다. 이 터석이라는 이름은 아마도 풀더미를 뜻하는 '터석tussock'이라는 말에서 따왔을 것이다. 이 술에는 늪에서 떠온 물이 들어 있었기 때문에 늪 위스키라고 불리기도 했다. 노스캐롤라이나의 밀주업자들은 수수 줄기로 만든 증류주를 원숭이 럼이라고 불렀다. 이 용어에는 불쾌한 인종차별적 뉘앙스가 들어 있지만, 당시의 몇몇 작가들은 이 술을 마시면 코코넛나무를 기어올라가고 싶은 마음이 들기 때문에 그런 이름이 붙었다고 주장했다.

허니 드립

인기 있는 단수수 품종의 이름을 따서 만든 이 레시피는 잔에 담아서 내는 디저트다.

수수 시럽 1과 1/2온스
버번 1과 1/2온스(버번을 좋아하지 않으면 다크 럼으로 대체해보자)
아마레토amaretto 1/2온스

수수 시럽은 너무 걸쭉해서 따르거나 양을 재기가 쉽지 않으므로, 시럽을 수저로 떠서 계량컵에 넣은 다음 물을 아주 약간만 넣고 10초간 전자레인지에 가열하면 보다 수월하게 따를 수 있다(또는 칵테일 셰이커에 시럽 한 덩이를 떨어뜨리고 적당한 양이기를 바라자). 얼음에 모든 재료를 넣고 잘 흔든 다음 칵테일 잔에 따라낸다.

수수를 재료로 한 밀주 제조는 20세기 중반까지도 이어졌다. 전후 곡류 부족으로 밀주업자와 합법적인 양조업자 모두가 어려움을 겪던 1946년에는 애틀랜타에서 1만 5200리터짜리 증류기가 폭파되었고, 증류를 기다리고 있던 1만 1400리터의 수수 시럽 역시 불에 타버렸다. 1950년에는 78만 9000톤의 수수가 합법적인 증류주를 만드는 데 사용되었으나 마지막으로 통계가 취합되어 있는 1970년대에는 그 수치가 8만 8000톤 정도로 떨어졌다. 1930년대부터 1970년대(유일하게 통계가 공개된 시기)까지는 증류에 사용되는 수수의 양이 호밀보다 많았다.

수수 증류주의 오랜 전통에도 불구하고, 그리고 지금도 미국 농부들이 1520만~2280만 리터의 수수 시럽을 제조하고 있다는 사실에도 불구하고, 오늘날 시중에서는 수수 증류주를 거의 찾아보기 힘들다. 2011년에 인디애나에 있는 콜글레이저&홉슨 증류회사Colglazier & Hobson Distilling는 솔그럼Sorgrhum이라는 수수 시럽 럼을 생산하기 시작했다(사탕수수로 만든 술에만 럼이라는 이름을 붙일 수 있게끔 법적으로 규정되어 있기 때문에 이 경우에는 '럼'이 아닌 '수수 당밀 증류주' 또는 '수수 당밀로 증류한 술'이라는 멋없는 문구를 반드시 라벨에 표시해야 한다). 위스콘신의 매디슨에 있는 올드 슈거 양조장Old Sugar Distillery은 퀸 제니 수수 위스키Queen Jennie Sorghum Whiskey를 소량씩 생산한다. 이 수수 위스키는 글루텐 과민증이 있는 맥주 애호가들을 주 소비층으로 하는 수수 맥주와 함께 미국에서 수수를 재료로 한 술의 부활을 알리는 신호탄일지도 모른다.

국제적인 사건

중국에서는 수수를 맥주의 주요 원료로도 사용하며, 중국인들은 단수수 품종의 줄기를 압착해 즙을 짜낸 다음 발효주를 만드는 방법을 알아냈다. 그러나 아무래도 수수로 만든 가장 유명한 중국산 술은 바이주라는 이름으로 알려진 증류주다. 닉슨 대통령이 마셨던 마오타이 같은 유형의 술은 800년 전 구이저우貴州 성에서 기원한 것이라고 알려져 있다. 입증할 수는 없지만 오래전부터 전해 내려오는 이야기에 따르면, 마오타이는 1915년 샌프란시스코에서 열린 파나마-태평양 국제박람회에 출품되었다. 자국의 제품이 주목을 받지 못할까 봐 걱정했던 한 중국 관리가 바이주 병을 일부러 깨트리는 바람에 바이주 냄새가 전시관 안에 진동하게 되었다. 덕분에 사람들의 관심을 끌게 되어 금메달을 받았다고 한다(안타깝게도 현재 남아 있는 박람회 기록에는 이 사건이나 금메달에 대한 언급이 없다).

마오타이, 그중에서도 특히 마우타이Moutai라는 프리미엄 브랜드는 연회와 축하연에서 자주 사용된다. 2011년 초에는 유럽과 미국에서 100달러 남짓하는 이 마오타이의 가격이 중국에서 병당 200달러를 돌파하면서 화제가 되기도 했다. 양조장은 국가가 운영하기 때문에 자국의 전통술을 좀더 합리적인 가격에 구입할 수 있어야 한다고 생각하는 중국 사람들은 이 높은 가격에 항의했다(물론 집에서 직접 증류기로 제조하는 사람들도 많다). 중국 정부가 자료를 공개하지 않기 때문에 중국 시장을 분석하기란 좀처럼 쉽지 않지만, 주류업계의 전문가들은 가장 인기 있는 바이주 브랜드들이 매출액을 공개하면 현재 세계 1위인 진로 소주를 비롯해 스미노프 보드카나 바카디 럼 등의 인기 브랜드를 쉽사리 제칠 수 있을 것이라 본다.

닉슨 대통령에게 제공된 마오타이는 당연히 중국 최고 품질의 마오타이였다. 국빈 만찬에서 저우언라이 수상은 술잔에 성냥불을 가져다 대면서 마오타이에 불이 붙는 것을 보여주었고, 닉슨 대통령은 나중에 써먹으려고 그 광경을 잘 기억해두었다. 1974년에 당시 국가안보보좌관이던 헨리 키신저는 또 다른 중국 관리에게 닉슨 대통령이 미국으로 돌아가서는 딸 앞에서 이 묘기를 재현하려 했다고 전해주었다. "병을 꺼내서 그릇에 술을 따른 다음 불을 붙였지요. 그런데 유리그릇이 깨지면서 마오타이가 탁자에 쏟아지는 바람에 탁자가 불에 타기 시작하지 않았겠소! 당신들이 백악관을 하마터면 태워버릴 뻔했단 말이오!"

위치위드witchweed를 조심하라

수수는 위치위드 *Striga* spp.라는 괴상한 기생식물의 공격에 취약하다. 위치위드의 씨는 수수의 뿌리에서 분비되는 스트리고락톤strigolactone 호르몬이 있어야만 발아를 할 수 있다. 일단 위치위드의 씨앗이 이 호르몬을 만나면 머리카락 같은 작은 조직이 뻗어나와 뿌리 안으로 침투한다. 머지않아 수수의 뿌리가 통째로 점령당하고, 이 위치위드가 지상으로 솟아오를 즈음이면 수수는 거의 괴사한 상태다.

위치위드는 죽어가는 숙주 옆에서 무럭무럭 자라며 수수가 누렇게 변해서 죽어가는 동안 아름다운 붉은 꽃을 피운다. 위치위드 하나가 5만~50만 개의 씨앗을 생산할 수 있으니 수수밭 전역에 큰 피해를 주기에 충분한 양이다. 식물학자들은 위치위드 씨앗이 힘을 쓰지 못하도록 호르몬을 분비하지 않는 새로운 수수 품종을 개발하기 위해 노력하고 있다.

사탕수수 SUGARCANE　　*Saccharum officinarum*　　벗과

인도와 행복한 아라비아의 갈대에서는
삭카론sakcharon이라는 일종의 달콤한
덩어리가 나오는데, 소금과 비슷하
여 이 사이에 넣으면 소금처럼 쉽
게 부서진다. 이것을 물에 녹인
음료는 장과 위에 좋고, 방광과
신장에 통증이 있을 때 마셔도
효과가 있다. 이 덩어리를 문지르
면 눈동자에 침착된 물질이 분산
된다.

　　다섯 권으로 구성된 디오
스코리데스의 의학서 『약
물에 대하여』에서 발췌한
이 알쏭달쏭한 구절은 기원
전 325년에 알렉산더대왕이 인도에서 가지고 돌아오면서 비로소 유럽인들에
게 알려지게 된 달콤한 풀에 대한 설명이다(한편 '행복한 아라비아'는 현재의 예
멘 지역을 가리키는 말로, 사우디아라비아의 일부 지역을 가리킬 때 자주 사용되는
용어 '사막의 아라비아'나 '자갈밭 아라비아'와는 혼동하지 말자). 사탕수수와 사
탕수수에서 추출할 수 있는 설탕 결정은 당시 그리스인들에게는 신기한 것이
었다. 하지만 인도와 중국에는 이미 잘 알려져 있었는데, 그 이유 중 하나는
사탕수수가 독특한 해부학적 장점을 가지고 있어 쉽게 멀리까지 운반할 수
있었기 때문이다.

사탕수수의 탄생

식물학자들에 따르면 사탕수수는 기원전 6000년경부터 뉴기니에서 경작되기 시작했다. 부드럽고 어린 갈대는 그냥 잘라서 달콤한 즙이 나오도록 씹었겠지만 보다 성숙한 사탕수수는 다른 목적, 즉 건물을 짓는 재료로 사용되었다. 그러다 누군가는 억센 사탕수수 줄기를 잔뜩 베어내 초가지붕을 지탱할 요량으로 땅에 박아놓았다가 줄기에서 금세 새로운 뿌리가 돋아나 계속 자란다는 사실을 발견하게 되었을 것이다. 사탕수수는 대나무와 마찬가지로 놀랄 만큼 번식시키기 쉽다. 특별한 지식도 전혀 필요하지 않다. 그저 줄기를 잘라서 마르지 않게 보관하다가 다른 땅에 꽂으면 된다.

그렇다면 이 사탕수수를 이리저리 운반하기란 또 얼마나 쉬웠을지 생각해보자. 사탕수수는 말 그대로 바다를 타고 흘러서 인도네시아, 베트남, 호주, 인도까지 건너갔다. 사실 초기의 교역과 문화적 교류는 대부분 이런 식으로 일어났다. 고대의 교역은 표류되거나 바닷가에 밀려온 물건, 바람 때문에 경로를 벗어난 뗏목 때문에 일어났다고 해도 과언이 아니다. 건축자재로도, 식량으로도 사용할 수 있는 튼튼하고 가벼운 사탕수수는 운반하기에 안성맞춤인 품목이었을 것이다.

중국에도 사카룸 시넨세 S. sinense 라는 고유의 사탕수수 품종이 있었다. 이 품종은 뉴기니 원산의 품종보다는 작지만 더 강인해서 추운 날씨, 척박한 토양, 가뭄에도 잘 견뎠다. 인도에는 사카룸 바르베리 S. barberi라는 품종이 있었다. 이러한 품종과 야생에서 자라던 오래된 품종 사이에 이종교배가 일어났는데, 정확히 어떻게 교배가 일어났는지에 대해서는 식물학자들 사이에 의견이 분분하다. 우리가 알고 있는 것은 교배종이 여러 지역으로 퍼져나갔고 아시아와 유럽의 온화한 기후에서 번성했다는 점이다. 15세기가 되자 유럽인들도 튼튼하고 단단하며 단맛이 매우 강한 사탕수수를 가지고 향료 교역길을 떠날 수 있게 되었다. 포르투갈 사람들은 카나리아제도와 서아프리카에 사탕수수를 전파했고, 콜럼버스는 카리브 해 지역에 사탕수수를 전해주었다.

신대륙에 도착한 사탕수수 덕분에 럼이라는 술이 탄생했지만, 그 외에도 또하나 생겨난 것이 있었으니 바로 노예제도였다. 1500년대 초반부터 서아프리카에서 교역 상대국에게 제공할 노예들을 짐칸에 싣고 카리브 해 지역의 설탕 농장으로 향하던 유럽의 무역선들은 인류 역사의 가장 무시무시한 장을 열었다. 사탕수수밭에서 일하는 것은 그야말로 끔찍하기 짝이 없었다. 타는 듯한 날씨에 거대한 칼을 들고 직접 사탕수수 줄기를 잘라내 강력한 분쇄기에서 압착한 다음 뜨겁게 달아오른 통에서 끓여야 했다. 밭에는 수많은 종류의 뱀과 설치류, 해충이 살고 있었다. 위험하고 고단하며 그야말로 뼈가 빠지는 일이었다. 납치해서 죽이겠다고 협박하지 않는 이상 사람에게 억지로 이런 노동을 시킬 수 있는 방법이 없었고, 실제로 그런 일이 벌어졌다. 일부 유럽인들과 건국 초기의 미국인들도 노예제도를 혐오스럽게 생각했다. 예를 들어 영국의 노예해방론자들은 설탕 제조 방식에 항의하는 의미로 차에 설탕 넣는 것을 거부했다. 그러나 럼을 마시지 않겠다고 한 사람은 거의 없었다.

사탕수수의 품종

오늘날의 사탕수수 품종에는 개성이라고는 찾아볼 수 없는 70-1133 같은 이름이 붙어 있다. 그러나 아직도 열대지역의 식물 채집가들은 몇 가지 오래된 품종을 재배하고 있다. 그중 상당수가 선명한 색상, 대담한 줄무늬, 그리고 다음과 같이 훨씬 재미있는 이름을 가지고 있다.

아시안 블랙 Asian Black	**크레올** Creole	**펠레의 연기** Pele's Smoke
바타비안 Batavian	**조지아 레드** Georgia Red	**스트라이프 리본** Striped Ribbon
버번 Bourbon	**아이보리 스트라이프** Ivory Stripes	**타나** Tanna
체리본 Cheribon	**루이지애나 퍼플** Louisiana Purple	**옐로 칼레도니아** Yellow Caledonia

사탕수수의 식물학

사탕수수는 일견 아주 단순한 식물처럼 보인다. 그저 키가 크고 달콤한 풀처럼 말이다. 하지만 자세히 들여다보면 하나의 줄기 안에서 상당히 많은 일이 일어나고 있다는 사실을 쉽게 알 수 있다. 땅에서 솟아난 줄기는 옹이를 기준으로 하여 여러 마디로 분리되어 있다. 각 옹이에는 적합한 환경이 갖춰지면 뿌리로 발달할 수 있는 '뿌리 원시체'라는 조직과, 줄기 및 잎으로 성장할 수 있는 싹이 하나 들어 있다. 이 활발한 작은 조직 덩어리 덕분에 사탕수수가 왕성한 번식력을 자랑하는 것이다. 옹이가 손상되지 않고 붙어 있는 사탕수수 한 마디(이렇게 잘라낸 것을 세트 sett라고 부른다)를 땅에 심기만 하면 '세트 뿌리 sett root'가 자라나며, 이 뿌리를 통해 임시로 영양분이 공급된다. 그다음에는 보다 영구적인 '순 뿌리 shoot root'가 돋아나서 식물이 한곳에 자리를 잡고 생존할 수 있도록 한다. 동시에 싹이 솟아나며 새로운 사탕수수로 자라나는 것이다.

사탕수수 줄기는 나무줄기와 비슷하게 여러 층의 동심원으로 이루어져 있다. 맨 바깥쪽에 있는 층은 딱딱한 밀랍질의 껍질로 수분이 유실되지 않게 보호해준다. 성장중인 어린 사탕수수는 이 껍질이 노란색이며, 엽록소가 드러나기 시작하면 녹색을 띤다. 붉은색과 푸른색의 안토시아닌 색소(햇볕으로 인한 손상에서 사탕수수를 보호해준다) 때문에 사탕수수의 줄기가 밝은 보라색이나 암적색을 띠기도 한다. 심지어 일부 품종은 막대사탕처럼 줄무늬가 나타나기도 한다.

줄기의 중심에는 부드럽고 스펀지 같은 식물 조직이 있어서 뿌리에서 올라온 수분을 위쪽으로 운반하고 잎에서 나온 당분을 아래로 내려보낸다. 바로 여기서 마법 같은 일이 일어난다. 각 마디는 개별적으로 성숙해지기 때문에 땅에서 가장 가까운 마디는 최대한 많은 자당蔗糖, sucrose을 보유하게 될 때까지 계속 자란다. 그 위의 마디가 보유하고 있는 자당은 그보다 약간 적으며,

다시 그 위에 있는 마디는 그보다 약간 더 적게 보유하는 식이다. 따뜻한 기후가 오래 지속되고 일조량이 많으며 습도가 높은 이상적인 조건이라면 사탕수수는 금세 길쭉하게 자라 당분으로 가득찬다. 사탕수수 재배자들은 이것을 전성장기간全成長期間이라 부른다. 그 기간이 끝나면 최대한 땅과 가까운 위치에서 사탕수수를 잘라 당의 함량이 가장 높은 마디를 얻는다.

중간에 줄기를 자르지 않으면 사탕수수는 꽃을 피운다. 애로arrow라는 별칭으로도 불리는 성기고 깃털 같은 꽃무리를 만들어내며, 이 꽃은 바람을 맞을 수 있도록 잎 위쪽에 자리를 잡는다. 꽃가루는 바람을 타고 사방으로 퍼진다. 각 꽃무리에는 수천 개의 자그마한 꽃이 들어 있으며 각각의 꽃이 자그마한 씨앗을 한 개씩 맺는다. 그러나 사탕수수 농장에서는 식물이 꽃을 피우기 전에 줄기를 수확한 다음 옹이가 붙어 있는 마디를 밭에 심어 다음 세대를 시작한다.

럼 만들기

빽빽하게 들어선 사탕수수밭에서 수확을 할 때의 어려운 점은 칼날처럼 날카롭게 일꾼들의 피부를 베어내는 잎뿐만이 아니다. 뱀, 쥐, 통통하게 살찐 지네와 사람을 쏘아대는 말벌 등, 밭에서 사는 달갑지 않은 생명체들까지 사람을 반겨준다. 한 가지 해결책이 있다면 수확을 하기 전에 밭에 불을 질러서 해로운 생물체들을 몰아내고 잡초를 쓸어버리는 것이다. 아직도 일부 사탕수수밭에서는 이런 방법이 사용되고 있으며, 심지어 중장비로 수확을 하는 현대적인 농장에서도 가끔씩 이 방법을 쓴다.

일단 수확한 사탕수수 줄기는 매우 부패하기 쉬우므로 박테리아가 자당을 먹어치워 설탕 제조에 사용하지 못하게 되기 전에 신속하게 방앗간으로 운반해야 한다. 그래서 베어내자마자 줄기를 잘게 잘라 으깨고 압착하여 즙을 추출해낸다. 카리브 해의 프랑스령 섬인 마르티니크에서는 이 신선한 즙을 발

다 이 커 리

화이트 럼 1과 1/2온스
심플 시럽 1온스
갓 짜낸 라임즙 3/4온스

클래식 다이커리는 딱 이 세 가지 재료만으로 만든다. 얼음에 재료를 넣고 섞은 다음 칵테일 잔에 걸러낸다.

효시킨 다음 바로 증류하여 럼 아그리콜rhum agricole을 만든다. 브라질에서는 신선한 사탕수수즙으로 카샤사cachaça를 만든다. 하지만 우리가 럼으로 알고 있는 술 대부분은 사탕수수즙이 아니라 당밀로 만든다.

설탕을 제조할 때에는 사탕수수즙을 여과하고, 정제하고, 가열하여 설탕 결정을 만든다. 그리고 나면 색이 짙고 끈적끈적한 시럽이 남는데, 이것이 바로 당밀이다. 럼을 제조하려는 경우 당밀에 물과 효모를 섞어 발효시켜 알코올 함량이 5~9퍼센트가 되도록 한다. 그다음에 증류를 하는데, 원래는 기둥이 없는 단식 증류기를 사용했지만 오늘날에는 보다 정교한 연식 증류기가 동원된다.

사탕수수 농장에서 럼은 고급 수출품이 아니라 노동자들을 위한 값싼 술이었다. 농장 소유주들은 아마도 럼보다는 포트 와인이나 브랜디를 마셨을 것이다. 뉴잉글랜드에 처음으로 도착한 정착민들은 빠르고 손쉽게 술을 만들 방법이 없었기 때문에 카리브해 지역에서 당밀을 수입해 럼을 제조했다. 하지만 이것은 필사적인 행동이었으며, 나중

버개스Bagasse

줄기에서 즙을 짜낸 후에 남은 사탕수수 찌꺼기. 연료, 가축의 사료, 건축자재, 생분해성 포장재로 사용된다.

설탕 입문서

설탕, 또는 설탕과 물을 1:1로 섞은 다음 가열해서 만든 심플 시럽은 빼놓을 수 없는 칵테일 재료다. 하지만 설탕에는 여러 가지 종류가 있다. 그중에서도 칵테일을 만들기에 더욱 적합한 것들이 있다.

황설탕brown sugar은 맛과 색을 더하기 위해 당밀을 뿌린 정제 설탕이다.

데메라라demerara **또는 머스코바도**muscovado **설탕**은 알갱이가 큰 조당相糖, 정제하지 않은 설탕의 두 가지 형태로, 약간의 당밀이 코팅되어 있거나 남아 있다.

파우더powdered **슈거**는 설탕이 뭉치지 않도록 약간의 옥수수전분이나 밀가루를 첨가한 것이기 때문에 제과 제빵에는 좋으나 음료에 넣으면 끈끈해진다. 칵테일에는 사용하지 않는 것이 좋다.

정선제당superfine sugar(또는 제빵사의 설탕이나 정제당이라고도 부른다)은 빨리 녹도록 곱게 갈아놓은 일반 과립 설탕이다. 칵테일에 이상적이다.

중백당turbinado sugar **또는 원당**Raw sugar은 사탕수수즙에서 가장 먼저 추출한 물질로 만든다. 과립이 크고 약간 당밀 향이 난다. 이 설탕을 사용해서 심플 시럽을 만들면 보다 풍부한 맛이 나지만 조리하는 데에는 더 오랜 시간이 걸린다.

에는 저항의 상징이 되었다. 영국은 프랑스산 제품에 높은 수입관세를 매겨 미국 식민지 사람들이 억지로 프랑스산이 아닌 영국산 당밀을 사도록 1733년에 당밀 조례Molasses Act를 발표했다. 이 법은 식민지 사람들의 분노에 기름을 부어 미국독립혁명의 도화선이 되었다. 존 애덤스는 1818년에 친구인 윌리엄 튜더에게 보낸 편지에서 이렇게 적었다. "나는 당밀이 미국 독립의 중요한 기폭제였다는 점을 인정하면서 왜 얼굴을 붉혀야 하는지 모르겠네. 수많은 위대한 사건들이 그보다 훨씬 더 사소한 이유 때문에 일어났다네."

사탕수수 재배는 미국에서도 번창하는 산업이 되었다. 플로리다와 루이지애나, 텍사스, 하와이에는 36억 5000제곱미터에 달하는 땅에서 사탕수수가 자라고 있다. 하지만 대부분의 럼은 아직도 카리브 해 지역에서 생산된다. 그 이유 중 하나는 역사적 우연 때문인데, 가장 오래되고 유명한 양조장은 당연히 사탕수수를 재배를 처음 시작했던 곳에 자리를 잡을 수밖에 없었을 것이기 때문이다. 또한 기후도 어느 정도 작용한다. 위스키를 통에 넣으면 알코올과 나무가 놀라운 상호작용을 일으켜 달콤하고 부드러운 풍미가 발생하는데, 통에 든 럼에서도 비슷한 현상이 일어난다. 하지만 열대지방에서는 그 속도가 훨씬 빠르고 정도도 심하다. 찌는 듯한 더위에서 나무가 팽창하고 유연해지면서 1년에 럼 한 통(일반적으로 중고 버번통)당 7, 8퍼센트라는 놀라운 양의 알코올이 유실된다. 스코틀랜드라면 12년은 족히 걸려야 일어나는 일이 쿠바에서는 단지 몇 년 만에 일어나는 것이다. 이 때문에 잘 숙성된 카리브산 다크 럼은 나무통에서 오래 보관하지 않아도 놀랄 만큼 풍부하고 복합적인 맛을 낸다.

해군의 증류주

비록 럼이 아메리카 대륙의 음료이기는 하지만 럼의 역사는 영국 해군의 역

사탕수수 증류주 가이드

아구아르디엔테Aguardiente: 투명한 중성 주정 또는 브랜디를 나타내는 일반적인 스페인어 용어. 라틴아메리카 국가 많은 곳에서는 이 말이 사탕수수를 재료로 만든 증류주를 의미한다.

바타비아 아라크 Batavia Arrack: 알코올 도수가 50퍼센트 정도로 높은 인도네시아 증류주로, 사탕수수와 발효된 적미赤米를 증류하여 만든다. 클래식 펀치Punch 레시피에서 빠져서는 안 될 재료다.

카샤사: 브라질 칵테일인 카이피리냐Caipirinha의 주재료로, 이 브라질산 증류주는 갓 짜낸 사탕수수즙을 증류해서 만든다(이 칵테일에는 그 외에도 설탕과 라임 주스가 들어간다).

차란다Charanda: 멕시코 증류주로, 흔히 '멕시코 럼'이라고 부른다.

라캉 하리 임페리얼 바시 Lakang Hari Imperial Basi: 사탕수수를 재료로 한 와인으로, 필리핀에서 제조된다.

펀슈 오 럼 Punch Au Rhum: 럼 베이스로 만든 프랑스산 리큐어.

럼 아그리콜: 프랑스령 서인도제도에서 생산되는 럼으로, 당밀이 아닌 사탕수수즙을 증류하여 만든다.

럼: 발효된 사탕수수즙, 시럽, 당밀, 또는 기타 사탕수수 부산물을 증류해서 만든 술로, 80퍼센트 이하의 도수로 증류해 40퍼센트 또는 그 이하의 도수로 보틀링한다.

럼 펠슈니트 Rum-Verschnitt: 럼과 다른 알코올을 혼합한 독일산 술.

사탕수수나 당밀 증류주 또는 보드카: 사탕수수를 증류해서 만든 투명한 중성의 도수 높은 증류주를 일컫는 일반적인 용어.

벨벳 팔레르눔 Velvet Falernum: 럼을 주재료로 하여 라임, 아몬드, 정향 및 기타 향료로 풍미를 더한 달콤한 리큐어로, 마이타이와 같은 럼 베이스 열대 칵테일의 중요한 재료다.

사와 떼려야 뗄 수 없을 정도로 밀접하게 얽혀 있으며, 깜짝 놀랄 정도로 많은 레시피와 구어적 표현, 괴상한 기술이 이 인기 있는 증류주와 해군의 오랜 관계에서 탄생했다.

1500년대에는 선원들에게 맥주가 지급되었는데, 이는 선원들의 기분을 풀어주려는 의도도 있었겠지만 박테리아를 죽이는 알코올이 들어 있지 않은 물은 선상에서 쉽게 상하기 때문이기도 했다. 그러나 항해가 길어지면 맥주조차도 상해버렸기 때문에 럼을 배급하게 되었다. 선원들에게 1파인트약 0.5리터짜리 럼을 통째로 배급하는 것은 그다지 좋은 방법이 아닌 것으로 판명났다. 그러면 선원들이 술을 한꺼번에 홀랑 마셔버리고 제대로 임무를 수행하지 않았기 때문이다. 따라서 럼을 물과 라임 주스, 설탕과 섞어서 맛도 더 좋게 하고 괴혈병도 방지하는 음료를 배급한다는 해결책이 나왔다. 이 그로그grog(재료는 거의 비슷하지만 도수가 낮기 때문에 다이커리라고 부르기는 어렵다)는 하루에 두 차례에 걸쳐 조금씩 나누어주어도 배의 안전에 별 위험을 미치지 않았다.

하지만 불만에 찬 선원들은 자신들이 마시는 럼이 지나치게 희석된 것이 아닐까 하는 의문을 품기 시작했다. 선원들은 지급되는 럼이 기준에 부합하는지에 대한 증거를 요구했다. 당시에는 비중계가 없었기 때문에(비중계는 물과 비교해 액체의 밀도를 측정함으로써 알코올 함량을 알아내는 장비다) 늘 배에 실려 있던 화약을 사용하는 방법이 고안되었다. 일정량의 화약을 럼과 섞었을 때 럼이 지나치게 희석되어 있으면 불이 붙지 않았다. 불이 붙으려면 대략 57퍼센트 정도의 알코올이 들어 있어야 했다. 배의 사무장은 선원들이 보고 있는 가운데 럼과 화약을 섞은 후 불을 붙여 알코올 도수에 대한 '프루프proof, 증거라는 뜻도 있지만 증류주의 알코올 농도를 나타내는 단위이기도 함'를 제시했다.

영국에서는 아직도 이 기준에 따른 프루프 단위를 사용한다. 57퍼센트의 알코올이 함유되어 있는 병을 100프루프라고 부른다. 미국에서는 좀더 간단

모 히 토 이 마 스

신선한 스피어민트 잔가지 3개
갓 짜낸 라임즙 3/4온스
심플 시럽 1온스
화이트 럼 1과 1/2온스
소다수
변형된 형태: 스파클링 와인(드라이한 스페인산 카바cava가 잘 어울린다)과 신선한 과일

칵테일 셰이커에 스피어민트 잔가지 2개와 라임즙, 심플 시럽을 넣고 머들링한다. 럼과 얼음을 넣고 잘 섞은 다음 걸러서 잘게 부순 얼음을 가득 채운 하이볼 잔에 붓는다. 맨 위에 소다수를 첨가하고 남아 있는 스피어민트 잔가지로 장식한다.

변형: 정원에서 갓 따온 신선한 계절 과일이라면 어떤 것이든 모히토 이 마스에 사용할 수 있다. 그중에서도 복숭아, 자두, 살구, 라즈베리, 딸기가 특히 잘 어울린다. 평소 레시피대로 만들되, 하이볼 잔에 부순 얼음과 잘게 썬 과일을 채운다. 럼을 넣고 소다수 대신 스파클링 와인(드라이한 스페인산 카바가 적합)을 채운 다음 한 잔 들고 햇볕이 잘 드는 곳에 앉는다.

한 계산법을 사용하므로 100프루프가 알코올 함량 50퍼센트에 해당한다.

1970년에 영국 해군은 럼 배급을 중단했다. 선원들은 항의의 표시로 검은색 완장을 차고 퇴역 해군이었던 필립 공Prince Philip에게 "우리의 한 모금을 지켜달라"고 호소했지만 아무런 소용이 없었다. 럼을 배급하지 않으면 비용이 절약될 뿐만 아니라 잠수함을 조종하는 선원들이 자동차를 운전하는 민간인만큼이나 멀쩡한 정신으로 키를 잡을 수 있었다. 럼을 배급하는 전통이 사라진 지 거의 40년 이상이 지났지만 일부 럼 양조장에서는 아직도 알코올 함량 57퍼센트에서 보틀링하는 '해군 도수' 버전을 생산하고 있다.

사탕무 SUGAR BEET

Beta vulgaris

1806년에 나폴레옹 보나파르트는 곤란한 상황에 처하고 말았다. 그는 소위 베를린칙령을 발표해 모든 영국산 제품의 수입을 금지한 참이었다. 이 말은 프랑스 사람들이 차도, 따뜻한 영국산 모직도, 쪽빛 염료도, 설탕도 구할 수 없다는 의미였다. 당시에 카리브 해에서 생산되는 대부분의 사탕수수는 영국의 통제하에 있었다. 이 조치가 파리의 페이스트리 셰프들에게 청천벽력 같은 일임을 알고 있었던 나폴레옹은 사탕무에서 설탕을 정제해내는 계획을 준비했다.

나폴레옹은 식물학자 벵자멩 들르세르Benjamin Delessert에게 방법을 개발하도록 지시했다. 머지않아 프랑스 여러 지역에 여섯 개의 실험실이 마련되었으며, 학생 100명을 동원해 제조 과정을 학습하도록 했다. 농부들은 의무적으로 수백만 제곱미터의 땅에 사탕무를 심어야 했다. 40개 공장에서 1360만 톤에 달하는 설탕을 쏟아냈다. 1811년에 나폴레옹은 어차피 유럽에서는 더이상 쓸모가 없을 테니 사탕수수를 템스 강에 던져버려도 된다는 서신을 영국 쪽에 보냈다. 그러나 나폴레옹이 망명한 후 다시 정세가 바뀌었고, 사탕수수도 프랑스로 돌아왔다.

오늘날 재배되는 사탕무는 커다란 흰색 품종으로 대부분의 사탕수수보다 높은 18퍼센트의 자당 함량을 자랑한다. 사탕무는 길이 30센티미터에 무게 2.3킬로그램까지 자라기도 한다. 근대와 아마란스의 가까운 친척인 이 사탕무의 원산지는 지중해 지역으로 추산되는데, 이곳에서는 사탕무의 아종亞種이며 보다 재배하기 쉬운 야생 갯근대 *Beta vulgaris* subsp. *maritima*의 형태로 자란다. 이 야생 갯근대를 명아주라 부르기도 한다. 16세기 후반의 식물학자들은 이 사탕무를 끓여서 달콤한 시럽을 만들어내는 방법을 개발했지만, 교배를 통해 당분 함량이 더욱 높은 품종이 탄생하기 전까지는 사탕무 시럽이 감미료로 사용되지 않았다. 당분이 많이 들어 있는 새로운 품종의 개발과 기술의 발달이 필요성과 맞물리면서 마침내 사탕무에서 납득할 만한 양의 설탕을 추출해낼 수 있게 되었다.

오늘날 세계 설탕의 4분의 1은 사탕무에서 추출되며, 미국, 폴란드, 러시아, 독일, 프랑스, 터키가 그 선두주자들이다. 미국에서 생산되는 설탕의 55퍼센트를 담당하는 사탕무는 대부분 중서부 위쪽과 서부 주에서 재배된다. 미국은 자국에서 생산하는 설탕을 모두 소비하고도 부족해 단것을 좋아하는 미국인들의 수요를 충당하기 위해 남미와 카리브 해 지역에서 상당량의 설탕을 수입한다.

사탕무에서 설탕을 추출하는 방법은 사탕수수와 크게 다르지 않다. 분쇄기가 아닌 뜨거운 물로 즙을 추출해내지만, 그다음에는 여과하여 가열한 후 설탕 결정을 당밀에서 분리해낸다. 사탕무에서 추출한 설탕은 사탕수수에서 추출한 것과 동일하지만 당밀은 다르다. 사탕무 당밀에는 설탕 이외의 잔여물이 남아 있기 때문에 좀더 쓰고 맛이 없다. 이 당밀은 가축의 사료로 사용하거나 심지어는 소금이 잘 부착되도록 얼어붙은 길에 뿌리기도 한다.

그러나 주당들이 관심을 가질 만한 사실은, 상업용 효모 제조업자들이 사탕무 당밀을 사들여서 사탕수수 당밀과 섞은 다음 대규모 효모 배양을 위한 설탕 배양액으로 삼는다는 점이다. 당밀을 양분 삼아 자라난 효모는 여과와 압축 과정을 거쳐 양조장, 증류공장, 제과점으로 판매된다. 따라서 어떤 면에서는 모든 알코올의 시발점이 사탕무 설탕이라고 볼 수도 있다.

일부 증류주는 사탕무 설탕으로 만들지만 그 점이 분명하게 드러나지 않기도 한다. 리큐어의 베이스로 삼거나 증류주의 도수를 조절하기 위해 사용하는 소위 정류 알코올 또는 중성주정도 사탕무 설탕으로 만드는 경우가 있다. 트리플 섹triple sec과 같은 오렌지 리큐어를 비롯해 상당수의 압생트와 파스티스 브랜드가 사탕무 설탕에서 알코올 베이스를 재료로 사용한다. 또한 스웨덴의 알티시마Altissima, 오스트리아의 스트로 80Stroh 80 등을 비롯해 여러 나라에서 사탕무 설탕을 재료로 한 럼이 생산된다. 미국의 수제 양조장 역시 럼 생산을 시도한 바 있다. 미시건에 있는 노던 유나이티드Northern United 양조회사는 사탕무 설탕을 베이스로 한 럼을 한 종류 생산하며, 위스콘신의 올드 슈거Old Sugar 증류공장에서는 사탕무 설탕을 사용해 아니스향신료로 사용되는 별 모양의 작은 열매 향이 들어간 오조ouzo와 꿀 리큐어를 증류해낸다.

긴 역사를 자랑하는 곡류 중 하나인 밀은 가장 오래된 맥주 주재료의 영예를 차지하기에 손색이 없는 후보인 듯하다. 벼는 1만 년 이전부터 중동에서 재배되었으며 기원전 3000년에는 중국에 전파되었다. 밀은 식량원으로 적합한 모든 요소를 갖추고 있었다. 단백질, 맛, 보존성, 그리고 빵이 부풀어오르도록 해주는 놀라운 탄력까지. 그러나 밀을 좋은 식량으로 만들어주는 바로 그 특징들이 오히려 발효를 어렵게 만드는 요인으로 작용하기도 한다. 사실 양조업자와 증류업자는 밀을 가장 다루기 까다로운 재료 중 하나로 꼽는다.

이 문제를 이해하려면 우선 식물의 관점에서 생각해보아야 한다. 어떤 종류의 곡물 낱알이든 본질은 씨앗이다. 씨앗은 식물의 다음 세대, 나아가 불멸을 향한 염원을 품고 있다. 이 씨앗의 목표를 달성하기 위해 식물은 배아 주변에 전분의 형태로 당을 저장한다. 하지만 당분만으로는 충분하지 않다. 발아하기 위해서는 단백질도 필요하다. 따라서 전분 안에는 단백질이 그물망처럼 퍼져 있다. 씨앗이 땅에 떨어져 약간의 수분을 만나면 효소가 이 전분을 분해하여 싹의 영양분으로 삼을 약간의 당분을 만들어낸다. 하지만 효소는 그전에 먼저 단백질을 뚫고 지나가야 한다.

밀은 단백질의 구성 요소 중 하나인 질소를 붙잡는 능력이 유달리 뛰어나다. 밀에 들어 있는 단백질은 상당히 유연하기 때문에 기회가 있을 때마다 질

메밀

밀과 전혀 관련이 없는 메밀*fagopyrum esculentum*은 마디풀과에 속하며 꽃을 피우는 식물이다. 메밀은 분류학상 유럽산 야생 허브인 소리쟁이나 수영sorrel 과 아주 가깝다. 짙은 색에 삼각형 모양을 한 메밀의 씨앗은 씨앗 부피의 약 4분의 1을 차지하는 겉껍질로 둘러싸여 있다. 이 겉껍질을 제거하고 남은 것을 메밀 알갱이라고 부른다.

메밀은 가루로 빻아 팬케이크와 국수를 만들거나 유럽의 카샤kasha, 굵게 탄 메밀 가루 또는 죽처럼 시리얼로 먹기도 한다. 또한 일본에서는 메밀로 쇼추라는 증류 주를 만들며, 글루텐 성분이 들어 있지 않은 보드카와 맥주를 만들 때에도 메밀을 이용한다. 프랑스의 메니르 증류공장Distillerie des Menhirs에서는 자칭 세계 유일의 메밀 위스키라 부르는 에두 실버Eddu Silver를 생산한다.

소를 받아들인다. 따라서 단백질 망이 전분 주위를 촘촘히 둘러싸게 된다. 단백질이 적당량 들어 있으면 좋은 품질의 빵을 만들 수 있기 때문에 이는 제빵사들에게 상당히 반가운 일이다. 밀 단백질에 물을 첨가하면 서로 엉겨붙어 글루텐을 형성하는데, 밀가루 반죽에서 그토록 중요한 역할을 하는 끈끈하고 잘 늘어나는 성분이 바로 글루텐이다.

그렇기 때문에 농부들은 수천 년 동안 단백질 함량이 높아 질소를 잘 끌어들이는 밀의 품종을 선택하여 재배해왔다. 그러나 양조업자들에게는 이러한 품종 선택이 그다지 달갑지 않았다.

양조를 위해 물과 맥아 혼합물을 만들어놓아도 전분이 단백질 그물망 안에 너무나 단단히 얽혀 있어서 그중 일부는 접근 자체가 불가능하다. 원리는 단순하다. 질소가 많으면 단백질도 많아지고, 자연히 당분의 양이 적어지므로 생산되는 알코올의 양도 줄어든다. 설상가상으로 밀은 맥아 혼합물을 담아놓은 통에서 *끈끈해지기* 일쑤인데, 발효를 한 후에도 남아 있는 단백질 덩어리 때문에 술이 탁해진다.

밀의 손길

따라서 오랜 옛날부터 밀로 술을 만들어왔으되, 밀 하나만 재료로 사용한 적은 없었다. 이집트인들은 밀을 보리, 수수, 기장과 섞어 보다 다루기 쉬운 레시피를 만들었다. 독일에는 중세시대부터 고급 밀 맥주를 만드는 전통이 발달하기 시작했지만, 이런 맥주에서도 밀의 함량은 약 55퍼센트 정도에 불과했고 나머지는 보리였다. 러시아의 증류업자들은 밀, 보리, 호밀을 섞어 초기의 보드카를 제조했고, 스코틀랜드와 아일랜드의 위스키 제조업자들은 이와 비슷한 혼합 비율에 약간의 옥수수를 첨가해 완벽한 위스키 제조법을 완성했다. 이렇듯 다른 곡물의 도움 없이 밀만으로는 좋은 술을 만들기 어렵다.

밀을 다루기가 그토록 어렵다면 왜 굳이 밀을 사용할까? 독일산 헤페바이젠Hefeweizen을 맛보면 아마 그 대답을 얻을 수 있을 것이다. 이 술에서 풍겨 나오는 독특한 빵의 풍미와 비스킷 향은 그야말로 사랑하지 않을 수 없다. 밀은 또한 부드럽고 편안한 느낌을 준다. 그래서 이를 둘러싼 다른 풍미들과 잘 어울린다. 독일산 밀 맥주는 톡 쏘는 감귤 향을 내는데 이러한 풍미는 홉에서 나온다기보다는 밀의 당분을 분해하여 독특한 맛을 내는 특수한 품종의 이스트에 기인한다. 또한 밀 맥주의 거품은 빽빽하고 풍부하기로 유명하며, 이 거품은 대부분 용해된 밀 단백질이다. 단순히 이런 거품을 내기 위해 혼합된 곡물에 약간의 밀을 첨가하는 양조업자들도 적지 않다.

보드카와 위스키에 밀을 사용하면 가볍고 부드러운 증류주가 탄생하는데, 이는 상당히 바람직한 특징이기도 하다. 온갖 종류의 고급 버번을 마셔봐도 역시 메이커스 마크Maker's Mark를 계속 찾게 된다고 고백하는 버번 애호가들밀 맥주는 천연 감귤 향 풍미를 강조하기 위해 레몬 조각을 곁들여 내는 경우가 많지만, 일부 맥주 마니아들은 이것을 신성모독이라 생각한다. 좋은 맥주에는 절대 향을 추가할 필요가 없다는 것이 이들의 주장이다. 자리에 따라서는 레몬 조각과 밀 맥주 한 잔을 가지고 어떻게 하느냐에 따라 우정이 생기기도, 우정에 금이 가기도 한다. 물론 자신이 마실 음료이므로 원하는 대로 하되, 주의를 기울이도록 하자.

이 많을 것이다. 그 이유는? 밀 성분 때문이다. 버번에는 옥수수와 보리에 약간의 호밀을 첨가하는 것이 보통이지만 메이커스 마크는 호밀 대신에 밀을 사용한다. 호밀의 톡 쏘는 맛과는 상당히 차별화되는 이 부드럽고 달콤한 맛이 바로 메이커스 마크가 그토록 많은 사랑을 받는 이유다. 밀의 영향은 재료 중 밀의 함량이 최소 51퍼센트 이상인 미국산 '스트레이트 밀' 위스키에서 더욱 분명하게 드러난다. 또한 세계에서 가장 인기 있는 보드카로 손꼽히는 그레이 구스Grey Goose, 케텔 원Ketel One, 앱솔루트에서는 밀의 순수한 감칠맛을 확연하게 느낄 수 있다.

최근까지도 밀을 재배하는 농부들은 양조업자와 증류업자들의 요구를 무시해왔다. 전 세계 사람들에게 식량을 공급하는 것을 사명으로 삼고 있는 농부라면 단단하고 단백질 함량이 높은 밀을 심은 다음 질소 비료를 충분히 주는 것이 현명하다. 하지만 하루 일과를 마치고 근사한 위스키를 한잔 들이켜고 싶은 농부라면 연질軟質 밀도 몇 마지기 심어놓는 것이 좋다. 밀의 품종은 성장 계절(겨울밀, 봄밀), 색깔(호박색, 붉은색, 흰색), 단백질 함량(단백질 함량이 적은 것이 연질밀)에 따라 분류한다. 최근 식물 육종가들은 단백질 함량이 낮은 품종을 교배하는 데 박차를 가하고 있으며 양조업자에게 밀을 납품하고자 하는 농부들은 밭에 사용하는 질소 비료의 양을 줄인다. 무려 6억 8900만 톤에 달하는 세계 밀 생산량 중에서 양조와 증류에 사용하는 밀은 극히 일부에 불과할지 모르지만, 만약 밀이 없다면 맥주, 위스키, 보드카의 맛은 지금과는 사뭇 다를 것이다.

마시는 밀

세계적으로 수천 개에 달하는 밀 품종이 존재한다. 양조업자와 증류업자에게 판매되는 밀에는 대부분 단순히 유형에 따라 '연질의 붉은색 겨울밀' 등의 라벨이 붙어 있다. 다음은 술병에서도 이름을 찾아볼 수 있는 몇 가지 특수한 품종이다.

위스키	맥주
알케미 Alchemy	**앤드루** Andrew
클레어 Claire	**크리스탈** Crystal
컨소트 Consort	**감브리너스** Gambrinus
글래스고 Glasgow	**매드센** Madsen
이스타브락 Istabraq	
리밴드 Riband	
로비구스 Robigus	
세베대 Zebedee	

세계의 이색적인
알코올 원료와

독특한 양조 음료

보리와 포도가 아닌 다른 식물로도 독한 술을 만들 수 있다.

정말 특이하고 잘 알려지지 않은 식물들도

발효와 증류를 통해 술로 탄생했다.

그중에는 위험한 술도 있고, 그야말로 이상한 술도 있으며,

공룡만큼이나 오랜 역사를 지닌 술도 하나 있다.

그러나 무엇보다 각각의 술은

전 세계 음주 전통에 독특한 문화적 색채를 더해주고 있다.

바나나나무는 사실 나무가 아니라 거대한 여러해살이풀이다. 나무로 분류하지 않는 이유는 줄기에 목질 조직이 없기 때문이다. 대부분의 사람들은 슈퍼마켓에서 판매하는 캐번디시 Cavendish라는 딱 한 종류의 바나나만 먹어보았겠지만, 사실 바나나는 우간다와 르완다의 소위 맥주 바나나를 비롯해 수백 가지 품종이 존재한다. 농부들은 (플랜튼plantain이라고 부르는 요리용 바나나에 비해) 이문이 많이 남는 맥주를 제조할 수 있는 맥주 바나나 재배를 선호

한다. 게다가 바나나 맥주의 경우 비록 오래 보관할 수는 없지만 생 바나나만큼 빨리 상하지는 않는다. 바나나를 맥주로 만들면 더욱 손쉽게 시장으로 운반할 수 있다.

전통적인 제조 방법은 잘 익은 바나나를 껍질을 벗기지 않은 채 구덩이나 바구니에 쌓아놓는 것이다. 그다음에는 포도와 마찬가지로 사람이 바나나를 밟아서 즙을 짜낸다. 이 즙을 풀로 가볍게 걸러준 다음 바가지 안에서 발효시키는데, 이때 수수 가루를 첨가하기도 한다. 며칠이 지나면 탁하고 새콤달콤한 맥주가 완성되어 마실 수 있게 된다. 병에 넣어서 최대 2, 3일 정도 보관할

수 있다.

우간다에서는 보통 바나나 맥주를 집에서 제조하지만, 전문 양조업자들이 만드는 상업용 바나나 맥주도 있다. 샤포 바나나Chapeau Banana는 벨기에의 랑비크 맥주다. 영국의 웰스 앤 영Wells & Young 양조회사는 웰스 바나나 브레드 맥주Wells Banana Bread Beer를 만들고, 네덜란드의 몽고조Mongozo 양조장에서는 공정무역 바나나를 사용해 아프리카 스타일로 만든 바나나 맥주를 판매한다.

캐슈애플 CASHEW APPLE   *Anacardium occidentale*   옻나뭇과

대다수 사람들은 캐슈너트의 껍질을 직접 까본 적
이 없을 것이다. 거기에는 그럴 만한 이
유가 있다. 캐슈나무는 덩굴옻나
무, 옻나무, 독 옻나무와 매우
가까운 종이기 때문이다. 이
들 식물과 마찬가지로 캐
슈 나무는 발진을 일으키는
고약한 기름 성분인 우루시올
urushiol을 분비한다. 조심스럽게 열
을 가하여 캐슈너트의 껍질을 쪼개야
안에서 우루시올이 없는 식용 너트를 꺼낼 수 있다.

　너트는 캐슈애플이라고 불리는 작은 과실의 아래쪽에 달린다(사실 캐슈애
플에는 씨앗이 들어 있지 않기 때문에 캐슈애플은 식물학 용어로 헛열매pseudo-fruit
에 해당한다. 진짜 열매는 그 밑에 매달려 있는 캐슈너트다). 인도에서는 고약한
기름 성분이 없는 이 캐슈애플로 페니feni라는 발효 음료를 만든다.

　캐슈나무는 브라질 원산이며 프랑스의 식물학자 앙드레 테베André Thevet가
1558년에 기록을 남긴 바 있다. 테베는 나무에 매달려 있는 열매를 쥐어짜는
사람들의 모습을 목판에 담았다. 포르투갈 탐험가들은 식민지였던 모잠비크
와 인도의 동부 해안으로 캐슈를 가져갔다. 유럽인들의 술 취향에 맞추어 캐
슈를 새롭게 활용할 방법을 찾아야 했다. 1838년에 작성된 서인도제도 주민
들의 음주 관행에 대한 보고서에는 럼으로 추정되는 베이스에 캐슈애플즙으
로 맛을 낸 펀치 음료에 대한 기록이 남아 있다.

　평퍼짐하고 성장이 빨라 높이 약 12미터, 너비는 그 두 배까지 자라는 이

나무는 원래 인도에서 침식 방지에 도움이 될까 하여 심은 나무였다. 캐슈나무는 오늘날 동아프리카 및 중미와 남미 전역에서 발견되지만, 전 세계에서 소비되는 캐슈너트의 대부분은 브라질과 인도에서 생산된다.

캐슈애플 페니(fenny 또는 fenni로 표기하기도 한다)는 1510년에서 1961년까지 포르투갈의 통치하에 있었던 고아Goa라는 인도의 작은 주에서 아직까지 생산된다. 고아는 휴가를 즐기는 동안 현지 음료를 마셔보고 싶어하는 유럽 관광객들에게 인기 있는 관광지다.

애플이 나무에서 떨어지거나 조금만 압력을 가해도 쉽게 분리된다면 다 익었다는 신호다. 일단 익으면 쉽게 상하기 때문에 즉시 으깨야 한다. 페니를 만들려면 일단 현지에서 카주caju라는 이름으로 부르는 캐슈애플을 너트에서 분리해내야 한다. 그다음에 애플을 구덩이에 넣고 밟는데, 고무장화를 신은 아이들이 이 일에 동원되기도 한다. 즙을 짜낸 다음에는 가볍게 발효시켜 우락urak이라는 여름 음료를 만든다. 이렇게 발효된 음료 중 일부는 구리솥에 넣고 증류하여 도수 40퍼센트 정도의 투명한 음료를 만드는데, 이것이 바로 페니다. 현지인들은 레모네이드, 소다, 또는 토닉 워터를 곁들여 페니를 즐긴다.

카사바 뿌리는 세계 도처의 빈곤 지역과 기근이 자주 발생하는 지역 사람들에게 중요한 식량원의 역할을 해왔다. 심지어 오늘날까지도 카사바 뿌리는 아프리카, 아시아, 남미의 4억 인구를 먹여 살리고 있다. 길이 90센티미터, 무게 2, 3킬로미터까지 자라는 이 전분질의 뿌리는 어느 정도의 영양분을 공급해주며 특히 비타민C와 칼슘이 풍부하지만, 제대로 손질해서 먹지 않으면 유해할 수 있다. 카사바 뿌리에서 시안화물을 침출해내기 위해서는 반드시 일단 물에 담갔다가 조리하거나, 가루로 빻아서 몇 시간 정도 땅에 넓게 펼쳐놓아 시안화물이 분해되거나 공기중으로 날아가도록 해야 한다. 달콤한 품종은 독성이 강한 쌉쌀한 품종보다 상대적으로 손질이 간단하지만, 대신 영양분은 적게 들어 있다. 물론 양쪽 모두 날것으로 먹기에는 그다지 안전하지 않다.

이러한 번거로움에도 불구하고, 매니옥manioc 뿌리라고도 불리는 이 카사바는 당당히 주식의 자리를 차지하고 있다. 가뭄에 강하며 재배하기가 무척 쉽기 때문이다. 카리브 해와 남미의 일부 지역, 특히 브라질, 에콰도르, 페루에서는 매니옥 맥주(섬에서는 오이코ouicöu라고 부른다)를 만들 때 카사바 뿌리의 껍질을 벗겨 잘게 자른 다음 물에 넣고 끓인 후, 과육을 꺼내 씹었다가 다시 혼합물에 뱉는다. 이렇게 하면 침 속에 들어 있는 아밀라아제 효소가 전분이 당분으로 분해될 수 있게 돕는다. 그다음 혼합물을 다시 끓이는데, 이때 설탕, 꿀, 또는 과일을 첨가해 알코올 함량을 높이고 맛을 향상시키기도 한다.

카사바의 원산지는 남미로, 기원전 5000년경에 브라질에서 재배되었다. 포르투갈인들이 동아프리카에 카사바를 소개한 것은 1736년이었지만, 이 지역에서 카사바가 널리 자라게 된 것은 20세기가 되어서부터였다. 따라서 아프리카에서 카사바 맥주를 제조하는 전통은 모두 상당히 최근에 생겨난 것이다. 쿠어스 라이트Coor's Light나 헨리 웨인하즈Henry Weinhard's 등의 브랜드로 잘 알려진 다국적 맥주 재벌기업 사브밀러는 최근에 앙골라에서 카사바 맥주를 양조하겠다는 계획을 발표했다. 원료는 현지 농부들에게서 매입하고 생산한 맥주는 저렴한 가격에 판매해 일자리를 창출하는 것은 물론 가난하고 목마른 아프리카에 새로운 맥주 시장을 개척하기를 희망하고 있다.

카사리프Cassareep

카사바 뿌리를 끓인 다음 정향, 고춧가루, 계피, 소금, 설탕 등의 향료를 넣어 만든 끈끈하고 색이 짙은 시럽이다. 이 시럽은 고기용 소스로 사용하거나 페퍼포트pepperpot라는 가이아나식 스튜의 맛을 내는 데 쓴다. 그러나 카사리프를 재료로 한 칵테일을 개발할 위트나 용기가 있는 사람은 나타나지 않은 것 같다. 아직까지는 말이다.

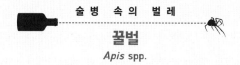

술 병 속 의 벌 레

꿀벌
Apis spp.

알코올의 역사에서 꿀벌보다 더 중요한 곤충은 없다. 포도나 사과, 기이하고도 아름다운 타마린드에 이르기까지, 발효 가능한 모든 과일이 수분을 하기 위해서는 꿀벌이 필요하다. 이 말은 꿀벌이 없다면 우리가 괴혈병과 굶주림에 시달릴 뿐만 아니라 술조차 마실 수 없게 될지도 모른다는 의미다. 하지만 꿀벌을 통해 취기를 돋울 수 있는 더욱 빠른 방법이 있으니, 그 방법은 다름 아닌 꿀에 있다.

양봉 기술이 출현한 이집트시대 이전에도 사람들은 야생에서 꿀을 채취했다. 양봉꾼들이 절벽을 기어올라 꿀이 든 벌집을 따는 모습을 묘사한 원시 벽화는 신석기와 중석기 시대까지 거슬러올라간다. 스킵스skeeps라고 불리는 원시적인 벌통은 꿀을 찾아 먼 숲속을 헤매다닐 필요가 없도록 평범한 바구니를 쉽게 접근할 수 있는 위치에 걸어놓은 것이었다.

꿀 와인이나 벌꿀술mead의 초기 형태는 아마도 벌집에서 꿀을 거의 다 꺼낸 다음 얼마 남지 않은 꿀까지 전부 빼내기 위해 물에 담가놓는 과정에서 탄생했을 것이다. 이 꿀물이 야생 효모를 만나 자연적으로 발효되었을 가능성이 크다. 훗날 양봉가들이 벌통을 클로버, 알팔파, 감귤류와 같은 특정한 작물 옆에 걸어놓으면 보다 색이 연하고 달콤한 꿀을 얻을 수 있다는 사실을 깨닫고부터는 숲에서 채취한 야생 꿀은 주로 벌꿀술 제조에, 기호에 맞게 정제된 꿀은 감미료의 재료로 사용하는 일이 많았다.

그리스인들은 '혼합물'을 뜻하는 키케온kykeon이라는 용어를 맥주, 와인, 벌꿀술을 혼합한 독특한 음료를 일컫는 데 사용했다. 호메로스의 『오디세이』에는 오디세우스의 부하들이 마녀 키르케Circe가 준 키케온을 마시고 취해 돼지로 변하는 장면이 나온다. 그리스와 로마의 벌꿀술 제조 전통은 유럽 전역으로 퍼졌지만 아프리카인들 역시 고유의 방법을 발달시켰다. 북중부 아프리카의 아잔데Azande 부족은 벌꿀술을 만들었으며, 에티오피아에서는 아직도 테이tej 또는 테지t'edj라는 벌꿀술의 일종이 널리 퍼져 있다. 레시피는 물과 꿀을 약 6대 1의 비율로 섞는 것이다. 보통 항아리나 바가지에 넣어 몇 주 동안 발효시키면 와인과 비슷한 도수에 도달해 마실 수 있게 된다. 갈매나무 관목 *Rhamnus prinoides*의 쌉쌀한 잎이나 씹으면 가벼운 흥분제의 역할을 하는 캇khat, *Catha edulis*이라는 식물의 잎을 첨가하여 맛을 내는 경우도 있다. 사하라 이남 지역 아프리카에서는 꿀과 물의 혼합물에 타마린드나 다른 과일을 넣어 더욱 달콤한 음료를 만든다.

파라과이의 아비폰Abipón 부족은 단순히 꿀과 물을 섞어서 몇 시간 놓아두어 야생 효모로 발효시킴으로써 알코올 도수가 낮은 음료를 만들었다. 볼리비아의 시리오노Sirionó족은 옥수수, 매니옥 뿌리, 또는 고구마로 만든 죽에 꿀을 첨가한 뒤 맥주 정도의 도수가 될 때까지 며칠 동안 발효시켰다. 심지어 건국 초기에 미국인들도 자체적으로 벌꿀술을 만들었는데, 이 탁하고 짙은 혼합물의 도수가 어찌나 높았던지 이 술을 마시면 벌이 붕붕거리는 소리가 들릴 지경이었다는 기록도 있다.

오늘날의 고급 벌꿀술은 상쾌한 꽃향기가 나며 과일, 허브, 또는 홉을 첨가해 음료의 특징을 약간 바꿔놓는 경우도 있다. 일부 수제 양조장에서는 맥주와 벌꿀술의 혼합술인 브래고Braggot를 생산한다. 도그피시 헤드 맥주회사에서 만드는 베어울프 브래고가 그 예다. 벌꿀술을 증류하여 더욱 도수가 높은 증류주(허니잭이라고 부르기도 한다)를 만들 수도 있지만 흔한 일은 아니다. 뉴욕 주의 세니커폴스Seneca Falls에 있는 히든 마시Hidden Marsh 양조공장에서는 꿀을 재료로 하여 비 보드카Bee Vodka를 만든다. 이 술은 깜짝 놀랄 만큼 부드러우며 달콤한 맛은 아주 미미하게 느껴질 뿐이다. 하지만 진정한 꿀의 풍미를 가장 잘 느낄 수 있는 술은 독일의 리큐어 베렌예거Bärenjäger로, 이 술은 심지어 뚜껑이 벌통 모양인 병에 담겨 판매된다.

대추야자 DATE PALM   *Pheonix dactylifera*   야자과

2005년에 이스라엘의 한 고고학자가 단순하지만 기발한 생각을 해냈다. 저장고에 보관되어 있는 2000년 묵은 대추야자 씨를 심어 싹을 틔워보면 어떨까? 물론 이전에도 고고학 발굴지에서 출토된 오래된 씨앗의 싹을 틔워보려는 시도는 있었지만, 이 정도로 오래된 씨앗을 부활시키려고 해본 적은 없었다. 그러나 대추야자의 씨앗은 식물학 용어로 진정 종자 orthodox seed다. 이 말은 씨앗이 완전히 말라버린 후 오랜 시간이 지나도 생명력이 소실되지 않는다는 뜻이다(진정 종자의 반대는 비진정 종자recalcitrant seed로, 신선하고 축축한 상태에서만 발아를 할 수 있는 씨앗이다. 예를 들어 아보카도의 씨앗은 비진정 종자다).

위에서 말한 고대 씨앗은 이스라엘의 마사다 발굴지에서 출토된 것으로, 마사다는 서기 73년에 유대교 광신자들이 로마의 통치에 굴복하느니 차라리 죽음을 택하겠다며 집단 자살을 했던 곳이다. 이 발굴지에서 발견된 씨앗은 고고학자들이 발아시키기로 결정할 때까지 얌전히 보관되어 있었다. 최신식 온실의 플라스틱 화분에 넣고 점적관수drip irrigation, 가는 관을 통해 포기마다 물방울 형태로 물을 주는 방식로 관리를 하자 씨앗은 거의 2000년에 걸친 긴 잠에서 깨어났다. 만약 식물도 놀라는 것이 가능하다면 이 씨앗은 틀림없이 기절초풍할 정도로 깜짝 놀라서 일어났을 것이다. 유대 대추야자라고 불리는 이 야자는 이미 기원후 500년경에 멸종해버린 품종이었기 때문에 죽음에서 부활한 것이 더욱 놀라울 뿐이었다. 이 대추야자를 돌보는 사람들은 아직도 이 나무가 수 나무인지 암나무인지 파악하기 위해 기다리고 있다. 오래전에 멸종되어 사라진 과실을 채취할 수 있도록 암나무이기를 바라는 것은 물론이다.

대추야자 열매는 지중해, 아랍, 아프리카 요리에서 빼놓을 수 없는 재료다. 그러나 대추야자 와인은 열매가 아니라 당분이 많은 나무의 수액으로 만든다. 이 음료는 최소한 기원전 2000년대부터 이집트 벽화에 등장한다. 이 술을 만드는 방법은 천년이 넘는 시간이 흐르는 동안 그다지 크게 변하지 않았다. 수액이 흐르도록 하기 위해 보통 꽃차례 단두법(꽃을 잘라낸다는 의미의 기술적 용어)으로 나무에 상처를 낸 다음 수액을 받아낸다. 일부 문화권에서는 꽃을 잘라내기 전에 구부리고, 비틀고, 때리고, 차는 등, 다양한 방식으로 꽃을 못살게 구는 작업에 공을 들인다. 이렇게 하면 수액이 더욱 풍부하게 흘러나온다.

아시아, 인도, 아프리카 지역에서는 코코넛나무 *Cocos nucifera* 를 비롯한 다른 대추야자 품종에서도 수액을 얻어내는데, 각 나무 종류마다 다른 기술이 사용된다. 때로는 나무 전체를 잘라내거나 나무의 맨 위쪽 줄기에 커다란 구멍을 뚫는데, 그 때문에 나무가 거의 괴사 상태에 이르거나 실제로 죽기도 한다. 또한 단풍나무에서 수액을 채취할 때처럼 단순히 껍질을 긁어내거나 구멍을 뚫는 경우도 많다.

일단 수액이 채집되면 감미료로 사용하거나, 끓여서 야자즙 조당이라고 부르는 각설탕을 만든다. 그냥 내버려두면 수액을 채집하는 데 사용한 바가지와 공기중에 서식하는 야생 효모의 활약으로 거의 즉시 발효가 진행된다. 몇 시간 지나지 않아 달콤하고 부드러운 알코올음료가 완성된다. 발효는 그후 며칠 동안 더 진행되기 때문에 그 과정에서 알코올 함량이 약간 상승한다. 그러나 효모는 결국 박테리아에게 밀려나게 되는데, 박테리아의 발효로는 와인

이 아닌 식초가 생성된다. 발효가 진행되면서 알코올과 단맛, 약간의 새콤한 맛이 완벽한 균형을 이루는 시점이 있는데, 바로 그때 한꺼번에 다 소비해야 한다. 대추야자 와인은 병에 담기도 전에 상해버리기 때문에 주류 판매점에서 아무리 찾아봤자 헛수고다. 이 대추와자 와인을 증류하여 보다 도수가 높은 증류주 아라크arrack를 만들 수도 있는데, 이 아라크는 단맛이 도는 수액으로 만든 증류주를 두루 일컫는 용어다.

서아프리카에서만 천만 명이 넘는 사람들이 대추야자 와인을 즐기지만 안타깝게도 이 와인을 좋아하는 것은 비단 인간뿐만이 아니다. 방글라데시와 인도에서는 과일박쥐가 날아와 바가지에 채집된 신선한 수액을 마신다. 이 박쥐는 니파Nipah 바이러스라는 고약한 병원균을 보유하고 있는데 대추야자 수액을 마시는 과정에서 이 바이러스가 수액으로 옮아가게 된다. 그 결과 바이러스가 박쥐에서 인간으로 전염되는 것이다. 해결책은? 의료 전문가들은 대추야자의 수액을 채집하면서도 박쥐가 수액을 마시지 못하게 하는 방법을 찾기 위해 앞다투어 노력하고 있다.

잭푸르트 JACKFRUIT　　　*Artocarpus heterophyllus*　　　뽕나뭇과

잭푸르트는 아마도 알코올음료의 재료가 되는 과일 중 가장 덩치가 클 것이다. 길이 90센티미터까지 자라며 무게도 최대 45킬로그램까지 나가는 경우가 있다. 독특한 고무질의 과일 외부는 삐죽삐죽한 원뿔형의 조직으로 덮여 있으며 각각의 원뿔은 꽃이 시들고서 형성된 것이다. 과일 안쪽에는 표면에 피었던 모든 꽃의 씨앗이 들어 있다. 잭푸르트 하나에 최대 500개의 씨앗이 들어 있는 경우도 있다. 잘 익은 잭푸르트는 껍질에서 고약한 냄새가 나지만 과육은 부드럽고 달콤하다. 디저트, 카레, 처트니_{과일, 설탕, 향신료와 식초로 만드는 걸쭉한 소스}의 맛을 내는 데 사용된다.

빵나무와 가까운 친척인 잭푸르트나무는 인도 전역과 아시아, 아프리카, 호주 일부 지역에서 자란다. 인도에서는 과육을 물에 담근 다음 설탕을 첨가하는 경우도 있으며, 자연적으로 발효되도록 일주일 정도 방치해두면 알코올 함량이 7, 8퍼센트에 달하며 약간 새콤하지만 가볍고 과일 향이 나는 음료가 완성된다.

망고, 캐슈, 덩굴옻나무, 옻나무와 가까운 친척인 마룰라나무는 아프리카 원산이다. 자두와 비슷한 크기에 노란빛이 도는 흰색 과일은 리치나 구아바와 비슷한 맛이 난다. 마룰라에는 특히 비타민C가 다량으로 함유되어 있기 때문에 남부 및 서부 아프리카 국가의 전통 식사에서 중요한 역할을 담당하고 있다. 마룰라를 물에 담가 발효시키면 마룰라 맥주를 만들 수 있다. 또한 증류하여 크림과 섞으면 아이리시 크림 리큐어와 매우 흡사한 맛이 나는 디저트 음료 아마룰라 크림Amarula Cream이 완성된다.

이 마룰라나무는 최소한 기원전 1만 년경부터 아프리카 전통문화에서 식량, 약, 밧줄 재료, 목재, 소의 사료로도 쓰이고 오일 및 송진을 제공하는 등 수없이 다양한 용도로 쓰여왔기 때문에 이 나무를 지키고 보존하자는 움직임이 일어나고 있다. 남아프리카의 증류주 제조업체인 디스텔Distell은 지역 채집자로부터 과일을 구매함으로써 이들에게 수입원을 제공하며, 공동체 프로젝트에 지원금을 기부한다. 개발 전문가들은 제대로 된 관리 체계하에서 아마룰라 크림을 전 세계로 교역할 수 있다면 가난한 사람들에게 도움을 줄 수 있음은 물론이고 마룰라 나무를 보존할 경제적인 동기도 제공할 수 있다고 믿는다.

애주가들은 아마룰라 크림의 병에 그려진 코끼리를 보면서 코끼리들이 농익고 발효되어 나무에서 떨어진 과일을 삼키면 술에 취하기도 한다는 유명한 이야기를 떠올린다. 보통 허풍으로 치부되는 이 이야기는 1839년경부터 퍼지기 시작해서 오늘날까지 이어지고 있는데, 술에 취해 비틀거리는 코끼리의 모습이라고 알려진 인터넷 동영상이 나돌 정도다.

그러나 과학자들은 이것이 사실이 아님을 증명해냈다. 일단 코끼리는 땅에 떨어진 썩은 과일을 줍지 않으며, 나무에서 잘 익은 과일을 아주 세심하게 골라낸다. 또한 코끼리가 취하는 것 자체가 여간 어려운 일이 아니다. 코끼리가 취하려면 순수 알코올만 해도 19리터 정도가 필요한데, 이 정도 알코올을 섭취하려면 썩은 마룰라 과일 1400개 정도를 쉴새없이 삼켜야 한다. 코끼리는 썩은 과일에 관심조차 보이지 않는데 말이다.

시인 매리앤 무어는 이 나무를 "세공한 옥처럼 빚어진 침엽수/ 단단한 돌을 베어내는 도구/ 독특한 수집품들 중에서도 진정한 골동품"이라고 묘사했다. 실제로도 멍키 퍼즐은 빅토리아시대의 식물 채집가들이 칭송하던 독특한 수집품이자 수수께끼 같은 식물이었다. 또한 알코올음료의 재료로 사용되는 식물 중 가장 오래전부터 지구상에 존재한 식물일 가능성도 높다.

　멍키 퍼즐 나무의 원산지는 칠레와 아르헨티나다. 이 나무의 계보는 최소한 1억 8000만 년 전으로 거슬러 올라가는데 이는 쥐라기의 딱 한가운데에 해당한다. 멍키 퍼즐 나무 그 자체도 파충류를 닮았다. 기하학적인 소용돌이를 이루며 배열되어 있는 단단한 다이아몬드 모양의 잎들은 도마뱀의 비늘을 연상시킨다. 뒤로 물러나 넓은 시야에서 바라보면 이 나무는 주변 환경과 잘 어울리지 않는 이질적인 느낌을 풍긴다. 닥터 수스Dr. Seuss, 독특한 인물이 등장하는 동화책을 여러 권 쓴 미국의 작가 겸 만화가의 괴상한 멍키 퍼즐 나무 그림처럼 하나의 줄기에서 이리저리 물결 모양으로 마구 가지들이 솟아난다.

　스코틀랜드의 외과의사이자 박물학자인 아치볼드 멘지스는 18세기 후반에 선상 의사로 세계를 항해하다가 멍키 퍼즐의 너트를 먹어보게 되었다. 그는 씨앗을 몇 개 남겨두었다가 키워서 영국에 멍키 퍼즐 신드롬을 일으켰다. 그 중 한 그루는 큐 가든Kew Gardens, 영국왕립식물원에서 거의 100년간 살았다. 이 나무의 원산지에는 원숭이가 살지 않으며 멍키 퍼즐이라는 이름은 영국인들이 지은 것이다. 영국인들은 심지어 인간의 열등한 친척인 원숭이조차 이 나무를 타고 오르는 데에는 어려움을 겪을 것이라 생각하여 이런 이름을 붙였다.

멍키 퍼즐 나무는 높이 45미터에 달하도록 자라며 무려 1000년까지도 살 수 있다. 성적으로 성숙하려면 20년 정도 걸리며, 암수딴그루다. 꽃가루는 바람에 실려 수나무에서 암나무로 옮겨가며, 일단 수분이 되더라도 종자 방울이 성숙하기까지는 2년이라는 시간이 필요하다. 이 종자 방울이 나무에서 떨어질 때쯤이면 코코넛 열매 정도의 크기가 되며, 그 안에는 아몬드보다 더 큰 씨앗이 약 200개 정도 들어 있다.

야생에서는 쥐와 잉꼬가 씨앗을 물어서 나르는 역할을 한다. 하지만 주변에 사람이 있으면, 특히 이 나무의 자연 서식지인 안데스에 살고 있는 페우엔체Pehuenche 사람들이 있는 경우 눈 깜짝할 사이에 씨앗을 쓸어간다. 멍키 퍼즐의 씨앗은 날로 먹거나 구워서 먹을 수 있으며 가루로 빻아 빵을 만들 수도 있고 의식에 사용하는 약한 알코올음료 무다이mudai를 빚을 수도 있다. 무다이를 만들기 위해서는 씨앗을 끓인 다음 며칠 동안 자연 발효시킨다. 시간을 단축하고 싶을 때는 씨앗을 씹은 다음 다시 혼합물에 뱉는데 그러면 침 속에 들어 있는 효소가 전분의 분해를 돕는다. 혼합물에서 더이상 거품이 나지 않으면 특별한 나무그릇이나 단지에 부어 축제 때 사용한다.

칠레 정부가 멍키 퍼즐 나무를 천연기념물로 지정함에 따라 무다이는 아마도 천연기념물로 만드는 세계 유일의 알코올음료가 될 가능성이 높다.

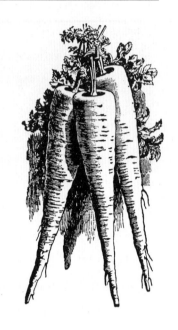

만약 맥아를 만들 보리가 부족하거든,
기꺼이 받아들이고 불평해서는 안 되리,
호박, 파스닙, 호두나무 열매로도
입술을 달콤하게 적셔줄 술을 만들 수 있으니.

―에드워드 존슨, 1630

   이 오래된 시를 보면 신대륙에 도착한 정착민들은 구할 수 있는 재료라면 무엇이든 사용하여 술을 만들어보려 했음을 알 수 있다. 심지어 파스닙까지 와인을 만드는 데 동원했으니 말이다. 당근의 친척인 파스닙은 지중해 원산으로 최소한 로마시대부터 주식의 역할을 해왔다. 신대륙 작물인 감자가 유럽에 소개되기 전까지는 탄수화물과 영양이 풍부한 겨울 뿌리채소인 이 파스닙이 든든한 끼니를 제공했다. 그러니 식민지 정착민들이 뉴잉글랜드에 도착했을 때 무엇보다 먼저 파스닙을 재배했던 것도 어쩌면 당연한 일일 것이다.

   정착민들이 파스닙을 단지 으깨서 버터를 곁들여 먹는 겨울 양식으로만 생각했던 것은 아니다. 영국에서 오랜 전통을 지닌 파스닙 와인도 염두에 두고 있었다. 이 파스닙 와인은 영국 시골 지역과 유럽 대륙 전체에 걸쳐 널리 제조되던 여러 종류의 '시골 와인' 중 하나였다. 구스베리에서 대황大黃, 파스닙에 이르기까지 약간의 당분과 전분이 들어 있는 것이라면 무엇이든 자가 양조의 재료가 되었다.

174

전통적인 파스닙 와인은 파스닙이 부드러워질 때까지 끓인 다음 설탕과 물을 섞어서 만들었다. 그러면 야생 효모가 발효를 시작하기 마련이다. 그다음에는 이 와인을 6개월에서 1년 동안 보관해두었다가 마셨다. 파스닙 와인은 가볍고, 달콤하고, 투명한 음료였지만 1883년에 발간된 『카셀의 요리사전 *Cassell's Dictionary of Cookery*』에서는 "자가 제조 와인에 익숙한 사람들에게서 좋은 평가를 받는다" 정도가 가장 호의적인 언급일 뿐이었다.

경고: 만지지 마시오

야생 파스닙은 북미 대부분의 지역과 유럽에서 자라나는 잡초다. 이 식물의 잎을 만지면 심각한 물집과 발진이 일어날 수 있다. 인간이 재배하는 품종은 야생 품종보다 맛이 좋지만 그래도 잎이 피부를 자극할 수 있으므로 파스닙을 다룰 때에는 항상 장갑을 끼도록 한다.

손바닥선인장 PRICKLY PEAR CACTUS *Opuntia* spp. 선인장과

멕시코에서 투나tuna라고 부르는 손바닥선인장의 열매는 좀처럼 먹기가 쉽지 않다. 자모刺母라고도 하는 날카로운 가시를 긁어내거나, 태우거나, 삶아서 뽑아야 하기 때문이다. 그러고 나서는 과육을 껍질에서 떠내 신선한 상태로 먹거나 압착해서 주스로 만든다. 그러나 이 선인장의 열매는 여러 세기에 걸쳐 비타민과 항산화제의 중요한 공급원 역할을 해왔기 때문에 그만한 번거로움을 감수할 만한 가치는 충분했다. 또한 선인장을 발효하여 와인을 만들기도 했다. 예를 들어 멕시코 중부의 치치메카 Chichimeca 사람들은 선인장의 개화 주기에 따라 계절에 맞는 술을 만들었다.

스페인 탐험가와 선교사들은 손바닥선인장이 사막에서 중요한 식량원이라는 사실을 깨달았는데, 단순히 그 열매 때문만은 아니었다. 다육질의 녹색 통

선인장 열매로 만든 증류주

콜론체 Colonche	손바닥선인장의 주스나 과육을 발효하여 만든 술.
나바이트 Navai't	거대한 사와로saguaro 선인장 *Cargeniea gigantean*의 열매를 재료로 하여 만든 와인과 비슷한 발효 음료.
피타야 Pitahaya, Pitaya	파이프오르간 선인장 *Stenocereaus thurberi*의 열매나 다양한 종류의 용과龍果, *Hylocereus*로 만드는 와인

얇게 저민 과일: 레몬, 라임, 오렌지, 손바닥선인장, 망고, 사과 등
브랜디 또는 보드카 4온스
트리플 섹 또는 다른 오렌지 리큐어 2온스
스페인산 화이트 리오하 등의 드라이한 화이트 와인 1병
선인장 시럽 2온스(178쪽 참조)
스페인산 카바 또는 다른 스파클링 와인(선택) 6온스짜리 1병

과일을 브랜디와 트리플 섹에 4시간 정도 담가둔다. 와인과 선인장 시럽을 유리 피처에 넣고 세게 젓되, 좀더 진한 색을 원할 경우 시럽을 추가로 넣는다. 계속 저으면서 과일 혼합물을 넣는다. 얼음이 담긴 잔에 따른 후 취향에 따라 카바를 첨가한다. 위 레시피로 6잔을 만들 수 있다.

도 껍질을 벗겨 길쭉하게 자른 다음 야채로 먹을 수 있었으며, 이것을 노팔레스nopales라고 불렀다. 머지않아 선교 시설 주변에 선인장이 재배되기 시작했고 이는 스페인으로 전파되었으며, 스페인을 거점으로 하여 다시 전 세계로 퍼져나갔다.

손바닥선인장은 한때 콜라cholla라는 선인장과 같은 종류로 분류되었지만 최근 식물학자들은 이 두 가지를 분리하여 손바닥선인장에 별도의 속屬을 부여했다. 현재까지 부채선인장Opuntia 속으로 대략 25개의 종이 확인되어 있는데, 천년초Opuntia humifusa와 같은 일부 종은 사막뿐만 아니라 미국 동부 대부분의 지역에 걸쳐 자란다.

오늘날 손바닥선인장 주스, 시럽, 잼은 여러 지역에서 쉽게 구할 수 있으며 미국 남서부에서는 선인장 모히토와 마가리타를 칵테일 메뉴에 올려놓는 곳이 많다. 증류업자들 역시 선인장을 간과하지 않는다. 몰타에서는 바이트라Bajtra라는 선인장 리큐어, 세인트헬레나에서는 툰지Tungi라는 선인장 증류주가 생산되고, 애리조나에서는 손바닥선인장 보드카를 만들며, 부두 티키Voodoo Tiki라는 회사는 선인장을 첨가한 데킬라를 판매한다.

손바닥선인장 시럽

운이 좋아 신선한 손바닥선인장을 구할 수 있다면 시럽을 많이 만들어 냉동실에 보관해두자(여의치 않다면 전문 식료품점에서 손바닥선인장 주스와 시럽을 구할 수 있다). 선인장 시럽은 스파클링 와인에 살짝 떨어뜨리거나 마가리타 레시피에 섞어도 좋으며, 과일과 당분이 들어가는 어떤 칵테일에 넣어도 잘 어울린다.

손바닥선인장 열매 10~12개
물 1컵
설탕 1컵
보드카 1온스(선택)

시장에서 파는 손바닥선인장 열매는 보통 가시가 제거된 형태로 판매한다. 만약 직접 열매를 수확했다면 장갑만으로는 손을 보호할 수 없으므로 쇠로 된 집게를 사용하도록 한다. 야채 손질용 수세미로 문질러 가시를 벗겨낸다. 그다음에는 열매의 양쪽 끝을 자르고 위에서 아래 방향으로 한 번 세로 썰기 한다. 그러면 껍질을 쉽게 제거할 수 있다. 열매를 적당히 자른 다음 물과 설탕을 넣어 끓인다. 채를 사용해 씨와 과육을 시럽에서 분리해낸다. 시럽을 유리병에 담아 냉동실에 보관한다. 보드카를 약간 첨가하면 보관 중에 시럽이 딱딱하게 얼지 않으며, 나중에 이 시럽을 음료에 넣어도 보드카의 맛은 거의 느껴지지 않는다.

연지벌레
Dactylopius coccus

손바닥선인장이 증류주와 리큐어의 세계에 기여한 점이 또하나 있는데, 바로 카민carmine이라는 염료다. 부채선인장 속 선인장에서 발견되는 복슬복슬한 이 흰색의 해충은 사실 연지벌레라는 깍지벌레의 일종이다. 깍지벌레는 식물에 달라붙어 수액을 빨아먹는 흡즙곤충으로 밀랍질의 껍질 아래에 숨어 있기 때문에 마치 진드기처럼 보인다. 연지벌레는 복슬거리는 흰색 물질로 몸을 감싸고 있기 때문에 특히 쉽게 눈에 띄는데, 이 흰색 물질은 새끼들을 숨기고 몸이 마르지 않도록 보호하는 역할을 한다. 연지벌레는 이 솜털 같은 흰색 물질 아래에서 개미를 비롯한 다른 포식자를 물리치기 위해 카민산이라는 보호용 화학물질을 분비하는데, 이것이 붉은색을 띤다.

멕시코에 도착한 스페인 탐험가들은 원주민들이 담요나 다른 섬유를 염색하는 데 사용하는 화려한 빨간색 염료의 정체를 궁금하게 생각했다. 처음에는 그 색이 붉은색 선인장 열매 그 자체에서 온다고 생각했다. 곤살로 페르난데스 데 오비에도는 1526년에 남긴 기록에서 선인장 열매를 먹자 소변이 선홍색으로 변했다고 주장하기도 했다(이것은 새빨간 거짓말이거나 심각한 병이 있다는 증세다). 그러나 머지않아 이 붉은색이 연지벌레에서 나온다는 사실을 깨닫게 되었다. 염료를 만들기 위해서는 선인장에서 벌레를 긁어낸 다음 말려서 물과 일종의 천연 정착제인 백반을 섞는다. 스페인 사람들도 케르메스Kermes라는 다른 종류의 깍지벌레를 비슷한 목적에 사용했기 때문에 벌레에서 염료를 추출하는 데에는 어느 정도 경험이 있었지만, 연지벌레가 훨씬 선명한 붉은색을 냈다.

1500년대 이후로 연지벌레에서 추출한 카민 염료는 과자, 화장품, 섬유, 리큐어의 색을 내는 데 사용되어왔다. 캄파리Campari의 진한 붉은색도 이 카민에서 나온 것이었으나, 2006년에 제조사는 원료 수급 문제로 더이상 이 색소를 사용하지 않는다고 공식적으로 발표했다. 알레르기가 있는 사람들이 이 색소 때문에 과민성 쇼크를 일으켰다는 보고와 함께 벌레에서 추출한 원료를 식품에 사용하는 것에 대한 거부감 때문에 미국과 유럽에서는 라벨 표기에 관한 새로운 규정이 생겨났다. 유럽연합에서는 연지벌레로 색상을 내는 모든 제품의 라벨에 원료명을 분명하게 표기해야 한다. 표기할 때에는 E120, 천연색소 5호, 카민, 또는 코치닐 등의 여러 가지 이름을 사용할 수 있다(한때 폴란드 깍지벌레Porphyrophora polonica에서도 색소를 채취했지만 이 종은 심각한 멸종 위기에 처하여 더이상 사용되지 않는다). 미국에서는 라벨에 '연지벌레 추출물' 또는 '카민'이라고 표기해야 한다.

사바나 대나무 SAVANNA BAMBOO *Oxytenanthera abyssinica* (O.braunii) 볏과

와인 대나무라고도 불리며 성장이 빠른 이 볏과의 대나무는 울타리, 각종 도구, 바구니의 재료로 쓰이며 침식 방지를 목적으로 심을 뿐만 아니라 알코올을 만드는 데에도 사용된다. 탄자니아에서는 이 대나무의 어린순을 자른 다음 하루에 두 차례씩 일주일간 세게 쳐 식물에 상처를 냄으로써 수액이 잘 흘러나오게 한다. 수액은 빠르면 다섯 시간 만에 자연적으로 발효된다. 울란지 ulanzi라고 부르는 대나무 와인은 어린 대나무가 자라는 비가 많이 내리는 봄에만 생산된다. 여자들은 이 대나무 와인을 대량으로 만들어 마을 사람들에게 1리터 단위로 판다. 여행자들이 여러 마을을 돌아다니는 와중에 이 대나무 술을 공짜로 시음하게 되는 경우도 드물지 않다. 빽빽하게 늘어선 대나무에서 수액이 나와 용기로 흘러들어가는데 특별히 지키는 사람도 없다. 그저 여행길에 목을 축일 음료를 한잔 들이켜고 싶은 유혹에는 좀처럼 저항하기 어렵다.

딸기나무 STRAWBERRY TREE *Arbutus unedo*

울퉁불퉁한 껍질의 붉은 딸기나무 열매는
완전한 원형에 체리 정도의 크기이며
이름과는 어울리지 않게 그다지 맛
이 없다. 사실 식물학자들은 이 식
물의 종 이름인 '우네도unedo'가
"나는 하나를 먹는다"라는 뜻의
라틴어 'unum edo'에서 유래했다
고 말한다. 더도 말고 딱 하나만.

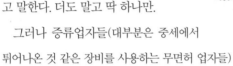

　그러나 증류업자들(대부분은 중세에서
튀어나온 것 같은 장비를 사용하는 무면허 업자들)
은 이 과일을 아구아르디엔테 데 메드루뉴aguardiente de medronho라는 이름의
인기 있는 지역 특산 증류주로 탈바꿈시켰다. 이 술은 물론 상업적으로 판매
하기도 하지만 그보다는 여러 집안끼리 나누어 마시거나 이웃에 판매하는 경
우가 많으며, 특히 포르투갈 남부의 알가르브Algarve 지역에서 즐겨 마신다.

　딸기나무는 열매를 맺는 대부분의 나무들처럼 봄에 꽃을 피우는 것이 아니
라 가을에 꽃을 피우며, 그와 동시에 이전 해에 맺힌 열매가 익어간다. 포르투
갈과 스페인에서는 9월에 수확을 시작한다. 가장 잘 익은 과일만 딴 후 한 달
후에 다시 돌아와 그동안 익은 과일을 따는 식으로 12월까지 단계적 수확을
마친다.

　일단 열매를 따고 나면 으깨거나 통째로 물에 담가 3개월간 발효시킨다. 보
통 2월 정도가 되면 장작불로 끓이면서 구리 알렘빅 증류기로 증류하며, 물이
담긴 통에 증류관을 통과시켜 냉각 효과를 낸다. 이렇게 하면 보통 도수 45도
이상의 강한 증류주가 탄생하는데, 이를 즉시 병에 넣거나 오크통에 넣어 6개

월에서 1년간 숙성시킨다. 스페인에서는 열매를 설탕, 물과 함께 도수가 높은 증류주에 담가놓는 방법을 사용하여 리코르 데 마드로뇨licor de madroño라는 보다 달콤하고 도수가 낮은 리큐어를 만든다.

딸기나무는 마드론madrone, 진달랫과의 상록 교목의 일종으로, 유럽과 북미 지역에는 14종의 마드론이 서식하고 있다. 대다수의 마드론은 자그마하고 아름다운 나무로, 잎은 붉은색에 광택이 돌며 가느다랗고 나무껍질은 잘 벗겨진다. 블루베리, 월귤나무, 크랜베리 등과 분류학적으로 가깝지만 마드론 중에 딱히 맛이 좋은 열매를 맺는 종류는 없다. 그래도 딸기나무는 전 세계의 기후가 따뜻한 지역에서 장식용으로 기른다. 엘핀 킹Elfin King이라는 품종은 화분에서 재배하기도 하는데 다른 종보다는 먹을 만한 열매를 맺는 것으로 알려져 있다.

이 곰은 취하지 않았다

스페인 마드리드의 문장에는 뒷발로 서서 딸기나무 열매를 먹고 있는 곰이 등장한다. 마드리드 중심부에 있는 푸에르타 델 솔 광장의 서쪽 끝에는 이 광경을 묘사한 동상도 있다. 현지인들은 이 곰이 나무에서 발효된 과일을 먹고 술에 취한 상태라고 주장하지만, 사실 나무에 달려 있는 과일이 곰처럼 커다란 동물을 취하게 할 정도로 발효되는 일은 없다. 이것 역시 술 취한 동물에 대한 과장된 이야기로 보인다.

타마린드 TAMARIND   *Tamarindus indica*

타마린드의 원산지는 에티오피아로 추정되며 아마도 고대 교역로를 따라 아시아에 전해졌을 것이다. 오늘날에는 동아프리카, 동남아시아, 호주, 필리핀, 플로리다, 카리브 해와 남미 전역을 비롯해 세계 곳곳의 열대 기후 지역에서 자란다.

타마린드는 높이 18미터까지 자라며 작고 솜털 같은 잎들로 넓은 지붕을 형성해 시원한 그늘을 제공해준다. 열매는 긴 꼬투리 형태로 여기에 약간 달콤하면서도 시큼한 맛이 나는 갈색의 식용 과육이 들어 있다. 이 열매는 카레, 피클, 사탕에 쓰일 뿐만 아니라 우스터소스의 맛을 내는 데도 사용되는데, 그 덕분에 블러디 메리나 미첼라다Michelada에 첨가되기도 한다. 미첼라다는 맥주에 토마토 주스나 클라마토Clamato, 토마토 농축액에 향료와 조개즙으로 맛을 낸 것, 라임 주스, 향료, 소스를 섞은 멕시코 음료다. 타마린드의 품종은 50가지가 넘지만 현지인이 아니면 구별하기가 쉽지 않다. 열대식물 종묘원에서는 단순히 '달콤한' 품종 또는 '새콤한' 품종으로만 구별하여 표기한다. 달콤한 품종은 생으로 먹을 수 있지만 음료나 요리에 사용하는 것은 사실 새콤한 품종이다.

타마린드 와인을 만들기 위해서는 꼬투리의 건조한 겉껍질을 제거한 후 과육을 긁어내고 압착하여 즙을 짜낸 다음 그 즙에 물과 설탕을 넣어 발효시킨다. 이 와인은 오늘날에도 필리핀, 특히 마닐라보다 약간 남쪽에 위치한 바탕가스 지역에서 음용된다. 또한 타마린드는 리큐어의 맛을 내는 데에도 사용되는데, 대표적인 예로는 인도양의 마다가스카르 남쪽에 위치한 모리셔스 섬의 특산물인 럼 베이스의 모리시아Mauricia 타마린드 리큐어를 들 수 있다. 테킬라 증류업자들 역시 리코레스 데 타마린도licores de tamarindo를 만들어냈다. 전문 식료품점에서 구할 수 있는 타마린드 페이스트나 시럽은 칵테일 혼합용 재료로 점차 인기를 얻고 있으며, 특히 마가리타에 사용하면 라임 주스와 흡사한 달콤새콤한 맛을 내준다.

2부

그다음에는 우리가 창조한 술에
놀라울 정도로 다채롭고 풍요로운 자연을 접목하자

술병에는 순수 알코올만 들어 있는 것이 아니다.

일단 증류기를 떠난 증류주는 허브, 향신료, 과일, 견과류, 나무껍질, 뿌리, 꽃 등의 재료를 만나 끊임없는 실험의 대상이 된다. 비밀 레시피에 100가지가 넘는 식물을 사용한다고 주장하는 증류업자들도 있다. 여기서는 오늘밤 마실 칵테일에 등장할 가능성이 높은 식물들을 몇 가지 소개해본다.

허브와 향신료

허브:
풍미를 내는 데 사용하는
식물의 부드러운 녹색 잎 또는 꽃 부분

향신료:
맛을 조절하는 데 사용하는
식물의 건조하고 거친 목질 부분(나무껍질, 씨, 줄기, 뿌리)과
몇몇 과실

클래식 칵테일 애호가들은 오래
된 레시피 책에서 이상하고 생소
한 재료를 자주 접하게 된다. 그
러나 피멘토 드램pimento dram만
큼 엉뚱한 재료도 드물다(피멘토
는 순하고 작은 빨간 고추를 의미하
며, 작게 잘라서 올리브의 가운데 부
분에 끼워넣는다―옮긴이). 올리브
안에 채워져 있는 그 물컹한 빨간
색 물질로 만든 음료라고? 도대
체 맛이 어떨까?

　그러나 다행히 피멘토 드램은
올리브 안에 들어 있는 그 피멘토
로 만든 것이 아니다. 럼, 설탕, 올
스파이스로 만든 리큐어다. 사실 올스파이스와 순한 맛의 빨간 고추가 같은
이름을 가지게 된 것은 오랜 옛날에 일어난 우연 때문이다.

　서인도와 중미를 여행하던 스페인 탐험가들은 현지인들이 자그마한 짙은
색의 열매를 전통 음식과 초콜릿에 넣는 것을 보았다. 이 열매를 넣으면 음식
이 매콤해지고 향이 강해지는 것 같았기에 스페인 사람들은 이것이 일종의
고추라고 생각했다. 그래서 고추라는 의미의 스페인어에서 따온 피멘토라는
이름을 붙였다. 영국의 박물학자 존 레이는 1686년에 펴낸 3권짜리 대표작
『식물의 역사 *Historia Plantarum*』에서 이 열매를 "달콤한 향이 나는 자메이카 고
추"라고 묘사했다. 또한 무척 다양한 요리에 사용할 수 있기 때문에 '만능 향

신료all-spice'라고 부르기도 했다.

올스파이스나무는 아메리카의 열대지역과 자메이카에서 잘 자란다. 이 나무는 씨가 두 개씩 들어 있는 완두콩 모양의 장과류 열매를 맺는다. 한여름에 녹색의 열매를 따서 땅에 펼쳐놓고 햇볕에 말리거나 오븐에 넣고 약하게 가열한다. 맛은 정향과 비슷한데, 사실 이 두 종류의 나무는 분류학상으로도 매우 가까우며 둘 다 오이게놀eugenol이라는 방향성 유지를 분비한다.

초기의 향신료 상인들은 올스파이스 씨앗을 세계 여러 곳에 심었지만 도무지 발아될 기미가 보이지 않았다. 나중에 이 나무의 씨앗은 과일을 먹는 박쥐, 홍머리오리, 또는 다른 현지 조류의 위장을 통과하면서 충분히 열을 받고 부드러워진 다음에야 싹이 튼다는 사실이 발견되었다. 오늘날에는 이 나무가 새들의 도움을 받아 하와이, 사모아, 통가에까지 진출했다.

베이 럼

올스파이스나무의 가까운 친척인 피멘타 라케모사*Pimenta racemosa*의 잎과 열매에서 뽑은 추출물을 도수가 높은 자메이카산 럼에 첨가하면 베이 럼 향수가 된다. 사용되는 재료가 먹음직스럽게 보이지만(게다가 이 향수를 뿌리면 맛있는 향기가 나지만), 이 농축된 식물 추출물에는 다량의 오이게놀이 들어 있어 실제로 마시면 유독할 수 있다. 향수는 뿌리는 것으로 만족하고, 피멘타나무 음료는 아래의 레시피대로 준비해보자. 이 술은 달콤하지만 유치하지 않은 맛이며, 카리브 해의 일몰처럼 연한 주황색으로 빛난다. 바베이도스산 벨벳 팔레르눔은 근사한 풍미의 혼합용 시럽으로 고급 주류 전문점에서 구할 수 있는데 만약 없다면 심플 시럽으로도 대체할 수 있다.

다크 럼 1과 1/2온스
세인트 엘리자베스 올스파이스 드램 또는 다른 피멘토 드램 1과 1/2온스
벨벳 팔레르눔 또는 심플 시럽 1과 1/2온스
앙고스투라 비터즈 소량
오렌지나 귤 한 조각에서 갓 짜낸 즙(라임이나 다른 감귤류를 넣어보는 것도 좋다)

얼음 위에 모든 재료를 붓고 잘 흔든 후 얼음을 채운 올드패션드 글래스에 담아낸다.

빅토리아시대에는 향신료가 아니라 목재로 사용하기 위해 이 나무를 마구 잡이로 벌목하면서 전 세계의 올스파이스나무가 거의 멸종되는 상황에 이르렀다. 연한 색의 향기 나는 목재로 만든 우산이나 지팡이는 잘 휘어지거나 부러지지 않았기 때문에 큰 인기를 끌었다. 그 결과 수백만 그루의 나무가 잘려 나갔다. 자메이카는 1882년에 올스파이스나무를 보호하기 위해 올스파이스 묘목의 수출을 엄격히 금지하는 법을 제정했다.

올스파이스는 향수와 리큐어의 재료로 사용된다. 진에 첨가하는 경우도 있고 베네딕틴과 샤르트뢰즈를 비롯한 일부 프랑스 및 이탈리아산 코디얼의 비밀 레시피에도 올스파이스가 포함되어 있다고 알려져 있다.

올스파이스 드램이라고도 부르는 피멘토 드램은 클래식 티키 칵테일tiki cocktail, 럼과 열대과일을 사용해 만드는 칵테일의 재료이며, 최근에는 따뜻하게 마시는 알싸한 가을 음료로 인기를 얻고 있는데 피멘토 드램은 칼바도스나 사과 브랜디에 잘 익은 향신료의 풍미를 더해주는 역할을 한다.

알로에 ALOE

Aloe vera

알로에는 유사종인 아가베와 마찬가지로 선인장이라는 오해를 받는 경우가 있다. 사실 알로에는 선인장보다는 백합이나 아스파라거스에 더 가깝다. 하지만 뜨겁고 건조한 날씨를 좋아한다는 점은 선인장과 비슷하다. 알로에 주스를 마시는 사람들은 꿈에도 상상하지 못하겠지만 알로에에는 세계에서 가장 쓴맛 중 하나가 포함되어 있다. 그렇기 때문에 술집에 진열되어 있는 술병에서 자주 모습을 드러내는 것이다.

알로에는 17세기에 원산지인 사하라 이남 아프리카에서 아시아와 유럽으로 전파되었다. 현재까지 거의 500개의 알로에 품종이 확인되었으며, 전 세계에 걸쳐 겨울 기온이 10℃ 이상으로 유지되는 열대 기후 지역에서 자란다.

다른 다육식물과 마찬가지로 알로에도 밤에만 기공을 열고 호흡을 하는 특수한 종류의 광합성을 한다. 이산화탄소를 흡수하고 그중 일부를 보관했다가 다음날 사용하는데, 이렇게 하면 사실상 하루종일 무호흡 상태를 유지할 수 있다. 호흡을 할 때에는 이 기공을 통해 최대한 적은 양의 수분을 배출하며 선선한 밤의 기온을 이용해 수분의 유실 속도를 줄인다.

물론 잎에도 수분을 저장한다. 야외에서 어떤 식으로든 구급 조치를 취해본 적이 있는 사람이라면 두껍고 즙이 많은 알로에 젤을 잘 알고 있을 것이다. 알로에 젤은 유액을 분비하여 상처 부위를 덮어주는 동시에 해당 부위가 숨을 쉴 수 있게 해주므로 상처를 보호하는 데 효과가 뛰어나지만, 내복약으로

서의 효과는 완전히 증명되지 않았다. 심지어 일부 품종에는 독성까지 있기 때문에 눈에 익지 않은 알로에를 먹기 전에 다시 한번 생각해보는 것이 좋다.

알로에에 들어 있는 쓴맛 성분은 알로인aloin이라고 부르며, 잎의 표면 바로 아래에 위치한 유액층에서 발견된다. 최근에 과학자들은 특수한 대립유전자가 있는 사람들은 알로인의 쓴맛에 매우 민감한 반면 이 유전자가 없는 사람들은 농도가 아주 높지 않은 이상 이 물질의 맛조차 느끼지 못한다는 사실을 밝혀냈다. 아마로amaro라고 불리는 이탈리아산 비터즈를 무척 좋아하는 사람들이 있는가 하면 입에 대지도 못하는 사람들이 있는 것도 비슷한 이유 때문일지 모른다.

알로에는 페르네트 브랑카Fernet Branca와 같은 페르네트 스타일의 아마로에 상쾌한 청량감을 주는 재료 중 하나다. 쌉쌀한 풍미를 내는 데 사용되는 식물은 퀴닌, 용담을 비롯해 여러 가지가 있지만, 이러한 재료들은 약간의 풋내 또는 심지어 꽃내음이 나기도 한다. 알로에는 다른 풍미가 섞이지 않은 깔끔한 쓴맛을 낸다. 만약 쓴맛을 색으로 표현한다면 알로에는 칠흑처럼 검은색일 것이다.

알로에 주스를 만들기 위해서는 잎의 중심부에서 액체를 추출한 다음 진한 색을 띠는 알로인을 걸러내어 제거한다. 이렇게 하면 주스의 맛이 더 좋아질 뿐만 아니라 안전성도 높아진다. 알로인은 한때 완하제緩下劑, 설사약의 재료로 사용되었으나 미국 식품의약국FDA은 현대적인 안전성 검사를 받아본 적이 없는 재료에 대한 정례 평가에서 알로인을 완화제로 사용하는 것을 금지했다. 위험성이 판명되어서가 아니라 최신 기술을 사용하여 이 물질의 안전성과 효용을 증명하겠다고 나선 제약회사가 없었기 때문이다. 그럼에도 불구하고 전통적으로 이 물질이 완하제로 사용되었다는 사실은 알로에의 쓴 성분이 식후주의 재료로 사용되었던 이유를 이해하는 데 도움이 될지 모른다.

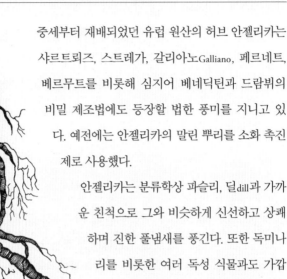

중세부터 재배되었던 유럽 원산의 허브 안젤리카는 샤르트뢰즈, 스트레가, 갈리아노Galliano, 페르네트, 베르무트를 비롯해 심지어 베네딕틴과 드람뷔의 비밀 제조법에도 등장할 법한 풍미를 지니고 있다. 예전에는 안젤리카의 말린 뿌리를 소화 촉진제로 사용했다.

안젤리카는 분류학상 파슬리, 딜dill과 가까운 친척으로 그와 비슷하게 신선하고 상쾌하며 진한 풀냄새를 풍긴다. 또한 독미나리를 비롯한 여러 독성 식물과도 가깝다. 사실 25개가 넘는 안젤리카의 품종 중에서도 독성이 제대로 파악되지 않은 것이 상당수 있는데다 일부는 독성이 강한 유사 식물과 상당히 닮았기 때문에 야생에서 채집하기에는 상당히 위험하다. 다행히도 먹을 수 있는 앙겔리카 아르캉겔리카는 종묘원이나 종묘회사에서 쉽게 구할 수 있으며 앙겔리카 오피키날리스A. Officinalis라는 이름을 달고 판매되기도 한다. 안젤리카처럼 곧은 뿌리가 긴 식물은 옮겨심기가 어렵기 때문에 보통 씨앗을 심어 키운다. 길이 1.8미터까지 자라며 자잘한 톱니 모양의 커다란 잎, 야생 당근과 비슷한 산형꽃차례 모양의 흰색 꽃이 특징이라 쉽게 눈에 띈다.

설탕에 조릴 때는 안젤리카의 줄기를 사용하지만 와인과 리큐어의 맛을 낼 때는 씨앗과 말린 뿌리를 이용한다. 안젤리카는 두해살이풀이므로 씨앗이 싹을 틔우고 성장하여 꽃과 씨앗을 맺을 수 있을 정도로 성숙하기까지는 2년이라는 시간이 걸린다. 뿌리를 채취하기 위해 기르는 경우에는 보통 뿌리가 아직 부드럽고 벌레의 피해를 받지 않은 첫해 가을에 수확한다(일부는 씨앗을 채취할 목적으로 겨울을 나고 두번째 해에 꽃을 피우도록 내버려둔다). 신선한 안젤리카 뿌리를 화학적으로 분석해보면, 곤충의 공격을 퇴치하기 위한 풍미 화합물이 여러 가지 포함되어 있음을 알 수 있다. 오렌지 향이 나는 리모넨limonene, 나무 향이 나는 피넨pinene, 진한 허브 향의 베타-펠란드린 β-phellandrene 등은 모두 리큐어 입장에서 더없이 반가운 풍미들이다.

스트레가 리큐어가 주는 기쁨

노란빛을 띠는 이탈리아산 리큐어 스트레가는 진과 섞어 다양한 마티니를 만드는 등 칵테일 재료로 사용할 수 있지만 사실 반드시 그럴 필요는 없다. 스트레가는 단독으로 마셔도 기가 막히다.

스트레가 제조업자들은 이 술의 레시피가 1860년으로 거슬러올라가며, 스트레가라는 말은 원래 '마녀'라는 의미로, 이는 나폴리 남쪽의 베네벤토라는 마을에 살던 전설적인 마녀들을 일컫는 이름이었다고 한다. 당시의 양조장은 오늘날까지도 그 자리를 지키고 있다.

스트레가는 달콤하고 복합적인 허브 향의 리큐어로 스트레이트로 내거나 얼음을 곁들여 내면 저녁식사 후에 마시기에 안성맞춤인 술이다. 증류업자들이 사용하는 70개에 달하는 재료 중, 계피, 아이리스, 주니퍼, 민트, 감귤류 껍질, 정향, 스타니아스, 몰약, 그리고 색상을 내기 위한 사프란 등의 몇 가지 재료만 밝혀져 있다. 또한 양조장을 방문한 사람들이 정향, 육두구, 메이스육두구 씨 껍질을 말린 향신료, 유칼립투스, 회향 등의 재료를 보았다고 전하기도 한다. 그러나 스트레가의 주요 향미 성분 중 하나가 안젤리카라는 것이 보편적인 견해다. 한번 맛보고 직접 판단해보시라.

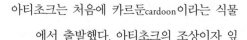
아티초크는 처음에 카르둔cardoon이라는 식물에서 출발했다. 아티초크의 조상이자 잎이 무성한 이 시나라 카르둔쿨루스는 아마도 북아프리카나 지중해 원산이었을 것이다. 이 식물을 활발히 재배했던 이집트, 그리스, 로마인들의 노력 덕분에 별개의 품종인 아티초크가 탄생했다. 이 두 식물은 모두 길쭉하고 은색을 띠는 깊은 톱니 모양의 잎과 엉겅퀴 같은 꽃을 달고 있기 때문에 매우 비슷해 보인다. 심지어 둘을 가까이에 심으면 이종교배를 하기도 한다. 카르둔의 줄기는 식용 및 약용으로 모두 사용되지만 아티초크는 커다란 꽃눈을 얻기 위해 재배하는 경우가 많다. 두 식물 모두 15세기에 유럽 전역에 퍼졌으며 이탈리아 요리에서 중요한 역할을 하게 되었다.

아티초크와 카르둔은 오랫동안 소화제의 재료로 사용되어왔다. 실제로 최근 연구에서 이들 식물이 담즙 생산을 촉진하고 간을 보호하며 콜레스테롤 수치를 낮출지도 모른다는 주장이 제기되기도 했다. 유효 성분은 시나로피크린cynaropicrin과 시나린cynarin으로, 두 가지 다 잎에서 풍부하게 발견된다. 또한 아티초크는 단맛을 감지하는 혀의 미각수용기를 일시적으로 마비시켜 미뢰의 착각을 일으키는 것으로 유명하다. 마비되어 있던 수용기가 다시 작동하기 시작하면 그다음에 혀에 닿는 것은 물이든, 음식이든 이상할 정도로 단맛이 난다. 이 때문에 아티초크는 와인에 곁들이기 어려운 음식으로 악명 높지만, 그 씁쓸함과 단맛의 미묘한 조합이 오히려 칵테일에는 안성맞춤이다.

이탈리아산 아마로 중 몇 가지가 아티초크와 카르둔을 사용한다. 두 가지 식물에 함유된 성분과 비슷한 이름의 치나르Cynar라는 술이 가장 좋은 예다. 치나르는 단독으로 마시거나 탄산수와 섞어 마시면 무척 맛이 좋으며, 네그로니를 만들 때 캄파리 대신 사용해도 훌륭하다. 이탈리아의 피에몬테 지방에서 생산되는 카르다마로 비노 아마로Cardamaro Vino Amaro는 와인을 베이스로 하며 카르둔과 블레스드 시슬blessed thistle, 엉겅퀴와 비슷한 국화과의 잡초, 그 외에 향신료를 첨가한 술이다. 알코올 함량이 낮으며(도수 17퍼센트) 셰리주나 스위트 베르무트와 비슷한 산화된 단맛이 난다. 이 술이 다른 지역에서 생산되는 경우 보통 '아마로 델 카르초포Amaro del Carciofo'라는 라벨을 붙여 판매된다.

블레스드 시슬: 위대한 엉겅퀴는 또다른 엉겅퀴를 낳고

엉겅퀴thistle라는 말은 사실 식물학 용어가 아니다. 잎이 가시처럼 날카롭고 둥글납작한 밑동 위에 뾰족뾰족한 꽃이 피는 식물을 일컫는 관용어에 가깝다. 아티초크와 카르둔도 엉겅퀴라고 불리는 경우가 많으나 사실 엉겅퀴보다 이 두 식물에 가까운 품종은 블레스드 시슬blessed thistle, Centaurea benedicta이다. 높이 60센티미터에 노란색 꽃을 피우는 이 식물은 얼핏 털이 많은 민들레처럼 보이며, 민들레처럼 무성하게 자라고 쓴맛이 난다. 블레스드 시슬의 모든 부분이 소화제, 베르무트, 허브 리큐어에 사용된다. 유효 성분은 니신cnicin이라는 화합물로 알려져 있으며 이 성분의 항암 작용에 대한 연구가 진행되고 있다.

이 지중해산 나무의 잎은 한때 그리스와 로마의 스포츠 행사에서 승리자들의 왕관을 장식했지만, 그 외에 스튜, 소스, 고기 요리의 맛을 내는 용도로도 사용되었다. 검은색의 작은 월계수 열매는 전통 프랑스 요리에 사용되는 재료다. 월계수의 방향유에는 유칼립톨eucalyptol이 들어 있어 강한 유칼립투스 향기가 난다. 그보다 적은 양이 들어 있는 리날로올linalool과 테르피네올terpineol은 풋풋하고 알싸하며 톡 쏘는 소나무 향을 낸다.

월계수는 베르무트, 허브 리큐어, 아마로, 진에 첨가되기도 한다. 프랑스의 증류업체 가브리엘 부디에Gabriel Boudier는 베르나르 루아조 리큐어 드 푸아르 로리에Bernard Loiseau Liqueur de Poires Laurier라는 서양배와 월계수 잎 리큐어를 생산한다. 네덜란드의 리큐어 베이렌뷔르흐Beerenburg에는 월계수 잎 증류액과 용담, 주니퍼 열매가 들어 있다.

오리건 도금양Oregon myrtle이라고도 불리는 캘리포니아 월계수*Umbellularia californica*를 월계수 대신 사용하기도 한다. 그러나 영어명에 월계수bay laurel와 같은 'laurel'이라는 단어가 들어 있다 해도 월귤cherry laural, *Prunus laurocerasus*이나 칼미아mountain laurel, *Kalmia latifolia* 같은 식물은 맹독성을 지니고 있기 때문에 'laurel'이 붙은 아무 식물이나 자가 양조에 사용하는 것은 위험하다. 다행히도 진짜 월계수가 유럽 전역과 북미 일부 지역에서 자라며 월계수 잎과 열매 모두 요리용 향신료로 판매되고 있다.

나도후추잎 BETEL LEAF   *Piper betle*

이 짙은 녹색의 작은 덩굴식물은 흑후추를 생산하는 덩굴과 가까운 친척이며 빈랑나무 열매*Areca catechu*를 싸먹는 잎으로 가장 잘 알려져 있다. 이 두 가지를 합쳐서 자그마하게 묶어놓은 것을 퀴드quid 또는 판paan이라 부른다. 두 재료가 조합되면 인도와 동남아시아를 중심으로 전 세계 4억 인구가 즐기는 부드러우면서도 중독성 강한 흥분제가 된다. 이 퀴드는 안타깝게도 암을 유발하며 치아를 검게 물들일 뿐만 아니라 붉은색의 침이 끊임없이 흘러나오게 만들기 때문에 사람들이 수시로 길거리에 침을 뱉는다.

나도후추잎은 다른 재료를 싸는 데에도 사용된다. '달콤한 판'은 과일과 향신료를 나도후추잎으로 싼 것이다. 저녁식사를 마친 손님에게 (비흥분성) 디저트로 이 달콤한 판을 내기도 한다. 나도후추잎에 담배를 채워서 씹기도 하는데, 이는 높은 구강암 발병률로 이어지기 때문에 공중 보건 관리국은 이 관습에 경종을 울린다.

판 리큐어는 네팔과 국경을 접하고 있는 인도의 시킴 주에서 제조한다. 자가 양조업자들과 상업용 양조업체 모두 레시피 공개를 꺼리지만, 현지인들은 나도후추잎에 아마도 빈랑나무 씨까지 침출하거나 증류하여 만든 증류주를 마신다고 믿고 있다. 다른 나라에 수출되는 판 리큐어도 몇 가지 있는데, 증류업자들은 재료를 확실히 밝히지 않지만 수출용 리큐어에 나도후추잎이 사용되었을 가능성은 높지 않다. 나도후추잎과 빈랑나무 열매 모두 유럽연합이나 미국에서 식품 원료로 승인을 받지 못했다. 오히려 둘 다 식약청의 독성 식물 데이터베이스에 포함되어 있다(그렇다고 해서 이들 식물의 재배가 불법인 것은 아니다. 몇몇 열대 종묘원에서는 이 두 식물을 판매한다). 1995년에 로스앤젤레스타임스는 나도후추잎은 전혀 들어 있지 않으며 카다멈, 사프란, 백단향을 재료로 사용한 시킴 판 리큐어Sikkim Pann Liquor의 출시를 보도하기도 했는데, 이는 드람뷔와 인도 향신료 가게의 조합을 연상시킨다.

나도후추잎에도 나름대로의 장점이 있는지도 모른다. 2011년 『푸드 앤 평션Food & Function』지에 발표된 의학 연구에서는 알코올로 인한 손상으로부터 간을 보호해주는 기능이 있는 다양한 향신료를 조사했다. 그중 몇 가지 인도 향신료와 허브가 상당히 가능성이 높은 것으로 평가받았는데 여기에는 강황, 카레, 호로파, 찻잎 등과 함께 나도후추잎도 포함되어 있었다.

향모 BISON GRASS

스위트그래스sweetgrass라고도 불리는 이 강인한 여러해살이풀은 바닐라와 비슷한 향기를 지닌 것으로 잘 알려져 있다. 북미와 유럽 원산인 향모는 바구니와 향을 만드는 데 사용되어왔다. 폴란드에서는 전통적인 방식으로 맛을 낸 주브로브카zubrowka라는 보드카의 재료가 되기도 한다. 폴란드와 벨라루스의 접경에 위치한 비아워비에자Bialowieza 숲에서는 아직도 야생 향모 무리가 자라고 있으며 멸종 위기에 처한 유럽산 들소가 이 식물을 뜯어먹는다.

매년 제한된 양의 야생 향모를 채집해 주브로브카를 만들 수 있다. 향모를 채집해 말린 다음 호밀 보드카에 담가둔다. 각 병마다 풀잎을 하나씩 띄워둔다. 향모에는 실험실에서, 또는 특정한 진균류 종이 있을 때 혈액 응고 억제제로 변하는 쿠마린coumarin이라는 금지 성분이 들어 있기 때문에 1954년 이후에는 향모로 만든 증류주를 미국에서 찾아볼 수 없다. 쿠마린이 혈액 응고 억제제로 변하는 것은 손쉽게 방지할 수 있지만 쿠마린이 함유된 모든 물질에 대한 금지 조치는 아직도 유효하다. 최근에는 주브로브카 제조업자인 폴모스 비알리스토크Polmos Bialystok가 쿠마린을 제거하는 방법을 발견해 이 술을 미국에서 다시 합법적으로 판매할 수 있는 길을 열었다.

이 술을 마시는 전통적인 방법은 주브로브카와 투명하고 차가운 사과 주스

비손그래스 칵테일

주브로브카 1과 1/2온스
드라이 베르무트 1/2온스
사과 주스 1/2온스

얼음에 모든 재료를 넣고 잘 섞은 다음 걸러서 칵테일 잔에 따른다.

를 1 대 2의 비율로 섞는 것이다. 여기서 소개하는 레시피는 이를 약간 변형한
것이다.

창포 CALAMUS(SWEET FLAG) *Acorus calamus*

창포는 유럽과 북미 전역에 걸쳐 늪지에서 자라는 향이 강하고 골풀을 닮은 식물이다. 뿌리줄기는 복합적이고 알싸한 쓴맛이 나기 때문에 캄파리와 같은 아마로, 샤르트뢰즈와 같은 허브 리큐어, 그리고 진과 베르무트에 사용된다. 이 식물의 풍미는 보통 나무 향, 가죽 향, 크림 향 등으로 표현한다. 조향사인 스테펀 아크탠더 Steffen Arctander는 우유 트럭이나 구두 수선점의 내부와 비슷한 냄새라고 묘사했다.

창포의 일부 품종에는 베타-아사론 β-asarone이라는 잠재적 발암 물질이 포함되어 있다. 그 때문에 식약청은 창포를 식품첨가물로 사용하는 것을 금지했다. 그러나 모든 창포가 위험한 것은 아니다. 아코루스 칼라무스 아메리카누스종 *A. calamus* var. *americanus* 또는 아코루스 아메리카누스 *A. americanus*라고 불리는 아메리카산 품종은 잠재적 독성 성분이 그다지 많이 들어 있지 않으며 유럽산 품종들도 상대적으로 독성이 낮다. 유럽연합은 창포가 비터즈, 베르무트, 리큐어에 널리 사용된다는 사실을 인식하고, 알코올음료에 함유되는 베타-아사론 양에 상한선을 두어 규제하는 한편, 독성이 낮은 대체 물질을 사용하도록 장려한다. 미국 증류업자들은 감지되지 않을 정도의 독소만 포함된 리큐어를 생산해 금지 조치를 피해 간다.

캐러웨이 CARAWAY

Carum carvi

노르웨이의 증류업자들은 베일에 싸인 자국 전통 증류주의 기원을 설명하기 위해 잃어버린 왕자나 고대의 레시피 같은 신화를 들먹이지 않는다. 그보다는 엉뚱하게 흘러간 무역 원정의 이야기를 들려준다. 리니 아쿠아비트Linie Aquavit 제조업자의 말에 따르면, 1805년에 인도네시아로 향하던 무역선의 화물칸에는 캐러웨이로 풍미를 낸 증류주 아쿠아비트가 가득 담긴 중고 셰리주 통이 실려 있었다. 그러나 무역업자들은 이 노르웨이의 국민술을 인도네시아에 팔지 못하고 다시 본국으로 가져왔다.

노르웨이에 도착한 사람들은 길고 파란만장한 바다 항해를 거치면서 아쿠아비트의 맛이 크게 향상되었다는 사실을 발견했다. 그 맛을 재현하기 위해 아쿠아비트를 셰리주 통에 보관해보아도 좀처럼 똑같은 맛이 나지 않았다. 적도의 따뜻한 바다와 북유럽의 차가운 물살을 가로질러야 했던 험난한 바다 항해와 이리저리 흔들리는 배의 움직임이 결합되어 나무통이 팽창과 수축을 반복하면서 통에서 더욱 많은 풍미 성분이 우러나왔던 것이다. 그렇기 때문에 리니 아쿠아비트를 담은 통은 아직도 화물선의 갑판에 실려 적도를 두 번 가로지르고 35개국을 방문하며 4개월 반 동안 전 세계를 항해한다. 증류업자는 한때 이 이상한 증류주 숙성 방법을 비밀에 부쳤으나 지금은 모든 라벨에 항해 일지가 인쇄되어 있다.

아쿠아비트는 파슬리 및 실란트로와 매우 가까운 친척인 캐러웨이라는 한해살이풀로 맛을 낸다. 사람들이 보통 이 식물의 씨라고 부르는 것은 사실 씨가 두 개 들어 있는 열매이며, 방향유가 포함되어 있어 알싸하면서도 구수한 맛이 난다. 대부분은 이 맛을 보고 호밀빵을 떠올리지만 캐러웨이는 사우어크라우트, 콜슬로, 일부 네덜란드 치즈에도 사용된다.

캐러웨이의 원산지는 유럽이다. 스위스에서 발견된 고고학적 증거는 5000년 전에도 이 씨앗이 향료로 사용되었음을 보여준다. 캐러웨이에는 봄이나 가을에 씨를 뿌려 다음해 겨울에 수확하는 두해살이 월동 유형과 봄에 씨를 뿌려 가을에 수확하는 한해살이 유형의 두 가지 종류가 있다. 동부 유럽에서 전통적으로 사용하는 것은 월동 유형이며, 종묘회사에서 가장 보편적으로 판매하는 것도 바로 이 종류다.

아쿠아비트는 감자 보드카 베이스로 만든다. 가장 두드러지는 풍미는 캐러웨이지만 회향, 딜, 아니스, 카다멈, 정향, 감귤 향을 첨가하기도 한다. 캐러웨이를 베이스로 하고 아니스를 첨가하여 만드는 또하나의 증류주가 라트비아산 리큐어 알라슈allasch이며, 이보다 더 잘 알려진 퀴멜주kümmel는 16세기 네덜란드까지 거슬러올라가는 달콤한 곡물 베이스 리큐어로 보통 저녁식사 후 얼음을 곁들여 낸다.

캐러웨이와 쿠민cumin의 혼동

캐러웨이와 가까운 친척인 쿠민 Cuminum cyminum은 후추 향이 훨씬 강한데도 불구하고 캐러웨이와 서로 혼동되는 경우가 많다. 역사적으로 여러 동유럽 언어에서는 이 두 가지 식물에 대해 같거나 거의 비슷한 일반명을 사용해왔다. 예를 들어 독일에서는 쿠민을 크로이츠퀴멜Kreuzkümmel, 캐러웨이를 퀴멜Kümmel 이라고 부른다. 쿠민은 세계에서 가장 보편적으로 사용되는 향신료 중 하나이지만 증류주의 풍미를 내는 용도로는 그다지 자주 쓰이지 않는다.

카다멈이라는 식물을 한 번도 본 적이 없다면 키가 크고 잡초처럼 무성한 난초 한 무리를 상상해보자. 생강과에 속한 카다멈은 사프란과 바닐라에 이어 세계에서 세번째로 비싼 향신료다. 카다멈의 값이 비싼 것은 이 식물이 열대지방을 선호할 뿐만 아니라 열매를 채취하기가 극도로 까다롭기 때문이다.

카다멈을 야생에서 채취한 역사는 수백 년에 이르지만 인간이 재배를 시작한 것은 19세기에 들어서였다. 카다멈은 6미터 가까이까지 자라며 오랜 시간에 걸쳐 꽃을 피우므로 채집자들은 똑같은 식물을 몇 번씩이나 다시 찾아다니며 열매를 하나씩 수확해야 한다. 반드시 아직 녹색이 약간 남아 있는 상태에서 채집한 후 말려서 조심스럽게 쪼갠 다음 안에 들어 있는 씨를 제거해야 한다. 꼬투리에서 씨앗을 제거하지 않고 더욱 풍미가 풍부하게 보존된 상태로 판매하기도 한다.

인도산 카다멈을 최상급으로 취급하며, 과테말라 역시 많은 양을 생산한다. 카다멈에는 유칼립투스 향을 풍기는 말라바르Malabar 유형과 보다 따뜻하고 알싸한 느낌에 감귤 향과 꽃 향이 나는 마이소르Mysore 유형의 두 가지가 있다. 큰 카다멈 또는 검은 카다멈이라고도 부르는 관련 품종 아모뭄 수불라툼 *Amomum subulatum*은 일반적으로 불을 피워서 말리기 때문에 훈연 향이 훨씬 강하다.

카다멈에는 라벤더와 감귤류를 비롯해 다양한 꽃과 향신료에서도 발견되는 향기 화합물인 리날로올과 초산 리나릴linalyl acetate이 상당량 함유되어 있다. 최근에 일본의 과학자들은 실험 대상의 면역 체계 반응을 직접 테스트하고 측정해 이러한 화합물들이 스트레스를 낮추는 효과가 있음을 밝혀냈다. 술에 첨가하기에 이만큼 좋은 이유가 또 있을까.

카다멈은 진, 커피, 견과류 리큐어, 베르무트, 이탈리아산 아마로 등 수많은 증류주의 풍미를 내는 데 사용된다. 카다멈을 칵테일에 가장 잘 활용하는 방법은 녹색 카다멈 씨앗에 심플 시럽을 넣고 가열한 후 다양한 종류의 알싸한 음료, 열대음료, 또는 과일 베이스 음료에 넣어 실험해보는 것이다.

정향 CLOVE　　　*Syzygium aromaticum*　　　도금양과

정향은 씨앗이나 열매가 아니며 심지어 나무껍질도 아니다. 사실 정향은 단단하게 오므린 꽃봉오리로, 인도네시아산 나무에서 채취해 발효되기 전에 햇볕에 널어 말린 것이다 (그냥 내버려두면 무엇이든 발효되어 버린다는 의미에서).

정향은 최소한 기원전 3세기부터 아시아와 유럽에 향료를 공급해온 인도네시아 향료제도의 테르나테, 티도레, 바칸, 마킨, 말루쿠 섬에서 생산된다. 로마인들은 이 지역에서 아랍 상인들이 가져오는 이국적인 식물을 앞다투어 사들였으며 18세기에는 네덜란드와 포르투갈이 이 지역의 통치권을 두고 싸웠다. 네덜란드는 시장을 독점하려고 자신들이 통치하던 섬 외부에 있는 정향나무를 모두 잘라버렸다. 나중에 프랑스와 영국 상인들이 간신히 약간의 정향 씨앗을 손에 넣어 자신들이 통치하던 스리랑카, 인도, 말레이시아 등의 식민지에 수출했다. 안타깝게도 그 과정에서 한때 야생 정향나무들 사이에서 찾아볼 수 있던 풍부한 유전적 다양성이 사라지고 말았다. 지금까지 남아 있는 유일한 야생 정향나무 품종에서는 현대의 정향에서 추출하는 독특한 향미 물질인 오이게놀의 흔적조차 찾을 수 없다. 이는 오이게놀을 분비하던 또하나의 야생 정향나무 품종이 향료 상인들의 손에 완전히 멸종되어버렸다는 의미다.

정향나무는 그 자체로 상당히 아름답다. 잎은 계절을 거치며 연한 황금색에서 분홍색으로, 다시 녹색으로 변한다. 봉오리도 꽃을 피우면서 색이 변하는데 반드시 연한 분홍색으로 변하는 정확한 시점에 채집해야 한다. 정향나무의 개화 주기가 길기 때문에 한 시즌에 최대 여덟 번 정도 꽃을 딸 수 있으며, 1년 동안 한 나무에서 수확할 수 있는 정향의 양은 약 4.5킬로그램에 불과하다. 정향 줄기는 꽃봉오리의 저렴한 대체품으로 사용되기도 하며, 잎과 나뭇가지에서도 정향유를 추출해낼 수 있다.

오늘날 거래되고 있는 정향의 품종으로는 잔지바르Zanzibar, 시푸티Siputih, 시코톡Sikotok 세 가지가 있으며 그중에서 시푸티가 가장 크고 톡 쏘는 맛이 강하다. 정향 추출물은 마취 및 진통 효과 때문에 역사적으로, 그리고 오늘날까지도 치과 마취제로 사용되고 있다. 사실 치과에서 나는 그 독특한 냄새에 정향도 일부 관여하고 있다.

물론 치과에 가는 것보다 훨씬 더 기분좋게 정향을 즐길 수 있는 방법도 많다. 정향의 맛은 다른 향신료와 섞여도 잘 어울린다. 정향은 바닐라 향을 더욱 강조하거나 감귤 향을 더욱 복합적으로 만들어준다. 아마레토, 알커미스, 베르무트, 아마로 등을 비롯해 고소한 맛 또는 알싸한 맛이 나는 리큐어는 정향의 도움을 받아 다른 맛들을 유지하고 증폭시킨다.

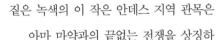

코카 COCA

Erythroxylum coca　　　　　　　　코카과

짙은 녹색의 이 작은 안데스 지역 관목은 아마 마약과의 끝없는 전쟁을 상징하는 대표적 식물일 것이다. 코카 잎은 씹으면 가벼운 흥분제 역할을 하며 고산병을 방지해주는 효과도 있다. 고고학자들은 페루인들이 기원전 3000년 전부터 코카를 이런 용도로 사용했던 증거를 찾아냈으며, 16세기에 스페인 사람들이 남미에 도착했을 당시에도 현지인들은 여전히 코카를 상용하고 있었다. 가톨릭교회에서는 코카를 금지하려고 했지만 곧 노예로 삼은 페루인들에게 코카를 주면 더 열심히 일한다는 사실을 깨달았기 때문에 코카는 문화의 일부로 남게 되었다.

새로운 식물을 접하면 항상 약이나 기호품으로 이를 활용할 궁리를 하곤 하던 유럽인들은 순수한 코카인 알칼로이드를 추출해서 잎보다 훨씬 강력한 효과를 내는 약을 만들어내는 방법을 발견했다. 코카인은 진통제, 소독제, 소화제, 그리고 만병통치약이 되었다. 프로이트도 코카인을 좋아해서 1895년에 이런 글을 남기기도 했다. "왼쪽 콧구멍을 코카인으로 마취하면 이루 말할 수 없을 정도로 도움이 되었다."

코카 잎은 와인과 토닉에도 사용되었으며, 가장 유명한 사례는 "효과적이고 오래 지속되는 활력제"라는 광고를 내걸었던 프랑스산 뱅 마리아니Vin Mariani다. 제조업체는 1893년에 이 술에 대한 멋진 광고 책자를 펴내면서 맨 앞에 코카에 대한 소개글을 실었다("코코아나 카카오가 아닙니다"라고 강조하기까지 했다). 여기에는 "코카를 가장 효과적으로 섭취하는 방법은 포도주로 만들어 마시는 것이다"라는 내용이 있었다.

사라 베르나르Sarah Bernhardt, 프랑스의 유명한 연극배우 같은 유명인도 "내 스스로 자처한 고된 무대 연기에 너무나도 필요한 힘을 얻을 수 있다"며 코카 와인에 대한 칭찬을 아끼지 않았다. 아프리카 지역의 선교사들을 관장하던 프랑스 추기경 샤를 라비주리Charles Lavigerie는 "아메리카에서 온 코카는 유럽의 아들인 '파견 선교사'들에게 아시아와 아프리카를 교화할 수 있는 용기와 힘을 주었다"고 적기도 했다. 가장 극찬을 한 사람은 평가가 엇갈리는 프랑스 정치인 앙리 로슈포르Henri Rochefort로, 그는 다음과 같이 말했다. "귀사의 뱅 마리아니는 내 체질을 완전히 바꿔놓았소. 프랑스 정부에도 이 술을 좀 먹이는 것이 좋겠소."

코카는 오늘날에도 안데스산맥 주변의 원산지에서 무성하게 자란다. 관목은 높이 2.4미터까지 자라며 작은 흰색 꽃과 씨앗을 맺는다. 어리고 신선한 잎들만 채취하며 일반적으로 우기인 3월에 수확을 시작해 1년에 세 차례에 걸쳐 수확한다. 같은 속에 모두 일곱 개의 품종이 있는데, 그중에서 최소한 에리트록실룸 노보그라나텐세Erythroxylum novogranatense라는 또하나의 품종에는 확실히 코카인 알칼로이드가 함유되어 있다. 가짜 코카인이라고도 부르는 에트루품E. rufum은 알칼로이드가 전혀 들어 있지 않으며 미국의 일부 식물원에서 재배하고 있다.

와인, 토닉, 청량음료 제조업체들은 더이상 코카인을 재료로 사용할 수 없지만 코카에서 추출했더라도 코카인이 없는 풍미 성분은 사용할 수 있다. 식약청은 '(코카인이 제거된) 코카'를 식품첨가물로 승인했고, 뉴저지에 있는 스테판 주식회사Stepan Company는 페루의 국영 코카 기업에서 코카 잎을 합법적으로 구매하는 라이선스를 보유하고 있다. 이 회사에서는 국소마취제로 사용할 코카인 알칼로이드를 분리한 다음 남은 풍미 성분을 코카콜라와 같은 기업에 판매한다. 볼리비아 정부도 이에 뒤질세라 코카로 맛을 낸 청량음료를 비롯해 여러 가지 다양한 제품을 생산할 수 있도록 자금을 지원했고, 자국의 청량음료에 코카 잎을 사용하는 것은 허용하면서 똑같은 식물로 만드는 볼리비아 제품은 못마땅해하는 미국의 태도가 위선적이라고 주장한다.

코카인을 제거한 코카잎 추출물로 술에 맛을 내는 것은 합법이지만 그렇게 하는 증류업체는 많지 않다. 주목할 만한 사례 하나가 허브 리큐어인 아그와 Agwa로, 미국과 유럽에서 널리 판매되는 이 술은 논란이 많은 이 재료를 큼지막하게 라벨에 표시하고 있다(그 외에도 카페인과 비슷한 성분이 들어 있는 남미산 덩굴식물 과라나guarana의 씨앗, 인삼 등의 재료가 들어간다). 코카를 생산하는 나라에서는 리코르 데 코카licor de coca와 빈 데 코카vin de coca도 현지 시장에서 판매한다.

코리앤더 CORIANDER   *Coriandrum sativum*   산형과

코리앤더(코리앤더나 실란트로를 보통 고수라고 많이 번역하는데, 여기서는 코리앤더는 열매, 실란트로는 잎으로 분명히 구별하고 있어서 혼동을 피하기 위해 각각을 음역으로 표기했다—옮긴이)는 증류업자들이 상당히 선호하는 재료다. 대부분의 진과 상당수의 허브 리큐어, 압생트, 아쿠아비트, 파스티스, 베르무트에 코리앤더가 사용된다. 그러나 아메리카 대륙에서 실란트로cilantro라고 부르는 코리앤더 식물의 잎을 먹어본 적이 있는 사람이라면 이런 술에서 왜 실란트로의 독특한 맛이 나지 않는지 의아하게 생각할지 모른다.

그 이유는 갈색 씨가 든 둥근 열매가 건조되면서 화학적 변화를 일으켜 독특한 실란트로 풍미가 완전히 사라지기 때문이다. 신선한 잎과 설익은 열매의 표면에서 발견되는 방향유는 즉시 감지할 수 있는 성분이며 맛을 인식하는 방식의 유전적 차이 때문에 사람에 따라 상당히 거부감을 느낄 수 있다. 이 맛을 고약하다고 묘사하는 사람이 있는가 하면 벌레 냄새가 난다고 하는 사람도 있다. 사실 이 식물의 고대 그리스어 이름인 코리안드론koriandron은 빈대라는 뜻의 그리스 단어 코리스koris에서 왔다.

그러나 열매 깊숙한 곳에는 일단 열매가 건조되고 독특한 실란트로의 맛이 날아간 다음 쉽게 추출해낼 수 있는 또하나의 오일이 들어 있다. 리날로올, 티몰thymol, 제라늄에서 발견되는 화합물인 제라닐아세테이트geranyl acetate를 주성분으로 하는 이 오일은 술에 첨가하기에 완벽한 풍미 조합을 가지고 있다. 타임의 숲 향, 제라늄의 풍부한 향기, 화려한 꽃을 연상시키는 리날로올의 감귤 향까지. 이 성분 자체가 아주 품질이 좋은 진과 같은 맛을 낸다고 해도 과언이 아니다.

향신료 시장에서 거래되는 코리앤더에는 두 가지 종류가 있다. 크기는 작지만 방향유의 함량이 높은 고급 러시아산 코리앤더 C. 사티붐 미크로카르품종C. sativum var. microcarpum과 열매의 크기가 더 크며 인도, 모로코, 아시아 코리앤더라고 불리기도 하는 C. 사티붐 불가레종C. sativum var. vulgare이다. 후자는 주로 잎을 수확하기 위해 재배하며 손쉽게 구하여 정원에서 키울 수 있다(구입할 수 있는 품종 중 다수가 씨를 맺지 않고 요리용 잎을 더 많이 생산하도록 개량되어 있다). 여름에 서늘하고 비가 많이 내리는 지역에서 자라는 식물로부터 추출한 오일이 가장 품질이 좋기 때문에 세계 시장에 최상급 코리앤더를 공급하고 있는 지역은 노르웨이와 시베리아다.

쿠베바 CUBEB

나무를 닮은 이 인도네시아산 덩굴식물이 맺는 열매는 한때 가까운 친척이자 널리 알려진 후추*Piper nigrum*보다 더 인기가 높았다. 말린 쿠베바열매는 후추와 비슷해 보이지만 쿠베바는 보통 줄기가 붙어 있는 상태로 판매되기 때문에 두 가지를 구별하기는 어렵지 않다. 쿠베바에 많이 들어 있는 성분은 사실 여러 감귤류나 허브에서 흔하게 발견되는 리모넨이지만, 톡 쏘는 맛은 피페린piperine이라는 화합물에서 나온다. 향신료와 감귤류가 잘 어우러지는 맛을 내는 진의 재료로 쿠베바가 그토록 인기를 끄는 이유도 이 때문일지 모른다.

빅토리아시대에는 천식 치료를 위해 '약용' 쿠베바 담배가 판매되었다. 재료를 공개하는 현대의 담배회사들은 여전히 쿠베바를 맛 성분 중 하나로 올려놓고 있다. 엑소시즘에 식물을 사용하는 방법에 대해 폭넓은 저술을 남긴 17세기 이탈리아의 사제 루도비코 마리아 시니스트라리Ludovio Maria Sinistrari는 악마를 물리치기 위해 쿠베바, 카다멈, 육두구, 태생초birthwort, 알로에를 비롯한 여러 가지 뿌리와 향신료로 향을 낸 브랜디 베이스 토닉을 처방하기도 했다.

1908년 연방 관리들은 뉴욕에서 볼티모어로 배송된 '다미아나 진'이라는 라벨의 술병을 몰수했다. 라벨에서는 이 증류주의 최음 효과를 강조하고 있었으나 연방 정부에서는 이 술에 의구심을 품고 있었다. 연구소 분석 결과 이 술에는 스트리크닌strychnine과 브루신brucine(둘 다 스트리크닌나무에서 추출되는 독성 성분)뿐만 아니라 살리실산이 들어 있음이 밝혀졌다. 살리실산은 버드나무에서 추출한 아스피린과 비슷한 성분으로, 다량으로 복용하면 인체에 해로울 수 있다.

이 술은 함유되어 있는 독성 성분 및 최음 효과와 관련해 "소비자를 오도하는 잘못된 선전문구"를 사용했고 실제로는 진이 아니라는 점 때문에 1906년 발효된 순정식품의약품법Pure Food and Drug Act을 위반했다는 판정을 받았다. 소유주 헨리 F. 코프먼Henry F. Kaufman은 법률에 저촉되는 제품을 배송했다는 명목으로 벌금 100달러를 물었다. 하지만 다미아나에 대한 명성은 사라지지 않았다.

1.8미터에 달하는 향이 강한 이 관목은 아주 자그마한 노란색 꽃을 피우며 작은 열매를 맺는다. 멕시코 야생에서 자라는 다미아나는 현지에서 성욕을 자극하는 식물로 알려져 있다. 19세기 의사들은 이 식물을 최음제로 처방했다. 1879년에 한 의사는 이 식물을 "아주 중요하지만 꼭 필요하지는 않은 오르가즘을 느낄 수 있도록" 여성 환자에게 처방할 수 있다고 적었다.

놀랍게도 이러한 주장에는 어느 정도 근거가 있을지 모른다. 2009년에 실시된 연구에서 이 다미아나는 "성적으로 기진맥진한 수컷 쥐"의 회복 시간을 단축시켜 아주 짧은 시간만 지나도 다시 한번 사랑을 나눌 수 있도록 해준다는 사실이 밝혀졌다(쥐를 성적으로 기진맥진하게 만드는 데 사용된 방법은 공개되지 않았다).

이렇게 흥미로운 연구 결과에도 불구하고 이 식물이 인간에게 어떤 영향을 미치는지에 대한 임상 실험은 실시된 바가 없다. 다미아나는 미국에서 합법적인 식품첨가물이며 말린 잎과 줄기는 멕시코산 허브 리큐어인 다미아나 Damiana의 맛을 내는 데 사용된다. 이 술이 담겨 있는 병의 모양은? 다름 아닌 다산의 여신이다.

크레탄 디타니DITTANY OF CRETE   *Origanum dictamnus*   꿀풀과

수수께끼 같은 이름이 붙어 있는 이 식물은 모양이 특이한 오레가노의 한 유형에 지나지 않는다. 북슬북슬한 은색의 둥근 잎과 분홍빛이 도는 보라색 꽃의 포엽苞葉, 꽃이나 꽃받침을 둘러싸고 있는 작은 잎은 지중해 지역의 정원에서도 눈에 확 띨 정도로 아름답기 때문에 이 식물은 이제 그리스의 크레타 섬뿐만 아니라 다른 지역에서도 널리 재배된다. 크레탄 디타니의 꽃은 홉과 비슷하기 때문에 홉 마조람hop majoram이라는 이름으로 불리기도 하지만 향기는 타임 및 다른 오레가노에 가깝다. 이 식물의 잎은 최소한 고대 그리스시대부터 물약의 맛을 내는 데 사용되어왔으며 오늘날에도 베르무트, 비터즈, 허브 리큐어의 재료가 된다.

야생에서 목향이 무수하게 자라난 모습을 보면 웃자란 민들레 무리로 착각하기 쉽다. 실제로 두 식물은 서로 관련이 있다. 목향의 원산지는 남부 유럽과 아시아 일부 지역이지만 현재는 북미, 유럽, 아시아 대부분의 지역에서 자라고 있으며 기침을 치료하기 위한 약용 허브로 재배 및 판매된다. 목향은 2.4미터 높이까지 자라며 데이지 모양의 작은 노란색 꽃을 피운다. 장뇌 향이 나며 쌉쌀한 뿌리는 베르무트, 비터즈, 압생트, 허브 리큐어에 흔하게 사용되는 재료다.

에라트래아센타우리움 EUROPEAN CENTAURY *Centaurium erythraea* 용담과

분홍색 꽃이 피는 이 한해살이풀은 용담의 친척이다. 유럽 원산이며 현재는 북미, 아프리카, 아시아 일부 지역 및 호주까지 전파되었다. 예전부터 말린 줄기와 잎은 외용으로는 상처를 치료하는 목적으로, 내복용으로는 소화제로 사용되어왔다. 이 식물은 스스로를 보호하기 위해 이리도이드 배당체iridoid glycoside라는 쓴맛의 강력한 화합물을 생성하는데, 에라트래아센타우리움이 비터즈와 베르무트에 적합한 재료로 쓰이는 이유도 바로 이 성분 때문이다.

호로파 FENUGREEK

Trigonella foenum-graecum

2005년부터 뉴욕 시의 특정 지역에서 사는 사람들은 갑자기 이상하리만치 팬케이크를 먹고 싶은 생각에 사로잡히게 되었다. 독특한 메이플 시럽의 향이 마을 전체에 퍼져나갔다. 빈번하게 일어나는 현상은 아니었지만 이런 일이 있을 때마다 사람들은 시 당국에 전화를 걸어 정체를 알 수 없으나 아주 불쾌하지만은 않은 이 냄새가 어디서 오는 것인지 문의했다. 결국 2009년에 시 관계자들이 찾아낸 대답은 호로파였다. 이 자그마한 콩과 식물의 씨앗은 갈아서 카레 향신료에 섞기도 하는데, 산업용 향료와 조미료를 판매하는 뉴저지 소재의 회사가 이 식물을 처리하는 과정에서 그런 냄새가 났던 것이다. 호로파가 내는 캐러멜 또는 메이플 시럽의 풍미는 메이플 시럽 모조품을 비롯한 여러 감미료, 리큐어의 맛을 내는 데에도 사용된다.

호로파의 원산지는 지중해, 북부 아프리카, 아시아 일부 지역이다. 인도와 중동에서는 수세기에 걸쳐 호로파를 전통 요리에 사용해왔다. 리큐어에서도 주된 풍미 재료보다는 전체를 받쳐주는 알싸하고 달콤한 베이스 노트로 활용

핌스 컵

핌스 넘버 원 1단위
레모네이드 3단위
저민 오이, 오렌지, 딸기
스피어민트 잎
서양지치의 꽃 또는 잎(선택)

피처나 잔에 얼음을 채우고 모든 재료를 넣는다. 잘 젓는다. 이 칵테일에는 전통적으로 서양지치의 잎과 꽃을 가니시(garnish, 요리나 음료에 장식 또는 곁들임으로 사용되는 식재료— 옮긴이)로 사용하지만, 이 식물을 직접 기르지 않는 한 구하기 어려울 때도 많다.

되기 때문에 바텐더들도 직접 술을 우려낼 때 호로파를 사용하는 경우가 있다. 핌스 컵이라는 영국의 클래식 여름 칵테일에 사용되는 진 베이스의 핌스 넘버 원Pimm's No.1을 좋아하는 사람들은 이 술의 신비롭고 비밀스러운 향신료 조합에서 확실히 호로파의 맛을 느낄 수 있다고 단언한다.

생강의 친척인 이 식물의 날카롭고 알싸한 맛은 수세기 동안 중국, 태국, 인도 요리에 즐겨 사용되어왔다. 전통적으로 소화불량 치료제로 사용되었기 때문에 훗날 인기 있는 리큐어가 된 고대의 약용 강장제에도 포함되어 있었다. 양강은 오늘날에도 일부 베르무트나 비터즈를 비롯해 리큐어 허버트Liqueur Herbert와 같은 동유럽산 허브 리큐어에 사용된다.

다른 생강 품종과 마찬가지로 양강도 뿌리줄기 부분이 향료 교역에 사용되었다. 4~6년 정도 기르면 높이가 2.4미터 정도에 달하며 위쪽에 가느다란 잎이 달린 키 큰 줄기들이 뭉쳐 있는 형태가 된다. 기반이 되는 뿌리 전체를 한꺼번에 수확할 수도 있고 가장자리를 파내서 뿌리줄기 몇 개만 수확할 수도 있다.

양강이라는 이름이 붙어 있는 연관 식물이 몇 가지 있지만, 식약청에서 안전한 재료로 인정받은 품종은 작은 양강이라고 부르는 알피니아 오피키나룸이다. 그 외의 품종으로는 큰 양강 *A. galangal*과 상사화*Kaempferia galangal*가 있다. 이 세 가지 품종은 열대기후에서 자라며 난초나 월하향tuberos을 흩뿌려놓은 것 같은 분홍색 꽃과 흰색 꽃이 핀다.

프랑스의 알프스 목초지에서 야생으로 자라는 이 키 큰 노란색 꽃이 없었다면 상당수의 클래식 칵테일은 존재하지 않았을 것이다. 맨해튼, 네그로니, 올드패션드는 모두 용담의 쌉쌀한 맛을 바탕으로 하고 있다. 구색이 형편없는 술집에서조차 구비해놓는 단골 칵테일 재료 앙고스투라 비터즈에는 용담이 들어 있으며 그 사실을 라벨에 표기하고 있다. 유명한 유럽산 아마로와 리큐어의 상당수가 레시피를 비밀에 부치지만 용담만큼은 주재료로 당당히 공개한다. 캄파리, 아페롤Aperol, 수즈Suze, 아마로 아베르나Amaro Averna, 그리고 용담이라는 영어 단어 젠션Gentian을 그대로 차용한 장시안Gentiane 등은 이 식물을 사용하여 쌉쌀한 맛을 내는 수백 개의 증류주 중 극히 일부에 불과하다.

용담을 약용으로 사용한 역사는 적어도 3000년 전 이상으로 거슬러올라간다. 기원전 1200년경의 이집트 파피루스에는 용담을 약으로 사용한 기록이 있으며, 그 관행은 그뒤로도 계속되었다. 대 플리니우스는 용담의 이름이 기원전 181년부터 168년까지 현재 알바니아에 해당하는 로마 지역을 통치한 겐티우스Gentius 왕의 이름에서 유래했다고 기록했다.

용담은 재배하기 쉽지 않은 식물이다. 각 품종이 저마다 특정 기후와 토양을 선호하는데, 그중 상당수가 정원에 있는 비옥한 양질의 흙을 싫어하며 옮겨심기에 적합하지 않다. 이제까지 확인된 300개 이상의 품종 중 정원에서 잘 자라는 품종은 고작 10여 종 정도다. 노란 용담은 특히 농지보다 알프스의 목초지를 선호한다. 이 식물은 유럽의 일부 지역에서 보호 식물로 지정되어 있어 야생 상태에서의 채취는 엄격히 통제되어 있다(뿐만 아니라 베라트룸 알붐 *Veratrum album*이라는 식물은 용담과 비슷하게 생겼지만 독성이 있기 때문에 비전문가가 용담을 채집하는 것은 매우 위험하다).

야생 용담을 보호해야 하는 이유 중 하나는 용담의 뿌리가 리큐어와 약에 사용되기 때문이다. 식물 전체를 파내지 않고는 뿌리를 수확할 방법이 없다. 쓸쓸한 맛을 내는 화합물에는 겐티오피크로사이드gentiopicroside와 아마로겐틴 amarogentin이 들어 있는데, 현대 과학자들은 이러한 성분의 타액과 소화액 분비 촉진 효능을 연구해왔다(용담이 그토록 많은 식전주의 재료로 사용되는 것도 놀랄 일은 아니다). 용담은 심지어 좀처럼 음식의 맛을 느끼거나 삼키지 못하는 항암 치료 환자들에게도 도움이 되며 항말라리아제 및 항진균제로서의 사용 가능성에 대해서도 연구가 진행되고 있다.

용담은 일반적으로 4, 5년 정도 자라서 덩이줄기 모양의 긴 뿌리가 1, 2킬

닥터 스트루베의 수즈 앤 소다

러트거스 대학의 식물학자 레나 스트루베Lena Struwe는 용담을 일생의 연구 대상으로 삼았다. 스트루베 박사는 용담의 분류학, 생물 다양성, 의학적 효용 등을 연구했으며 용담이 들어 있는 빈티지 술병과 용담이 그려진 포스터를 수집했다. 스트루베 박사가 가장 좋아했던 용담 베이스 칵테일을 소개한다.

수즈 2온스
소다 또는 토닉워터 2~4온스
레몬 트위스트

수즈를 얼음 위에 붓고 소다수를 채워 맛을 낸 다음 레몬 조각을 얹는다. 건배!

로그램 남짓이 될 때 수확한다. 피레네산맥 지역에서만 연간 8톤의 용담이 수확되며, 알프스 및 근처 쥐라산맥 지역의 생산량은 그보다도 훨씬 많다. 쓴맛을 내는 성분은 봄에 절정을 이루며 고도가 높은 곳에서 수확한 용담에서 더욱 두드러지게 나타나기 때문에 수확의 정확한 시점과 위치가 매우 중요하다.

용담이 리큐어의 재료로 그토록 매력적인 이유는 바로 상쾌하고 강렬한 쓴맛 때문이다. 용담은 당분과 꽃향을 억누르는 역할을 하기 때문에 네그로니 같은 칵테일에서 중요한 뼈대 역할을 한다. 잔톤xanthone이라는 노란색 산화방지제 때문에 용담이 들어간 리큐어에 자연스러운 황금빛이 돈다. 이것은 용담이 들어 있는 화이트 와인 베이스의 식전주 수즈와 같은 술에서 분명하게 드러난다. 이 술은 프랑스에서 많은 사랑을 받고 있지만 미국에서는 최근에야 찾아볼 수 있게 되었다.

용담은 한때 코카콜라보다 더 인기를 끌었던 막시Moxie라는 청량음료의 주재료이기도 하다. 수필가이자 『샬롯의 거미줄Charlotte's Web』의 저자인 E. B. 화이트는 한 서신에서 이렇게 쓰기도 했다. "그래도 10킬로미터 떨어진 작은 슈퍼마켓에서 막시를 살 수 있어. 막시에는 건강에 좋은 용담 뿌리가 들어 있지. 기원전 2세기부터 알려진 이 용담이 요즘 나한테 아주 요긴하다고."

카매드리스 GERMANDER *Teucrium chamaedrys* 꿀풀과

카매드리스는 키가 작은 지중해산 여러해살이풀로, 정원사들에게는 장식 정원의 테두리에 심는 식물로 알려져 있다. 뻣뻣하고 위로 곧게 자라는 습성과 짙은 색의 윤기가 도는 가느다란 잎, 흐드러지게 피어나는 작은 분홍색 꽃을 갖춘 카매드리스는 한껏 모양을 낸 정원에 일직선으로 경계를 내기에 아주 적합한 식물이다. 카매드리스의 잎에서는 가까운 친척인 세이지를 연상시키는 강한 허브 향이 난다. 중세의 의사들은 카매드리스를 다양한 증상의 치료제로 처방했으며 시간이 지나면서 카매드리스는 점차 베르무트, 비터즈, 리큐어의 쌉쌀한 맛을 내는 데에도 사용되기 시작했다.

생강은 거의 꽃을 피우지 않는 대신 높이 90~120센티미터에 달하며 길쭉한 잎이 달린 얇은 녹색 줄기를 뻗어낸다. 겉보기로는 잘 상상이 되지 않을지 모르지만 이 열대식물의 뿌리는 세계에서 가장 오래된 향신료 중 하나다. 중국과 인도 원산인 생강은 고대 중국 의학에서 중요한 역할을 했으며 초기의 교역로를 따라 유럽에 전해진 후에는 유럽에서도 약용으로 사용되었다. 생강은 중세시대부터 맥주의 맛을 내는 데 사용되었으며 허브 리큐어, 비터즈, 베르무트에도 화끈하고 톡 쏘는 맛을 더해준다. 칵테일에 약간의 생강 풍미를 더해주는 리큐어의 몇 가지 예로는 도멘 드 캉통, 스냅Snap, 킹스 진저King's Ginger 등을 꼽을 수 있다.

오늘날 생강은 전 세계에서 자라며 특히 나이지리아, 인도, 태국, 인도네시아에서 많이 생산한다. 생강은 재배하고, 수확하고, 저장하는 방식에 따라 맛이 엄청나게 달라진다. 5~7개월 만에 수확한 뿌리는 상당히 부드러운 맛을 지니고 있지만 그 이후부터 풍미가 들어 있는 방향유 성분의 함량이 급격히 증가해 생육 9개월쯤에는 최고치에 이른다. 그늘에서 자란 생강은 햇볕을 받고 자란 생강보다 감귤의 풍미가 강한 경향이 있다. 뿌리를 수확한 후 신선한 상태로 판매하지 않고 건조시키면 방향유의 약 20퍼센트가 증발하면서 상쾌한 감귤 향도 함께 사라지고, 톡 쏘는 알싸한 맛을 내는 진지베린zingiberene 이라는 화합물의 잔류 비율이 높아진다. 현재 향신료로 판매하기 위해 재배하는 생강의 품종은 수십 가지가 있으며 각 품종이 고유한 특징을 지니고 있다.

예전에는 진저비어ginger beer가 물, 설탕, 생강, 레몬, 효모로 만드는 도수가 낮은 알코올음료를 일컫는 말이었다. 이것이 현대에 들어와서는 진저에일ginger ale이라고도 불리는 무알코올 버전으로 환생해 여러 클래식 칵테일에서 주역의 역할을 해내고 있다. 샌디shandy는 진저비어와 레모네이드 같이 거품이 나는 탄산음료를 같은 양으로 섞은 음료이며 샌디개프shandgaff는 맥주와 진저비어를 혼합한 술이다. 다크앤스토미Dark and Stormy는 다크 럼과 진저비어를 2대 3의 비율로 섞은 후 얼음을 곁들여 낸다. 고슬링스Gosling's라는 주류 업체는 실제로 다크앤스토미라는 이름을 상표로 등록했으며 당연히 자체 브랜드의 다크 럼과 진저비어를 혼합하도록 추천한다.

1941년에 한 보드카 유통업자가 개발해 낸 모스크바 뮬은 진저비어를 유용하게 활용했을 뿐 아니라 미국인들에게 보드카를 알린 칵테일로, 이 칵테일 덕분에 고작 몇 년 사이에 스미노프의 매출이 세 배로 뛰었다. 이 술은 전통적으로 구리 머그잔에 담아내지만 이는 단순히 마케팅 전략에 불과할 뿐이다. 전해지는 이야기로는 한 보드카 유통업자와 바텐더가 미처 팔리지 않은

모스크바 뮬
- - - - - - - - - -

라임 1/2
보드카 1과 1/2온스
심플 시럽(선택) 1 티스푼
진저비어 1병
(리즈Reed's 제품, 또는 그 외의 너무 달지 않은 내추럴 진저 소다도 사용해보자)

구리 머그잔이나 하이볼 잔에 얼음을 채운다. 라임을 얼음 위로 짜서 즙을 잔에 떨어뜨린다.
보드카를 넣고 원하는 경우 심플 시럽을 추가한 다음 진저비어로 잔을 채운다.

진저비어의 재고를 처리하고 보드카 판매를 촉진하기 위해 이 음료를 만들어 냈다고 한다. 당시 바텐더의 여자친구가 구리 머그잔을 생산하는 회사를 운영하고 있었기 때문에 그 회사의 제품도 레시피의 일부가 된 것이다.

기니아 생강 GRAINS OF PARADISE   *Aframomum melegueta*   생강과

서아프리카 원산 식물의 이 작고 검은 씨는 후추처럼 매운맛을 냄과 동시에 카다멈을 비롯한 같은 생강군의 다른 식물들과 마찬가지로 매우 풍부하고 자극적인 향을 지니고 있다. 기니아 생강은 초기의 교역로를 따라 유럽에 전파되었으며 음식뿐만 아니라 맥주, 위스키, 브랜디의 맛을 내는 데에도 사용되었고, 때로는 품질이 나쁘거나 희석된 증류주의 맛을 가리는 목적으로 쓰이기도 했다. 오늘날까지도 일부 맥주에 이 향신료가 사용되고 있으며(새뮤얼 애덤스Samuel Adams의 서머에일Summer Ale이 잘 알려진 예다) 아쿠아비트, 허브 리큐어, 봄베이 사파이어를 비롯한 진에서도 중요한 재료 역할을 한다.

생강과의 다른 식물들과 마찬가지로 이 기니아 생강은 겉보기에 별로 특별해 보이지 않는다. 얇고 길쭉한 줄기는 몇십 센티미터 높이까지 자라며 길고 좁다란 잎사귀가 퍼져나가듯 돋아난다. 나팔 모양의 보라색 꽃이 피었다가 붉은색을 띠는 기다란 열매가 맺히며, 각 열매마다 60~100개 정도의 작은 갈색 씨앗이 들어 있다.

기니아 생강의 의학적 효과 때문에 오랫동안 동물원의 골칫거리였던 문제가 해결의 조짐을 보인 경우도 있었다. 동물원 우리에 갇힌 서부로랜드고릴라는 자주 심장병을 앓았다. 사실 고릴라 사망 원인의 40퍼센트가 심장병일 정도였다. 그런데 야생 상태에서는 고릴라 먹이의 최대 80~90퍼센트를 차지하는 기니아 생강의 소염 기능 덕분에 고릴라가 건강을 유지하는 것일지도 모른다는 주장이 제기되었다. 현재 우리에 갇힌 고릴라들의 안녕을 증진하기 위해 고릴라 건강 프로젝트가 진행되고 있으며, (진이 아닌!) 기니아 생강도 더욱 건강한 삶을 위한 처방으로 고려되고 있다.

칵테일의 역사를 연구하는 사람들은 중세 문헌에서 가장 초기 형태의 진을 찾아내기 위해 경쟁적으로 노력하고 있다. 한동안은 물약에 주니퍼 추출물을 사용했던 17세기의 네덜란드 의사 프란키스쿠스 실비우스 *Franciscus de le Boë Sylvius*가 유력한 후보였다. 최근에는 벨기에의 신학자인 토머스 판 칸팀프레 *Thomas van Cantimpré*가 그 주인공이라는 주장이 설득력을 얻고 있다. 칸팀프레는 13세기에 『자연 현상에 대한 고찰 *Liber de Natura Rerum*』을 저술했으며 동시대인인 야코프 판 마를란트 *Jacob van Maerlant*는 이 책을 네덜란드어로 번역해 1266년에 출간된 『자연의 꽃 *Der Naturen Bloeme*』에 실었다. 이 문헌에서는 주니퍼 열매를 빗물이나 와인에 넣어 끓이면 복통을 치료하는 데 효과가 있다고 추천하고 있다. 물론 엄밀히 말해 이것이 진은 아니었지만 주니퍼와 알코올을 결합한 것이라면 일단 진의 탄생을 위한 일보 전진이었다고 보아도 좋을 것이다.

그렇다고 해서 처음 주니퍼를 약으로 사용한 사람들이 네덜란드인들이었다는 뜻은 아니다. 그리스의 의사 갈레노스 *Galen*는 2세기에 주니퍼 열매에 대해 "간과 신장을 깨끗하게 하며 걸쭉하고 점성이 높은 액체라면 무엇이든 묽게 만들어주기 때문에 건강을 위한 약에 섞는다"고 적었다. 이 내용은 분명히 주니퍼 열매와 알코올의 혼합을 의미한다. 물론 그 맛은 오늘날 우리가 마시는 근사한 진과는 천지 차이였겠지만 말이다.

주니퍼는 고대 사이프러스과의 일종이다. 이들 식물은 2억 5000만 년 전의

트라이아스기에 처음 등장했다. 당시 지구는 대부분의 육지가 판게아라는 거대 단일 대륙으로 묶여 있었는데, 이 유니페루스 콤무니스라는 단일 품종의 원산지가 유럽, 아시아, 북미까지 고루 걸쳐 있는 이유도 바로 이것으로 설명할 수 있다.

주니퍼가 지구상에서 그토록 오래 살아오는 동안 몇 가지 아종이 진화했다. 진에 가장 보편적으로 사용되는 주니퍼는 최대 200년까지 살 수 있는 관목인 J. 콤무니스 콤무니스J. communis communis다. 주니퍼는 암수딴그루이므로 각 나무가 수나무 또는 암나무의 성격을 지닌다. 수나무의 꽃가루는 바람을 타고 160킬로미터가 넘는 거리를 이동해 암나무에 닿는다. 일단 수정이 되면 과일이 성숙하기까지 2, 3년 정도가 걸린다. 과일이라고 해도 실제로는 나무 방울이지만 방울의 각 조각이 다육질이기 때문에 마치 과피처럼 보인다. 주니퍼 열매를 수확하는 것은 다소 까다롭다. 나무 한 그루가 각 성숙 단계마다 열매를 맺기 때문에 1년에도 몇 차례에 걸쳐 수확을 해야 한다.

진 증류업자들은 토스카나, 모로코, 동유럽산 주니퍼 열매를 선호한다. 상당수의 주니퍼 열매는 아직까지 야생에서 채취한다. 예를 들어 알바니아, 보스니아, 헤르체고비나를 합쳐 연간 700톤 이상의 열매가 생산되며, 그중 대부분은 개인이 직접 야생에서 채집해 대형 향신료회사에 판매하는 형태로 공급된다. 물론 이런 수작업 채취에는 많은 시간이 소요된다. 채집자들은 나무 아래에 바구니나 방수포를 놓고 막대기로 나뭇가지를 치면서 아직 설익은 녹색 열매는 그대로 두고 잘 익은 짙은 푸른색의 열매만 따낸다. 일단 채집한 열매는 서늘하고 어두운 곳에 펼쳐놓고 건조시킨다. 지나치게 햇볕이나 열을 쪼이면 풍미가 가득한 방향유가 소실되며, 지나치게 축축한 환경에서는 자칫 곰팡이가 필 수 있다.

주니퍼 열매에는 소나무나 로즈메리의 향을 내는 알파-피넨α-pinene과 대마초, 홉, 야생 타임의 성분이기도 한 미르센myrcene이 함유되어 있다. 많은 허

진 가이드

증류된 진: 주니퍼와 기타 식물, 향료 성분을 첨가하여 다시 증류한 알코올.

게네베르Genever: 위스키에 사용되는 것과 비슷한 맥아 혼합물로 증류한 네덜란드식 진. 아우더Oude는 예전 스타일로 색이 짙고 맥아 향이 더 강하다. 용허Jonge는 최근 스타일의 진으로 보다 정교한 증류 기술을 사용한 덕분에 향과 색이 더 연하다. 양쪽 다 나무통에 숙성해도 좋고, 숙성하지 않아도 상관없다.

진: 보드카와 비슷한 도수 높은 알코올로 주니퍼 및 다른 천연향료 또는 '천연향료와 구조가 동일한' 향료로 맛을 낸다.

런던 진 또는 런던 드라이 진: 주니퍼를 비롯한 여러 식물을 사용해 다시 증류한 알코올로, 물이나 에틸알코올을 제외한 다른 재료는 들어가지 않는다.

마혼Mahon: 와인을 증류해서 만든 진으로 스페인의 지중해 쪽 해안에 있는 메노르카Menorca 섬에서만 생산된다.

올드 톰 진 Old Tom gin: 클래식 칵테일 애호가들 사이에서 다시 인기를 얻고 있는 과거 영국 스타일의 단맛이 나는 진. 한때는 고급 진 바에 설치된 멋들어진 고양이 모양의 기계에서 따라주는 형태로 판매되었으며, 영국의 기자 제임스 그린우드James Greenwood는 1875년에 이를 다음과 같이 묘사했다. "올드 톰은 단순히 동물의 별칭에 불과했으며, 그 사나운 성질과 감히 마시겠다고 도전한 사람에게 이빨과 발톱으로 날카롭고 잘 아물지 않는 상처를 남긴다는 점에서 진이라는 강력한 술을 너무나도 잘 상징하고 있다."

플리머스 진 Plymouth gin: 런던 드라이 스타일과 비슷한 종류의 진으로 영국의 플리머스에서만 생산된다.

슬로 진 Sloe gin: 야생 자두Sloe의 열매를 진에 담가 추출하여 만든 리큐어로, 25도 이상의 도수로 보틀링한다.

브와 향신료에서 공통적으로 발견되는 상쾌한 감귤 향 성분인 리모넨도 들어 있다. 따라서 코리앤더, 레몬 껍질, 그 외의 향신료와 주니퍼를 섞어 진을 만드는 것도 어찌 보면 자연스러운 일이다. 이들 식물 중 상당수에서 비율만 다를 뿐 같은 풍미 성분이 발견되기 때문이다.

네덜란드인들은 1566년에 시작된 후 이런저런 형태로 1648년까지 지속된 대對 스페인 독립 전쟁 당시 이미 약이 아닌 다른 용도로 진을 증류하고 있었다. 네덜란드를 지원하기 위해 참전한 영국 군대는 전장에서 약간의 진을 즐겼으며, 군대의 사기를 북돋는다는 의미에서 진을 '네덜란드의 용기'라고 불렀다. 에드먼드 월러는 1666년에 쓴 「화가에게」라는 시에서 진을 이렇게 회상했다. "네덜란드는 와인과 브랜디를 잃고／용기의 근원을 빼앗기고 말았네."

일단 진이 영국인들의 손에 들어가게 되자 그다음부터는 걷잡을 수 없었다. 1639년에는 영국 증류업자들의 레시피에 주니퍼 열매가 재료로 등장했다. 1700년대 즈음해 영국에서는 면허가 없어도 합법적으로 진을 생산할 수 있었고, 조악하며 독성이 높은 진이 맥주를 대체하기 시작했다. 몇 차례의 개혁을 거쳐 진 증류업체들도 면허를 발급받고 제대로 세금을 내게 되었으며 19세기가 되자 영국에서는 오늘날과 같이 청량하고 드라이한 느낌을 주는 근

일반적인 진의 재료

안젤리카 뿌리	코리앤더	기니아 생강
월계수 잎	쿠베바	주니퍼 열매
카다멈	회향	라벤더
감귤류 껍질	생강	붓꽃 뿌리

사한 진의 초기 버전이 생산되기 시작했다.

진은 곧 주니퍼를 주요 풍미 성분으로 하는 가향 보드카와 같기 때문에 보드카를 마시지 않겠다고 말하는 진 애호가들은 자신들이 좋아하는 진에 대해 잘못 이해하고 있는 것이다. 베이스가 되는 증류주 자체는 보통 보리, 호밀, 그리고 밀 또는 옥수수를 섞어서 만든다. 주니퍼를 비롯해 맛을 내기 위해 사용하는 여러 가지 재료는 알코올에 담가 우려낸 다음 다시 증류하거나, 증류기 안에 있는 '식물 재료 보관함'에 넣어 매달아놓거나, 아예 별도로 추출해 완성된 증류주와 섞는다. 각 방법마다 식물에서 서로 다른 방향유가 추출되기 때문에 완성품의 성격도 달라진다.

발효된 주니퍼 열매와 물로 주니퍼 '와인'을 만든 다음 증류해낸 주니퍼 증류주는 동유럽에서 주니퍼 브랜디라는 이름으로 팔리기도 한다. 예를 들어 슬로바키아의 성 니콜라우스St. Nicolaus 증류회사는 주니퍼 브랜디뿐만 아니라 주니퍼의 잔가지를 넣어 보틀링한 유빌레이나 보로비카Jubilejna Borovicka라는 이름의 증류주를 판매한다. 이 술에는 "주니퍼 가지를 마시는 기쁨"을 전해준다는 알쏭달쏭한 설명이 붙어 있다.

일부 미국 증류업자들은 전통적인 유럽산 주니퍼가 아닌 미국산 주니퍼로 진을 제조하는 실험을 하고 있다. 오리건에 있는 벤디스틸러리Bendistillery에서는 야생 주니퍼 열매를 직접 수확해서 진을 만든다. 이 회사측에서는 사실 진을 만들기 시작한 이유가 태평양 연안 북서부 지역의 야생 주니퍼를 활용하기 위해서였다고 말한다. 위스콘신에 있는 워싱턴 섬 역시 품질 좋은 주니퍼가 생산되는 지역이다. 관광객들은 데스 도어Death's Door라는 이름의 인기 있는 지역 양조장에서 실시하는 주니퍼 채집 행사에 참여할 수 있다. 그러나 주니퍼라고 해서 모두 수확할 수 있는 것은 아니다. 사빈 주니퍼savin juniper, *J. sabina*, 애슈 주니퍼ashe juniper, *J. ashei*, 레드베리 주니퍼redberry juniper, *J. pinchotii*는 독성이 있는 주니퍼 품종의 몇 가지 예일 뿐이다. 게다가 잠재적인 독성에 대한 연구가 진행되고 있는 다른 품종들도 적지 않다. 주니퍼 인퓨전을 실험해보고 싶은 사람은 믿을 수 있는 곳에서 J. 콤무니스 콤무니스를 구하는 것이 좋겠다.

오늘날 영국에서는 야생 서식지의 유실과 노령림老齡林의 이식 실패 때문에 주니퍼 열매의 공급이 부족한 상황이다. 자연보호 자선 단체인 영국 플랜트라이프는 영국의 주니퍼를 보호하기 위한 캠페인을 시작했으며, 캠페인의 취지를 알리고 주니퍼 보호와 서식지 복원을 촉구하기 위해 진 토닉을 좋아하는 영국인들의 감성에 호소하고 있다.

클래식 마티니

마티니에는 베르무트에 대한 소문 이외에는 다른 아무것도 섞지 말아야 한다는 오래된 농담은 무시하는 것이 좋다. 잔에 베르무트를 약간 따르고 휘휘 돌린 다음 따라버리고 다시 진을 채우는 바텐더들은 두 가지 술을 섞는 것이 아니라 단순히 진을 한 잔 판매하는 것이다. 베르무트는 와인의 일종이며, 병을 딴 지 얼마 되지 않아 신선하고 냉장 보관되었던 상태라면 다른 재료와 섞어도 근사하게 어울린다. 그러나 개봉한 지 몇 달이나 지나 먼지가 앉은 베르무트라면 버리는 것이 맞다.

마티니는 작은 잔에 소량만 따라서 차갑게 내야 하는 술이다. 어떤 술집에서는 거대한 칵테일 잔에 스트레이트 진을 4~5온스나 부어서 내는데, 이것은 칵테일이라고 할 수 없다. 그냥 미지근하고 희석되지 않은 진일 뿐이다.

진 1과 1/2온스
드라이 화이트 베르무트 1/2온스
올리브 또는 레몬 껍질

얼음에 진과 베르무트를 넣고 세게 섞는다. 걸러서 칵테일 잔에 따라낸다. 올리브로 장식한다.

민트와 가까운 이 식물에서는 강한 레몬 향기가 나지만, 가장 흔하게 발견되는 품종은 칵테일에 첨가되어 좋은 맛을 낼 것 같은 냄새보다는 레몬 향 바닥 청소제를 연상시키는 시트로넬라citronella 향을 낸다. 멜리사 오피키날리스 '크비틀린부르거 니데어리겐데Quedlinburger niederliegende'라는 재배종은 증류업자들이 선호하는 방향유의 함량이 더 높다. 여기서 말하는 방향유에는 시트랄citral, 시트로넬라, 리날로올을 비롯해 약간의 로즈제라늄 향기를 풍기는 게라니올geraniol 등이 포함된다. 식물 윗부분에서 자라난 잎과 꽃은 증기로 증류해 압생트, 베르무트, 허브 리큐어 등에 사용되는 강력한 풍미 성분을 추출해낸다. 레몬밤이 샤르트뢰즈와 베네딕틴의 비밀 재료 중 하나라는 주장도 있다.

멜리사라는 속屬명은 '꿀벌'을 의미하는 그리스 단어에서 유래했는데, 이 속으로 분류되는 식물에서 피어나는 작은 꽃을 벌들이 아주 좋아했기 때문이다.

방취목 LEMON VERBENA

Aloysia triphylla

마편초과

강한 향기를 가지고 있지만 그다지 눈에 띄지 않는 이 관목은 파란만장한 역사를 가지고 있다. 방취목은 1700년대에 원산지인 아르헨티나에서 유럽으로 전파되었지만 식물 관련 문헌에 제대로 소개된 적이 없었다. 조제프 동베 Joseph Dombey라는 식물학자는 1778년에 라틴아메리카 탐험길에 올라 갖은 고생을 하며 이 식물을 다시 수집했지만 1780년에 발생한 페루 내전에 휘말리는 신세가 되고 말았다. 전쟁과 콜레라, 조난 사고를 뚫고 천신만고 끝에 1785년에 스페인에 도착했지만, 수년간 수집한 희귀식물 표본을 압수당하는 바람에 보세 창고에서 표본들이 거의 다 말라 죽고 말았다. 거기서 살아남은 몇 안 되는 식물 중 하나가 방취목이었다. 다행히도 이번에는 동베의 동료들이 이를 놓치지 않아 마침내 이 식물이 제대로 분류되어 기록에 남게 되었다.

동베의 마지막 말

조제프 동베를 기리기 위해 '마지막 말Last Word'이라는 클래식 칵테일을 약간 변형한 것이다. 이 버전에서는 샤르트뢰즈 대신 방취목의 향이 많이 나는 리큐어를 사용하고 레몬 대신 라임을 사용한다. 동베가 경험했던 정치적 격동을 생각했을 때, 끊임없는 격변을 겪은 영국, 프랑스, 이탈리아산 재료를 조합해서 만드는 이 칵테일만큼 그 이름에 어울리는 술이 또 있을까.

진(플리머스 또는 다른 런던 드라이 진) 1과 1/2온스
베흐벤 뒤 벌레이 Verveine du Velay 1/2온스
룩사르도 마라스키노 Luxardo maraschino 리큐어 1/2온스
갓 짠 레몬즙 1/2온스
신선한 방취목 잔가지 하나

방취목 가지를 제외한 모든 재료를 얼음과 섞어 잘 흔든 후 걸러서 칵테일 잔에 따른다. 방취목 잎 하나를 잔 테두리에 문지르고 또하나의 잎으로 장식한다. 베흐벤 뒤 벌레이를 구할 수 없는 경우 녹색 샤르트뢰즈를 사용해도 잘 어울린다.

안타깝게도 동베의 시련은 여기서 끝이 아니었다. 프랑스 정부는 그를 다시 북미 원정길로 보냈는데, 이번에는 과들루프라는 카리브 해의 섬에서 체포됐다. 그를 체포한 사람은 왕정파 총독으로, 그는 동베의 원정을 추진한 새 프랑스 공화국에 의구심을 품고 있었기 때문이다. 다행히 누명은 벗을 수 있었지만 동베는 섬에서 떠나라는 명령을 받았고, 동베가 애초에 떠난 이유를 생각하면 오히려 그 편이 다행이었다. 그러나 그가 탄 배는 섬을 떠난 지 얼마 되지 않아 영국 정부에 속한 사략선私掠船으로 추정되는 배에 나포되었고, 또다시 체포된 동베는 근처에 있는 몬트세랫Montserrat 섬의 감옥에 수감되어 1796년에 그곳에서 생을 마감했다.

방취목 리큐어 한 잔이 동베에게 큰 위안이 되지는 않았겠지만, 그가 고난과 풍파를 겪으며 소개한 이 여러해살이풀은 이제 남부 프랑스와 이탈리아에서 생산되는 여러 종류의 전통적인 녹색과 노란색 리큐어에 달콤하고 상큼한 레몬 향을 더해주고 있다. 그중에서도 프랑스 중남부의 르퓌앙벌레이Le Puy-en-Valey에 있는 파주 베드렌Pages Vedrenne에서 생산되는 베흐벤 뒤 벌레이가 유명하다. 방취목은 또한 일부 이탈리아산 아마로의 재료로 사용되기도 한다. 술병에는 프랑스의 경우 베흐벤, 이탈리아의 경우 체드리나cedrina라는 재료명으로 표기한다.

방취목을 직접 길러보자

햇볕이 잘 드는 곳

물은 적게 주기

-9℃까지 견딤

신선한 방취목은 식료품점에서 쉽게 구할 수 있는 허브가 아니므로 기후만 적당하다면 직접 길러보는 것도 좋다. 방취목은 추위에 민감해 첫서리가 내리면 죽어버린다. 짚으로 덮어놓으면 -12℃ 정도까지는 견딜 수 있다. 식물에 가지만 남겨두고 겨울을 나게 한 후 봄이 되어 새잎이 돋아나기 시작하면 다시 가지를 잘라준다. 일부 추운 지역의 정원사들은 가을에 가지를 잘라낸 후 겨울 동안 실내에서 기르다가 봄이 되면 실외에 옮겨 심는다.

방취목은 추위로부터 보호하는 것 외에는 거의 손이 가지 않는 식물이다. 특별한 비료도 필요하지 않으며 다른 여러 허브와 마찬가지로 척박하고 배수가 잘 되는 마른 토양을 선호한다. 그늘이 지는 곳에서는 풍미가 충분히 살아나지 않으므로 햇볕이 많이 드는 곳에 심는 것이 좋다. 풍미는 잎에서 추출해내는데, 방향유의 함량은 가을에 가장 높아진다. 서리가 내리지 않는 기후에서는 작은 나무만큼의 크기로 자라고, 그 외의 지역에서는 한 성장 주기에 2.4~3미터 높이까지 성장하며 꽃자루가 자라나 작은 흰색 꽃으로 뒤덮인다.

감초: 잎이 날개 모양으로 돋아나고 긴 꽃대에 파란색 꽃이 피는 유럽산 콩과 식물의 말린 뿌리. 뿌리에서 추출한 성분은 약, 리큐어, 또는 감초맛 사탕 등의 과자류에 사용되거나 아니스의 대체품으로 사용된다. 진짜 감초의 대용품 역할을 하는 여러 가지 식물도 같은 용도로 쓰인다.

감초의 화학적 분석

파스티스 및 그와 유사한 증류주의 감초 향은 사실 놀라울 정도로 전혀 관련이 없는 여러 가지 다른 식물에서 추출할 수 있다. 이들 식물에 공통적으로 들어 있는 성분은 몇 가지 독특한 특징을 가지고 있는 감초 향의 분자 아네톨anethole이다. 아네톨은 알코올에는 녹지만 물에는 녹지 않기 때문에 일반적으로 감초 향이 나는 음료는 아네톨 분자가 용액에서 분리되는 것을 막기 위해 알코올 함량을 높인다. 하지만 더 많은 물, 특히 파스티스와 압생트를 마실 때처럼 차가운 물을 첨가하면 아네톨이 알코올에서 분해되어 음료 안에서 우유 같은 흰색 또는 옅은 녹색의 혼탁물이 형성되는데, 압생트의 경우에는 이것을 루슈louche라고 부른다.

물을 첨가했을 때 아네톨이 단순히 기름방울처럼(올리브유나 버터가 수프 그릇 위로 떠오르듯이) 위에 뜨지 않는 이유는, 화학 용어로 설명하면 아네톨이 낮은 표면장력을 가지고 있기 때문이다. 물이 두 방울 있다고 상상해보자. 방울 사이의 거리가 아주 가까워지면 쉽게 서로 합쳐져서 한 방울이 될 것이다. 물방울은 표면장력이 높기 때문에 쉽게 서로 합쳐지는 경향이 있다. 반면 비눗

방울 두 개가 있다고 가정해보자. 비눗방울 두 개가 서로 달라붙을지는 몰라도 반드시 서로 합쳐져서 하나의 큰 비눗방울이 되는 것은 아니다. 그 이유는 비눗방울의 표면장력이 낮기 때문이다. 아네톨 역시 표면장력이 낮기 때문에 작은 방울이 뭉쳐 하나의 큰 기름 덩어리가 되는 속도가 늦다. 따라서 잔에 물을 첨가하면 아네톨이 분리되지만, 이렇게 분리된 입자들이 좀처럼 서로 뭉치지 않기 때문에 파스티스나 압생트가 균일한 혼탁 상태를 유지하게 된다.

어떤 증류업자들은 냉각 여과를 통해 물이 첨가되거나 심지어는 온도가 내려가기만 해도 음료를 혼탁하게 만드는 크고 불안정한 분자들을 모두 제거하기 때문에 아예 혼탁해지지 않는 감초 향 음료도 있다. 또한 식물에 들어 있는 일부 유성 풍미 성분은 투명하기 때문에, 용액에서 분리되더라도 아네톨처럼 음료를 뿌옇게 만들지 않는다.

아니스 ANISE

Pimpinella anisum   산형과

작고 깃털처럼 가벼운 이 허브는 지중해와 서남아시아 원산이며 가까운 친척인 회향, 파슬리, 야생 당근 등과 아주 비슷한 모양이다. 보통 아니스씨라고 불리는 이 식물의 자그마한 열매에는 아네톨이 다량 함유되어 있어 리큐어, 베르무트, 그리고 노란빛의 이탈리아산 식전주 갈리아노Galliano에 널리 사용된다. 또한 아니스는 오이풀(burnet, 장미과의 작은 식물)도, 범의귀(saxifrage, 돌이 많은 토양에서 잘 자라는 키 작은 고산식물)도 아니지만 오이풀 범의귀burnet saxifrage라는 이름으로 불리기도 한다.

아니스 히솝 ANISE HYSSOP　　*Agastache foeniculum*　　꿀풀과

북미 원산의 민트와 비슷한 이 식물은 이름에 아니스라는 단어가 들어 있고
아니스 향이 나는데도 불구하고 실제로는 아네톨 함량이 그다지 높지 않다.
아니스 히솝의 향은 대부분 사철쑥, 바질, 아니스, 팔각star anise을 비롯한 여러
허브에서 발견되는 에스트라골estragole이라는 또다른 향미 성분에서 나온다. 이
식물은 증류업자들이 직접 사용하는 경우도 있지만 보통 희석용으로 더 많이
쓰인다. 이름은 아니스 히솝이지만 사실 이 식물은 아니스도 아니고 히솝도
아니며, 이 두 가지 식물은 감초 향을 내기 위해 사용된다는 공통점이 있다.

회향 FENNEL　　*Foeniculum vulgare*　　산형과

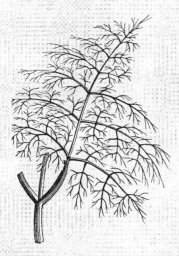

키가 크고 눈에 잘 띄며 자잘한 레이스를
닮은 잎에 밝은 노란색 꽃이 열리는 이 여
러해살이 허브는 지중해, 북아프리카, 아시
아 지역 전체에 걸쳐 다양한 요리에 사용
된다. 구근, 잎, 줄기를 모두 먹을 수 있으
며 압생트, 파스티스를 비롯한 여러 리큐어
의 맛을 내는 데 사용되는 것은 바로 이 식
물의 열매다. 이 열매를 씨라고 부르는 경
우가 많은데, 진짜 씨는 작고 길쭉한 이 열
매의 안쪽에 들어 있다.

　피렌체 회향Florence fennel, *Foeniculum vulgare* var. *azoricum*이라는 품종은 구근
을 얻을 목적으로 재배하는 경우가 많지만 아네톨과 리모넨이 많이 함유되어
있는 씨앗이 맺혀 달콤한 레몬 향이 난다. 스위트 회향sweet fennel, *F. vulgare* var.

*dulce*이라는 또하나의 품종 역시 이러한 향미 성분을 다량 함유하고 있어 방향유 생산과 증류에 사용한다. 또한 이 스위트 회향에는 증류주에 섞이면 불쾌한 소독약 또는 장뇌 냄새를 내는 유칼립톨이 매우 적게 함유되어 있다는 장점도 있다. 회향의 꽃가루에도 이러한 방향유가 상당량 포함되어 있지만 사용할 수 있는 양을 추출해내기가 어렵다.

히솝 HYSSOP

Hyssopus officinals   꿀풀과

파란색과 분홍색의 꽃이 피는 지중해 원산의 이 민트는 허브 히솝이라고도 불리며 압생트, 허브 리큐어, 천연 감기약 등의 재료가 된다. 감초 향이 나는 리큐어의 재료로 인기가 높지만 화학적 분석 결과를 살펴보면 이 식물에는 사실 장뇌와 소나무 향의 성분이 더 많이 들어 있음을 알 수 있다. 히솝의 추출물을 다량 섭취하면 발작을 일으킬 수도 있지만 증류주에 사용되는 정도의 적은 양은 안전한 것으로 알려져 있다.

감초 LICORICE

Glycyrrhiza glabra

콩과

남부 유럽 원산의 이 자그마한 여러해살이식물은 사실 콩의 일종이지만 대다수 콩과는 달리 약 60~90센티미터까지만 자라고 덩굴이 생기지 않는다. 풍미를 위해 수확하는 부분은 바로 감초의 뿌리다. 아네톨뿐만 아니라 천연 감미료인 글리시리진glycyrrhizin이 상당량 함유되어 있기 때문에 다량 섭취하면 고혈압을 비롯한 위험한 증상을 야기할 수 있다. 감초는 담배에 사용되어 고약한 맛을 감추고 수분을 유지하는 역할을 하며, 사탕과 리큐어의 재료로도 쓰인다.

감초 향 음료의 세계

압생트	프랑스
아구아르디엔테	콜롬비아
아네소네Anesone	이탈리아
아니스Anis	스페인, 멕시코
아니스 이스카르샤두 Anis Escarchado	포르투갈
아니제트Anisette	프랑스, 이탈리아, 스페인, 포르투갈
아락Arak	레바논, 중동
어브샌트Herbsaint	미국
미스트라Mistra	그리스
오조Ouzo	그리스, 사이프러스
파스티스	프랑스
파차란Patxaran	스페인
라키Raki	터키, 발칸 국가들
삼부카Sambuca	이탈리아

팔각 STAR ANISE
Illicium verum   오미자과

팔각은 목련과 가까운 작은 중국산
상록수의 열매다. 별 모양의 열매는
5~10가닥으로 갈라져 있고 각 가닥
마다 씨앗이 하나씩 들어 있는데, 설
익은 상태에서 열매를 수확하여 햇볕
에 말린다. 방향유는 씨앗 자체가 아
니라 별 모양의 껍질에 농축되어 있
다. 아니스보다는 팔각에서 방향유를
추출해내는 것이 더 쉽고 비용이 적게
들기 때문에 팔각은 파스티스와 허브

리큐어에 더 널리 사용된다. 그러나 최근에는 제약업계가 전 세계 팔각 수확
량의 최대 90퍼센트를 매입해 유행성 독감 퇴치에 사용되는 타미플루를 제조
하고 있다.

팔각나무는 중국, 베트남, 일본에서 자란다. 가까운 친척인 붓순나무*Illicium
anisatum*라는 품종은 독성이 심해 실수로 열매를 딴 사람에게 중독을 일으키므
로 야생에서 함부로 채취하지 않는 것이 좋다.

스위트 시슬리 SWEET CICELY
Myrrhis odorata   산형과

시슬리는 잎과 줄기에 아네톨이 충분히 함유되어 있기 때문에 아쿠아비트를
비롯한 증류주에서 감초 향을 내기에 유용한 재료다. 산형과의 다른 식물들
과 마찬가지로 스위트 시슬리는 깃털 같은 잎에 산형의 흰색 꽃이 피는 여러
해살이풀이다. 스위트 시슬리는 영국 미르British myrrh라고 불리는 경우가 있

지만, 강력한 수지가 추출되는 몰약나무myrrh와 혼동해서는 안 된다.

사 즈 랙

이 클래식 뉴올리언스 칵테일은 감초 향 칵테일에 익숙하지 않은 사람이 처음 접하기에 안성맞춤인
음료다.

각설탕 1개
페이쇼즈 비터즈 Peychaud's bitters 2~3방울
사즈랙 호밀 위스키 또는 다른 호밀 위스키 1과 1/2온스
어브샌트, 압샌트, 또는 파스티스 1/4온스
레몬 껍질

이 음료를 만들기 위해서는 약간의 현란한 기술이 필요하지만 충분히 배울 만한 가치가 있다.
올드패션드 글래스에 얼음을 채워 차갑게 만든다. 두번째 올드패션드 글래스에 각설탕과 비터즈를
넣고 머들링한 다음 호밀 위스키를 넣는다. 첫번째 잔을 들어 얼음을 싱크대에 버리고 어브샌트를 넣어
휘휘 돌린 다음 버린다. 호밀 위스키 혼합물을 어브샌트로 코팅한 잔에 붓고 레몬 껍질로 장식한다.

봉작고사리 MAIDENHAIR FERN
Adiantum capillus-veneris

고사릿과

섬세한 부채 모양의 잎에 눈에 확 띄는 검은색 잎자루가 달린 봉작고사리는 빅토리아시대부터 온실에서 애지중지 대접받는 식물이었다. 이 고사리는 원산지가 북미와 남미, 유럽, 아시아와 아프리카 일부 지역으로 가히 전 세계적으로 퍼져 있는 품종이며 오랜 옛날부터 전통 의학에도 사용되었다. 봉작고사리를 넣어 만든 캐필레어capillaire라는 물약은 훗날 칵테일 재료로 변신하기도 했다.

17세기의 약초상 니콜라스 컬퍼퍼Nicholas Culpeper는 기침, 황달, 신장병 치료를 위해 캐필레어 시럽을 추천했다. 시간이 지남에 따라 이 시럽에 들어가는 고사리의 중요성은 점차 줄어들었고, 캐필레어라는 용어는 단순히 설탕, 물, 계란 흰자, 등화수燈花水, 오렌지 꽃에서 채취하여 증류시킨 향료로 만든 시럽을 의미하게 되었다. 오늘날 캐필레어 시럽은 빈티지 칵테일과 제리 토머스의 리

캐필레어 시럽

신선한 봉작고사리 줄기 몇 개
물 2컵
등화수 1온스
설탕 1과 1/2 컵

물을 끓인 다음 고사리 위에 붓는다. 30분 동안 놓아둔다. 물을 따라내고 등화수와 설탕을 첨가한다. 필요한 경우 다시 열을 가하면서 설탕을 녹인다. 냉장고에서는 몇 주, 냉동실에서는 더 오래 보관할 수 있다.

이 시럽은 심플 시럽이 필요한 어떤 레시피에도 활용할 수 있지만 제리 토머스가 1862년에 펴낸 유명한 매뉴얼 『바텐더 가이드The Bar-tender's Guide』에서 발췌한 오른쪽의 레시피를 참고하면 보다 고증에 충실한 음료를 만들 수 있다.

제리 토머스의 리젠트 펀치

진하게 탄 녹차 1과 1/2파인트
아라크(주석 참조) 1파인트
레몬 주스 1과 1/2 파인트
퀴라소Curaçao 1파인트
캐필레어 시럽 1과 1/2파인트
삼페인 1병
럼 1파인트
파인애플 슬라이스
브랜디 1파인트

모든 재료를 펀치용 그릇에 넣고 섞는다. 이 오리지널 레시피의 레몬 주스 양은 다소 과한 경향이 있으므로 약간 양을 줄이고 그 대신 보다 달콤한 마이어 레몬을 사용해보자. 맨 마지막에 잔마다 약간씩 삼페인을 추가하면 더욱 맛이 좋아진다. 위의 레시피대로는 30잔을 만들 수 있다.

주석: 아라크는 코코넛 또는 야자의 달콤한 수액을 증류해서 만든 증류주를 일컫는 보편적인 용어다. 쉽게 구할 수 있는 술은 아니지만 사탕수수와 적미를 사용해서 만든 바타비아 아라크는 비교적 널리 유통된다. 맛은 상당히 다르지만 바타비아 아라크도 위의 레시피를 비롯해 여러 펀치에 잘 어울리는 좋은 재료다.

변형: 위 레시피에 있는 파인트를 온스로 바꾸면 칵테일 두 잔 분량이 된다. 삼페인은 약 4온스 정도를 사용한다.

젠트 펀치로 대표되는 빈티지 펀치를 재현하는 과정에서 다시금 주목을 받고 있다.

봉작고사리는 일반적으로 독성이 없는 것으로 알려져 있으며 미 식약청이 승인한 식품첨가물 목록에 포함되어 있으나, 양치식물 중에는 독성을 함유하고 있어 심한 위장 장애를 일으키는 품종이 많다. 고사리를 비롯한 일부 양치식물 품종에는 발암물질도 들어 있다. 뿐만 아니라 봉작고사리는 토양에서 비소와 같은 독성물질을 유달리 잘 흡수하는 것으로 알려져 있으므로 토양의 상태가 확인되지 않은 곳에서 야생 봉작고사리를 채취해서는 안 된다. 이러한 모든 이유 때문에 가정에서 캐필레어를 제조할 때에는 만전을 기해야 한다.

메도스위트 MEADOWSWEET *Filipendula ulmaria*

늪지대를 좋아하며 무성하게 자라는 이 여러해살이풀은 빽빽하게 돋아난 잎들 사이로 60~90센티미터 정도 높이의 꽃대에 유백색 꽃을 피운다. 원산지인 유럽과 아시아 일부 지역에서는 최소한 중세부터 물약의 재료로 쓰였다. 사실 이 식물은 살리실산의 함량이 높아 초기 아스피린을 제조할 때 주요 재료로 사용되기도 했다.

착향료의 관점에서 보면 메도스위트에서는 노루발풀과 아몬드 향이 은은하게 섞인 기분좋은 향이 난다. 고고학적인 증거에 따르면 이 식물은 대략 기원전 3000년경부터 다른 허브들과 더불어 맥주의 맛을 내는 데 사용되어왔다. 근대에 들어와서는 진, 베르무트, 리큐어의 재료로도 사용되고 있다.

육두구 NUTMEG 육두구화 MACE *Myristica fragrans* 육두구과

네덜란드인들은 세계 육두구 공급을 독
점하기 위해 교묘한 전략을 사용했다.
이들은 인도네시아의 반다Banda제
도에서 그곳을 통치하는 족장들
이 아랍 상인들에게 향신료를 판
매하기 위해 서로 오랫동안 경
쟁해왔다는 사실을 알게 되었
다. 네덜란드인들은 각 족장에게
육두구를 필두로 한 몇 가지 상품
에 대한 독점 거래권을 얻는 대가
로 적대적인 경쟁 부족으로부터 보호
해주겠다는 조약을 제안했다. 그러나 이
조약의 내용대로 이행하기가 어렵다는 사실을
알게 되자 대부분의 섬 주민을 학살하고 나머지를 노예로 삼았다. 머지않아
반다제도는 완전히 네덜란드의 전적인 통치하에 있는 육두구 농장으로 변하
고 말았다.

네덜란드는 18세기까지 육두구 거래를 독점했으며, 1760년에는 육두구가
가득 저장되어 있는 창고를 태워버리기까지 하는 등 공급을 제한하고 가격
을 올리기 위해 수단과 방법을 가리지 않았다. 1800년대 초가 되자 프랑스와
영국 상인들이 반다 제도에서 묘목을 몰래 밀수해 프랑스령 기아나와 인도
에 농장을 세웠고, 오늘날 대부분의 육두구가 생산되고 있는 곳도 이들 지역
이다.

이렇듯 치열한 책략과 전쟁의 목적이었던 육두구나무는 높이 12미터까지

자라는 우아한 상록수로, 살구처럼 생긴 열매를 맺는다. 우리가 육두구로 알고 있는 것은 바로 이 열매 안에 들어 있는 씨다. 가종피假種皮라는 붉은색을 띠는 그물 모양의 껍질이 이 씨를 둘러싸고 있는데, 향료 시장에서는 이 가종피를 육두구화라고 부른다.

육두구화는 육두구보다 색이 연하며 보다 강하고 씁쓸한 맛을 지니고 있지만 가격은 더 비싸다. 육두구 45킬로그램에서 추출해낼 수 있는 육두구화의 양은 고작 450그램에 지나지 않는다. 방향 성분이 무척 빨리 소실되기 때문에 반드시 신선할 때 갈아야 한다.

육두구는 알싸한 리큐어에서 핵심적인 역할을 담당하는 재료로, 특히 베네딕틴에서 그 존재감을 분명히 느낄 수 있다. 애플 브랜디나 럼으로 만든 가을 칵테일에 신선한 육두구를 갈아넣으면 상당히 맛이 좋다.

도미니크회 수도사들이 1221년에 피렌체에 세운 산타 마리아 노벨라Santa Maria Novella 약국 겸 향수 제조점은 붓꽃의 뿌리줄기를 사용하면서 유명세를 얻었다. 그리스와 로마 문헌에도 언급이 되어 있기 때문에 이 재료를 사용한 것은 이들이 처음이 아니었지만 여기서 만드는 향수, 코디얼, 파우더 등에는 이 희귀하고 귀중한 재료가 아낌없이 들어 있었다.

오리스에는 희미한 제비꽃 향기를 내는 이론irone이라는 화합물이 들어 있기는 하지만, 사실 향기 그 자체보다는 다른 향기나 맛을 붙잡아주는 정착제로서 더욱 인기가 높다. 빠진 원자를 채워줌으로써 향기가 휘발성으로 변해 혼합 용액에서 쉽게 분리되는 것을 막아주기 때문이다.

처음에는 이러한 화학작용에 대해 전혀 알려진 바가 없었다. 조향사와 증류업자들은 왜 뿌리줄기를 2~3년간 말려야 정착제로서 효과를 발휘하게 되는지 이해하지 못했을 것이다. 그러나 오늘날에는 그렇게 오랜 시간이 걸리는 이유가 알려져 있다. 뿌리줄기에 존재하는 다른 화합물로부터 이론이 형성되기 위해서는 느린 산화 과정을 통해 화학적 변화가 일어나야 하기 때문이다.

전 세계를 통틀어 오리스의 원료가 되는 흰 붓꽃을 재배하는 면적은 70만 제곱미터 정도에 지나지 않으며, 재배되는 흰 붓꽃은 대부분 이탈리아에서 자라는 I. 팔리다 '달마티카' *I. pallida 'Dalmatica'* 나 거기서 파생한 품종, 또는 모로코, 중국, 인도에서 자라는 I. 게르마니카 플로렌티나 *I. germanica* var. *Florentina* 품종 중 하나다. I. 게르마니카 '알비칸스' *I. germanica 'Albicans'* 역시 오리스 생산에 사용된다.

오리스를 추출해내기 위해서는 우선 뿌리줄기를 가루로 만든 후 증기로 증류해 오리스 버터, 또는 아이리스 버터라 불리는 밀랍질 성분을 만들어야 한다. 그다음에 알코올을 사용하여 앱설루트absolute를 추출한다. 앱설루트란 농축된 방향유를 일컫는 조향 용어다.

오리스는 대부분의 진과 다양한 증류주에 사용된다. 향수의 재료로 인기가 있는 이유는 향기를 고정시키는 역할을 할 뿐 아니라 피부에 잘 밀착되기 때문이다. 또한 오리스는 아주 흔한 알레르기를 유발하는 항원이기도 한데, 그래서 알레르기가 있는 사람들이 진뿐만 아니라 화장품과 향수류에도 민감하게 반응하는 경우가 있다.

핑크 페퍼콘 PINK PEPPERCORN　　　*Schinus molle*　　　옻나뭇과

이 열매를 맺는 페루후추나무는 다양한 식물군 중에서도 가장 흥미로운 옻나뭇과에 속한다. 옻나뭇과에 속하는 종으로는 망고, 캐슈, 셸락 외에도 덩굴옻나무, 독 옻나무, 옻나무 등이 있다. 따라서 이 과의 식물들은 조심스럽게 접근해야 한다. 예를 들어 덩굴옻나무에 심한 알레르기를 일으키는 사람은 망고 껍질에 노출되어도 발진이 생길 수 있다. 다행히도 망고의 과육은 100퍼센트 안전하며 껍질을 제외한 캐슈너트 역시 안전하다. 미국의 기후가 따뜻한 곳에서 자라는 페루후추나무는 안전한 향신료인 반면, 중남미 지역 전역에 걸쳐 서식하는 연관종 브라질후추나무*S. terebinthifolius*는 위험한 반응을 일으키기도 한다(이 두 종은 쉽게 구별할 수 있다. 페루후추나무의 잎은 길쭉하고 좁으며 브라질후추나무에는 윤기 나는 타원형의 잎이 달린다).

　핑크 페퍼콘이 음료의 재료로 사용된 역사는 서기 1000년경 고대 페루에 있던 세로 바울Cerro Baúl 양조장으로 거슬러올라간다. 고고학적 증거를 통해 와리Wari 문명을 일으킨 사람들이 서기 600년경에 이 지역에 정착했으며 페퍼콘으로 맛을 낸 옥수수 맥주 제조 시설을 세웠다는 것을 알 수 있다. 술을 빚는 일은 여자들이 맡았다. 와리 사람들은 기원후 1000년경 전쟁 때문에 이 지역을 떠나면서 양조장 시설을 태워버렸지만, 몇 세기가 흐른 뒤에 초기 스페인 수도사들이 와인을 만드는 데 페퍼콘을 사용했다는 기록을 남긴 것으로 보아 와리의 전통이 살아남았음을 짐작할 수 있다. 오늘날 핑크 페퍼콘은 맥주, 진, 가향 보드카, 비터즈의 맛을 내는 데 사용된다.

사르사파릴라 SARSAPARILLA   *Smilax regelii*

사르사파릴라를 루트비어와 비슷한 예전의 청량음료로 알고 있는 사람이 적지 않다. 사실 사르사파릴라는 사사프라스 sassafras, 자작나무 껍질, 기타 향료로 만든 음료이며 실제로 사르사가 들어 있는 것은 아니다. 진짜 사르사는 가시로 덮인 덩굴성 식물로 중미에서 오래전부터 약재로 사용되어왔으며, 심지어 한때는 매독의 치료제로 인기를 모으기도 했다. 또한 사르사파릴라는 피임약 개발에 핵심적인 역할을 하기도 했다. 1938년에 러셀 마커 Russell Marker라는 화학자가 사르사파릴라에서 추출한 식물성 스테로이드를 화학적으로 변형해 황체 호르몬을 만들어낼 수 있다는 사실을 발견했다. 이 작업을 대규모로 실시하기에는 지나치게 비용이 많이 들었기 때문에 마커는 사르사파릴라보다 다루기 쉬운 식물을 찾았는데, 그것이 바로 멕시코의 야생 참마였다. 마커의 발견 덕분에 피임약이 탄생했고 이는 성혁명으로 이어졌다(또한 그 때문에 사르사파릴라가 천연 테스토스테론을 함유하고 있으며 정력을 향상시켜준다는 소문이 돌았지만 둘 다 사실이 아니다).

건조시켜 가루로 만든 사르사파릴라 뿌리는 향신료 판매처에서 구할 수 있으며 리큐어와 다른 증류주의 재료로 사용할 수 있다. 그리고 또하나의 덩굴 식물인 인도 사르사파릴라 *Hemidesmus indicus*의 뿌리를 빻은 것 역시 달콤하고 알싸한 바닐라 향으로 향신료 시장에서 인기가 높다. 오리건의 어비에이션 진은 인도 사르사파릴라를 사용해 풍부하고 깊은 콜라 향을 내며, 제조업자들은 이 향이 상쾌한 풍미를 강조해주어 어비에이션의 특징을 잘 살려준다고 믿는다.

유럽에서 온 정착민들이 북미 식민지에 처음 도착했을 때의 상황을 상상해보자. 이들은 손에 닿는 대로 식량과 약품을 가져왔지만 육지에 상륙할 즈음이 되자 대부분 이미 소비해버렸거나 상해버린 상태였다. 그래서 이들은 새로운 땅에서 이전에는 한 번도 본 적이 없는 식물과 동물을 발견했고 무엇을 먹거나 마실 수 있는지 알아내기 위해 시행착오를 거듭해야 하는 위험천만한 게임을 치러야 했다. 어떤 열매, 잎사귀, 혹은 뿌리가 자신들을 살릴지, 아니면 죽일지 알 수 없었다.

그러한 식물 중 하나가 작지만 강렬한 향기를 뿜는 동부 해안 원산의 사사프라스나무였다. 잎과 뿌리껍질은 즉시 치료약으로 사용되었다. 식민지 초기 역사에 대한 1773년의 기록을 보면 "땀 분비를 촉진시키고, 걸쭉하고 끈적거리는 체액을 완화시키며, 이물질을 제거하고, 통풍과 중풍을 치료하기 위해" 사사프라스를 사용했다고 묘사되어 있다. 19세기에 인기를 끌었던 만병통치약 '고드프리의 코디얼Godfrey's Cordial'에는 당밀, 사사프라스 오일, 아편 정기아편을 알코올로 우려낸 액제가 들어 있었다.

필레Filé 라고 부르는 사사프라스 잎 가루는 검보gumbo, 닭이나 해산물을 넣어 걸쭉하게 만든 수프로 케이준 요리의 일종의 주요 재료가 되었다. 뿌리껍질은 차에 사용했으며 예전에는 알코올 함량이 매우 낮거나 아예 들어 있지 않던 사르사파릴라 루트비어에도 재료로 쓰였다. 사사프라스는 전통적인 미국의 향신료다. 그러나

1960년에 사사프라스의 주요 구성 성분인 사프롤safrole이 간에 유해한 발암 성분이라는 사실이 밝혀지면서 미 식약청은 이 식물의 사용을 금지했다. 오늘날에는 사프롤을 반드시 먼저 추출해내고 난 후에야 식품첨가물로 사용할 수 있다. 다행히도 잎에는 사프롤 함량이 훨씬 적기 때문에 필레는 계속해서 케이준 요리에 사용되고 있다.

펜실베이니아에 있는 '기술 복제 시대의 예술Art in the Age of Mechanical Reproduction'이라는 양조회사는 루트 리큐어의 형태로 전통적인 사사프라스 베이스 양조 레시피를 재현했다. 이 풍부한 맛의 루트비어 향 증류주에는 자작나무 껍질, 홍차, 향신료가 사용되지만 사사프라스는 들어가지 않는다. 그 대신 감귤류, 스피어민트, 노루발풀의 혼합물을 사용해서 사사프라스의 맛을 놀라울 만큼 충실하게 재현하고 있다.

최소한 지금까지는 식충식물이 칵테일에 사용되는 경우가 그다지 많지 않았다. 하지만 버번에 베이컨 향을 주입하거나 쐐기풀로 심플 시럽에 맛을 내는 것이 가능한 시대인 만큼 곤충을 먹어치우는 늪지 식물이 음료 메뉴에 등장한들 새삼스레 놀랄 이유는 없을 것이다.

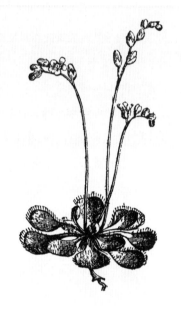

끈끈이주걱이라는 작은 식충식물은 한때 코디얼을 만드는 데 사용되었다. 유럽, 아메리카, 러시아와 아시아 일부 지역을 원산지로 하는 이 식물은 여름 동안 늪지대에서 번성하다가 춥고 긴 겨울이 찾아오면 몸을 둥글게 말고 견뎌낸다. 가늘고 붉은 잎이 작은 장미 모양으로 달려 있는 끈끈이주걱은 달콤하고 끈끈한 즙을 분비해 벌레를 유인해낸 다음 소화효소를 사용해 먹이로부터 영양분을 빨아들이는 식으로 살아간다.

끈끈이주걱으로 만든 코디얼은 로졸리오rosolio라고 불렸는데, 이 용어는 오늘날 과일과 향신료를 증류주, 또는 증류주와 와인을 섞은 술에 담가서 만드는 모든 리큐어를 뜻하는 말로 사용된다. 학자들 사이에서도 로졸리오라는 말의 어원에 대해서는 의견이 분분한데(어떤 학자들은 이 말이 실제로 장미꽃 잎을 알코올에 주입한 것을 일컫는다고 생각한다), 이 말은 끈끈이주걱의 옛 이름인 로사-솔리스rosa-solis에서 유래했을 가능성이 있다. 휴 플랫Hugh Plat 경은 1600년에 쓴 글에서 로졸리오 레시피를 소개했는데, 식물을 우려내기 전에 벌레를 꺼내라는 권고까지 한 것으로 보아 이는 끈끈이주걱을 가리켰음이 분명하다. 현대의 바텐더들 역시 당연히 플랫 경의 조언에 따라 벌레를 제거하는 것이 좋다. "7월에 로사-솔리스 허브를 38리터 채집해 잎에서 검은 티끌을 모두 제거하고, 대추를 230그램, 계피·생강·정향을 각 30그램씩, 곡물 15그램, 고운 설탕 680그램, 생 장미잎 또는 말린 붉은 장미잎 네 움큼을 전부 유리병에 든 38리터의 질 좋은 증류주에 담근 다음 뚜껑을 왁스로 밀봉해 이틀마다 한 번씩 잘 섞어주면서 20일 동안 보관한다."

오늘날 술집에서 끈끈이주걱을 만나기란 쉽지 않은 일이지만 조넨타우 리쾨어Sonnentau Likör라는 독일 리큐어는 끈끈이주걱을 재료로 사용한다고 한다. 습지에서 넉넉한 양의 끈끈이주걱을 수집해 벌레를 제거하는 것은 평범한 칵테일 애호가에게 다소 부담스러운 일일지 모르지만 최소한 위험한 작업은 아니다. 끈끈이주걱에는 독성이 없다고 알려져 있으며 심지어 가벼운 기침 치료제와 소염제로의 활용 가능성도 제기된 바 있다. 다시 한번 중세 약초상들의 지혜를 엿볼 수 있는 부분이다.

스위트 우드러프 SWEET WOODRUFF   *Galium odoratum*   꼭두서닛과

키가 작은 이 여러해살이풀에는 아름다운 별 모양의 잎이 돋아나며 봄에는 그보다 더 작은 흰색의 별 모양 꽃이 피어난다. 이 식물은 음지를 좋아하는 삼림지대의 지피식물地被植物, 지표를 낮게 덮는 식물로, 눈에 잘 띄지는 않지만 달콤한 풀내음을 풍긴다. 이는 잠재적 독성 성분인 쿠마린이 다량 함유되어 있다는 표시다. 따라서 이 식물은 알코올음료의 맛을 낼 경우를 제외하면 미국에서 안전한 식품첨가제로 분류되지 않는다.

스위트 우드러프는 전통적으로 독일 가향 와인의 일종인 메이 와인May wine, Maiwein의 재료로 사용되는데, 이 술은 식물 내의 쿠마린 함유량이 위험한 수준으로 올라가기 전인 초봄에 우드러프의 가지를 와인에 우려내어 만든다. 메이데이 축제 때 과일과 함께 이 음료를 내는 경우가 많다.

흡연가들은 담배만큼 술과 잘 어울리는 것은 없다고 주장하지만, 이 두 가지를 결합한 술이라면? 담배 리큐어는 아메리카 대륙이었기에 탄생할 수 있었던 괴상한 혼합물이다. 인류학자 클로드 레비-스트로스는 1973년에 펴낸 『꿀에서 재까지*From honey to Ashes*』에서 콜롬비아, 베네수엘라, 브라질에는 담배를 꿀에 담가놓는 풍습이 있다고 소개했다. 발효된 꿀 음료가 남미에까지 알려져 있었으므로 발효된 담배 음료를 마시는 것도 상상할 수 없는 일은 아니었다.

아메리카 원주민들은 2000년 이상 담뱃잎을 재배하고 피워왔지만 유럽인들은 탐험가들이 신대륙에서 담배를 들여올 때까지 이 식물에 대해 들어본 적도 없었거니와 사실 무언가를 피운다는 행위 자체를 해본 적이 별로 없었다. 담배가 인도, 아시아, 중동으로 퍼지는 데에는 그다지 오랜 시간이 걸리지 않았다. 처음에는 편두통을 치료하고, 역병을 물리치며, 기침을 잠재우고, 암을 치료하는 일종의 약으로 받아들였다.

담배의 유효 성분인 니코틴이라는 신경독은 원래 벌레를 죽이기 위한 것이었으나 인간에게도 치명적인 피해를 입혔다. 19세기에는 담배 리큐어라는 것을 벌레 잡는 약으로 널리 권장했지만, 이것은 최근에 등장한 담배 리큐어와는 별 연관이 없다.

담배 리큐어 중 가장 잘 알려진 것은 프랑스의 콩비에Combier 증류공장에서 만든 페리크 리쾨르 드 타박Perique Liqueur de Tabac으로, 증류업자들은 술에 감지될 만한 니코틴 흔적을 전혀 남기지 않는 공정으로 주조한다고 주장한다

(니코틴의 끓는점은 섭씨 247도로 매우 높기 때문에 증류 과정이 끝날 때까지 전혀 끓어오르지 않을 수도 있다). 포도 오드비 증류주로 만들어 1년이 넘는 기간 동안 오크통에서 숙성시킨 이 리큐어는 달콤하고 향이 진하며 확실히 다른 리큐어들과는 차별화되는 맛이다. 이 술은 루이지애나의 세인트 제임스 패리시St. James Parish에서만 생산되는 유독 진하고 풍미가 강한 담배 품종으로 만든다.

페리크 담배는 적어도 1000년 가까이 지역의 원주민들이 재배해왔을 것이다. 그러나 정착민들이 이 담배를 재배하고 가공한 것은 고작 200년 정도에 지나지 않는다. 담뱃잎은 어떤 증류업자라도 감탄할 만한 방식으로 가공한다. 잎을 살짝 말려서 묶은 다음 위스키 통에 채우면 그 안에서 남은 즙이 천천히 발효되는 것이다. 이렇게 하면 가공을 마친 담배에 구수한 향과 나무 향, 과일 향이 추가된다. 한 연구에서는 담배 안에 들어 있는 330개의 맛 성분을 밝혀내기도 했는데, 그중 48개는 이전에 알려지지 않은 것들이었다. 페리크 담배는 귀하고 희귀한 재료에 대한 관심이 흡연으로까지 확대되면서 다시금 주목을 받았고, 최근에는 고급 블렌드 파이프 담배로 판매된다.

페리크 리큐어에서는 좋은 스카치 위스키에서 나는 것과 같은 구운 담배 향이 강하게 나지는 않는다. 달콤하고 축축한 파이프 담배 냄새 같은 맛이라고 하면 아마도 이 리큐어를 가장 정확하게 묘사하는 표현이 될 것이다. 비슷한 종류 중에서 널리 유통되고 있는 술은 페리크 리큐어가 유일하다. 아르헨티나의 멘도사Mendoza에 있는 이스토리아스 이 사보레스Historias y Sabores라는 양조장은 담배 리큐어를 생산한다. 그 외에 담배를 칵테일 제조에 사용하는 가장 흔한 예는 수제 시가 비터즈일 것이다. 이 비터즈는 담배와 향신료를 알코올 도수가 높은 증류주에 우려낸 것으로, 고급 술집의 메뉴에 등장한다. 그러나 바텐더의 이러한 실험은 사실 위험천만하다. 술집에서는 보통 제대로 된 과학적 검증을 거치지 않으므로 실수로 지나치게 많은 니코틴이 든 음료가 손님에게 제공될 수 있기 때문이다.

통카 콩 TONKA BEAN　　*Dipteryx odorata*　　

베네수엘라의 오리노코Orinoco 강을 따라 펼쳐진 축축한 토양을 원산지로 하는 이 열대 나무는 달콤하고 비교적 알싸한 콩을 생산한다. 유럽의 식물 채집가들은 이 콩을 흥미롭게 여기고 런던의 큐 가든으로 가져와 열대 온실에서 재배했다. 바닐라, 계피, 아몬드의 향을 풍기는 이 콩은 향수의 원료나 제빵용 향신료로 유용했다. 또한 초기 소독약으로 사용되던 요오드포름의 고약한 냄새를 가리는 용도로 쓰이기도 했으며, 아주 최근까지도 이는 담배의 첨가물 중 하나였다. 특히 씹는담배에는 통카 콩을 알코올에 담가 우려낸 용액을 뿌리는 경우가 많았다.

이렇게 맛이 풍부한 콩이 비터즈와 리큐어에 사용된 것은 당연한 수순이었다. 애벗츠 비터즈Abbott's Bitters라는 브랜드의 오래된 병을 화학적으로 분석해본 결과 통카 콩에서 일부 풍미를 추출해서 사용했을 가능성이 제기됐다. 또한 자메이카의 럼 베이스 리큐어인 루모나Rumona도 통카 콩을 재료로 사용한다는 이야기가 있다. 그러나 미 식약청은 1954년에 쿠마린이 다량 함유되어 있다는 이유로 통카 콩을 식품 재료로 사용하는 것을 금지했다. 통카 콩을 사용해서 만든 술은 자취를 감추었지만 담배 제품에 통카 콩이 사용되지 않기까지는 그후로도 몇십 년이 더 걸렸다. 그 이유 중 하나는 담배회사에 재료를 공개할 의무가 없었기 때문이다. 멕시코산 바닐라의 모조품을 만들 때에는 아직도 통카 콩이 위화제로 사용되고 있기 때문에 식약청은 멕시코 여행객들에게 이 제품을 미국으로 가져오지 않도록 권고하고 있다.

최근 통카 콩은 일종의 부활의 조짐을 보이고 있다. 유럽 사람들은 네덜란드의 판 베이스 통카 콩 증류주Van Wees Tonka Bean Spirit, 독일의 리큐어 미헬베르거Michelberger 35퍼센트, 프랑스의 파스티스 앙리 바르두앵Henri Bardouin 등의 통카 콩이 들어간 술을 즐길 수 있다. 가끔씩 음료나 디저트 위에 살짝 갈아서 없는 정도의 미미한 양은 해롭지 않을 것이라 생각하는 요리사나 바텐더들이 은근슬쩍 사용하기도 하며, 이들은 계피에도 사실 쿠마린이 상당량 들어 있지만 사용에 제한을 받지 않는다고 주장한다. 큰 건포도를 닮은 넓적하고 주름진 검은 콩은 요리와 칵테일에 들어가는 금단의 재료가 되었다.

바닐라 VANILLA

Vanilla planifolia

스페인 탐험가들이 처음 바닐라를 맛보았을 때에는 아마도 자신들이 얼마나 희귀한 향신료와 조우했는지 미처 깨닫지 못했을지도 모른다. 바닐라 콩은 멕시코 동남부 지역을 원산지로 하는 난초 품종의 열매로, 재배하기가 무척 까다롭다. 대부분의 다른 난초와 마찬가지로 바닐라도 뿌리를 땅속에 묻는 것이 아니라 공기중에 노출시켜주어야 하는 착생식물이다. 바닐라는 나무의 줄기를 타고 올라가 지상 30미터 높이의 나뭇가지에서 번성하는데, 두 달에 걸쳐 하루에 한 송이씩 꽃을 피우면서 오직 부봉침 벌*Melipona beecheii*이라는 침 없는 품종의 벌이 수분해주기를 기다린다. 꽃에 수분이 일어나면 6~8개월에 걸쳐 꼬투리가 영근다. 이 꼬투리에는 수천 개의 작은 씨앗이 들어 있지만 특정한 균근 곰팡이가 없으면 싹이 트지 않는다.

이것만으로도 충분히 복잡한데, 꼬투리 그 자체도 땄을 때에는 별 맛이 나지 않는다. 우선 발효를 해서 바닐라 향을 내는 효소를 활성화시켜야 한다. 전통적인 방법은 꼬투리를 물속에 담근 다음 햇볕에 넓게 펴서 말린 후, 천에 말아서 밤사이에 "서서히 익어가도록" 하는 것이다. 결과물은 그만한 공을 들일 가치가 있었다. 바닐라로 맛을 낸 따끈한 초콜릿 음료가 등장하자 스페인 사람들은 열광을 금치 못했다.

따라서 처음 바닐라 난초를 유럽으로 들여와 온실에서 기르려고 했을 때 실패했던 것도 어쩌면 당연한 일이다. 19세기 중반까지도 이 식물을 수분하는 방법을 아는 사람이 없었다. 마침내 작은 대나무 막대기를 사용하는 방법이 개발되었지만 그것조차 쉽지는 않았다. 하루에 꽃이 하나씩만 피기 때문에 누군가 곁에서 기다리다가 벌이 하는 일을 대신해야 했다. 심지어 대부분의 바닐라가 마다가스카르에서 생산되는 오늘날에도 바닐라 원산지에 서식하는 벌은 수출할 수가 없기 때문에 꽃을 수분시키는 일도 사람이 직접 해줘야 한다. 바닐라가 세계에서 가장 값비싼 향신료 자리를 두고 사프란과 경쟁하는 것도 놀랄 일은 아니다.

바닐라에는 100가지가 넘는 휘발성 화합물이 들어 있기 때문에 순수한 바닐라 추출물의 풍미는 매우 복잡하다. 나무, 발삼, 가죽, 말린 과일, 허브, 향신료의 풍미가 바닐린의 달콤함을 보완하고 있다. 그 덕분에 향수, 요리, 모든 종류의 음료에 사용할 수 있는 다용도의 풍미가 완성되는 것이다. 코카콜라가 결국은 대 실패작으로 기록되고 만 뉴 코크New Coke라는 새로운 음료를 내놓았을 때, 월스트리트저널에서는 바닐라의 수요가 갑자기 폭락해 마다가스카르의 경제가 거의 붕괴 상태에 이르렀다고 보고하기도 했다. 물론 코카콜라사는 언제나처럼 자사 음료의 제조법에 대해 함구했지만 원래의 콜라 레시피에는 바닐라가 들어 있었고 새로운 버전에는 들어 있지 않았으리라는 것을 추측할 수 있었다.

오늘날 최상급의 바닐라는 마다가스카르와 멕시코에서 생산되지만, 보다 과일 향이 풍부한 타히티산 바닐라를 선호하는 사람들도 있다. 바닐라는 향료를 넣은 감귤 증류주에서 커피, 견과류 리큐어, 달콤한 크림과 초콜릿 음료에 이르기까지 헤아릴 수 없을 정도로 많은 리큐어에 사용된다. 칼루아, 갈리아노, 베네딕틴은 바닐라 향을 강하게 느낄 수 있는 제품 중 몇 가지 예에 불과하다.

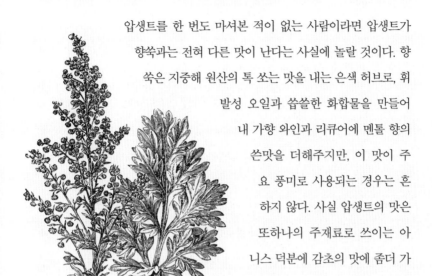

압생트를 한 번도 마셔본 적이 없는 사람이라면 압생트가 향쑥과는 전혀 다른 맛이 난다는 사실에 놀랄 것이다. 향쑥은 지중해 원산의 톡 쏘는 맛을 내는 은색 허브로, 휘발성 오일과 씁쓸한 화합물을 만들어내 가향 와인과 리큐어에 멘톨 향의 쓴맛을 더해주지만, 이 맛이 주요 풍미로 사용되는 경우는 흔하지 않다. 사실 압생트의 맛은 또하나의 주재료로 쓰이는 아니스 덕분에 감초의 맛에 좀더 가깝다. 하지만 압생트 하면 역시 향쑥의 이미지가 강하다.

근대 분류학의 아버지인 칼 린네는 1753년에 『식물의 종*Species Plantarum*』을 펴내면서 향쑥의 라틴어 학명을 지었다. 압생트absinthe라는 말은 이전부터 향쑥을 일컫는 데 사용되고 있었기 때문에 린네는 이 전통적인 이름을 단순히 공식적으로 확인한 것뿐이었다. 그로부터 수십 년 후부터 압생트라는 이름의 술이 광고에 등장하기 시작했다. 압생트에는 전통적으로 향쑥과 아니스 외에도 회향을 비롯해 증류업자의 선호에 따라 코리앤더, 안젤리카, 주니퍼, 팔각 등 몇 가지 다른 재료가 들어갔다.

와인과 증류주에 향쑥을 사용하는 전통은 최소한 이집트 시대까지 거슬러올라간다. 기원전 1500년경의 고대 의학 문서인 에버스Ebers 파피루스(수세기 이전의 원본이 따로 있을 가능성도 제기됐다)에서도 회충을 죽이고 소화질환을 치료하는 약으로 향쑥을 추천하고 있다. 중국에서는 비슷한 시기에 향쑥을 사용해 치료용 와인을 만들었으며, 이 사실은 고고학 유적지에서 발굴된 음료 그릇의 화학적 분석을 통해 확인된 바 있다.

사람들은 결국 향쑥을 와인과 여러 증류주에 넣으면 풍미가 향상되거나 적어도 조악한 품질의 알코올의 악취를 감추는 데 도움이 된다는 사실을 깨닫게 되었다.

다른 많은 물약이 그랬듯, 향쑥 와인도 결국은 기분전환용 음료, 즉 베르무트가 되었다. 향쑥은 또한 홉을 사용하지 않던 시절, 맥주에 쌉쌀한 맛과 항균성 성분을 더해주었다. 그리고 이탈리아와 프랑스의 각종 리큐어에도 사용된다.

향쑥이 가장 잘 알려진 품종이기는 하지만, 포괄적으로 야생쑥génépi이라고 일컫는 몇 가지 알프스 지역 원산 품종들 역시 리큐어에 사용된다. 특히 제네피génépi라는 리큐어는 이 허브의 실제 맛을 가장 가깝게 재현한다고 알려져 있다. 거친 바위투성이 환경에서 잘 자라는 이들 품종은 작고 튼튼하며 일부는 키가 몇 센티미터에 지나지 않는다. 이들 허브의 야생 품종은 보호종으로 지정되어 있어 엄격하게 제한된 상황에서만 채집이 가능하다.

향쑥의 위험성에 대한 이야기는 지나치게 과장되어 있다. 물론 향쑥에는 발작을 일으키고 다량 섭취할 경우 사망에까지 이를 수 있는 투우존thujone이라는 성분이 포함되어 있지만, 압생트와 리큐어에 잔존하는 실제 투우존의 양은 매우 적다. 19세기의 프랑스 예술가들 사이에서 압생트가 환각과 돌발 행동을 유발했다는 이야기는 대부분 근거 없는 낭설이다. 만약 그런 일이 있었다면 그 이유는 지나치게 높은 압생트의 알코올 농도 때문이었을 것이다. 압생트는 70~80퍼센트의 도수로 보틀링되므로 알코올 함량이 진이나 보드카의 두 배다.

압생트는 현재 유럽, 미국, 세계 여러 나라에서 합법적으로 판매되고 있다. 일부 국가에서는 상품화된 압생트에 존재하는 투우존의 양을 제한하기도 한

검은 야생쑥 Black génépi *A. genipi*	**흰 야생쑥** White génépi *A. rupestris*
글래시어 웜우드 Glacier wormwood *A. glacialis*	**향쑥** wormwood *A. absinthium*
로만 웜우드 Roman wormwood *A. pontica*	**노란 야생쑥** Yellow génépi *A. umbelliformis*
세이지워트 Sagewort *A. campestris*	

다. 한편 세이지를 비롯해 요리에 사용되는 다른 여러 가지 식물들은 더 많은 투우존을 함유하고 있음에도 불구하고 전혀 규제를 받지 않는다.

향쑥을
직접
길러보자

햇볕이 잘 드는 곳

물은 적게 주기

-29℃까지 견딤

압생트에 흥미를 느끼는 사람이라면 향쑥을 조금 재배해보는 것이 좋다. 제대로 된 압생트를 만들기 위해서는 증류기가 필요하므로 꼭 술을 만들기 위해서라기보다는 단순히 향쑥이 아름답고 재미있는 식물이기 때문이다. 원예용품점이나 허브를 전문적으로 취급하는 통신판매 종묘상에서 여러 가지 품종을 구할 수 있다. 모든 품종의 잎이 매우 아름답고 정교한 모양을 하고 있다. 원하는 식물에 향쑥이라는 라벨이 붙어 있는 경우는 드물기 때문에 라틴 학명으로 찾는 것이 좋다. 향쑥은 -29℃의 겨울 온도에서도 견딜 수 있지만 따뜻한 지중해성 기후를 선호한다. 햇볕이 잘 드는 곳에 심되, 토양의 비옥도에 대해서라면 걱정하지 않아도 좋다. 척박하고 배수가 잘 되는 마른 토양을 좋아하는 식물이다. 향쑥은 높이와 너비 모두 60~90센티미터 정도까지 성장하는데, 가지치기를 하지 않으면 기다랗게 삐죽삐죽 자란다. 보기 좋은 모양을 유지하려면 6월에 잎의 절반쯤을 잘라준다.

향쑥은 맛이 강하고 음료 안에서 좀처럼 어우러지기 어려워 칵테일 희석음료로 권장하지는 않는다. 그러나 시인과 화가들을 초청해 압생트의 밤을 즐기고자 한다면 향쑥을 몇 가지 꺾어 실내에 장식하여 마치 녹색 요정이 찾아온 것 같은 분위기를 내보자.

댄싱 위드 더 그린 페어리

압생트를 적신 각설탕에 불을 붙이는 쇼는 잊어라. 전통적으로 압생트는 찬물만 섞어서
마시며 조금 단맛이 강한 음료를 원할 경우에만 각설탕을 곁들인다(오늘날 수작업으로
증류하는 양조업자들은 설탕을 넣는 것을 달가워하지 않는다).
물을 첨가하면 화학반응이 일어나 풍미 성분이 발산되고 색깔이 변한다. 이 현상을
루슈라고 부르는데, 이 말을 들으면 녹색 요정이 등장하는 광경을 떠올릴 사람이 있을지도
모르겠다(프랑스에서는 녹색을 띠는 압생트를 녹색의 요정 La Fée Verte이라는 애칭으로
즐겨 불렀는데, 루슈는 압생트에 얼음물을 첨가하면서 진한 녹색의 압생트가 불투명한
우윳빛 연두색으로 변하는 과정을 지칭하는 말로 쓰였다 — 옮긴이).

압생트 1온스
각설탕(선택) 1 개
얼음이 섞인 얼음물 4온스

압생트를 세로로 홈이 새겨진 투명한 잔에 붓는다. 스푼을 잔의 맨 위에 걸쳐놓는다
(가능하다면 구멍이 뚫린 금속성 스푼이나 전통적인 압생트 스푼을 사용한다). 기호에
따라 스푼 위에 각설탕을 올려놓는다(단맛을 줄이고 싶으면 각설탕을 반만 사용하거나
아예 사용하지 않는다).
이제 얼음물을 몇 방울씩 아주 느리게 각설탕 위에 떨어뜨리며 각설탕이 천천히 녹아
설탕물이 잔 안으로 떨어지도록 한다. 각설탕을 아예 사용하지 않는 경우에는 그냥
얼음물을 한 방울씩 잔에 떨어뜨리면 된다.
식물에서 추출한 방향유는 알코올 용액에서 매우 불안정한 상태이기 때문에 얼음물을
첨가하면 화학 결합이 끊어져서 방향유가 분리된다. 이렇게 방향유가 분리되면 압생트의
색이 옅은 우윳빛 녹색으로 변하는데 이 현상을 루슈라고 부른다. 여러 가지 맛 분자가
서로 약간씩 다른 희석률에서 분리되므로 다채로운 풍미가 한 번에 하나씩 천천히
드러나게 된다.
압생트와 얼음물의 비율이 1:3~4가 될 때까지 최대한 천천히 계속 물을 떨어뜨린다.
그다음에는 굳이 찬 온도를 유지하려 하지 말고 만들 때와 마찬가지로 천천히 마신다.
술의 온도가 올라가면서 끊임없이 새로운 맛이 모습을 드러낸다.

꽃

꽃:
속씨식물에서 발견되는 복잡한 기관으로,
보통 하나 이상의 수술 또는 암술, 화관, 꽃받침을 포함한 생식기관과
이를 둘러싸고 있는 조직으로 구성된다.

캐모마일CHAMOMILE

Matricaria chamomilla 및 *Chamaemelum nobile*

국화과

국화과에는 캐모마일이라고 불리는 식물이 두 종류 있다. 로마 캐모마일 *Chamaemelum nobile* 은 잔디밭에서 자라는 키 작은 여러해살이풀이며, 독일 캐모마일 *Matricaria chamomilla* 은 올곧게 위로 자라는 한해살이풀이다. 요리 및 약용 허브로 보다 널리 사용되는 것은 독일 캐모마일이다. 또한 독일 캐모마일은 로마 품종에 비해 알레르기 반응을 일으킬 가능성이 훨씬 낮다.

둥글고 노란빛이 도는 꽃의 중심은 사실 여러 개의 자그마한 꽃들이 한데 뭉쳐 만들어진 것으로, 이는 해바라기를 비롯한 국화과 식물들의 공통적인 특징이다. 독일 캐모마일은 M. 레쿠티타*M. recutita* 라고 불리기도 하는데 레쿠티타 또는 레쿠티투스recutitus는 라틴어로 '할례받은'이라는 뜻이다. 먼 옛날의 식물학자들에게는 이 둥근 머리 부분이 무언가를 연상시켰음이 틀림없다. 독일 캐모마일의 구성 성분 중 하나인 카마줄렌chamazulene은 캐모마일 추출물에 선명한 청록색을 더해준다.

캐모마일 꽃에 포함되어 있는 풍부한 방향 성분과 약효 성분은 꽃이 성숙되고 마른 직후에 가장 강력한 효능을 발휘한다. 잘 알려진 진정제로서의 작용 외에도, 약학 연구를 통해 실제로 캐모마일의 소염 및 방부 효과가 위장을 편안하게 하는 데 도움이 된다는 사실이 밝혀지기도 했다.

헨드릭스 진Hendrick's Gin은 캐모마일을 재료로 사용한다고 하며, 그 외에도 캐모마일을 주재료로 사용해 리큐어를 제조하는 몇몇 증류업자들이 있다. 캘리포니아의 J. 위티 스피리츠J. Witty Spirits는 캐모마일 리큐어를 생산하며, 이탈리아의 마롤로Marolo 양조장에서는 캐모마일을 그라파에 우려내어 달콤하고 진정 효과가 있으며 진한 꽃향기를 풍기는 식후주를 만들어낸다. 캐모마일은 베르무트에서도 중요한 재료로 사용되며, 베르무트 제조업체들이 생산 시설을 견학하는 관광객들에게 흔쾌히 자신들은 캐모마일을 사용한다고 인정하는 몇 안 되는 재료 중 하나이기도 하다.

엘더플라워 ELDERFLOWER

Sambucus nigra

엘더베리 덤불 꽃의 맛은 최근까지도 미국인들의 미각에는 사실상 전혀 알려진 바 없었다. 그러다가 2007년에 생제르맹St-Germain이라는 이름의 연노란색의 리큐어가 칵테일 업계에 모습을 드러냈다. 이 술은 우아한 프랑스 리큐어로 표시되어 있지만, 그 맛은 아마 엘더플라워 와인과 무알코올 엘더플라워 코디얼을 오랫동안 마셔온 영국 애주가들에게 더 익숙할지 모른다.

엘더베리 덤불은 유럽과 영국 전역에서 잘 자란다. 도로 가에 심어놓은 생울타리에 흔하게 쓰이는 식물로, 시골 지역에서 야생으로 서식하며 매년 거대한 밑동에서 햇가지가 자라난다. 덤불에는 보랏빛이 도는 검은색의 작은 베리가 열리는데, 이 열매를 짜서 주스를 만들거나, 가열하여 잼을 만들거나, 수제 과일 와인을 제조할 수 있다. 엘더베리 와인은 강렬한 맛과 꽃향기를 내기 때문에 사람에 따라 호불호가 갈릴 수 있지만, 19세기의 비양심적인 와인

삼부카Sambuca는 삼부쿠스로 만든 것인가?

삼부카는 아니스로 맛을 낸 이탈리아산 리큐어로 저녁식사 후에 단독으로 마시면 맛이 기가 막히다(커피콩을 삼부카에 담가서 불을 붙인다는 터무니없는 소리는 무시하는 것이 좋다. 저녁식사를 끝낸 다음 삼부카를 약간만 잔에 따라서 어른스럽게 마시자). 삼부카에서는 강한 감초향뿐만 아니라 엘더베리의 복합적인 과실 향도 풍겨난다. 일부 블랙 삼부카는 엘더베리 껍질을 으깨서 깊고 진한 자주색을 내며, 인공색소를 사용하는 제품도 있다.

상인들은 와인과 포트와인에 이 엘더베리 술을 섞어서 양을 늘려도 아무도 그 차이를 깨닫지 못한다는 점을 알고 있었다.

그러나 엘더플라워 리큐어에 화려한 향기를 더해주는 것은 베리 열매가 아니라 꿀 향기를 내며 우산 모양으로 무리지어 피어나는 꽃들이다. 이 리큐어는 독보적으로 꽃이 만개한 초원의 맛을 선사한다. 꿀벌이 꽃잎들 사이로 돌진할 때 어떤 맛을 느낄지 상상해보고 싶은 사람이 있다면 이 리큐어가 바로 그런 맛일 것이다.

생제르맹을 제조하는 증류업자는 레시피를 거의 공개하지 않으며, 공개된 재료조차 알쏭달쏭한 문장 속에 숨겨져 있다. 증류업자측의 설명에 따르면 프랑스의 농부들은 봄에 꽃을 수확해 프랑스 알프스 지방의 작은 산에서 '지방 역'까지 '특별히 개조된 자전거'로 꽃을 운반한다. 꽃을 물에 불리지는 않지만 비밀의 방법을 사용하여 꽃이 스스로 자신의 모습을 드러내도록 설득한다고 한다. 그다음에는 꽃에서 추출한 물질에 포도 오드비, 설탕, 그리고 (비

엘 더 플 라 워 코 디 얼

물 4컵
설탕 4컵
(갈변하거나 부패되지 않은) 신선한 딱총나무 꽃(S. nigra) 30묶음
레몬 저민 것 2개
오렌지 저민 것 2개
구연산 1과 3/4온스

물과 설탕을 끓인 뒤 식힌다. 식히는 동안 밖으로 나가서 가능하다면 향기가 가장 강한 따뜻한 오후에 신선한 엘더플라워를 딴 다음 가만히 흔들어 혹시 안에 들어 있을지 모르는 벌레를 털어낸다. 즉시 실내로 가져와 포크의 갈라진 부분을 사용해 꽃을 줄기에서 분리해낸다. 모든 재료를 커다란 그릇이나 주둥이가 넓은 단지에 넣고 필요에 따라 젓거나 맛을 보면서 24시간 동안 놓아둔다. 24시간이 지나면 혼합물을 걸러 깨끗하게 멸균된 식품 보존용 유리병에 넣는다. 냉장실에서는 최대 한 달, 냉동실에서는 그보다 오래 보관할 수 있다.

록 이 부분에서는 약간 모호하게 표현하고 있지만) 아마도 약간의 감귤류를 섞을 것이다. 이렇게 하면 꽃과 꿀의 맛이 나며 배나 멜론의 과일 향이 아스라이 유혹하는 리큐어가 탄생한다.

엘더플라워 마시기

생제르맹이나 직접 만든 수제 코디얼 같은 엘더플라워 리큐어는 거의 모든 술과 잘 어울리며, 지나치지 않을 정도의 적당한 꽃 향과 꿀 향을 더해준다. 엘더플라워를 마시는 방법을 몇 가지 소개한다.

- 샴페인을 약간 추가하고 노란색 팬지를 위에 띄운다.
- 마티니에 베르무트 대신 엘더플라워 리큐어, 또는 엘더플라워 코디얼과 샤르트뢰즈(대담한 편이라면 녹색, 그렇지 않다면 노란색을 사용)를 각각 1/2온스씩 섞는다. 레몬 껍질로 장식한다.
- 진 토닉에서 토닉 대용으로 소다수와 엘더플라워 리큐어를 사용하고 라임 대신 레몬을 짜낸 즙을 첨가한다.

엘더베리를 직접 길러보자

햇볕이 잘 드는/적당히 드는 곳

물은 적당히 주기

-34℃까지 견딤

엘더베리는 잼, 와인, 코디얼을 만드는 데 사용되지만 약간의 독성을 띠고 있다. 이 식물의 모든 부분에는 시안화물을 만드는 물질을 비롯한 몇 가지 독소가 들어 있기 때문에 열매조차도 반드시 완전히 익었을 때 수확해야 한다. 삼부쿠스 라케모사*Sambucus racemosa*, 카나덴시스*S. canadensis*를 비롯한 몇 가지 북미 엘더베리 품종은 영국의 생울타리에서 흔하게 볼 수 있는 S. 니그라보다 독성이 강하다. 엘더베리를 가열하면 이러한 독소가 다소 줄어든다.

엘더베리는 극한의 기후를 제외하면 어지간한 추위까지 견뎌내며 최하 -34℃의 겨울 온도에도 살아남는다. 뿌리가 얕은 식물로 매년 봄마다 퇴비로 거름을 주고 균형잡힌 비료를 뿌려주는 것이 좋으며, 여름에는 정기적으로 물을 준다. 덤불에 열매가 많이 열리도록 하기 위해서는 겨울이나 초봄에 3년 이상 된 줄기와 가지를 모두 잘라준다. 죽거나 말라버린 줄기 역시 제거한다. 인기 있는 품종은 요크York와 켄트Kent지만 자신이 사는 지역에 가장 적합한 품종을 찾는 것이 좋다.

블랙 레이스Black Lace라는 이름으로 판매되는 S. 니그라의 장식용 변종은 눈에 확 띄는 검은색 잎과 분홍색 꽃무리 덕분에 전 세계에서 정원용 식물로 사랑을 받고 있다. 짝이 있는지 여부에 관계없이 꽃은 피우지만 열매를 맺기 위해서는 반드시 다른 엘더베리가 근처에 있어야 한다.

맥주는 홉으로 만드는 것이 아니다. 보리나 다른 곡물로 만든 다음 홉으로 맛을 내는 것이다. 하지만 이 괴상하고 쌉쌀한 덩굴의 손이 닿지 않은 맥주를 상상하는 것은 불가능하다.

홉을 맥주에 첨가하면 맛이 좋아지고 보관성이 향상된다는 사실이 발견된 800년경 이전에는 양조업자들이 온갖 종류의 이상한 허브와 향신료를 맥주에 섞었다. 그루이트Gruit라는 말은 한때 맥주의 재료로 사용되었던 혼합 허브를 일컫는 오래된 독일어다. 서양톱풀, 향쑥, 메도스위트뿐 아니라 심지어 독미나리, 벨라도나, 사리풀 등 사람을 취하게 하거나 치명적인 독을 가진 허브까지 몽땅 발효 탱크로 들어갔고, 이는 불행한 결과로 이어지는 경우도 적지 않았다. 그러나 중세에 홉이 중국에서 유럽으로 전파되자 상황이 바뀌었다.

초기의 홉 농장 중 하나는 서기 736년에 바이에른 지역에 들어섰다. 당시에는 양조를 비롯한 과학 및 의학 연구를 수도사들이 담당했다. 홉 농장은 유럽 대륙 전역의 수도원에서 흔하게 발견할 수 있게 되었고 16세기에는 영국에도 홉이 모습을 드러냈다. 홉이 전파되면서 새로운 스타일의 맥주가 태어났다.

초기의 양조업자들이 보관과 관련하여 어떤 문제를 겪었는지 전부 파악하기는 어렵다. 그러나 길고 비참한 겨울이 끝나고 지하실에 남아 있던 마지막 통을 땄는데 몇 달 전부터 박테리아가 번식해서 온통 못쓰게 된 광경을 상상해보자. 메이플라워호를 타고 신대륙으로 떠난 정착민들도 이와 똑같은 난관에 부딪혔다. 신대륙에 도착한 정착민들의 이야기를 기록한 『모트 이야기 *Mourt's Relation*』에서는 맥주가 부족해 계획에도 없던 플리머스Plymouth에 상륙해야 했던 이야기가 나온다. "우리는 더이상 무언가를 찾거나 생각할 수 없었다. 식량, 특히 맥주가 거의 다 떨어졌기 때문이었다." 저장된 민물을 살균할 방법이 없었고 주위에서 구할 수 있는 것이라고는 바닷물밖에 없는 상황에서, 맥주는 긴 여행 동안 생명을 부지할 수 있게 해준 유일한 음료였을지 모른다. 그런 맥주가 상하고, 또 남은 것은 동이 날 지경이었으니 말하자면 큰 위기에 봉착했던 것이다.

그러나 홉의 등장과 함께 맥주는 훨씬 더 뛰어난 제품으로 변모했다. 홉 덩굴에 열리는 방울(암꽃의 무리)에는 루풀린lupulin을 분비하는 노란 분비샘이 가득 존재하며, 이 루풀린이라는 수지樹脂에는 맥주의 거품을 형성하고 쌉쌀한 맛을 내며 보관 기간을 늘려주는 산 성분이 포함되어 있다. 소위 이 알파산 alpha acids은 좋은 맥주를 만드는 데 매우 중요하므로 알파산을 생성하는 양에 따라 홉의 등급이 매겨진다. 방향성 홉은 알파산 함유량이 낮지만 기분좋은 맛과 향기를 발산하며, 쌉쌀한 홉은 알파산의 함량이 높기 때문에 맥주의 보관성을 높이고 강한 쓴맛을 내서 맥아의 효모맛을 상쇄시키는 역할을 한다.

무성하게 자라는 이 튼튼한 덩굴식물은 대마초와 매우 밀접하게 연관되어 있다. 축축하고 끈적거리는 대마초 꽃눈과 끈적거리며 향기가 강한 홉 덩굴의 암꽃 방울은 어렴풋이 닮은 데가 있다. 대마초와 마찬가지로 홉도 암수딴그루다. 암덩굴은 수덩굴이 없어도 귀중한 방울을 맺지만, 생식을 하거나 씨를 맺을 수는 없다. 홉을 재배하는 농부들은 암덩굴을 선별한 다음 샅샅이 밭을 살피며 반갑지 않은 수덩굴을 발견하는 즉시 뽑아버린다. 양조업자들은 씨가 들어 있는 방울을 매입하지 않으므로 암덩굴의 생식을 막아야 하기 때문이다.

에일과 라거의 차이점은?

그에 대한 답은 누구에게, 또는 언제 그런 질문을 하느냐에 따라 달라진다.

2000년 전 현재의 독일이 있는 지역에서는 에일이라는 것이 명확히 정의되지 않은, 맥주와 비슷한 일종의 발효 음료를 지칭하는 말이었다. 그런데 1000년경 영국에서는, 에일과 맥주가 서로 다른 음료를 가리켰다. 에일은 우리가 현재 알고 있는 맥주를 의미했으며, 맥주는 발효 꿀과 과일주스로 만든 음료를 뜻했다.

그다음에 홉이 등장했고, 그와 함께 홉이 들어 있는 음료와 그렇지 않은 음료를 구별하기 위해 라거lager라는 독일어 용어가 등장했다. 그러나 오늘날에는 사실상 거의 모든 맥주가 홉으로 맛을 낸다. 이제 라거와 에일이라는 용어는 각각 하면발효 효모 또는 상면발효 효모 품종으로 빚어내는 맥주를 지칭하는 데 사용된다. 더욱 혼란을 가중시키는 것은 영국의 '진짜 에일 캠페인Campaign for Real Ale'은 딱히 상면발효 효모로 만든 맥주가 아니라 영국의 전통적인 방식으로 만든 맥주를 옹호하고 있다는 점이다. 이 전통적인 방식에서는 통에서 2차 발효를 거친 후 보틀링하지 않고 펍에 놓인 통에서 직접 따라 마시도록되어 있다.

그러나 평범한 애주가에게는 효모가 발효 탱크의 어느 위치에 사느냐는 그다지 큰 관심거리가 아니다. 그보다 더 중요한 알아두어야 할 점은 영국 맥주는 대부분 에일이라고 부르고, 대부분의 독일 및 미국 맥주는 라거라고 부르며, 전 세계의 술집에서는 말이 통하지 않더라도 특정한 손짓만 하면 맥주를 마실 수 있다는 점이다.

홉은 어디서나 자랄 수 있는 식물은 아니다. 키가 큰 이 여러해살이 덩굴이 자라기 위해서는 하루에 13시간의 일조량이 필요하며, 그것도 북위와 남위 35~55도의 좁은 대역이어야 한다. 즉 이 범위에 해당하는 독일, 영국, 그 외 유럽 지역에서 홉이 잘 자란다. 미국에서는 재배 지역이 주로 서부에 집중되어 있다. 흰가루병과 노균병 때문에 홉 덩굴을 동부 주에서 재배할 수 없게 되면서 홉 농업이 점차 서쪽으로 밀려나게 되었다. 오리건과 워싱턴 주에는 홉 산업을 지탱해준 또하나의 이점이 있었다. 금주법이 시행되는 동안 농부들이 말린 홉을 아시아에 판매할 수 있었던 것이다.

남위 35~55도 사이의 지역에서는 호주와 뉴질랜드에서 홉을 재배하며, 북반구의 중국과 일본에서도 홉이 자란다. 짐바브웨와 남아프리카에서도 홉을 재배하려는 시도가 있었지만 낮의 길이가 충분하지 않았기 때문에 홉 밭에 가로등을 설치해야 했다. 한편 식물학자들은 개화기에 낮의 길이에 크게 구애받지 않는 홉, 즉 광주기光週期와 무관한 홉 품종을 개발하기 위해 적극적으

왜 맥주병은 갈색인가?

양조업자들은 짙은 색 병이 빛으로부터 맥주를 보호하며 맥주에 "상한 것 같은" 고약한 맛이 생기지 않게 막아준다는 사실을 오래전에 배웠다. 그런데 노스캐롤라이나 대학 채플힐 캠퍼스에서 그 이유를 밝혀냈다. 과학자들이 이 지독한 맛을 유발하는 성분의 정체를 규명해낸 것은 2001년이 되어서였다. 홉에 들어 있는 이소휴물론isohumulones이라는 화합물은 빛에 노출되면 유리기遊離基, free radical로 분해된다. 이 유리기는 화학적으로 스컹크의 배출물과 유사하다. 그리고 이러한 변화가 일어나는 데에는 오랜 시간이 걸리지 않는다. 어떤 맥주 애호가들은 맥주를 마시는 동안 햇볕에 놓아둔 파인트 잔의 밑바닥에서 이 고약한 맛을 느끼기도 한다.

그렇다면 왜 어떤 맥주는 투명한 병에 담아 판매하는 것일까? 우선 투명한 병이 더 싸다. 두번째로, 일부 대량생산 맥주는 분해되지 않도록 화학 처리한 홉 화합물로 만든다. 한편 투명한 병맥주를 밀폐 상자에 담아 판매하는 경우도 있는데, 이는 양조업자가 빛에 맥주가 노출되면 맛이 빨리 손상된다는 사실을 알기 때문일 가능성이 크다. 그리고 라임 한 조각을 맥주에 넣는 관행은? 단순히 고약한 맛을 위장하기 위한 마케팅 전략일 뿐이다.

홉의 품종

방향성(구대륙) 홉

캐스케이드Cascade

클러스터Cluster

이스트 켄트 골딩스East Kent Goldings

퍼글Fuggle

할러타우Hallertauer

허스브루커Hersbrucker

테트낭Tettnang

윌러밋Willamette

쓴(알파산 함유량이 높은) 홉

아마리요Amarillo

브루어스 골드Brewer's Gold

불리언Bullion

쉬누크Chinook

에로이카Eroica

너겟Nugget

올림픽Olympic

스티클브랙트Sticklebract

국제 쓴맛 단위(IBU, International Bitterness Units): 홉에 들어 있는 알파산이 내는 쓴맛의 수준을 측정하는 국제적인 척도.

대량 생산되는 미국 맥주	5~9 IBU
포터	20~40 IBU
필스너 라거	30~40 IBU
스타우트	30~50 IBU
인디아 페일 에일(IPA)	60~80 IBU
트리플 IPA	90~120 IBU

로 노력하고 있다.

홉은 성장 시기에 놀랄 만큼 빨리 자라는 식물로, 하루에 15센티미터씩 자라기도 한다. 낮 동안에는 덩굴이 중심 줄기에서 멀리 뻗어나가고 밤에는 철사나 다른 지지대를 둘러싸며 감긴다. 오리건에서 홉을 재배하는 게일 고쉬Gayle Goschie는 이렇게 말한다. "늦은 오후에 밭을 가로지르면 모든 덩굴이 45도 각도로 뻗어 있는 것을 볼 수 있지요. 그런데 다음날 아침에 나가보면 덩굴들이 다시 격자 울타리를 단단히 감고 있어요." 홉 덩굴은 격자 울타리를 시계방향으로 감아올라가며, 이 때문에 홉과 관련된 몇 가지 그럴듯한 이야기가 떠돌았다. 그중 하나가 남반구에서는 홉 덩굴이 반시계 방향으로 자란다는 것이고, 다른 하나는 동쪽에서 떠서 서쪽으로 지는 태양을 따라서 자란다는 것이다. 둘 다 사실과는 거리가 멀다. 마치 왼손잡이처럼 홉 덩굴은 태양이나 적도의 위치와 관계없이 시계 방향으로 자라는 유전적 소인을 가지고 태어난다(덩굴의 감기는 방향을 연구하는 식물학자들은 시계방향으로 감기는 홉의 성향이 특이하다는 사실을 발견해냈다. 덩굴 식물의 90퍼센트가 반시계방향을 선호하기 때문이다).

홉은 단순히 철사로 만든 격자만 타고 오르는 것이 아니다. 덩굴에는 작은 가시가 돋아나 있어 나무나 다른 식물도 타고 오를 수 있다. 로마인들은 이 홉 덩굴이 나무를 칭칭 감아 죽인다고 생각해 '작은 늑대'라는 이름을 붙여주었는데, 이것이 바로 홉 속을 나타내는 학명 루풀루스 Lupulus, 라틴어로 lupus는 늑대라는 뜻의 어원이다.

농부들은 홉 덩굴이 좀처럼 다루기 쉽지 않다고 입을 모은다. 워싱턴 주에서 홉을 재배하는 대런 가매쉬Darren Gamache는 할아버지 세대가 했던 것과 같은 방식처럼 손으로

> **홉 가마**
>
> 영국에서는 홉 건조장이라고 부르는 원뿔탑 모양의 독특한 건물은 밭에서 수확한 홉을 건조하는 데 사용되었다. 홉을 탑의 윗부분에 걸어둔 틀에 펼쳐놓고 그 밑에 불을 때서 홉을 말렸다. 건조한 다음에는 자루에 넣어 건물 안에 보관하기도 했다.

홉을 수확하는 일이 얼마나 힘든지 잘 알고 있다. "홉 덩굴에는 짧고 뻣뻣한 털이 달려 있어 긁히기 일쑤고 심지어 잎에 살짝 쓸리기만 해도 피부가 부어 오릅니다. 특히 날씨가 더워서 소금기 있는 땀이 갓 생긴 상처에 흘러들어가 기라도 하는 날에는 정말 괴롭기 짝이 없죠. 게다가 홉 덩굴에 알레르기가 있는 사람이 많습니다." 그렇기 때문에 오늘날 홉은 대부분 기계로 수확한다.

수확이 끝났다고 해서 위험이 완전히 사라지는 게 아니다. 갓 딴 홉은 퇴비 더미의 온도가 올라가듯이 뜨거워지면서 심지어 불이 붙는 경우도 있다. 실제로 홉을 대량으로 묶어서 저장할 경우 저절로 연소가 일어나 창고가 불타 버리기도 한다. 처음에 태평양 연안 북서부 지역에서 홉을 재배할 때에는 홉 밭에 불이 나는 일이 흔했다.

대다수 양조업자들은 농부들이 상품을 시장에 내놓기 위해 따끔거리는 덩굴을 견뎌내고, 창고 화재와 싸우고, 사랑에 빠진 수덩굴을 밭에서 몰아내야 한다는 사실을 거의 알지 못한다. 일반적으로 홉은 작은 알갱이로 압착해 진공 포장된 봉투에 담겨 배송되기 때문에 양조장에 도착할 즈음에는 덩굴 방울이었다는 흔적조차 거의 남아 있지 않다. 일부 양조업자들은 수확기를 즈음해 계절 한정 맥주를 제조할 때 직접 밭에서 수확한 녹색 홉을 사용하기도 한다. 갓 딴 홉의 맛을 경험해보고 싶다면 가을에 '신선한 홉' 또는 '비건조 홉' 맥주를 찾아보자.

홉을
직접
길러보자

햇볕이 잘 드는 곳

물은 주기적으로 주기

-23℃까지 견딤

장식용 홉 덩굴이 없는 비어 가든이 어찌 완전할 수 있을까. 홉을 전문으로 취급하는 종묘원에서는 캐스케이드나 퍼글처럼 양조업자들이 선호하는 품종을 팔지만, 좋은 원예용품점이라면 맛보다는 모양이 예쁜 장식용 품종들을 구비하고 있을 것이다. 노란색이나 라임 빛이 도는 녹색 잎이 달린 황금색의 홉 덩굴 아우레우스Aureus는 장식용으로 널리 판매되고 있으며, 연녹색의 어린잎과 진녹색의 성숙한 잎이 멋들어진 대조를 이루는 비앙카Bianca 품종도 흔하게 접할 수 있다.

햇볕이 잘 드는 곳, 또는 약간 그늘진 곳에 있는 축축하고 비옥한 토양에 홉을 심는다. 홉은 북위와 남위 35~55도 지역에서 가장 잘 자라며 영하 23도까지 견딘다. 겨울이 되면 덩굴은 죽어서 땅으로 떨어진다. 겨울이 온화하여 서리 때문에 덩굴이 말라죽지 않는 경우에는 더 잘 자랄 수 있도록 덩굴을 잘라준다. 여름에는 7미터까지 자라며 3년째부터는 꽃을 피우기 시작한다. 일단 방울이 맺히기 시작하면 덩굴이 엄청나게 무거워지므로 타고 오를 수 있는 든든한 울타리를 마련해주도록 한다.

꽃은 보통 8월 말이나 9월에 수확할 수 있는 상태가 된다. 만지면 건조하고 종이 같은 느낌이 나며 홉의 냄새가 강하게 풍긴다. 성숙한 것처럼 보이는 꽃을 하나 잡아서 꼭 쥐어본다. 손을 떼었을 때 다시 제 모양으로 돌아가면 수확할 시기가 된 것이다. 일단 수확을 마치면 발에 넓게 펴서 건조하되, 아래쪽에 환풍기를 놓아 공기 순환을 원활하게 해주면 더욱 좋다.

세상에서 재스민 향기를 처음 맡아본 사람은 분명 이 식물로 음료를 만들어야겠다고 생각했을 것이다. 달콤하게 취하는 이 향기를 누가 거부할 수 있으랴? 실제로 재스민은 초기의 코디얼과 리큐어 레시피에 등장한다. 앰브로즈 쿠퍼Ambrose Cooper가 1757년에 펴낸 『증류의 모든 것*The Complete Distiller*』에는 재스민 꽃, 감귤류, 증류주, 물, 설탕이 들어가는 재스민 워터의 레시피가 수록되어 있다. 18세기와 19세기의 기록에는 이와 비슷한 레시피가 여럿 소개되어 있으며, 1862년에 개최된 런던 세계박람회에서는 그리스 이오니아제도에서 출품한 재스민 리큐어가 상을 받기도 했다.

향수와 리큐어에 가장 많이 사용되는 재스민은 시인의 재스민이라고 불리기도 하는 야스미눔 오피키날레다(현재 식물학자들 사이에서는 역시 시인의 재스민 또는 스페인 재스민이라는 이름이 붙어 있는 J. 그란디플로룸*J. grandiflorum*이 과연 오피키날레와 별개의 품종인지에 대해 의견이 엇갈리는 상태다). 아랍 재스민 또는 말리pikake라고 불리는 J. 삼바크*J. sambac*는 하와이식 꽃목걸이를 만드는 데 쓰이며 아시아에서 마시는 재스민 차와 향수에도 사용된다(재스민 차는 보통 진짜 재스민 꽃으로 만든 것이 아니라 녹차에 재스민 에센스를 뿌린 것이다). 이들 재스민은 모두 정원에서 흔하게 찾아볼 수 있는 품종은 아니지만 열대 식물과 방향 식물을 수집하는 사람이라면 어렵지 않게 구할 수 있다.

재스민의 향기는 몇 가지 흥미로운 성분에서 나오는데, 그중에서도 벤질아세테이트benzyl acetate 와 파르네솔farnesol은 모두 꿀과 서양배의 풍미가 느껴지는 달콤한 꽃향기를 낸다. 감귤 향과 꽃향기에 빠지지 않는 성분인 리날로올, 그리고 페닐아세트산도 들어 있다. 페닐아세트산은 꿀에서도 발견되는 성분이며 그 부산물은 소변으로 분비된다. 향수 제조업자들은 사람마다 유전적으로 향기를 느끼는 방식이 다르기 때문에 약 50퍼센트의 사람들은 재스민 향기를 맡으며 꿀을 연상하고, 나머지 50퍼센트는 안타깝게도 소변을 떠올린다는 사실을 알고 있다. 둘 다 틀린 말은 아니다.

오늘날 재스민이 들어간 리큐어는 흔치 않은데 그 이유 중 하나는 가격 때문이다. 조이Joy라는 향수 제조업체는 향수 1온스에만 1만 송이 이상의 재스민 꽃이 들어간다는 사실을 자랑스럽게 여긴다. 자크 카르뎅Jacques Cardin은 재스민을 우려낸 코냑을 생산하며, 미국 증류업체인 시카고의 코발Koval과 LA의 그린바 컬렉티브GreenBar Collective는 재스민 리큐어를 생산한다.

양귀비 OPIUM POPPY

Papaver somniferum

구겨진 티슈 같은 촉감의 거대한 꽃잎을 가진 이 아름다운 한해살이풀은 꼬투리에서 아편이 가득 든 우윳빛 수액을 생성하기 때문에 전 세계적으로 금지된 식물이다. 아편은 통증을 완화하는 효과가 있으며 실제로 모르핀, 코데인codeine, 기타 아편제도 이 양귀비에서 추출한 물질로 만들기는 하지만, 그와 동시에 아편을 사용하여 헤로인을 만들 수도 있기 때문에 미국에서는 제2종 마약으로 분류되어 있다.

하지만 그렇다고 해서 정원사들이 법을 위반하고 양귀비를 재배하는 것을 막을 수는 없었고, 사실 양귀비를 기르는 일은 상당히 흔하다. 현재 제과 제빵에 사용되는 씨앗만이 법적으로 판매가 허용되어 있다. 이러한 맹점 때문에 원예용품점뿐만 아니라 씨앗 카탈로그를 통해서도 양귀비 씨를 구할 수 있다.

역사상 최초로 아편 칵테일을 묘사한 것은 아마도 호메로스의 『오디세이』일 것이다. 여기에는 '시름을 잊게 하는 약nepenthe'이라 불린 묘약 덕분에 트로이의 헬레네가 슬픔을 극복하는 이야기가 나온다. 아편이 구체적으로 언급되지는 않았지만, 많은 학자들은 "모든 걱정과 슬픔, 언짢음을 없애주는 허브"를 섞은 와인이 아편이 들어 있는 음료를 일컫는 것이 분명하다고 믿는다.

이런 음료는 빅토리아시대에 이르기까지 꾸준히 물약과 수술용 마취제로 사용되었다. 빅토리아시대에는 아편을 알코올에 담가 우려낸 아편 정기라는 물약이 통증을 달래고 다양한 질병으로 인한 고통을 완화하는 데 사용되었다. 조지 4세는 통풍 증상을 완화하기 위해 약간의 아편 정기를 브랜디에 넣어 즐겨 마셨는데, 점차 중독성이 강한 마약의 포로가 되면서 넣는 아편의 양이 조금씩 많아지게 되었다.

아편 시럽은 1895년에 바이어Bayer 사가 헤로인이라는 이름으로 판매를 시작하면서 유명세를 얻었다. 이 시럽은 1920년대에 판매가 금지되었고, 아편 칵테일은 과거의 유물이 되었다.

경고

직접 만든 수제 인퓨전과 비터즈가 인기를 끌고 있는 요즘, 남몰래 아편을 사용해 술을 빚어보고 싶다는 유혹에 끌릴지도 모르겠다. 그러나 양귀비 식물을 키우는 것은 분명 불법이며 그 부산물도 상당히 위험하다. 절대 시도하지 말자.

"붉은 장미는 심장과 위, 간을 튼튼하게 해주고 기억력을 증진시켜준다. 열로 인한 통증을 완화해주며, 염증을 달래주고, 편안한 휴식과 수면을 도와주며, 여성의 피부와 피를 맑게 하고, 임질에 효능이 있으며, 신장과 장기의 기능을 향상시켜준다. 장미로 만든 주스는 황담즙과 점액을 제거하고 몸을 깨끗하게 해준다." 이는 니컬러스 컬피퍼Nicholas Culpeper의 1652년 의학서 『영국의 의사The English Physician』에 수록된 내용이다. 그는 여러 가지 우려스러운 질병에 장미 와인, 장미 코디얼, 장미 시럽을 처방했다.

　장미는 약 4000만 년 전의 화석에서 처음 모습을 드러낸 고대 식물이다. 오늘날 정원에서 향기롭게 피어나는 장미는 지난 수천 년 사이에 중국과 극동에서 유럽으로 전파되었다. 리큐어로 가장 많이 사용되는 장미는 향기가 진한 다마스크 장미Rosa damascena로, 원산지인 시리아에서는 이 장미를 증류해 향수를 제조했다. 유럽의 식물학자들은 이 품종을 들여와 정원용 장미로 재배하며 독특한 의학적 용도로 사용했지만(장미를 사용해서 수렴제, 강장제를 만든 기록이 있다―옮긴이), 장미 향수와 장미수 제조의 중심은 여전히 중동 지역이었다.

　'샹보르의 백작Comte de Chambord'이나 '리옹의 깃털Panachée de Lyon'과 같은 낭만적인 이름이 붙어 있는 다마스크 장미는 향기가 진하며 둥글고 넓게 퍼진 형태의 꽃을 무성하게 피우는데, 꽃 속에는 분홍, 빨강, 흰색의 꽃잎이 빽빽하게 들어차 있다. 서양 장미라고 불리는 로사 켄티폴리아는 17세기에 네덜란드의 식물학자가 향기가 진한 품종으로 개발한 것이다. 연분홍색의 판탱 라투르Fantin Latour는 향기가 진한 서양 장미 중에서도 가장 잘 알려진 품종에 속한다.

컬피퍼의 레시피와 같은 대부분의 초기 장미꽃잎 리큐어 레시피에서는 향기 나는 장미꽃잎, 설탕, 과일을 브랜디에 담가두는 방법을 사용했다. 장미수란, 장미꽃잎을 증기로 증류해 방향유를 제거한 다음 남은 액체 부분을 가리키며, 이는 중동 요리에서 전통적으로 사용되는 재료다.

최근에는 장미수가 칵테일 재료로도 인기를 얻고 있으며 칵테일에 쓸 때는 보통 음료의 표면에 뿌린다. 또한 유럽과 미국에서는 고급 장미꽃잎 리큐어가 몇 가지 생산되는데, 장미꽃잎을 불려서 만드는 프랑스 미클로 증류공장Distillerie Miclo의 고급 리큐어, 사과 증류주를 베이스로 만드는 캘리포니아 북부의 크리스핀스 로즈 리큐어Crispin's Rose Liqueur 등이 이에 해당한다. 볼스Bols 사는 파르페 아무르Parfait Amour라는 리큐어에 제비꽃, 오렌지 껍질, 아몬드, 바닐라와 함께 장미꽃잎을 재료로 사용한다고 밝혔다. 헨트릭스 진은 증류 과정을 마친 후 오이와 함께 다마스크 장미의 에센스를 첨가해 꽃다발 같은 화사한 향기를 낸다.

R. 루비기노사R. rubiginosa는 이보다 훨씬 다소곳한 모양의 품종으로 들장미 또는 스위트브라이어 장미라고 불리는데, 이 품종은 꽃이 아니라 꽃잎이 떨어지고 난 다음에 남아 있는 로즈 힙rose hip이라는 열매를 수확하기 위해 재배한다. 로즈 힙은 비타민C를 풍부하게 함유하고 있으며 예전부터 차, 시럽, 잼, 와인을 만드는 데 사용되어왔다. 알자스 지방에 있는 몇 군데의 양조장에서는 들장미 오드비를 생산하며, 펄린커Pálinka라는 헝가리산 브랜디도 로즈 힙으로 만든다. 로즈 힙 슈납스Schnapps, 네덜란드산 진와 리큐어도 있다. 일례로 시카고의 증류업체인 코발은 로즈 힙 리큐어를 생산한다.

사프란 SAFFRON

Crocus sativus 붓꽃과

그토록 오래전부터 사용되어온 중요한 향신료인데도 불구하고, 사프란은 사실 재배는 둘째 치고 살려두는 것조차 무척이나 까다로운 식물이다. 오늘날 우리가 사프란으로 알고 있는 크로커스crocus는 삼배체 식물이기 때문에 두 쌍이 아닌 세 쌍의 염색체 세트가 존재하며 일반적인 방법으로는 생식을 할 수 없다. 크로커스는 씨앗을 맺는 것이 아니라 더 많은 둥근줄기(구근과 비슷한 구조)를 생성해야만 생식이 가능하다. 기원전 1500년경 이래로 계속 재배되어온 것은 아마도 돌연변이였을 것이다.

각 둥근줄기는 가을에 2주 동안 단 한 송이의 보라색 꽃을 피운다. 이 꽃이 입을 벌리면 사프란 스레드thread로 알려져 있는 소중한 세 갈래의 붉은 암술머리가 모습을 드러낸다. 단 1온스의 사프란을 얻기 위해 무려 4000송이의 꽃이 필요하다. 몇 년마다 둥근줄기를 땅에서 파내 분리한 후 다시 심어주어야 좋은 수확량을 기대할 수 있다(사프란 크로커스가 가을에 꽃을 피우기는 하지만 개사프란autumn crocus이라고 불리는 독성 강한 콜키쿰 아우툼날레*Colchicum autumnale*와 혼동해서는 안 된다).

사프란에는 맛과 향미 성분이 풍부하게 들어 있다. 쌉쌀한 맛은 주로 피크로크로신picrocrocin이라는 성분에 기인하는데, 이 성분은 수확 후에 분해되며, 건조시키면 사프라날safranal이라는 오일이 된다. 과학자들은 사프란이 오랫동안 약초로 사용되어온 데에는 그만한 이유가 있을 거라고 추측하며 이 성분에 큰 관심을 기울이고 있다. 지금까지 진행된 연구를 통해 이 성분이 종양을 억제하고 소화를 도우며 활성산소를 찾아내는 데 도움이 될지도 모른다는 가능성이 제기되고 있다.

사프란은 인도, 아시아, 유럽 요리뿐만 아니라 수세기에 걸쳐 맥주와 증류주의 맛을 내는 데에도 사용되어왔다. 고고학자 패트릭 맥거번은 고대에 사프란이 쓴맛을 내는 데 사용되었을 가능성을 제기했다. 맥거번은 도그피시헤드 맥주회사와 손잡고, 마이다스 왕의 무덤에서 발견된 음료수 잔의 잔여물 분석을 바탕으로 하여 화이트 머스캣, 보리, 꿀, 사프란으로 '미다스의 손 Midas Touch'이라는 음료를 만들기도 했다.

오늘날 사프란은 이란, 그리스, 이탈리아, 스페인, 프랑스에서 재배된다. 세계 사프란 생산량은 약 300톤으로 추산되며, 가격은 품질에 따라 천차만별이지만 소매가로 사프란 1온스는 대략 300달러 정도에 판매된다(최상급 사프란은 잘 갖춰진 재배 환경에서 알맞은 품종을 사용해야 얻을 수 있으며, 좋은 사프란은 충분히 비싼 값어치를 한다). 주황색 색소는 알파-크로신α-crocin이라는 카로티노이드carotenoid 성분에서 나오는데, 스트레가 같은 리큐어나 파에야에서 노란색을 내는 것도 바로 이 성분이다. 또한 스페인, 프랑스, 이탈리아에서 생산되는 샤르트뢰즈와 비슷한 여러 가지 전통적인 리큐어 중에서도 노란색을 띠는 것들은 이 성분이 들어 있다고 보면 된다. 베네딕틴 제조업체들은 원재료를 거의 공개하지 않으나 사프란을 우려낸다는 사실만은 인정하고 있다.

쓴맛이 매우 강한 페르네트 브랑카Fernet Branca의 맛은 대부분 사프란에서 나오며, 사실 세계 사프란 공급량의 4분의 3은 이 술에 사용되고 있다는 이야기가 널리 퍼져 있다. 이는 단순히 과장된 이야기에 불과할지도 모른다. 주류 관련 업계지에 보도된 대로 이 증류주의 연간 생산량이 385만 상자라고 한다면 한 병에 사프란이 4.7그램씩은 들어 있어야 한다는 계산이 나오는데, 그 정도의 양이라면 소매가로 대략 25달러는 된다. 페르네트 한 병의 소매가가 20~30달러라는 점을 감안해볼 때 대량 구매로 아무리 할인을 받는다 해도 사프란처럼 값비싼 향신료가 그 정도로 많이 들어 있다고 생각하기는 어렵다.

어비에이션 칵테일은 진, 마라스키노 리큐어, 레몬 주스, 크렘 드 비올레트 crème de violette, 바닐라와 제비꽃 향이 나는 리큐어를 혼합해서 만들기 때문에 마치 술잔 속에서 꽃박람회가 펼쳐진 것 같은 느낌을 준다. 몇 년 전까지만 해도 크렘 드 비올레트를 구할 수가 없었기 때문에 이 칵테일을 제대로 만드는 것 자체가 불가능했다.

그러나 희귀하고 구하기 어려운 증류주를 수입하는 하우스 알펜츠 Haus Alpenz의 경영자 에릭 시드의 노력 덕분에 상황이 바뀌었다. 시드는 진짜 크렘 드 비올레트를 찾아 오스트리아까지 건너갔고, 그곳에서 특수한 고객(대부분은 이 재료를 사용해 초콜릿과 케이크를 만드는 제빵사들)을 위해 크렘 드 비올레트를 소량씩 생산하고 있던 푸르카르트 Purkhart 증류공장을 찾아냈다. 이들은 퀸 샬럿 Queen Charlotte, Königin Charlotte과 마치 March라는 두 가지 제비꽃 품종을 선별해 크렘 드 비올레트를 만든다.

향기제비꽃은 지나간 시대의 꽃이다. 100년 전에는 널리 재배되었고 꽃가게에서도 꽃다발로 만들어서 팔았다. 이 꽃은 물에 꽂아두어도 하루이틀 정도밖에 지속되지 않았으며, 여성들은 딱 하룻밤 동안만 이 꽃으로 몸단장을 하거나 가지고 다니며 그 독특한 향기를 향수 대용으로 사용했다.

향기제비꽃은 파르마 제비꽃 Parma violet이라고도 불리는데, 파르마 제비꽃은 사실 매우 비슷한 품종인 V. 알바 V. alba라는 특정 품종을 가리킬 가능성이 높다. 제비꽃은 아프리카제비꽃 Africa violet과는 관련이 없지만 종묘점에서 늘상 볼 수 있는 야생 팬지 및 팬지와 매우 가까운 친척이다.

제비꽃의 향기와 맛은 다소 까다롭다. 이오논ionone이라는 성분은 코에 있는 냄새 수용기의 기능을 방해하기 때문에 몇 번 맡으면 향기를 감지하기가 불가능해진다. 또한 이오논의 맛을 감지하는 데는 유전적인 요소도 작용한다. 어떤 사람들은 아예 이오논의 냄새나 맛을 느낄 수가 없으며, 꽃향기가 아니라 역한 비누맛을 느끼는 사람들도 있다.

어비에이션

진 1과 1/2온스
마라스키노 1/2온스
크렘 드 비올레트 1/2온스
신선한 레몬 주스 1/2온스
제비꽃 한 송이

얼음에 제비꽃을 제외한 모든 재료를 넣고 섞어 칵테일 잔에 따라낸다. 크렘 드 비올레트나 레몬 주스를 보다 적게 사용하는 버전도 있다. 기호에 따라 비율을 조절한다. 제비꽃으로 장식한다(제비꽃의 친척인 팬지나 야생 팬지를 사용하면 식물학적으로도 재치가 넘치는 대체품이 된다).

제비꽃 리큐어

크렘 드 비올레트: 순수한 제비꽃 향을 원한다면 이 리큐어를 사용한다. 제비꽃, 설탕, 알코올로 만든 인퓨전으로 아름다운 진한 보라색을 띠고 있다.

크렘 이베트 Creme Yvette: 제비꽃이 들어 있을 수도, 그렇지 않을 수도 있는 보라색 리큐어. 쿠퍼 스피리츠 인터내셔널 Cooper Spirits International(생제르맹을 세상에 내놓은 회사이기도 하다)에서 만드는 버전은 카시스, 베리류, 오렌지 껍질, 꿀을 섞어 제비꽃 꽃잎을 우려낸 것으로, 크렘 드 비올레트와는 전혀 다른 맛을 낸다.

파르페 아무르: 퀴라소처럼 감귤류를 베이스로 하여 바닐라, 향신료, 장미 또는 제비꽃을 섞은 보라색 리큐어.

나무

나무:
나무껍질로 둘러싸인 목질 조직의 몸통이나 줄기 하나가
몸체를 지탱하는 여러해살이식물로,
곧게 위로 뻗으며 상당한 높이까지 자라는 경우가 많다.

앙고스투라 ANGOSTURA   *Angostura trifoliata* 운향과

앙고스투라 비터즈의 제조업체들은 수십 년간 비터즈에 진짜 앙고스투라나무의 껍질을 사용하는지 밝히기를 거부한 채 이 제품의 이름에 대한 권리를 옹호하기 위해 법정 싸움을 벌였다. 19세기 후반에서 20세기 초반에 걸쳐 벌어진 이 공방은 상표법이 아직은 생소한 개념이던 시대에 세계적인 법적 선례를 남겼다.

우선 나무 자체를 살펴보자. 앙고스투라나무는 이 나무를 재료로 사용한다고 주장하는 비터즈의 종류만큼이나 여러 가지 이름을 가지고 있다. 독일의 탐험가이자 식물학자인 알렉산더 폰 훔볼트Alexander von Humboldt는 1799년에서 1804년까지 진행된 중남미 원정에서 이 나무에 대한 기록을 남긴 바 있다. 훔볼트는 원정길에 자신과 동행했던 식물학자 아이메 봉플랑Aimé Bonpland의 이름을 따서 이 나무를 본플란디아 트리폴리아타Bonplandia trifoliata라 부르고 싶어했다. 또한 이 나무는 식물학 문헌에 갈리페아 트리폴리아타Galipea trifoliata, 갈리페아 오피키날리스Galipea officinalis, 쿠스파리아 트리폴리아타Cusparia trifoliata, 쿠스파리아 페브리푸가Cusparia febrifuga 등의 이름으로도 등장한다. 관목처럼 보이는 이 나무는 베네수엘라의 앙고스투라 시(현재의 볼리바르시Ciudad Bolívar) 근처에서 야생으로 자란다. 이 나무에서는 짙은 녹색의 잎이 세 개씩 무리지어 돋아나고(그래서 '세 개의 잎trifoliata'이라는 이름이 붙었다), 열매는 다섯 부분으로 나뉘며 각각에 커다란 씨앗이 한두 개씩 들어 있다. 열매는 같은 운향과인 감귤류를 약간 닮았다.

식물학자들 사이에서 이름에 대한 논란이 분분했던 한편, 약사들은 앙고스투라의 의학적 효능을 두고 논쟁을 벌였다. 알렉산더 폰 훔볼트는 앙고스투라의 나무껍질을 우려낸 것이 베네수엘라의 인디언들 사이에서 "몸을 튼튼하게 하는 치료약"으로 사용되었다고 기록했으며, 수도사들은 열과 이질을 완

301

화하는 데 효과가 있지 않을까 하는 기대를 품고 앙고스투라를 유럽으로 가져갔다. 앙고스투라 나무껍질은 19세기 내내 발열을 비롯해 다양한 소화기 질환을 치료할 수 있는 강장제이자 자극제로 약학 문헌에 소개되었다. 앙고스투라 나무껍질, 퀴닌, 향신료를 럼에 담가서 만드는 앙고스투라 비터즈 제조법은 당시의 의학 문헌에서 쉽게 찾아볼 수 있었다.

제조업체측의 주장에 따르면, 우리가 앙고스투라로 알고 있는 브랜드는 1820년에 독일의 의사 요하네스 G. B. 지거트Johannes G. B. Siegert가 베네수엘라의 앙고스투라 시에 도착하면서 시작되었다. 지거트는 현지에서 나는 식물로 일종의 치료용 비터즈를 만들어 아로마틱 비터즈라는 이름으로 팔았고, 생산지를 베네수엘라의 앙고스투라로 표시했다. 1846년에는 독립군 지도자 시몬 볼리바르를 기리기 위해 앙고스투라 시의 이름이 볼리바르 시로 바뀌었다. 지거트는 1870년에 세상을 떠났고, 나중에 지거트의 아들들이 정치적으로 안정된 곳을 찾아 회사를 트리니다드로 옮겼다. 그후에도 '아로마틱 비터즈'의 라벨에는 회사의 새로운 소재지와 함께 앙고스투라의 지거트 박사라는 이름이 계속 표기되었다.

그즈음 유럽 국가들과 미국은 상표법을 통과시키기 시작했고, 지거트 형제도 이에 동참하고자 했다. 지거트 형제는 1878년에 앙고스투라 비터즈를 판매하는 경쟁사를 상대로 영국 법원에 소송을 제기하면서 대중에게는 자신들이 만드는 비터즈가 앙고스투라 비터즈로 알려져 있다고 주장했다. 비록 진짜 앙고스투라나무는 재료로 사용되지 않았고 경쟁자가 그 이름을 사용하기 전까지는 라벨에서 앙고스투라 비터즈라는 이름조차 찾아볼 수 없었지만 말이다.

테오도로 마인하르트Teodoro Meinhard라는 이름의 경쟁자는 기가 막힌 변론을 내세웠다. 자신이 만든 비터즈에는 앙고스투라 나무껍질이 들어 있기 때문에 앙고스투라 비터즈라 부른다고 주장한 것이다. 일반적으로 비터즈 브랜드의 제조업자들은 재료를 비밀로 유지하지만, 법적으로는 아무도 단순히 제품의 내용물을 나타내는 이름을 상표권으로 주장할 수 없다고 규정되어 있었다. 즉, 누구든 자신이 만든 제품을 오렌지주스, 초콜릿 바, 가죽구두 등의 이름으로 부를 수 있다는 의미였다. 이러한 이름은 단순히 해당 상품의 성격을 나타내는 것에 불과하기 때문이다. 마인하르트는 앙고스투라 비터즈라는 이름을 독점적으로 사용하겠다고 주장하지 않았다. 단순히 지거트 형제가 그 이름을 독점하지 못하도록 막으려 했을 뿐이다. 마인하르트의 전략은 부분적으로 성공을 거두었다. 판사는 마인하르트가 앙고스투라 비터즈라는 이름을 사용한 것은 소비자를 오도하여 지거트 브랜드가 아닌 자신의 제품을 사도록 하려는 시도였음이 분명하다고 판결을 내렸지만, 동시에 앙고스투라 비터즈라는 이름 역시 영국 법률하에서 독점적인 사용권을 보호받을 수 없다고 결론 내렸다.

소송은 미국에서도 계속되었다. 1884년에 지거트 형제와 C. W. 애벗 주식회사C. W. Abbott 사이에 거의 비슷한 이유로 일련의 법적 분쟁이 시작되었다. 애벗은 자신이 제조하는 비터즈에 앙고스투라 나무껍질이 핵심 재료로 사용되기 때문에 그 이름을 사용할 권리를 법적으로 보호받을 수 있다고 주장했다. 다시 한번 지거트 형제는 자신들의 제조법에 대해서는 함구한 채, 앙고스투라라는 이름은 나무가 아니라 도시에서 따온 것이라 주장했다. 이번에는 지거트 형제가 그다지 좋은 결과를 얻지 못했다.

판사는 비록 도시의 이름이 수십 년 전에 바뀌었다 하더라도, 도시의 이름에 대해 독점권을 주장할 수 있는 사람은 없다는 판결을 내렸다. 또한 재료의 이름이나 해당 제품을 단순하게 묘사하는 용어에 대해서도 상표권을 주장할 수 없다고 언급했다. 한편 판사는 경쟁자가 그 이름을 사용하기 전까지는 지거트 형제 본인들조차 앙고스투라 비터즈라는 용어를 전혀 사용하지 않았다는 점을 지적했다. 이들은 자신의 제품을 아로마틱 비터즈라고 불렀으며, 일반 대중만이 이 제품을 앙고스투라 비터즈라고 불렀던 것이다.

판사는 또한 선대 지거트 박사가 이미 세상을 떠났는데도 불구하고 이 제품의 라벨에 여전히 "지거트 박사 제조"라는 문구가 들어 있다는 점에 대해서도 지거트 형제를 질책했다. 지거트 형제는 소송에서 패소했고 애벗은 계속해서 앙고스투라 비터즈를 판매했다. 그 이후에 이어진 판결에서 판사들은 비터즈에 의학적 효용이 있다는 근거 없는 주장을 비롯해 지거트 형제가 제출한 소송 내용에서 더욱 못마땅한 점들을 찾아냈다. 독일에서도 운이 따라주지 않아, 판사는 단호하게 앙고스투라 나무껍질이 앙고스투라 비터즈를 만드는 데 사용되었기 때문에 그 이름은 상표권을 인정받을 수 없다며 지거트 형제의 상표권 신청을 기각했다.

법원이 지거트 형제측에 호의적인 판결을 내리고 앙고스투라 비터즈라는 이름의 독점적 권리를 인정하기 시작한 것은 1903년이 되어서였다. 애벗 주식회사는 단순히 자사의 사례뿐만 아니라 다른 유사한 사례들에서도 이제 지거트 형제의 사건과 비슷한 판결이 내려지고 있다고 언급하면서 유감의 뜻을 표하는 성명을 발표했다. "우리 회사의 비터즈는 앙고스투라 나무껍질을 사용해서 만든다. 이것이 우리 주장의 핵심이다. 그리고 법원은 그 점에 상응하는 판결을 내리지 않았다."

1905년에 미국의 상표법이 개정되었다. 지거트 형제는 3개월 만에 새로운 법률에 의거하여 상표권을 신청했다. 신청서에는 "이 상표는 우리와 우리 선조들이 지난 74년간 계속해서 사용해왔으며", "다른 어떤 사람, 법인, 기업, 단체"도 이 상표를 사용할 권리가 없다고 되어 있었다. 신청은 승인되었다.

현재 사용되는 라벨은 몇 가지만 제외하면 원래 특허를 신청했던 라벨에서 거의 변하지 않은 형태다. 1952년에 이 회사는 의학적 효능에 관련된 내용 및 비터즈를 아이들에게 먹일 수 있다는 말을 삭제하고 "앙고스투라 나무껍질이 함유되지 않음"이라는 문구를 추가한 새로운 라벨 디자인을 제출했다.

그렇다면 과연 앙고스투라 나무껍질은 지거트 박사의 레시피에 들어 있었을까, 아니면 경쟁자들의 레시피에만 들어 있었을까? 공개된 30년간의 법정 기록을 보면 지거트 형제는 비밀 레시피를 밝히지 않으면서 소송을 진행해왔다. 다만 자신들의 비터즈가 복통과 열을 치료해준다고 주장하기는 했는데, 앙고스투라 나무껍질은 이 두 가지 증상에 대해 치료 효과가 있다고 알려져 있었다(이들은 또한 비터즈를 "칵테일 제조"에 사용해서는 안 되며, 와인 잔에 소량을 넣고 럼주, 와인, 또는 다른 증류주를 섞은 다음 "아침이나 저녁식사 전, 또는 내키면 하루 중 아무때나" 마셔야 한다고 덧붙였는데, 이 말은 흡사 칵테일을 지칭하는 것처럼 들린다. 이들은 또한 "새로운 럼주"의 맛을 더 좋게 하기 위해 비터즈를 넣으라고 추천했다).

오리지널 레시피에 사용되었던 재료에 대한 또하나의 미심적은 단서는 1889년에 지거트 사가 영화 잡지에 게재했던 광고에서 찾아볼 수 있다. 이 광고에서는 지거트 박사가 1839년에 베네수엘라에서 알렉산더 폰 훔볼트를 만났고, 훔볼트가 병에 걸리자 자신의 비터즈를 처방해주었다는 내용이 들어 있었다. 하지만 이 이야기에는 한 가지 문제점이 있었다. 폰 훔볼트는 1839년에 베를린에 있었던 것이다. 훔볼트는 1799년부터 1804년까지의 베네수엘라 원정에서 실제로 병에 걸렸고 앙고스투라 나무껍질로 치료를 받았는데, 지거트 사는 오늘날 이 재료를 비터즈에 사용하지 않는다고 분명히 밝히고 있다.

이미 베네수엘라의 앙고스투라 지역에서 발열과 위장 질환의 치료제로 사용되고 있던 유명한 식물이 있는데도 불구하고, 같은 지역에서 개발된 의약용 비터즈에 해당 식물이 들어 있지 않았다는 말은 믿기 어렵다. 앙고스투라 나무껍질을 사용한 치료제는 19세기 문헌에 분명히 기록되어 있다. 사실 앙고스투라 나무껍질이 가끔씩 독성을 함유한 스트리키닌strychinine 나무껍질과 섞이는 경우가 있다는 사실이 밝혀지면서 약제사들에게 앙고스투라 비터즈를 제조할 때에는 주의하라는 경고가 전달되기도 했다. 이런 사실로 추측건대 당시에 앙고스투라 나무껍질이 널리 사용되고 있었던 것이 분명하다. 지거트 박사가 이 재료를 레시피에서 제외할 이유가 없었을 것이다.

19세기 말에 새로운 상표법이 통과되면서 한 가지는 분명해졌다. 앙고스투라 나무껍질로 비터즈를 만드는 사람은 누구든 해당 제품을 앙고스투라 비터즈라고 부를 법적인 권리가 있다는 점이다. 그 이름이 제품의 본질을 그대로 묘사한 것이기 때문이다. 앙고스투라라는 이름을 상표권으로 보호받는 유일한 길은 이 이름이 재료에서 따온 것이 아니라고 주장하는 것이었고, 지거트 형제도 그 방법을 따랐다.

만약 이들의 레시피에 원래는 앙고스투라 나무껍질이 포함되어 있었다면, 도대체 언제부터 그 재료를 제외했을까? 이 나무껍질이 스트리키닌 껍질과 혼동되기 쉽다는 사실을 깨닫고 초기에 지거트 박사가 아예 문제가 발생할 소지를 없애버렸을 가능성도 있다. 만약 지거트 박사가 실제로 그 재료를 사용했다면, 회사를 트리니다드로 옮기면서, 혹은 법률 분쟁으로 골머리를 앓게 된 이후로 레시피가 변경되었을 수도 있다.

또는 눈치 빠른 독자들이라면 이미 짐작했을지 모르겠지만, 어쩌면 레시피는 단 한 번도 바뀐 적이 없을 수도 있다. 사실 오늘날 병에 붙어 있는 라벨에는 이 제품에 앙고스투라 나무껍질이 들어 있지 않다고 적혀 있을 뿐이다. 합법적으로 승인된 다른 재료들, 즉 앙고스투라 추출물이나 줄기, 잎, 뿌리, 꽃, 또는 씨에 대해서는 아무런 언급이 없다.

아가릭 AGARIC
Laricifomes officinalis

잔나비버섯과

증류주의 맛을 내는 데 사용되는 것으로 알려진 몇 안 되는 균류 중에서 화이트 아가릭white agaric과 라치 아가릭larch agaric은 낙엽송 나무 및 그 외의 몇몇 견목 품종에서 무리를 지어 사는 선반 모양의 균류다. 오랫동안 이어진 과도한 채집 때문에 유럽에서는 모습을 찾아보기 어렵게 되었으며 잠재적 독성 때문에 사용이 엄격하게 제한되어 있다. 이 버섯을 다량 섭취하면 구토를 비롯한 여러 가지 건강상의 문제를 일으킬 수 있지만, 다른 많은 버섯과 마찬가지로 이 버섯의 의학적인 효용에 대한 연구가 진행되고 있다. 어쨌든 이 버섯은 알코올음료에서 쓴맛을 내기 위해 아주 소량씩 사용하는 것이 허용되어 있으며, 페르네트 스타일 아마로의 재료로 알려져 있다. 이 버섯에는 여러 가지의 이름이 붙어 있지만, 절대 향정신성 식물인 아마니타 무스카리아 *Amanita muscaria*, 즉 광대버섯fly agaric과 혼동해서는 안 된다.

Betula papyrifera

버치비어birch beer, 알코올이 들어 있지 않은 탄산음료가 탄생한 곳은 미국이 아닐지 모르지만 이 음료를 완벽하게 완성한 것은 분명 미국인들이다. 자작나무는 북미, 유럽, 아시아 전역에 걸쳐 서식하며 수세기에 걸쳐 목재와 종이, 염료와 수지, 그리고 약의 재료로 사용되어왔다. 고고학자들이 유럽에서 자작나무 수액의 흔적이 남아 있는 기원전 800년경의 음료수 잔을 발견해낸 것으로 보아, 자작나무도 꿀과 마찬가지로 와인을 만드는 데 사용되었음을 짐작할 수 있다.

17세기 초반부터 몇몇 과학자들이 자작나무 수액을 의료용 또는 순수한 기분 전환용 리큐어로 사용하는 것에 대한 기록을 남기기 시작했다. 플랑드르의 의사 요하네스 밥티스타 판 헬몬트Johannes Baptista van Helmont는 봄에 자작나무 수액을 채집해 "팔팔 끓이거나 와인과 에일이 큰 통에서 자발적으로 일으키는 작업을 진행한 후 가라앉으면 에일에 붓는다"고 기록했다. 그는 이렇게 자연적으로 발효된 수액을 신장, 요도, 장과 관련된 질병의 치료제로 권장했다.

그로부터 몇십 년이 지난 1662년에 존 에벌린John Evelyn은 역사상 최초로 출간된 임학 서적 『실바Sylva』에서 이 레시피를 소개했다. "자작나무 수액 1갤런당 꿀 1쿼트의 비율로 섞고 잘 저어준다. 그다음에는 정향 몇 조각과 레몬 껍질 약간을 넣고 거품을 잘 걷어내면서 한 시간 정도 끓인다. 충분히 끓이고 나서 식으면 질 좋은 와인을 서너 스푼 가득 넣고 발효를 시키는데(그러면 새 에일처럼 발효가 일어난다), 효모의 활동이 잦아들기 시작하면 다른 와인 리큐어처럼 병에 담는다. 적당한 시간이 지나면 아주 상쾌하고 원기를 북돋워주는 음료가 된다."

그러나 초기 정착민들이 가장 음료를 필요로 했을 때 달콤한 수액을 풍부하게 제공해준 것은 바로 북미산 자작나무paper birch였다. 정착민들은 아메리카 원주민이 봄에 자작나무에 상처를 내서 수액을 모으는 모습을 지켜보았지만, 그 수액으로 알코올을 만드는 광경은 볼 수 없었다. 설탕과 곡류가 풍부했음에도 불구하고 북미 인디언 부족들은 남서부나 중남미 원주민들처럼 알코올음료를 만드는 전통이 없었던 것으로 보인다. 그러나 유럽인들은 좋은 알코올 재료를 발견하면 한눈에 알아볼 수 있었다. 이들은 달콤한 수액과 나무껍질에 물, 꿀, 그리고 구할 수 있는 향신료를 섞어 약간의 알코올 성분이 있는 맥주를 만들었다. 사사프라스는 단골로 사용되는 재료였고, 이러한 전통에 힘입어 사르사라는 음료가 펜실베이니아의 네덜란드인 거주 지역에서 인기를 얻게 되었다.

금주법 시행이 가까워지자 양조업자들은 이를 피해 가기 위해 탄산음료라고 이름 붙인 무알코올 버전을 만들어냈다. 무알코올 버치비어는 20세기 전반에 걸쳐 지역 특산물로 생산되었다. 오늘날에는 초기 미국 정착민들이 나무껍질과 뿌리로 만들었던 음료의 맛을 재현한 루트Root라는 펜실베이니아산 리큐어가 무알코올 버치비어의 맛을 재현해내고 있다. 스코틀랜드의 고랭지 지대에 있는 와이너리 몇 군데에서는 자작나무 와인을 전문적으로 생산하며, 우크라이나의 보드카 증류업체는 네미로프Nemiroff 버치 스페셜 보드카에 이 맛을 활용한다.

자작나무 수액은 충치 예방 효과로 잘 알려진 천연 감미료 자일리톨을 생산하는 데에도 사용되며, 일부 자작나무 품종의 나무껍질에는 노루발풀 방향유의 주요 구성 성분인 메틸살리실레이트methyl salicylate가 다량 함유되어 있다. 또한 늘 그렇듯이, 먼 옛날 의사들이 내린 자작나무 껍질 처방에는 어느 정도 일리가 있었다. 베툴린산betulinic acid이라는 자작나무 추출물을 항암제로 활용하는 방법에 대한 연구가 현재 진행되고 있다.

카스카릴라 CASCARILLA   *Croton eluteria*   대극과

진한 향기를 풍기는 이 자그마한 나무를 접한 사람들은 당연히 이를 증류주에 첨가해야 한다고 생각했을 것이다. 이 나무껍질의 방향유에는 소나무, 유칼립투스, 감귤류, 로즈메리, 정향, 타임, 세이버리, 후추에서 발견되는 것과 같은 성분이 여럿 들어 있기 때문에 맛을 내는 데에는 물론, 이는 향수의 베이스 노트로도 아주 매력적인 재료다.

카스카릴라나무는 서인도 원산이며 18세기 말 유럽인들이 실시한 여러 차례의 식물학 원정에서 처음으로 기록에 등장했다. 신대륙에서 발견되는 모든 방향성 나무껍질은 약으로서의 활용 가능성을 평가하는 작업을 거쳤고, 이 카스카릴라나무는 비터즈와 모든 종류의 강장제에 쓰였다. 이 나무는 원래 나무껍질이 은색인 나무로 묘사되었지만, 머지않아 식물학자들은 나무에 무리지어 사는 지의류 때문에 나무가 하얗게 보인다는 사실을 깨닫게 되었다. 지의류 아래에는 갈색 염료로 사용되는 짙은 색의 코르크질 나무껍질이 있다. 살짝 분홍빛이 감도는 흰 꽃이 흩뿌린 듯 피어나며 광택이 나는 잎이 돋아 나무는 상당히 아름답지만, 포인세티아를 포함한 다른 대극과 식물과 마찬가지로 수액은 피부에 닿으면 심한 자극을 준다.

카스카릴라 나무껍질은 비터즈와 베르무트의 중요한 재료로 꾸준히 사용되고 있으며, 캄파리의 맛을 내는 데에도 사용된다는 소문이 있다. 또한 이는 오랫동안 담배의 첨가물로 사용되어왔다. 1989년에 담배 제조업체들이 의무적으로 재료를 공개했을 때에도 카스카릴라는 여전히 재료 목록에 들어 있었다.

기나나무 CINCHONA

Cinchona spp.

꼭두서닛과

칵테일의 역사에서 남미에서 온 이 나무보다 더 중요한 역할을 한 나무는 없다. 기나幾那나무의 껍질에서 추출한 퀴닌은 토닉, 비터즈, 가향 와인, 그 외 여러 증류주의 맛을 내는 데에 쓰일 뿐 아니라 말라리아로부터 세상을 구하고 식물학자와 식물 채집자들을 몇 차례의 세계 전쟁으로 내몰기도 했다.

킹코나 속은 23종류의 교목과 관목으로 구성되어 있으며, 대부분은 광택이 나는 짙은 색의 잎이 달리고 향기가 진한 흰색 또는 분홍색의 관상화管狀花가 피기 때문에 벌새와 나비가 모여든다. 붉은빛이 도는 갈색 나무껍질은 안데스 지역 부족들이 약으로 사용했다. 이들은 기나나무 껍질로 열병과 심장병을 치료했고, 아마 말라리아에도 사용했을 것이다. 다만 일부 역사학자들은 이미 수세기 동안이나 말라리아로 고통받고 있던 유럽인들이 남미에 말라리아를 퍼뜨린 주범이라고 말한다.

예수회 사제들은 1650년에 이 식물이 말라리아에 효과가 있다는 것을 발견했지만, 유럽인들이 이 씁쓸한 가루의 중요성을 인식하고 남미로 배를 보내 벌채목을 실어오기 시작한 것은 그보다 무려 50년이 지나서였다. 현지인들은 당연히 자신들의 숲이 노략질당하는 것을 우려하여 나무의 위치를 숨기기 위해 서로 협력했다.

킹코나의 모든 품종에서 다량의 퀴닌을 얻을 수 있는 것은 아니며, 식물학 문헌에는 이 나무에 대한 잘못된 정보와 이름이 심심치 않게 등장한다. 1854년에 파리에서는 『퀴닌학*Quinologie*』이라는 아름다운 책이 출간되었는데, 여기에는 약사들이 여러 종류의 나무껍질을 쉽게 구별할 수 있도록 다양한 품종의 모습을 그려서 수작업으로 채색한 동판화가 수록되어 있었다. 오늘날에는 킹코나 푸베스켄스*Cinchona pubescens* 및 C. 칼리사이아*C. calisaya*를 비롯한 몇 가지 혼합종이 가장 많은 퀴닌을 생산하는 것으로 알려져 있다. C. 오피키날리스*C. officinalis*는 '공식적인(official)' 느낌을 주는 이름이 붙어 있는 탓에 퀴닌 생산의 표준이 되어야 할 것 같지만 실제로는 퀴닌이 매우 조금만 함유되어 있다.

정글을 헤매고 다니며 본인들 또한 열병에 시달리기 일쑤였던 유럽 탐험가들이 이 점을 파악하기란 쉽지 않은 일이었다. 퀴닌을 둘러싸고 펼쳐진 드라마에서 주목할 만한 인물은 찰스 레저라는 영국 상인이다. 1860년대에 레저는 수집한 씨앗들을 영국 정부에 판매했지만, 거기서는 퀴닌이 아주 조금밖에 나오지 않았다. 그는 마누엘 잉크라 마마니Manuel Incra Mamani라는 볼리비아 사람을 고용해 더 많은 씨앗을 수집해 오도록 했지만, 마마니는 현지 관료들에게 체포되고 말았다. 레저는 이 일에 대해 이렇게 적었다. "불쌍한 마누엘도 죽고 말았다. 코로이코Coroico의 관리가 그를 감옥에 가두고는 갖고 있는 씨앗은 누구를 위한 것인지 자백하라고 매질을 했다. 매를 맞고 굶주린 채 20일간 감옥에 갇혀 지낸 마누엘은 마침내 자유의 몸이 되었지만 당나귀와 담요를 비롯해 가진 것을 모두 빼앗긴 채 풀려난 탓에 얼마 지나지 않아 세상을 떠나고 말았다."

그러나 마누엘이 죽기 전에 레저에게 보낸 약간의 씨앗이 있었다. 영국 정부는 더이상 레저가 가진 것에 관심이 없었기 때문에 레저는 약 20달러 정도를 받고 그 씨앗을 네덜란드 정부에 팔았다. 네덜란드는 이미 오랫동안 향신료 농장을 장악하고 있던 자바 지역으로 이 씨앗을 보냈다. 영국 정부에게 판 것과는 달리 이 씨앗은 상당히 좋은 결과를 냈고, 머지않아 네덜란드가 전 세계적인 독점권을 갖게 되었다. 이들은 나무를 자르지 않고 퀴닌을 얻어내는

마마니 진 토닉

이 레시피에 들어간 남미가 원산지인 할라페뇨와 토마토는 퀴닌을 전 세계에 전파하기 위해 모든 것을 잃어버려야 했던 마누엘 잉크라 마마니를 기린다는 의미다.

진(어비에이션 또는 헨드릭스를 사용해 보자) 1과 1/2온스
씨와 속을 뺀 후 저민 할라페뇨(기호에 따라 덜 매운 고추를 사용할 수도 있다) 1개
신선한 실란트로 또는 바질 2, 3가지
오이 큼직하게 자른 것 한 조각과 음료수 젓는 막대 모양으로 자른 것 한 조각
질 좋은 토닉(피버 트리Fever Tree나 큐 토닉Q Tonic처럼 고과당 콘 시럽이 들어 있지 않은 브랜드를 사용)
붉은색 또는 주황색 방울토마토 3개

칵테일 셰이커에 진을 채우고 할라페뇨 2조각, 실란트로 1가지, 큼직한 오이 조각을 넣고 머들링한다.

하이볼 잔에 얼음을 채운다. 할라페뇨 1~2조각, 실란트로 1가지, 오이 막대 한 조각을 차례로 넣는다.

진을 걸러서 얼음 위에 붓는다. 토닉워터로 잔을 채우고 칵테일 핀에 꽂은 방울토마토로 장식한다.

방법을 찾아냈다. 나무껍질을 벗겨낸 후 드러난 나무의 몸통을 이끼로 감싸 상처가 아물게 하고 다시 껍질이 돋아날 수 있도록 한 것이다.

제2차세계대전이 일어나 일본군이 자바를 점령하고 독일이 암스테르담에 있는 퀴닌 창고를 장악하자 모든 것이 바뀌었다. 일본군의 점령을 앞두고 마지막으로 필리핀을 떠난 미국 비행기에는 400만 개의 퀴닌 씨앗이 실려 있었지만, 나무가 자라는 속도가 더뎌 연합군에게 제때에 말라리아 치료제를 제공할 수는 없었다.

이를 대체할 수 있는 합성 물질을 필사적으로 찾는 한편, 미 농무부는 식물학자 레이먼드 포스버그Raymond Fosberg를 남미로 보내 더 많은 퀴닌을 찾아오도록 했다. 포스버그는 옛 탐험가들의 발길을 쫓으며 5670톤의 나무껍질을 모아 본국으로 보냈지만 여전히 턱없이 부족했다. 컬럼비아에서 지내던 어느 날 밤, 누군가 문을 두드리는 소리를 듣고 나간 포스버그는 나치 당원들이 거래를 하러 찾아왔다는 사실을 알게 되었다. 그들은 남미까지 포스버그를 따라와서 자신들이 독일에서 밀수해온 순수 퀴닌을 팔겠다고 제안했다. 포스버그는 망설임 없이 제안을 받아들였다. 미군이 계속 싸우기 위해서는 그 약이 꼭 필요했다. 심지어 그 약이 부패한 나치 당원들에게서 나온 것이라 해도 말이다.

약으로 처음 사용되기 시작할 때부터 퀴닌에는 문제점이 하나 있었다. 바로 쓴맛이었다. 소다수나 약간의 설탕을 섞으면 삼켜넘기는 데 도움이 되었다. 영국에서 건너온 식민지 정착민들은 진을 약간 넣으면 약의 맛이 좋아진다는 것을 발견했고, 이렇게 해서 진 토닉이 태어났다. 또한 퀴닌은 비터즈, 허브 리큐어, 베르무트에도 중요한 재료로 사용된다. 비어Byrrh는 와인과 퀴닌을 혼합한 것이다. 모랭 키나Maurin Quina는 화이트 와인 식전주에 퀴닌과 야생 체리, 레몬, 체리브랜디를 우려낸 것이다. 키나 마르티니China Martini와 리쿠오레 엘릭서 디 키나Liquore Elixir di China와 같은 이탈리아의 식전주 및 스페인의 감귤류 리큐어 칼리사이Calisay 역시 퀴닌을 베이스로 하고 있다. 매우 다양한 종류의 퀴닌을 우려낸 식전주가 시장에 새롭게 출시되기도 했으며 몇몇은 부흥기를 맞고 있다. 전부 한번쯤 마셔볼 만하다.

아마도 퀴닌을 가장 매력적으로 사용한 예 중 하나는 와인에 감귤류, 허브, 약간의 퀴닌을 우려낸 '릴레'라는 술일 것이다. 릴레는 블랑, 로제, 루주 세 종류가 있는데, 와인처럼 차갑게 해 잔에 따른 다음 날씨 좋은 봄날 프랑스의 노천카페에서 즐기면 더이상 바랄 것이 없다. 하지만 바텐더들은 칵테일에도 이 릴레를 훌륭하게 활용하고 있다.

퀴닌에 자외선을 비추면 왜 빛이 날까?

토닉워터 병에 자외선 조사기를 비추면 밝은 형광 파랑색으로 빛난다. 퀴닌 알칼로이드는 자외선을 받아 '활성화excited'되는데, 이 말은 전자가 빛을 흡수하여 여분의 에너지를 취한 다음 원래의 궤도를 벗어난다는 의미다. 전자가 원래 위치인 '안정된relaxed' 상태로 돌아가기 위해서는 에너지를 발산해야 하므로 밝은 빛이 나타나는 것이다.

계피 스틱이 어디서 오는지는 아무도 모른다. 계피새라는 이름의 새가 미지의 장소에서 향기로운 나뭇가지를 모아와 그것으로 둥지를 만든다. 사람이 계피를 수확하기 위해서는 화살 끝에 추를 달아 쏘아 둥지를 떨어뜨려야 한다.

물론 이것은 사실과는 거리가 멀지만, 기원전 350년 아리스토텔레스가 『동물의 역사*Historia Animalium*』에서 계피에 대해 설명하면서 최선을 다해 추측한 것이었다. 그 이후 우리는 계피가 어디서 나는지 알게 되었기 때문에 더이상 신화 속에 등장하는 새의 둥지를 쏘아 떨어뜨려야 할 필요는 없다.

계피는 사실 현재 스리랑카가 위치한 지역을 원산지로 하는 나무의 껍질이다. 아랍의 향신료 상인들은 나무가 자라는 곳을 비밀로 유지했지만 일단 포르투갈 선원들이 장소를 알아내자 소문은 금세 퍼져나갔다. 이들은 우기까지 기다렸다가 어린순을 잘라주어 나무의 성장을 방해함으로써 나무가 완전히 성숙하지 않고 어린 나무줄기가 겹겹이 쌓이게 하는 저목림低木林이라는 재배법을 익혔다. 이렇게 쌓인 조각들을 긁어서 회색의 바깥쪽 껍질을 제거하면 보다 손쉽게 연한 색의 안쪽 껍질을 길쭉하게 벗겨낼 수 있다. 벗겨낸 껍질은 햇볕에 말린 후 오늘날 계피 스틱이라는 이름으로 판매되는 구부러진 모양의 조각으로 만든다.

1700년대 후반까지 계피는 야생 나무에서 채취했으나 그후에는 농장에서 재배하게 되었다. 오늘날 최상급의 계피가 생산되는 곳은 스리랑카지만 인도와 브라질 역시 전 세계 공급량의 상당 부분을 담당한다. 스리랑카산 계피에는 보통 진짜 계피 또는 실론 계피라는 이름의 라벨이 붙어 있다.

인도와 중국 원산의 다른 계피나무 품종인 키나모뭄 아로마티쿰 *Cinnmomum aromaticum*은 소위 카시아 계피cassia cinnamom라는 것을 생산해낸다. 이 계피는 미국에서 흔하게 판매되고 있으며 진짜 계피와는 손쉽게 구별할 수 있다. 카시아 계피 스틱은 두껍고 보통 커다랗게 이중으로 말려 있는 형태지만 진짜 계피 스틱은 보다 얇은 나무껍질이 단단하게 감겨 있는 모양에 가깝다. 일단 갈아서 향료가루로 만들면 이 두 종류를 서로 구별하기가 어렵지만, 라벨을 확인하는 데에는 그만한 이유가 있다. 카시아 계피에는 민감한 사람에게 간 손상을 일으킬 수 있는 쿠마린이 다량 함유되어 있다. 그 때문에 간이 약한 사람이나 계피를 다량으로 섭취하려는 사람에게는 실론 계피, 즉 진짜 계피가 안전한 선택이다. 하지만 이와 비견할 만한 양의 쿠마린이 들어 있는 또하나의 향신료 통카 콩은 식품에 사용할 수 없도록 금지되어 있는 반면, 카시아 계피에 대해서는 금지 또는 규제 사항이 없다.

계피잎에는 정향과 마찬가지로 오이게놀이 풍부하게 들어 있다. 나무껍질의 주요 성분은 계피알데하이드cinnamaldehyde이지만, 수많은 식물에 함유되어 있는 알싸한 꽃향기를 내는 혼합물인 리날로올도 들어 있다. 계피는 칵테일 세계에서 종횡무진 활약하는 재료로, 베르무트, 비터즈, 알싸한 리큐어에서 찾아볼 수 있다. 가장 잘 알려진 계피 리큐어는 아마 골드슐라거Goldschläger일 텐데, 이는 병에 황금빛 잎이 떠다니는 투명한 계피 슈납스다. 프랑스에 있는 폴 드 부알Paul Devoille이란 양조장에서는 팡 데피스Pain d'Epices라는 생강과자 리큐어를 생산하는데, 이는 계피의 느낌을 병 안에 완벽하게 담아낸 음료라 할 수 있다.

포틀랜드의 증류업자 스티븐 매카시Stephen McCarthy는 알사스 지방의 전통적인 소나무 리큐어에서 영감을 얻어 지역 특산 침엽수인 미송美松을 우려낸 증류주를 만들고자 했다. 오리건 주 해안가를 따라 서식하는 이 위풍당당한 상록수는 60미터 높이까지 자라며 오리건의 주목州木으로 지정되어 있다. 미송은 수많은 나방과 나비의 보금자리가 되는 식물이며 단단한 목질 덕분에 목재로 각광받을 뿐 아니라 크리스마스트리로도 손색이 없다.

매카시는 이 증류주를 만들기 위해 숲에서 수작업으로 미송의 가지 끝에서 싹을 채취한 다음 여기서 맛을 추출하려고 했지만 실패하고 말았다. 좀처럼 마음에 드는 음료수가 완성되지 않았는데, 그 이유 중 하나는 채집해서 손질하는 도중에 싹이 산화되기 때문이었다. 여기서 싹이란 다음해에 바늘잎을 형성하는 짙은 색의 어린순을 말한다.

마침내 매카시는 직접 제조한 높은 도수의 중성 포도 증류주 몇 통을 아예 숲속으로 가져가 양동이에 부은 다음 직접 나무로 가져갔다. "나무에서 딴 싹을 바로 양동이에 떨어뜨렸죠." 매카시의 말이다. "사실상 숲속에서 바로 오드비를 만드는 셈이었습니다." 그는 미송의 싹을 우려낸 증류주를 다시 증류공장으로 가져와서 2주 동안 숙성시킨 후 필터로 걸러서 그 혼합물을 다시 증류했다. 매카시는 이렇게 덧붙였다. "오드비는 매우 까다롭습니다. 오크통에서 숙성시키지 않기 때문에 증류주나 재료에 약간이라도 이취異臭가 있으면 통속에서 이를 바로잡기가 어렵습니다."

마침내 매카시는 맛에서 합격점을 줄 만한 제품을 완성했지만, 아무래도 색이 마음에 들지 않았다. "색은 상록수에서 나오는 것이죠. 따라서 녹색이어야 합니다. 하지만 두번째 증류하는 과정에서 색이 전부 빠져나가버렸죠." 원하는 색을 얻는 방법은 하나뿐이었다. 두번째 증류한 술을 다시 숲속으로 가져가서 양동이에 쏟은 다음 나무 쪽으로 갔다. "또 한 번 싹을 따서 양동이에 떨어뜨렸죠. 그리고 색이 다시 살아날 때까지만 그대로 놓아두었습니다."

매카시가 원하는 색, 투명도, 맛을 모두 얻어내는 방법을 찾기까지는 몇 년이라는 시간이 걸렸지만, 그의 시련은 여기서 끝이 아니었다. 연방 정부에 라벨 사용을 승인받아야 했다. "미송의 라틴어 이름*Pseudotsuga menziesii*을 라벨에 표기하고 싶었습니다. 이 제품은 무엇보다 나무가 중요하기 때문이지요. 하지만 연방 주류 담당자는 미송이라는 나무가 있다는 것을 믿지 않았고, 라틴어 이름은 더더욱 금시초문이었죠." 결국 라틴어 이름과 함께 화가인 매카시의 아내 루신다 파커Lucinda Parker가 그린 나무 그림이 들어 있는 라벨은 승인을 받았다. 매카시의 양조장 클리어 크리크Clear Creek에서는 현재 연간 250상자의 녹색 증류주를 생산하고 있다.

더글러스 탐험

스티븐 매카시는 자신이 만든 미송 오드비를 저녁식사 후에 1온스 정도 깔끔하게 즐기는 것을 좋아했다. 그러나 이 오드비는 칵테일을 만들어도 아주 맛있다. 이 칵테일의 이름은 1824년에 태평양 연안 북서부로 유명한 식물채집 원정을 떠났던 스코틀랜드의 식물학자 데이비드 더글러스에서 따온 것이다. 더글러스는 자신의 이름을 딴 미송(영문명 Douglas fir)을 비롯하여 거의 250개에 달하는 새로운 품종을 영국에 소개했다. 그는 하와이에서 화산을 오르다가 서른다섯의 나이에 세상을 떠났다. 이 칵테일은 런던의 왕립원예학회Royal Horticultural Society에서 활약하던 더글러스의 초기 회원 시절을 기리고 있으며, 그의 원정을 후원한 것도 바로 이 학회였다.

런던 드라이 진 1온스
미송 오드비 1온스
생제르맹 엘더플라워 코디얼 1/2온스
레몬 한 조각을 짜낸 즙

모든 재료를 얼음에 넣고 섞은 후 칵테일 잔에 따라낸다.

유칼립투스 EUCALYPTUS   *Eucalyptus* spp.   도금양과

1868년, 로마 근교의 트레 폰타네Tre Fontane는 거의 버려진 곳과 다름없었다. 토양은 황폐했고 주변 마을은 버려졌으며 무엇보다 말라리아가 감당할 수 없을 만큼 창궐해 있었다. 당시 사람들은 여전히 말라리아는 기생충에 감염된 모기가 옮기는 게 아니라 공기중의 무언가가 옮기는 것이라 믿었으며, 말라리아라는 단어 자체도 라틴어로 '나쁜 공기'라는 의미였다. 수도사들은 이 문제에 대한 독특한 해결책을 발견해냈는데, 수도원 주위에 다름 아닌 유칼립투스나무들을 심는 것이었다. 성장이 빠른 이 오스트레일리아 원산 나무는 약냄새를 풍겼기에 분명 공기를 맑게 해주고, 수도원에서 말라리아를 몰아내며, 토양을 비옥하게 만들고, 수도사들이 소득원으로 삼을 수 있는 약간의 작물을 생산할 수 있을 것이라 기대했다. 수도사들은 심지어 말라리아를 예방할 수 있으리라는 믿음으로 유칼립투스 나뭇잎으로 차까지 만들어 마셨다.

미국의학협회American Medical Association은 1894년에 발표된 「유칼립투스의 죽음」이라는 논문을 통해 이러한 노력을 비웃었다. 이 논문에서는 유칼립투스나무를 심은 이후 말라리아가 더욱 번성했다며 이 나무의 "명성이 자자한 의학적 효능"을 조롱했다. 그러나 수도사들의 판단에 전혀 일리가 없는 것은 아니었다. 2011년에 레몬 유칼립투스 오일이라고 부르는 에우칼립투스 키트리오도라*Eucalyptus citriodora*의 추출물이 모기 퇴치제로 권장되며 질병통제예방센터의 승인을 받은 것이다.

그렇다고는 해도 수도사들은 사실상 아무 쓸모가 없는 수천 그루의 유칼립투스와 씨름해야 하는 처지가 되었다. 이들은 마치 유능한 농부처럼 자신들이 기른 식물로 술을 만드는 법을 찾아냈다. 오늘날 수도원을 방문하는 사람들은 유칼립투스 잎을 담가 만든 달콤한 리큐어, 에우칼리티노 델레 트레 폰타네*Eucalittino delle Tre Fontane*를 구입할 수 있다. 또한 이곳에서는 설탕을 전혀 첨가하지 않아 쌉쌀한 맛을 내며 추운 겨울밤에 마시기에 안성맞춤인 에스트라토 디 에우칼립투스*Estratto di Eucaliptus*도 판매하고 있다.

유칼립투스의 맛을 보면 리큐어보다는 감기약에 더 어울리겠다는 생각이 들지도 모르지만 멘톨이나 장뇌의 시원한 향기는 소나무나 주니퍼의 나무 향을 더욱 강조해주는 역할을 하기도 한다. 유칼립투스는 비터즈, 베르무트, 진에 사용된다. 특히 페르네트 브랑카는 강렬한 유칼립투스 향으로 잘 알려져 있다.

유칼립투스는 원산지인 오스트레일리아에서 오랫동안 사람을 취하게 하는 성분으로 사용되어왔다. '사이다 검cider gum 유칼립투스'라고 불리는 E. 군니*E. gunnii*는 달콤하고 끈끈한 수액을 분비하는데, 이 수액은 나무에서 흘러 떨어지면서 자연스럽게 발효된다. 나무 한 그루에서 하루에 최대 15.2리터의 수액이 흘러나오는데 오스트레일리아 원주민들은 이 수액을 유용하게 사용했다. 1847년에 영국의 식물학자 존 린들리John Lindley는 이 나무에 대해 이렇게 적었다. "태즈메이니아 주민들에게 발효되어 맥주와 같은 성격을 띠는 차갑고, 상쾌하며, 다소 배변에도 효과적인 음료를 풍부하게 공급해준다." 오늘날 탬버린 마운틴 양조장은 이 식물로 맛을 내는 유칼립투스 검 리프 보드카*Eucalyptus Gum Leaf Vodka*와 오스트레일리아 허브 리큐어로 여러 차례 상을 수상했다.

바텐더들은 유칼립투스 시럽과 인퓨전으로 여러 가지 실험에 도전하고 있지만, 미 식약청에서는 서부 지역에 폭넓게 서식하는 E. 글로불루스 *E. globulus*, 즉 블루 검blue gum만을 안전한 식품 재료로 간주하며 그중에서도 방향유 추출물이 아닌 잎의 사용만이 승인되어 있다는 점을 절대 잊지 말도록 하자.

술 취한 앵무새

오스트레일리아의 조류학자들은 매년 동남부 지역의 사향오색앵무새가 이상한 행동을 한다는 시민들의 제보를 받는다. 알록달록한 색의 이 앵무새들은 가끔씩 제대로 날지 못하는 현상을 보인다. 땅에서 휘청거리며 마치 술 취한 것 같은 행동을 한다. 심지어는 다음날 숙취에 시달리는 모습을 보이기도 한다. 이런 현상은 이 새들이 즐겨 먹는 유칼립투스 꿀이 나무에서 발효될 때 일어난다. 이것은 야생동물이 자연적으로 생성된 술 때문에 실제로 취하는 몇 안 되는 사례 중 하나다. 안타깝게도 이렇게 되면 앵무새들이 포식자들에게 취약해지거나 부상을 당하기 쉬우므로 새 구조 단체들은 주기적으로 술 취한 앵무새들을 거두어다가 술을 깰 수 있도록 도와준다.

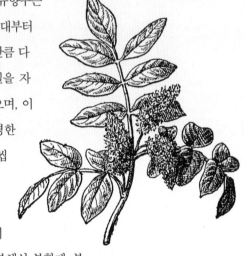

피스타치오와 가까운 친척인 이 유향수는 지중해 원산이며, 이 지역에서는 고대부터 이 나무의 수지를 채집해 놀라울 만큼 다양한 용도로 활용해왔다. 나무껍질을 자르면 줄기에서 유향 검이 흘러나오며, 이 검은 말라가면서 딱딱하고 반투명한 노란색 물질로 변하는데 이것을 씹으면 마치 고무처럼 말랑말랑해진다. 이 성분은 광택제로 유용하게 쓰이며 오늘날까지도 화가들이 유화에 사용한다. 접착 용도로는 분해성 봉합제, 붕대, 국소 연고에 사용된다. 이 고무는 충치에도 효과가 있는 것으로 알려져 있어 몇몇 치약 브랜드에서도 재료로 쓴다. 물론 소나무, 월계수, 정향을 섞어놓은 것 같은 맛이 약을 연상시킨다는 사실만은 부인할 수 없지만, 그리스산 증류주의 맛을 내는 데에도 사용되고 있다. 마스티카Mastika는 보통 브랜디를 베이스로 하여 아니스로 맛을 낸 도수 높은 증류주를 가리키며 식후주로 낸다.

유향수 그 자체는 키가 작고 향기가 강하며 무성하게 자라는 식물로, 자그마한 붉은색 열매가 열렸다가 익을수록 검은색으로 변해간다. 유향 검 생산으로 가장 유명한 곳은 그리스의 키오스 섬이다. 사실 키오스 섬에서 생산된 유향은 샴페인이나 칼바도스처럼 유럽연합에서 원산지 명칭 보호 상품으로 지정되어 있다.

카리브 해 지역, 특히 트리니다드와 바베이도스 근처를 방문했던 사람들은 콜루브리나 아르보레스켄스*Colubrina arborescens*와 C. 엘립티카 *C. elliptica*라는 두 종류의 나무껍질로 만드는 이상하리만치 달콤하면서도 씁쓸한 모비 시럽을 접해보았을지 모른다. 여러 종류의 레시피가 있지만 보통 나무껍질에 설탕과 물을 혼합한 다음 계피, 올스파이스, 육두구, 바닐라, 감귤류 껍질, 월계수, 팔각, 알싸한 감초 향을 내기 위한 회향씨 등의 재료를 적당히 섞어 넣는다. 물이나 탄산수에 모비 시럽을 넣은 것은 전통적으로 일종의 만병통치약 역할을 해왔다. 섬 주민들은 이 액체가 당뇨병을 치료하고 식욕을 북돋워준다고 믿지만, 모비 시럽의 건강상 효용에 대한 유일한 객관적인 증거는 모비 시럽이 고혈압을 완화시켜줄 수 있다고 밝힌 『웨스트인디언 메디컬저널*West Indian Medical Journal*』의 소규모 연구 한 건뿐이다.

전 세계에는 30개 이상의 콜루브리나 품종이 있으며 이들은 모두 날씨가 따뜻한 지역에서 자란다. 모비를 만드는 데에 가장 널리 사용되는 C. 엘립티카는 사실 아이티와 도미니카공화국 원산이지만 나무껍질은 인근 섬으로도 유통된다. 바베이도스 원산인 C. 아르보레스켄스 역시 사용되고 있다. 목재는 엄청나게 단단해 몇몇 품종은 실제로 경질 수목ironwood으로 분류된다. 나무껍질에는 타닌과 쓴맛이 나는 사포닌(이 경우에는 마비오사이드mabioside라고 부른다)이 들어 있는데, 포식자들로부터 식물을 보호하기 위한 성분으로 추정된다. 플로리다에서는 C. 아르보레스켄스를 야생 커피라는 이름으로 부르기도 하므로 이 나무껍질이 예전에는 차나 커피의 대용품으로 사용되었음을 짐작할 수 있다.

20세기 초에 '모비 여성'들은 집에서 만든 시럽을 주석 용기에 담아 머리에 이고 다니며 거리에서 팔았다. 오늘날에는 보다 대규모로 시럽을 생산하고 상업적으로 판매할 뿐만 아니라 모피 피즈Mauby Fizz처럼 병에 든 탄산음료도 있다. 또한 모비는 카리브 스타일의 칵테일에도 사용되며 북미의 티키 바의 가장 실력 있는 바텐더들도 모비가 들어가는 몇 가지 칵테일을 만들어낸다. 비록 레시피를 누설하는 바텐더는 아무도 없지만 말이다.

몰약나무는 작고 못생긴 나무다. 앙상하고 가시로 덮여 있으며 잎도 거의 달려 있지 않다. 이 나무는 소말리아와 에티오피아의 척박한 땅에서 자라며 황폐한 풍경 속에 회색의 우울한 모습을 드러낸다. 줄기에서 떨어지는 풍부하고 향이 진한 수지가 아니었다면 아무도 이 나무를 거들떠보지 않았을 것이다.

이집트, 그리스, 로마인들은 대략 건포도와 비슷한 크기와 모양으로 건조시킨 작은 수지 덩어리를 향수와 향으로 사용하며 매우 귀중하게 여겼다. 이 나무의 수지는 음료수 그릇을 봉합하는 데에도 사용되었기 때문에 몰약과 와인이 어떻게 만나게 되었는지는 쉽게 상상할 수 있다. 로마인들은 죄인을 십자가에 못박을 때 몰약과 와인을 섞은 음료를 권했으며, 예수에게도 이 음료를 주었지만 예수는 마시지 않았다.

몰약은 쓸쓸해서 마치 약을 먹는 것 같은 맛이 난다. 몰약의 방향유에는 소나무, 유칼립투스, 계피, 감귤류, 쿠민과 같은 성분이 들어 있다. 프랑스의 증류업자 콩비에는 고급 오렌지 리큐어인 루아얄 콩비에Royal Combier의 재료로 이 몰약을 꼽고 있으며 베르무트, 가향 와인, 비터즈에도 몰약은 자주 사용되는 재료다. 페르네트 브랑카의 제조업체들은 몰약이 비밀 재료 중 하나라는 사실을 굳이 감추지 않으며, 몰약의 강렬하고 고풍스러운 맛 덕분에 페르네트는 마시는 사람에게 깊은 인상을 주게 된다.

소나무PINE

Pinus spp.   소나뭇과

신석기시대의 고고학 유적지에서 송진을 넣은 와인의 흔적이 발견된 바 있다. 송진은 아마도 보존제로 사용되었거나 통에서 숙성시키는 과정처럼 술에 나무 향을 추가하기 위해 사용되었을 것이다. 어쩌면 의학적인 효용도 있었을지 모른다. 먼 옛날에는 송진이 나무의 상처를 치료해준다고 생각했기 때문에 아마도 송진을 마시면 몸속에 생긴 병도 치유되리라 믿었을 것이다. 로마의 와인 제조업자들은 송진뿐 아니라 유향, 몰약, 테레빈유의 원료인 테레빈나무 추출물 등 이상한 재료를 한데 모아 와인에 넣었다.

심지어 오늘날에도 그리스에서는 송진을 우려낸 레치나retsina라는 와인을 구할 수 있다. 그리스의 가이아 에스테이트Gaia Estate 와이너리는 알레포 소나무Pinus halepensis 추출물로 맛을 낸 리티니티스 노빌리스Ritinitis Nobilis라는 레치나를 만든다. 페르네트 브랑카 역시 약간의 송진을 가미한다는 말이 떠돈다.

그러나 가장 흥미로운 소나무 베이스 증류주는 바로 알사스 지방의 소나무 리큐어인 부르종 드 사팽bourgeon de sapin이다. 사람에 따라 호불호가 갈릴 수는 있겠지만 바텐더들이 새로운 칵테일을 실험해보기 위해 즐겨 사용하는 희귀하고 독특한 유서 깊은 리큐어다(크리스마스트리로 만든 달콤한 술을 깔끔한 쇼트 글래스에 담아 마신다고 상상해보자). 오스트리아 버전인 지르벤즈Zirbenz

스톤 파인 리큐어는 고도 높은 알프스 지역에서 자라는 아롤라 우산 소나무 Pinus cembra를 사용해 옅은 계피색과 꽃향기를 낸다. 증류업자에 따르면 솔방울은 5~7년에 한 번씩만 채집하며 그때에도 전체 솔방울의 4분의 1 이하만 딴다. 채집을 담당하는 이는 7월 초에 알프스 산지를 트레킹하며 빽빽하게 자라난 나무를 타고 올라 붉은색과 톡 쏘는 맛이 가장 강한 시점에 솔방울을 따오는 대담한 등산객들이다.

로얄 태넌바움

『임바이브Imbibe』지 2008년 11·12월호에 실린 라라 크리시Lara Creasy의 레시피

런던 드라이 진 1과 1/2온스
소나무 리큐어(지르벤즈 스톤 파인 리큐어 등) 1/2온스
신선한 로즈메리 한 가지

진과 소나무 리큐어를 얼음에 붓고 잘 섞은 후 걸러서 칵테일 잔에 따라낸다.
로즈메리 가지로 장식한다.

아라비아 고무나무 SENEGAL GUM TREE *Senegalis senegal* (*Acacia senegal*) 콩과

수단의 사막에서 자라며 작고 가시로 뒤덮인 이 나무는 신문 인쇄용 잉크를 지면에 고정시키고, 이집트의 미이라를 보존하며, 탄산음료에서 당분과 색소를 안정시키는 등 엄청나게 다양한 역할을 하고 있다. 또한 이 나무는 칵테일에 매끄럽고 부드러운 질감을 주며 당분의 결정화를 막아주는 옛날식 검 시럽의 주요 재료이기도 하다.

최근까지 아카시아로 분류되는 나무는 1000종 이상이었으며 거의 대부분이 호주가 원산지다. 일부는 유럽, 아시아, 아프리카, 북미, 남미의 조금 더 기후가 따뜻한 지역이 원산지다. 분류학자들은 최근에 아카시아를 몇 가지 다른 속으로 분리했는데, 이 결정 때문에 큰 논란이 일어나 청원이 제기되는가 하면 식물학자들이 공개적으로 서로를 비난하는 사태가 벌어졌다. 보통은 따분하기 짝이 없는 식물학 명칭 학회에서 탐욕스럽고 부패했다는 비방이 과학자들 사이에 난무했다. 아카시아 속을 재편한 결과 수단의 농부들은 이제 아카시아가 아닌 세네갈리스 세네갈을 기르는 셈이 되었다. 아라비아 검이라고도 부르는 아카시아 검 역시 다른 이름을 찾아보아야 할 처지다.

이 나무를 둘러싼 논란은 비단 식물학적 논쟁에서 그치지 않았다. 이 나무는 수단을 서식지로 하기 때문에 끔찍한 전쟁의 한가운데에 있었다. 이 지역에서 전쟁이 일어나는 바람에 나무를 긁은 다음 흘러나오는 검 방울을 손으로 모아 채집해야 하는 미가공 검의 공급이 위기에 처하게 되었다. 미 국무성은 1997년에 오사마 빈 라덴이 검을 가공하기 위해 유럽으로 수출하는 국영 독점 기업인 검 아라빅 사Gum Arabic Company에 많은 투자를 하고 있을 가능성이 있다고 판단해 주의경고를 발령했다. 이 회사는 테러리스트와의 관련성을 부인했다. 탄산음료 기업들의 대대적인 로비 끝에 수단에 내려진 경제 제재 조치가 개정되면서 아라비아 검에 대해서는 예외가 허용되었다.

이 나무가 겪고 있는 또다른 위기는 기후 변화다. 가뭄이 심해지자 이 나무는 수단의 아주 좁은 지역에서만 자라게 되었다. 농업 구호 전문가들은 이 나무의 서식지를 확대하려 노력하는 한편, 현지 농부들에게 최소한의 강우량만으로도 나무를 생존시킬 수 있는 특수한 집수 기술을 동원해 '검 정원'을 조성하는 방법을 전수함으로써 농부들이 가족을 부양할 수 있을 만큼 충분한 검을 생산할 수 있도록 돕고 있다. 뿐만 아니라 농부들은 메뚜기떼, 흰개미, 곰팡이병, 굶주린 염소 및 낙타와도 씨름을 벌여야 한다.

6미터 높이까지 자라는 이 나무는 30미터에 달하는 곧은 뿌리를 뻗어내리는데, 척박한 사막 환경에서 살아남을 수 있는 것도 이 때문이다. 잎은 매우 작아 수분 유실을 막는 데 도움이 되며, 가지는 우산 모양으로 넓게 퍼져 크기가 작은 잎들이 최대한 햇빛을 받을 수 있다. 달콤하고 끈끈한 검 역시 상처를 치유하고, 곤충의 피해를 방지하며, 질병을 퇴치하는 역할을 맡고 있다.

기원전 2000년경에 이집트인들은 이 나무의 껍질을 긁어서 스트레스를 주면 나무가 검을 더 많이 생산한다는 사실을 알게 되었다. 이들은 검으로 잉크를 만들고, 음식에 넣었으며, 미이라를 만들 때 접착제로도 사용했다(프랑스의 고어인 gomme라는 단어는 그보다 더 오래전에 검을 지칭하던 이집트의 komi, 그리스의 komme라는 말에서 유래했다). 검은 계속해서 잉크, 도료, 그 외 여러 가지 제품의 응고제뿐만 아니라 약용 시럽, 페이스트, 캔디형 정제 등의 농축제와 유화제로 사용되어왔다. 제빵사들은 아이스크림, 사탕, 아이싱에 이 검을 사용했으며 달콤한 검 시럽이 칵테일의 재료로도 유용하게 사용되는 것은 시간문제였다. 검 시럽은 심플 시럽으로는 대체할 수 없는 부드러운 질감을 더해준다.

아라비아 검을 사용한 전문 칵테일 시럽이 시판되고 있지만 검 시럽은 집에서도 손쉽게 만들 수 있다. 향신료 상점이나 제과제빵사들을 상대하는 매장에서 식용 아라비아 검을 구해보자(공예품점에서 판매하는 아라비아 검은 예술 작품 제작에 사용되는 등급이 낮은 검이다).

검 시 럽

식용 아라비아 검 가루 2온스
물 6온스
설탕 8온스(취향에 따라 양을 줄여도 좋다)

냄비에 아라비아 검과 물 2온스를 넣고 끓다시피 할 때까지 가열하며 검을 녹인다. 일단 식힌
후 설탕과 나머지 물 4온스를 냄비에 넣어 심플 시럽을 만든다. 끓을 때까지 열을 가해 설탕을
녹인다. 검 혼합물을 넣고 2분간 가열한 후 식힌다. 설탕과 물을 동량으로 넣어 만든 심플 시럽을
선호하는 사람들도 있으므로 먼저 소량으로 실험을 해보고 취향에 맞게 설탕의 양을 가감한다.
냉장고에 넣으면 최소 6주간 보관할 수 있다.

가문비나무 SPRUCE

Picea spp.

1930년대 사람들은 비타민C 결핍이 괴혈병을 일으킨다는 사실을 완전히 이해하지는 못했지만 배의 선장들은 가끔씩 오랜 항해를 떠나기 전에 레몬과 라임을 잔뜩 실어서 괴혈병을 방지하곤 했다. 감귤류를 구할 수 없을 때에는 자세한 원리는 알지 못한 채 다른 비타민C 공급원으로 대체하기도 했는데, 그중에는 녹색의 어린 가문비나무 싹도 있었다.

제임스 쿡 선장은 식물학자 조지프 뱅크스Joseph Banks가 가르쳐준 레시피를 선원들에게 시도해보았다. 물에 가문비나무 가지와 맛을 개선하기 위한 약간의 차를 함께 넣어 끓인 다음 당밀과 맥주, 또는 효모를 조금 섞어 발효를 시작하는 레시피였다. 쿡은 일기에 베리 열매나 가문비나무 술을 먹이면 선원들의 괴혈병을 치료할 수 있다고 기록했다.

제인 오스틴은 가문비나무 술에 대해 잘 알고 있었으며 1809년에 여동생 커샌드라에게 보낸 편지에서 이 술을 "큰 통 한가득" 만들었다고 적었다. 소설『엠마』의 중요한 대목에서는 아예 가문비나무 술의 레시피를 중심으로 이야기가 흘러가서 엘튼 씨가 엠마에게 연필을 빌려 나이틀리 씨가 가르쳐준 레시피를 적어내려가는 장면이 나온다. 전형적인 제인 오스틴식 반전에 따라 이 장면은 나중에 중요한 역할을 하게 되는데, 엠마의 친구인 해리엇이 엘튼 씨를 추억하기 위해 그가 재료를 적는 데 사용했던 연필을 훔치고 만다.

가문비나무 술 레시피는 18세기와 19세기 문헌에서 심심치 않게 등장한다. 가문비나무 술의 레시피를 만들어낸 사람은 벤저민 프랭클린이라고 알고 있는 사람이 많지만, 엄밀히 말해 그렇게 보기는 힘들다. 프랭클린은 프랑스 대사 시절에 해나 글래스Hannah Glasse라는 여성이 1747년에 펴낸 『간단하고 쉬운 요리법 The Art of Cookery Made Plain and Easy』에서 레시피 몇 개를 옮겨 적었다(한편 프랭클린이 놓친 몇 가지 재미있는 레시피가 있는데, 그중에는 파스닙, 모란, 겨우살이, 몰약, 말린 노래기를 브랜디에 담근 후 '취향에 따라 단맛을 낸' '발작의 물 Hysterical Water'이라는 것도 있다). 프랭클린은 글래스의 레시피를 자기 것이라 주장하려는 의도는 전혀 없었고, 단순히 개인적으로 사용하기 위해 옮겨 적었을 뿐이다. 그럼에도 불구하고 프랭클린이 쓴 글 중에서 이 레시피가 발견되자, 미국 헌법 제정자 중 하나가 가문비나무 술을 처음 만들어낸 주인공이라는 훌륭한 이야깃거리를 저버리기는 어려웠다. 오늘날 통용되는 이 레시피에서는 해나 글래스가 아닌 프랭클린의 역할만을 언급하고 있다.

가문비나무는 쥐라기 후기까지 거슬러올라가는 오래된 식물이다. 식물학자에 따라 의견이 다르지만 최대 39개의 품종이 확인되어 있으며 아시아, 유럽, 북미의 서늘한 기후 지역에서 자란다. 다른 여러 침엽수와 마찬가지로 가문비나무도 천천히 성장하며 전기톱으로 훼손하지 않고 내버려둔다면 깜짝 놀랄 정도로 오래 산다. 세계에서 가장 오래 살아 있는 나무는 노르웨이의 가문비나무로, 이 나무의 근계 나이는 9950년을 헤아린다.

가문비나무는 겨울에 추위를 견디고 씨가 들어 있는 방울을 발달시키기 위한 방어기제로 아스코르빈산을 비롯한 몇 가지 영양소를 생성하므로 괴혈병을 방지하고 비타민C 흡수를 촉진하는 데 도움이 된다. 비타민 함량이 가장 높은 것은 붉은 가문비나무 P. rubens 와 검은 가문비나무 P. mariana 지만 미 식약청에서는 검은 가문비나무와 흰색 가문비나무 P. glauca 만을 안전한 천연 식품첨가물로 인정하고 있다. 비전문가는 가문비나무와 주목처럼 독성이 강한 다른 침엽수를 서로 구별하기가 어려우므로 자가 양조를 하고자 하는 사람은 숲에서 가문비나무를 채집하기 전에 전문가의 조언을 받는 것이 좋다.

사탕단풍 SUGAR MAPLE *Acer saccharum*

1790년에 토머스 제퍼슨은 커피에 단맛을 내기 위해 22.6킬로그램의 단풍 설탕을 구입했다. 이것은 음식과 관련된 결정이라기보다는 정치적인 결정에 가까웠다. 노예의 노동력으로 생산하는 사탕수수 설탕 대신 자국에서 재배한 단풍 설탕을 지지하도록 친구이자 독립선언서의 공동 서명자인 벤저민 러시Benjamin Rush 박사가 압력을 가했던 것이다.

본인도 노예를 거느리고 있기는 했지만 제퍼슨은 이것이 현명한 생각임을 이해했다. 그는 영국의 외교관인 친구 벤저민 본Benjamin Vaughan에게 다음과 같은 서신을 보냈다. 미국 목초지의 상당 부분이 "아주 빽빽하게 사탕단풍으로 뒤덮여 있으며", 단풍 설탕을 채집하는 것은 "여성이나 소녀 이상의 노동력은 필요치 않고 (…) 채집하는 데 흑인 노예가 반드시 필요하다고들 말하는 설탕을 어린아이도 수확할 수 있는 설탕으로 대체하다니 얼마나 다행한 일인가."

건국 초기의 미국인들이 단풍 설탕에 열광한 것은 단순히 노예의 노동력 대신에 아이들의 노동력을 활용할 수 있다는 사실 때문만은 아니었다. 단풍당은 영양분이 풍부하고 몸에 좋은 감미료로 간주되었고, 사실 단풍 시럽에는 철분, 마그네슘, 아연, 칼슘뿐만 아니라 산화방지제와 다양한 휘발성 유기향이 함유되어 있어 버터, 바닐라, 그리고 오크통에서 숙성시킨 증류주처럼 따스하고 알싸한 숲 향기가 난다. 절제를 또하나의 중요한 덕목으로 여겼던 러시 박사는 달가워하지 않았겠지만 단풍 시럽은 술로 빚어도 근사한 맛을 낸다. 이로쿼이족Iroquois 북미 동부에 거주하는 아메리카 원주민 사람들이 사탕단풍 수액으로 약한 발효 음료를 만드는 모습을 보았다는 몇몇 사람들의 기록이 있지만, 유럽인들을 접촉하기 전까지 알코올을 거의 섭취하지 않았던 북미 부족에게 이는 상당히 이례적인 일이었을 것이다. 그러나 미국에 정착한 유럽인들은 지체하지 않고 술을 빚기 시작했다. 1838년의 레시피에는 단풍나무 수액을 끓인 다음 보리가 없을 경우 밀이나 호밀을 섞고 홉을 첨가하여 발효시키며 통에 넣어 숙성시킨다고 되어 있다.

사탕단풍은 북미 원산이며, 전 세계적으로 확인된 약 120개의 단풍나무 품종 중 하나다. 대부분의 단풍나무는 사실 아시아 원산이며(인기가 좋은 붉은 잎의 일본 단풍나무 A. 팔마툼A. palmatum도 마찬가지다) 유럽에도 많은 품종이 있지만, 북미산 사탕단풍만큼 달콤한 수액을 만들어내는 품종은 없다. 유럽에서 미국으로 건너온 정착민들은 이로쿼이족이 단풍나무에 자국을 내서 설탕을 얻어내는 모습을 보고서야 그 잠재력을 깨닫게 된 것이다.

사탕단풍의 독특한 특징은 계속 자라고 있는 줄기의 바깥쪽 부분, 즉 변재邊材에 비어 있는 세포가 있어 낮에는 이곳에 이산화탄소가 가득찬다는 점이다. 추운 밤에는 이산화탄소의 양이 줄어들어 진공상태가 되므로 수액이 나무 위쪽으로 올라온다. 다음날 날씨가 따뜻해지면 수액은 다시 아래로 흘러가는데, 바로 이때 농부들이 나무에 자국을 내는 것이다. 채취한 수액을 끓이면 시럽이 되고, 계속 가열하면 과립당이 된다.

퀘벡은 단풍나무와 관련된 전통으로 잘 알려져 있다. 카리부라는 인기 있는 겨울 음료는 와인, 위스키, 단풍 시럽으로 만든다. 퀘벡에서 생산되는 단풍나무를 우려낸 위스키 리큐어와 오드비, 그리고 단풍나무 와인과 맥주는 충분히 시음해볼 가치가 있다. 버몬트 주에서도 끝없이 독창적인 제품을 만들어내는 버몬트 스피리츠Vermont Spirits의 단풍나무 보드카를 비롯해 양질의 단풍나무 증류주가 몇 가지 생산된다. 버몬트 스피리츠 양조장은 버몬트 화이트라는 유당을 증류해서 만든 보드카를 생산함으로써 버몬트 낙농가의 생계를 돕기도 한다.

카 리 부

레드 와인 3온스
위스키 또는 호밀 위스키 1과 1/2온스
단풍 시럽 소량

얼음에 모든 재료를 넣고 잘 섞은 후 걸러서 잔에 따른다. 이 레시피를 변형한 것 중 하나는 포트와인과 셰리주를 같은 양씩 섞고 브랜디를 약간 넣은 다음 단풍 시럽을 소량 곁들이는 것이다. 마음껏 실험해보되, 모조품이 아닌 진짜 단풍 시럽을 사용하도록 하자.

열매

열매:

수정 후에 형성되는 꽃의 씨방이 성숙한 것으로,
보통 과육이나 단단한 과벽이 하나 이상의 씨앗을
감싸고 있는 형태를 띤다.

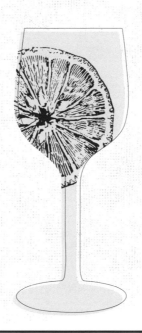

아마레토amaretto 한 잔을 따라보
면 무슨 향기인지 바로 알아차릴
수 있을 것이다. 아몬드 향이다. 아
몬드를 사용한 걸까? 꼭 그렇지는 않
다. 세계에서 가장 인기 있는 아마레토
인 아마레토 디 사론노Amaretto di Saronno
는 살구씨에서 아몬드 향을 얻는다.

  아몬드에 달콤한 품종이 있고 쌉쌀한
품종이 있듯이, 살구씨 역시 달콤한 종류
와 쌉쌀한 종류로 분류된다. 쌉쌀한 품종
은 내장에서 시안화물로 바뀌는 아미그달린amygdalin의 함량이 높다. 미국에
서 재배하는 살구는 대부분 열매를 얻기 위한 것이며 씨가 쌉쌀한 품종이다.
그러나 지중해 지역에서는 소위 달콤한 씨 또는 달콤한 알맹이 품종을 보다
쉽게 찾아볼 수 있다. 달콤한 품종의 단단한 씨를 쪼개서 열어보면 그 안에 들
어 있는 알맹이, 즉 종자는 모양과 맛 모두 가까운 친척인 스위트 아몬드를 꼭
닮았다.

  살구는 기원전 4000년경에 중국에서 재배되었으며 기원전 400년경부터
농부들은 특정한 품종을 선별해내기 시작했다. 유럽으로 전파된 것도 2000년
이상으로 거슬러올라간다. 오늘날에는 수백 개의 품종이 있는데, 그중 상당수
가 특정 지역에 고유하게 적응했다. 가장 오래된 달콤한 씨앗 품종 중 하나는
영국에서 최소한 1760년대부터 재배되어 온 무어 파크Moor Park다. 무어 파크
이전에 가장 인기 있던 품종의 이름은 로만Roman이었다. 이 품종은 실제로 고
대 로마에서 개발한 것이다.

발렌시아

1927년에 국제바텐더연합International Bartenders Union은 비엔나에서 칵테일 대회를
열었다. 우승자는 살구 브랜디, 오렌지주스, 오렌지 비터즈를 섞어서 음료를 만든
요니 한센Johnnie Hansen이라는 독일의 바텐더였다. 유럽 바텐더들은 이 소식을
미국에 전하면서 금주령 추진에 힘써 더 많은 주당들이 유럽으로 넘어오게끔 해준
전미주류판매반대연맹Anti-Saloon League에 감사의 뜻을 표하기도 했다.
발렌시아는 1930년『사보이 칵테일 일람Savoy Cocktail Book』에 수록되어 정통 칵테일로
자리매김했다. 여기에서 소개하는 레시피에는 진짜 살구로 만든 오스트리아산 리큐어를
사용한다. 갓 짠 주스 또한 물론 빼놓을 수 없는 재료다.

로트만&빈터 오차드Rothman & Winter Orchard 살구 리큐어 1과 1/2온스
갓 짠 오렌지주스 3/4온스
오렌지 비터즈 4방울
오렌지 껍질

오렌지 껍질을 제외한 모든 재료와 얼음을 섞고 잘 흔든 다음 걸러서 칵테일 잔에
따른다. 오렌지 껍질로 장식한다. 『사보이 칵테일 일람』에는 하이볼 잔에 따르고 드라이
스파클링 카바나 샴페인으로 마무리하도록 되어 있다. 혹은 『사보이 칵테일 일람』 전체를
하나씩 실험해보고 이에 대한 기록을 남겼으며 사보이 스톰프 블로그savoystomp.com의
운영자이기도 한 칵테일 작가 에릭 엘스태드Erik Ellestad가 제안한 변형 버전이 더 근사할
수도 있다. 그는 오렌지주스와 살구 리큐어, 아르마냑을 동량씩(각각 3/4온스) 섞고 오렌지
비터즈 대신에 앙고스투라를 넣은 다음 카바로 마무리했다.

살구로 알코올의 맛을 내는 전통은 살구가 처음 알려졌을 때부터 바로 시작된 것으로 보인다. 초기 래터피어ratafia, 아몬드 열매로 맛을 낸 과실주 레시피 중 몇 가지에서는 살구씨를 브랜디에 담그고 메이스, 계피, 설탕을 첨가하도록 되어 있다. 아마레토의 출현도 그보다 많이 뒤처지지 않았으며 상당수는 아직도 아몬드가 아닌 살구씨로 만든다. 프랑스에서 누아요noyau라는 단어(복수형은 noyaux)는 핵과核果의 씨를 의미하는데, 실제로 누아요라는 이름이 붙어 있는 리큐어는 보통 살구씨를 사용해서 만든다. 크렘 드 누아요crème de noyaux는 오래된 칵테일 레시피에 등장하지만 미국에서는 거의 찾아볼 수가 없다. 프랑스의 증류업자인 누아요 드 푸아시Noyau de Poissy가 두 가지 버전을 생산하며, 이 술을 손에 넣으려면 프랑스로 가야 한다.

살구 열매 자체도 브랜디, 오드비, 리큐어를 만드는 데 사용된다. 스위스에서는 살구 증류주를 아브리코틴abricotine이라고 부른다. 브랜디라는 단어의 근대 용례를 보면 살구 브랜디라는 증류주는 살구 열매로 직접 증류한다고 되어 있다. 그러나 19세기와 20세기 초반에는 포도 베이스 브랜디에 과일주스를 첨가해서 살구 브랜디와 복숭아 브랜디를 만들었다. 한편, 1906년 미국 순정식의약품법이 제정된 후인 1910년, 가짜 재료를 사용해 만든 불량 살구 브랜디에 대한 처벌이 집행되기도 했다. 이 역사적인 세부사항은 금주령 시대의 음료를 재현하고자 하는 열광적인 칵테일 팬들에게 상당히 중요하다. 레시피에 살구 브랜디(또는 복숭아 브랜디)를 사용한다고 되어 있더라도 사실은 드라이하고 도수가 높은 브랜디가 아니라 달콤한 리큐어를 뜻하는 말일 수도 있기 때문이다.

블랙 커런트 BLACK CURRANT

Ribes nigrum

성 힐데가르트St. Hildegard는 12세기 문헌에서 카시스의 잎사귀를 관절염 치료제로 추천했다. 수녀원장이자 식물학자, 철학자이기도 했던 힐데가르트는 이렇게 적었다. "통풍으로 고통받고 있다면 카시스 잎과 컴프리를 같은 양씩 섞어서 절구에 찧은 다음 늑대 기름을 넣는다." 카시스에 늑대 기름을 섞은 것은 병을 치료하는 데 사용되었을지 모르지만, 그보다 훨씬 더 인기 있는 것은 이 식물에 알코올을 섞은 음료였다. 프랑스에서 카시스라고 부르는 블랙 커런트는 크렘 드 카시스crème de cassis라는 점도가 높고 달콤한 암갈색 리큐어의 맛을 내는 데 사용되는 유일한 재료다.

유럽산 블랙 커런트는 프랑스의 디종 지방 원산이 아니라 그보다 날씨가 서늘한 북유럽과 북부 및 중앙 아시아 일부 지역이 원산지이지만, 깊고 풍부한 색과 더욱 강렬한 맛을 가진 자그마한 열매를 맺도록 식물을 개량해낸 것은 다름 아닌 디종의 농부들이었다.

중세에 치료제로 사용된 경우를 제외하면, 이 열매로 만든 최초의 리큐어는 브랜디와 블랙 커런트를 섞어 6주간 숙성시킨 후 걸러서 설탕 시럽을 넣은 래터피어 드 카시스였다. 오늘날 크렘 드 카시스를 만들 때는 열매를 으깬 다음 중성 포도 증류주 같은 순수 알코올에 두 달 동안 우려낸다. 그다음 과일을 압착해서 남아 있는 즙을 다 짜내고 거른다. 파이프를 이용하여 이 리큐어를 다른 통으로 옮기고 사탕무 설탕과 물을 넣어 당도를 조절한 다음 알코올 도수를 20퍼센트 정도로 맞춘다.

크렘 드 카시스 0.94리터에는 대략 450그램이 조금 안 되는 과일 추출물이 들어 있다. 그보다 고급인 '수퍼카시스supercassis' 리큐어의 경우 첨가하는 과일의 양을 두세 배로 늘려 더욱 걸쭉하고 과일 풍미가 강하게 나도록 한다. 크렘 드 카시스의 품질을 판단하기 위해서는 병을 흔든 다음 리큐어가 유리벽에서 어떻게 흘러내리는지 살펴보면 된다. 수퍼카시스는 점성이 높은 암적색의 시럽 흔적을 남긴다. 디종의 요리사들은 단순히 이 술을 마시기만 하는 것이 아니라 프로마주 블랑fromage blanc 위에 얹거나 뵈프 부르기뇽boeuf bourguignon에 사용하기도 한다.

크렘 드 카시스는 19세기 후반에 큰 인기를 누렸다. 프랑스의 카페에서는 으레 탁자마다 이 술을 한 병씩 놓아두고 손님들이 직접 음료에 첨가해서 마시도록 하는 경우가 많았다. 제2차세계대전이 끝난 후, 디종의 시장인 펠릭스 키르는 디종을 방문하는 정부 관리들에게 크렘 드 카시스와 화이트 와인을 섞은 음료수를 대접했다. 세계적으로 유명해진 이 음료는 오늘날 그를 기리는 의미에서 키르Kir라고 부른다.

블랙 커런트의 진정한 의학적 효용도 그즈음에 더욱 잘 알려지게 되었다. 제2차세계대전 당시 및 전후 영국에서는 오렌지 공급이 부족해지자 리베나Ribena라는 블랙 커런트 주스를 아이들에게 무료로 나누어 주었다. 비타민C와 항산화물질, 그 외에 건강에 좋은 성분이 풍부하게 들어 있는 이 주스는 많은 아이들을 영양실조로부터 지켜주었다. 이 과일은 오늘날에도 여러 가지 질병을 물리쳐주는 효과가 있는 '슈퍼푸드'로 마케팅되고 있다.

블랙 커런트와 이 식물로 만드는 리큐어는 미국에 그다지 잘 알려져 있지

크렘 드 카시스에는 왜 크림이 들어 있지 않을까?

크렘 드crème de**:** 유럽에서는 '크렘 드'라는 용어 다음에 과일의 이름이 나오면 리터당 최소한 전화당(일종의 설탕 시럽) 250그램 이상의 당분이 들어 있고 알코올 도수는 15퍼센트 이상인 리큐어를 의미한다. 그러나 크렘 드 카시스는 반드시 리터당 최소 400그램 이상의 전화당을 함유하고 있어야 한다.

크렘: 예전에는 아주 달콤한 리큐어 몇 가지를 '크렘 카시스' 또는 '크렘(과일의 이름)'이라는 이름으로 판매하여 당분이 더욱 많이 든 음료임을 나타냈다. 법률상으로 이 용어에 대한 공식적 정의는 없지만 일반적으로 매우 단맛이 강한 리큐어를 의미한다.

크림: 아이리시 크림 등과 같이 병에 크림이라는 용어가 적혀 있는 리큐어에는 우유 고형분이 들어 있다.

리큐어: 법률상의 정의에 따르면 미국에서는 크렘이라는 용어가 리큐어 또는 코디얼로 대체되었는데, 이는 무게 기준으로 당분이 최소한 2.5퍼센트 이상 함유된 달콤한 가향 증류주를 의미한다.

블랙 커런트를
직접 길러보자

햇볕이 잘 드는 / 적당히 드는 곳

물 적게 / 적당히 주기

-32℃까지 견딤

유럽산 블랙 커런트는 대략 180센티미터 높이까지 자라며 포도송이를 닮은 작은 열매가 무리지어 열리는 단단하고 꼿꼿한 관목이다. 비옥하고 습기가 많으며 약간 산성을 띠는 토양에서 정기적으로 멀칭mulching, 토양의 표면을 비닐, 거적 등으로 덮어 지온을 조절하고 수분 함량을 높이며 잡초를 막는 방법 해줄 때 가장 잘 자라며, 햇볕이 잘 드는 곳과 적당한 양의 물을 선호하고 영하 32도까지 견딘다.

열매는 1년생 가지에서만 열리는데, 이 말은 줄기가 새롭게 자라면 1년 내내 그대로 내버려두어야만 열매를 맺을 수 있다는 의미다. 열매는 말라 단단할 때 수확한다. 성숙한 관목은 1년에 4.5킬로그램 정도의 열매를 맺는다. 겨울에는 2~4개 정도의 오래된 줄기를 지면까지 잘라내고, 그 외의 오래된 줄기 몇 개는 어린순이 돋아나는 위치까지 잘라준다. 관목에서 더이상 열매를 맺지 않으면 줄기를 전부 지면까지 잘라내고 열매가 다시 맺기까지 2년 정도 기다린다.

인근의 과일 종묘상에서 거주하는 지역의 기후에 제일 적합하며 해당 지역에서 자주 발생하는 질병이나 해충에 가장 내성이 강한 품종을 선택한다. 누아 드 브르고뉴Noir de Bourgogne는 프랑스 리큐어에 가장 자주 사용되는 품종이지만 미국에서는 좀처럼 찾아보기 어려우며 모든 기후에 적합한 것도 아니다. 벤 로몬드Ben Lomond와 힐탑 볼드윈Hilltop Baldwin은 왕성하게 잘 자라는 좋은 재배종들이다. 클로브 커런트Ribes odoratum와 아메리칸 블랙 커런트R. americanum를 비롯한 아메리카산 블랙 커런트 품종들은 모두 먹을 수 있는 열매를 맺지만 리큐어에는 그다지 많이 사용되지 않는다.

칵테일 장식에 사용하거나 덤불에서 따서 바로 간식으로 먹을 목적이라면 화이트 커런트와 레드 커런트 역시 재배해볼 만하다. 진주빛의 블랑카Blanca 화이트 커런트는 커런트 와인을 만드는 데 사용할 수 있으며, 욘키어 반 테츠Jonkheer Van Tets는 가장 잘 자라고 맛이 풍부한 레드 커런트 품종 중 하나로 알려져 있다.

않은데, 그 이유 중 하나는 미국 농업법의 이상한 조항 때문이다. 블랙 커런트는 동부의 소나무에 병충해를 입히는 스트로부스소나무 발진 녹병이라는 질병의 숙주 역할을 한다. 이 질병은 한 소나무에서 다른 소나무로 직접 전파될 수 없다. 반드시 일단 커런트 관목으로 옮겨간 후 특정한 종류의 포자를 만들어 다른 소나무를 감염시킨다. 간단한 삼림 관리 조치만으로 이 질병의 주기를 끊어놓을 수 있는데도 불구하고 1920년대에는 임업계에서 커런트를 금지 식물로 지정하기 위해 로비를 하기도 했다. 포자가 소나무에서 커런트 관목으로 옮겨갈 때에는 563킬로미터까지 날아갈 수 있지만 커런트 관목에서 다시 소나무로 이동할 때에는 최대 300미터 정도밖에 이동하지 못한다. 따라서 이 질병이 퍼지는 것을 막는 방법은 비교적 간단하다. 삼림 감독관들이 커런트를 소나무에서 최소 300미터 이상 떨어뜨려놓기만 하면 되는 것이다. 또한 소나무의 최소 20퍼센트는 원래부터 이 질병에 내성이 있으며, 내성이 없는 소나무도 포자가 이동할 때 유독 습기가 높은 경우에만 감염된다.

1996년에 전국적으로 금지법이 해제되었으나 제한 조치를 그대로 유지한 주가 많았다. 학생 때 유럽을 여행하는 동안 커런트에 대한 좋은 추억이 많았던 코넬 대학의 농업 전문가 스티븐 맥케이는 이 제한 조치를 철폐하기 위해 노력했으며 이 식물을 재배하도록 농부들을 독려했다. 이제 질병에 내성이 있는 품종, 현대적인 살진균제, 질병의 전파 경로에 대한 광범위한 지식이 합쳐진 덕분에 이 발진 녹병은 과거의 유물이 되었다. 그래도 동부 해안가의 몇몇 주는 여전히 커런트 관목의 재배를 금지하고 있다.

유럽에서는 블랙 커런트가 또하나의 유명한 법률 분쟁에 휘말린 적이 있다. 유럽연합 결성 초기에 중요한 이정표가 된 한 소송 사건의 중심에 카시스가 있었다. 프랑스에서는 크렘 드 카시스가 15~20퍼센트의 도수로 보틀링되었지만, 한 수출업자가 독일에서는 이 술을 '리큐어'라는 이름으로 판매할 수 없다는 사실을 발견한 것이다. 독일 법에 따르면 리큐어의 알코올 함량이 최소한 25퍼센트가 되어야 하기 때문이었다. 오늘날 카시스 드 디종 사건이라고 불리는 1978년의 이 법정 소송에서는 한 회원국에서 제정된 법률을 다른 회원국에서도 인정해야 한다고 판결함으로써 상호 인정의 원칙이 수립되어 유럽연합 국가들 사이에 더욱 활발한 교역이 일어날 수 있는 기반을 마련하게 되었다.

키르

알리고테 등의 드라이 화이트 부르고뉴 와인 4온스
또는 기타 드라이 화이트 와인
크렘 드 카시스 1온스

카시스를 와인 잔에 붓고 화이트 와인을 첨가한다. 비율은 취향에 따라 조절한다. 키르 루아알Kir Royal에서는 와인 대신 삼페인을 사용하고, 레드 와인으로 만드는 키르 코뮈니스트Kir Communiste에는 보졸레가 필요하다. 키르 노르망Kir Normand은 리큐어와 사과주를 섞는다. 보다 가벼운 음료를 원하는 경우 크렘 드 카시스와 소다수를 1:4의 비율로 섞는다.

카카오 CACAO

카카오는 가장 예상을 벗어나는 과일이다. 카카오는 적도에서 남북으로 위도 10도 내의 지방에서 잘 자라는 열대 상록수에서 열린다. 이 나무가 다 자라면 한 계절에 1만 송이의 꽃을 피운다. 수많은 꽃들 중 열매를 맺는 것은 50개가 채 되지 않으며, 그것도 날아다니는 깔따구나 특정한 종류의 개미를 통해 수분이 되었을 때의 이야기다.

열매는 크기와 모양이 축구공만한 거대한 꼬투리의 형태로 열린다. 각 꼬투리에는 부드러운 과육으로 둘러싸인 카카오 콩이 최대 60개 정도 들어 있다. 과육은 당분과 지방이 매우 풍부하기 때문에 새와 원숭이가 즐겨 먹는다. 콩 그 자체는 씁쓸한 맛 때문에 포유동물이 그다지 흥미를 갖지 않으므로 종자로서 남겨진다.

과즙이 풍부한 카카오 꼬투리를 좋아하는 것은 정글의 동물뿐만이 아니다. 땅에 떨어져 방치된 카카오는 자연적으로 발효된다. 과테말라에 도착한 스페인 탐험가들은 카카오 열매로 가득찬 통나무배를 보고 깜짝 놀랐다. 카카오 열매는 카누 바닥이 "신맛과 단맛의 중간인 무척이나 부드러운 맛을 내며 더할 나위 없이 상쾌한 청량감을 주는 음료로 흥건해질 때까지" 발효되었다. 스페인 사람들은 금을 찾으러 왔다가 금 다음으로 귀중한 초콜릿을 발견했다.

초콜릿과 술이 자연 속에서 자발적으로 만들어진다는 것은 결코 사소한 기적이라 볼 수 없다. 심지어 오늘날에도 초콜릿을 만들기 위해서는 더욱 풍부하고 복합적인 맛이 나타나도록 카카오 콩을 며칠 동안 발효시킨다. 그다음 건조하고, 볶고, 쪼개서 배유라고 부르는 콩의 다육질 부분을 추출해낸다. 배유를 갈아서 가루나 페이스트 형태로 만든 다음 약간의 설탕을 섞으면 다크 초콜릿이 되고 우유를 첨가하면 밀크 초콜릿이 된다. 카카오 버터라는 지방만을 추출해 설탕을 섞으면 그게 바로 화이트 초콜릿이다.

오늘날 초콜릿은 수많은 시럽형의 달콤한 리큐어에 사용되고 있다. 안타깝게도 너무나 많은 술집에서 초콜릿 마티니라는 끔찍한 혼합물을 판매하고 있다. 반드시 마셔야 하는 경우가 아니라면, 훨씬 더 섬세하고 세련되게 초콜릿 증류주를 즐길 수 있는 방법이 많다. 도그피시 헤드는 고대 올멕Olmec인들의 레시피를 현대식으로 재현하겠다는 야심으로 테오브로마Theobroma라는 카카오 맥주를 만들었다. 기원전 1400년경의 도자기 잔류물 분석을 기초로 하고 스페인 탐험가들이 남긴 기록에서 약간의 힌트를 얻은 이 레시피에는 꿀, 칠리 고추, 바닐라, 아치오테achiote 나무*Bixa orellana*에서 얻는 붉은색 향신료 안나토annatto 등이 들어가는데, 이 안나토는 치즈를 비롯한 가공식품의 천연 식용색소로도 사용된다. 카카오 맥주는 구수하고 쌉쌀한 맛이 나며 아주 살짝 초콜릿 향을 풍긴다.

카카오를 보다 현대적이고 우아하게 증류주에 활용한 사례는 포틀랜드에 있는 뉴 딜 양조장New Deal Distillery의 머드 퍼들Mud Puddle이다. 이 술은 감미료 첨가 없이 볶은 카카오 배유를 보드카에 우려냈기 때문에 거북한 단맛은 전혀 없이 순수한 초콜릿의 풍미를 즐길 수 있다.

무화과나무는 이상한 고대의 식물이다. 대부분의 사람들이 무화과 열매라고 부르는 것은 사실 열매가 아니라 숨은꽃차례로, 안쪽에 작은 꽃들이 무리지어 들어 있는 눈물방울 모양의 식물 과육이다. 꽃을 볼 수 있는 유일한 방법은 이 꽃차례를 쪼개서 여는 것뿐인데, 몸집이 작은 무화과 말벌은 아주 좁게 열려 있는 틈으로 기어들어가 꽃을 수분시킨다. 이 꽃으로 만들어지는 열매는 사실 우리가 무화과라고 부르는 것을 베물었을 때 볼 수 있는 과육질의 섬유질 조직이다.

혼란스럽다고? 전혀 그렇지 않다. 어떤 무화과는 말벌이 수분을 해주어야 씨앗을 맺고 번식할 수 있는데, 말벌이 과일처럼 생긴 조직 안에서 알을 낳은 다음 그 안에서 그대로 죽는 경우도 많다. 이 말은 무화과 안에 말벌의 시체가 들어 있을 수도 있다는 뜻이므로 그다지 유쾌한 일은 아니다. 하지만 기원전 1만 1000년경에 누군가가 어떤 무화과나무는 수분 없이도 열매를 맺을 수 있다는 사실을 발견했다. 물론 수분이 되지 않으면 번식을 할 수 없으므로 사람이 꺾꽂이를 하여 생존할 수 있도록 도와주어야 했다. 그리고 실제로 수천 년간 사람이 그 역할을 해왔다.

석기시대에 중동 지역에 살았던 조상들의 노력 덕분에 우리는 말벌의 시체가 들어 있는 무화과를 먹을 필요도, 증류 장치에서 말벌의 시체를 골라낼 필요도 없다. 오늘날의 무화과는 아예 수분을 하지 않거나, 말벌이 실제로 안으로 기어들어가지 않고서도 수분을 할 수 있도록 길쭉한 꽃을 맺는 종류다.

무화과는 1560년에 멕시코에 전파되었고 수백 개에 달하는 품종이 기후가 따뜻한 전 세계 지역에서 재배되어왔다. 말린 무화과에는 상당한 양의 단백질뿐만 아니라 필수 비타민과 무기질이 들어 있어 예나 지금이나 장기 보관할 수 있는 휴대용 영양 공급원으로 유용하게 사용되고 있다.

거의 모든 다른 과일과 마찬가지로 무화과도 알코올의 재료가 된다. 튀니지에서는 부카boukha라는 무화과 브랜디를 만들며, 터키에서는 라키raki라는 투명한 아니스 향 증류주에 무화과를 사용하기도 한다. 1737년에 기록된 무화과 리큐어 레시피에는 무화과를 육두구, 계피, 메이스, 사프란, 감초와 함께 브랜디에 넣고 "재료에서 좋은 성분이 전부 흘러나올 때까지" 우려낸다고 되어 있다. 같은 시대에 기록된 또하나의 수상한 레시피에는 달팽이를 우유, 브랜디, 무화과, 향신료와 함께 끓인 다음 폐결핵이 있는 사람들에게 준다고 되어 있다. 이 음료가 실제로 병 치료에 효과가 있었는지 여부는 알 수 없지만, 병 이외의 다른 걱정거리를 안겨주었을 것만은 틀림없다.

다행히도 현대의 무화과 리큐어는 이것보다 훨씬 발달된 형태다. 프랑스의 크렘 드 피그crème de figue, 무화과 아락, 검은 무화과로 맛을 낸 보드카, 그리고 무화과가 자라는 곳이라면 어디서든 제조되는 현지 특산물 오드비를 찾아보자.

마라스카 체리 MARASCA CHERRY   *Prunus cerasus var. marasca*   장미과

오랜 옛날에는 마라스키노 체리가 식용색소를 넣고 지나치게 단맛을 낸 끔찍한 음식을 가리키는 말이 아니었다. 짙은 색에 속이 꽉 들어찬 새콤한 마라스카 체리는 특히 크로아티아의 자다르 Zadar 지방 근처에서 잘 자랐다. 이 지역은 마라스카 체리에 약간의 설탕을 넣어 발효시켜 마라스키노 리큐어라는 투명한 증류주를 생산하는 것으로 알려져 있었다. 그다음 체리를 이 리큐어에 담가서 보관하기도 했는데, 이것이 제대로 된 마라스키노 체리다.

마라스키노 체리와 이탈리아의 인연을 이해하기 위해서는 약간의 역사적 사실을 살펴보아야 한다. 자다르는 아드리아 해의 항구도시로, 요충지에 있었기에 거의 모든 주변국으로부터 끊임없는 공격과 지배를 받았다. 마라스키노 리큐어 제조업체 중 가장 유명한 룩사르도 Luxardo 주식회사의 역사는 이 지역의 역사를 그대로 반영하고 있다. 1821년에 자다르에서 설립된 이 양조장은 제1차세계대전이 일어나 이탈리아가 이 지역을 점령할 때까지 끊임없는 정치적 격변의 중심에 있었다. 졸지에 이탈리아 국민이 되어버린 많은 크로아티아 농부들은 벚나무에서 잘라낸 가지들과 관련 레시피를 가지고 이탈리아로 떠날 수밖에 없었다.

룩사르도 양조장은 제2차세계대전 중 연이어 폭격을 맞고 심하게 훼손되었다. 룩사르도가家에서 살아남은 사람은 단 한 명뿐이었고, 남은 사람조차도 사업을 재건하기 위해 이탈리아로 건너갔다. 어떻게 보면 전쟁으로 폐허가 된 크로아티아의 역사가 오늘날 많은 이탈리아의 양조장에서 자체적으로 마라스키노 리큐어를 생산하게 된 데에 일부 기여했다고 할 수 있다.

1912년에 미국 식품의약국FDA의 전신인 식의약품 검토 위원회Board of Food and Drug Inspection는 마라스키노에 담가 저장한 마라스카 체리에만 '마라스키노 체리'라는 라벨을 붙일 수 있다는 판결을 내놓았다. 미국 농부들은 크고 달콤한 체리(프루누스 아비움*Prunus avium*이라는 다른 품종)를 선호했고 이산화황에 담가 표백하여 모든 색을 제거하는 절임 처리 방법을 개발해냈지만 그 과정에서 체리가 물컹한 덩어리로 변하는 경우가 있었다. 이 문제를 해결하기 위해 탄산칼슘(당시에는 석고 가게나 페인트 가게에서 구할 수 있었다)을 넣어 체리를 단단하게 만들었다. 한 미국 농업 보고서의 설명대로 이 모든 과정을 거치고 남은 것은 "체리의 모양을 한" 표백된 섬유소에 지나지 않았으며, 이것을 다시 콜타르 색소로 물들이고 벤즈알데히드benzaldehyde라는 화학 추출물로 맛을 낸 다음 설탕 시럽에 담아 포장했다. 이 제품은 그 정체가 무엇이건 간에 절대 마라스키노 체리라 부를 수 없었다.

그러나 금주법 때문에 이러한 상황이 부분적으로 바뀌었다. 청량음료 제조업체들과 손을 잡은 금주 운동가들은 리큐어에 담긴 유럽산 체리를 유해한 식품으로 규정하고 그에 반대하는 캠페인을 벌였다. 이들은 알코올이 들어 있지 않으며 화학 처리돼 "외국의 풍미와 골치 아픈 동맹이 필요 없는 미국 체리"가 "제대로 보수도 받지 못하는 농부들이 수확한 과일을 재료로 하여, 공급자와 구매자를 혐오스럽게 만드는 조건하에서 처리한 후 판매하는 외국 어느 지방의 증류액"보다 훨씬 낫다고 옹호했다. 이들의 노력 덕분에 미국인은 순수한 리큐어에 담긴 진짜 마라스카 체리에 거부감을 갖게 되었고, 표백한 뒤 색소를 잔뜩 넣은 체리가 유익한 식품으로 둔갑했다. 1940년에는 마침내 식품의약국도 굴복하여 화학 처리하고 인공색소로 색을 낸 뒤 유리병에 담은 체리 모양의 섬유소도 모두 마라스키노 체리라는 이름으로 판매할 수 있게 허가했다(설상가상으로 식품의약국은 '불가피한 결함'이라는 명목하에 병에 담긴 체리에 들어 있을 수 있는 구더기의 허용치를 최대 5퍼센트까지 인정했다). 다행히도 오늘날 전문 식료품점에서는 룩사르도를 비롯한 여러 업체가 만드는 진짜 마라스키노 체리를 구할 수 있으며 집에서 만드는 것도 그다지 어렵지 않다.

달콤한 체리는 아시아 또는 중부 유럽 원산으로, 고고학적 증거 역시 이를 뒷받침해준다. 로마시대에는 열 개 이상의 품종이 재배되고 있었다. 새콤한 체리 역시 최소한 2000년 이상 유럽에서 재배되어왔다.

체리는 미국 전역에서 재배되지만 가장 기후가 적합한 곳은 오리건 주다. 세스 르웰링Seth Lewelling은 1850년대에 가족과 함께 인디애나 주에서 오리건 주로 이주해 체리 산업을 개척했다. 노예제 폐지론자였던 르웰링은 노예제도를 반대하는 새로운 정당, 즉 공화당의 지역 지부를 조직하는 데 힘을 보탰다. 노예제도에 반대했다는 이유로 사람들은 그를 '검은 공화당원'이라고 불렀다. 그는 자신을 비난하는 사람들에게 그 말을 삼키게 해주겠다고 선언했고, 결국 새로운 체리 품종에 블랙 리퍼블리컨Black Republican이라는 이름을 붙여 사람들이 내뱉은 말을 스스로 입에 넣을 수밖에 없도록 만들었다. 검은 공화당원은 한때 통조림을 만들거나 보존 처리한 체리를 만들 때 가장 인기 있는 품종이었으나 오늘날에는 로열 앤Royal Ann과 레이니어Rainier가 가장 보편적으로 사용된다.

체리 증류주 가이드

다른 열매와 마찬가지로 체리도 발효하여 증류하면 무궁무진하게 다양한 증류주가 탄생한다. 마셔도 후회하지 않을 체리 증류주를 몇 가지 소개한다.

체리 브랜디는 일반적으로 체리 리큐어를 일컬으며, 브랜디와 같은 베이스 증류주에 체리와 설탕을 담가 우려냈다는 의미다. 아몬드와 향신료로 풍미를 낸 체리 헤링 Cheery Heering이 좋은 예다. 아메리칸 프루츠 American Fruits의 사워 체리 코디얼 Sour Cherry Cordial도 근사한 체리 리큐어다.

체리 와인은 포도가 아닌 체리로 만든 와인이다. 크로아티아산 마라스카 체리 와인이 가장 잘 알려져 있으며 아마도 가장 정통성 있는 버전일 것이다.

기뇰레 Guignolet는 프랑스산 체리 리큐어로, 보통 큼직하고 단맛이 강한 레드 또는 블랙 기뉴 guigne 품종으로 만든다.

키르슈 Kirsch 또는 **키르슈바서** Kirschwasser는 체리 씨를 발효해서 만든 투명한 브랜디 또는 오드비로 약간의 아몬드 향을 풍긴다. 독일, 스위스를 비롯한 지역에서 생산되며 체리 오드비라는 이름으로 판매되는 경우도 있다.

마라스키노는 단맛이 그다지 강하지 않은 리큐어로 마라스카 체리를 증류하거나 우려서 만드는데, 투명한 색을 내기 위해 보통 두 번 증류한다. 룩사르도는 마라스키노 리큐어를 제조하는 여러 양조장 중 하나다.

[혼합형] 브루클린 칵테일

호밀 위스키 또는 버번 1과 1/2온스
드라이 베르무트 1/2온스
마라스키노 리큐어 1/4온스
앙고스투라 또는 오렌지 비터즈 2~3방울
마라스키노 체리 1개

체리를 제외한 모든 재료를 얼음에 붓고 잘 섞은 다음 걸러서 칵테일 잔에 따르고 체리로 장식한다.
전통 칵테일을 고수하는 사람이라면, 브루클린은 원래 앙고스투라나 오렌지 비터즈가 아닌 아메르
피콘Amer Picon이라는 씁쓸한 오렌지 식전주로 만드는 것이라며 반박할지도 모른다. 물론 아메르
피콘을 구할 수만 있다면 1/4온스를 첨가하면 된다. 하지만 구할 수 없는 경우, 이 변형 칵테일은
상당히 근사한데다 마라스카 체리를 두 가지 형태로 잘 활용한 사례가 될 것이다.

체리를
직접
길러보자

햇볕이 잘 드는 곳

물 적게 / 적당히 주기

-32℃까지 견딤

벚나무의 품종은 적어도 120종 이상이며 그중 상당수는 열매가 아닌 다른 목적으로 재배한다. 예를 들어 봄에 벚꽃으로 워싱턴 DC를 화려하게 수놓는 벚나무는 대부분 왕벚나무Yoshino Cherry, *Prunus × yedoensis*와 겹벚나무Kwanzan, *P. serrulata* 라는 두 종류의 일본산 품종이다. 대다수 품종은 작고 먹을 수 없는 열매를 맺거나 생식을 할 수 없어 아예 열매를 맺지 않는다. 새콤한 체리인 P. 케라수스*P. cerasus*는 달콤한 체리와 이종교배할 수 없으며, 사실 자가수정을 하기 때문에 수분을 하기 위해 다른 나무가 필요하지는 않다.

새콤한 체리 품종은 크게 색이 짙은 모렐로morellos와 색이 옅은 아마렐amarelles로 나뉜다. 각 종류마다 수백 개의 재배종이 존재하며 대부분 특정한 기후에 잘 적응되어 있다. 마라스카는 모렐로의 일종이며 미국에서는 널리 판매되지 않지만, 뒷마당에서 과수를 기르는 사람이라면 몬모렌시Montmorency, 노스 스타North Star, 잉글리시 모렐로English Morello 등의 다른 새콤한 체리 품종으로 대체할 수 있다.

벚나무는 왜성대목이나 강세대목의 형태로 판매된다. 사용할 수 있는 공간에 맞는 대목을 선택하는 것이 중요하다. 새들이 곧잘 잘 익은 체리를 나무에서 따먹으므로 그물로 덮어서 보호하기에는 키가 작은 나무가 더 편할 수도 있다. 수분을 하기 위해 다른 나무가 필요한지는 반드시 확인하도록 하자.

벚나무는 늦봄에 가볍게 가지치기를 하여 가지 사이에 균일한 공간을 확보해주어야 한다. 종묘점이나 농촌지도소에서 조언을 얻되, 질병에 걸릴 위험이 있으므로 겨울에는 절대로 가지치기를 하지 않는다.

유럽산 자두PLUM

Prunus domestica 장미과

미국인들은 자두라는 말을 들으면 일본산 자두인 프루누스 살리키나 *Prunus salicina*의 변종을 생각한다. 큼직하고, 달콤하며, 붉은색이나 황금색 과육이 가득찬 이 자두는 20세기의 가장 유명한 식물육종가 루서 버뱅크Luther Burbank의 작품이다. 버뱅크는 캘리포니아 산타로사에 있는 자신의 농장에서 샤스타 데이지, 러셋 버뱅크 감자, 산타로사 자두를 비롯해 무려 800개에 달하는 새로운 식물 품종을 재배해냈다. 사실 오늘날 미국에서 재배되는 자두는 거의 전부 버뱅크가 1887년에 일본에서 수입한 어린나무를 이종교배해서 만든 것이다.

자두가 훌륭한 과일이기는 하지만 미국에서는 그다지 많이 소비되지 않는다. 미국인들이 1년 동안 먹는 자두는 평균 450그램도 되지 않으며, 술에 사용하는 양은 그보다도 훨씬 적다. 몇몇 적극적인 증류업자들이 이러한 안타까운 상황을 바로잡기 위해 노력하고 있다.

유럽산 자두인 P. 도메스티카는 알코올음료와 오랜 인연을 맺어왔다. 자두에는 950개 이상의 변종과 여러 아종이 있는데, 주기적으로 재분류 작업을 거쳐 명칭이 바뀌고 있다. 일반적인 애주가가 가장 관심을 가질 만한 자두는 P. 도메스티카에 속하는 네 가지 품종이다. 푸른빛이 도는 보라색의 타원형 댐즌damson(다마스커스에서 나며 고대 시리아 원산이다), 자그마한 황금색의 미라벨mirabelle, 둥근 모양에 다양한 색을 띠는 불리스bullace, 옅은 라임색의 그린게이지greengage가 있다(앞의 세 개는 보통 인시스타insista라는 아종으로 분류되며 게이지는 별도의 아종인 이탈리카italica로 분류되지만, 이것조차도 여전히 논란거리다). 댐즌, 미라벨, 불리스, 게이지에도 너무나 많은 변종이 있기 때문에 과수를 재배하는 사람들조차 정확히 다 알지 못한다. 농부에게 어떤 댐즌 변종을 과수원에서 기르고 있느냐고 물어보면 아마도 어깨를 으쓱하는 답변 외에는 얻기 어려울 것이다.

그러나 이러한 자두는 모두 품질 좋은 리큐어, 오드비, 브랜디의 재료가 된다. 근사한 댐즌 리큐어는 헤아릴 수 없이 많으며, 아메리칸 진 주식회사가 뉴욕 주 제네바에서 재배한 댐즌 자두로 만든 신제품 애버렐 댐즌 진 리큐어 Averell Damson Gin Liqueur도 그중 하나다. 댐즌 와인이나 댐즌을 우려낸 브랜디의 레시피는 1717년까지 거슬러올라가며 19세기 후반에는 영국의 시골 지역에서도 손쉽게 댐즌 진을 마실 수 있었다. 이 술은 달콤한 리큐어이긴 하지만 싫증나지 않는 단맛을 내며, 잘 만든 현대적인 댐즌 진은 야생의 천연 자두 향을 상쾌하고 깔끔하게 표현해낸다. 댐즌, 그린게이지, 불리스 자두는 모두 영국의 생울타리에서 야생으로 자라고 수제 리큐어와 상업용 리큐어를 만드는데 사용되고 있다.

그린게이지를 둘러싼 일부 식물학적 미스터리도 흥미롭다. 여러 19세기 식물학 문헌에 따르면, 그린게이지라는 이름은 이 나무를 샤르트뢰즈 수도원에서 영국으로 가져온 게이지 가문 사람의 이름을 따서 지은 것이다. 물론 문헌에 따라 그 시기는 1725년에서 1820년 사이로 다양하다. 이 일화에서 영감을 얻은 창의적인 바텐더들은 자두 오드비와 샤르트뢰즈 리큐어를 결합한 칵테일을 만들어내기 위해 노력했지만, 안타깝게도 이 이야기의 진위를 증명할 방법은 없다. 영국 과일의 역사에 대한 1820년의 문헌에는 귀족인 게이지 가문 사람들이 수도원에서 이 나무를 구해 서퍽에 있는 헹그레이브 홀Hengrave Hall로 보냈다고 기록되어 있다. 운반 도중에 라벨이 사라지는 바람에 프랑스산 자두인 렌 클로드Reine Claude에 단순히 열매의 색과 재배되는 영지의 이름을 따서 '그린게이지'라는 이름을 붙였다는 것이다. 또다른 문헌에서는 게이지 가문의 또다른 종파가 자리를 잡고 있던 필Firle이라는 영지에서 이와 비슷한 일이 일어났다고 주장한다.

우리가 확실히 알 수 있는 것은 '게이지' 자두가 처음 원예 문헌에 등장한 것은 1726년으로, 그때에는 이미 영국에서 이 품종이 자리를 잡고 있었다는 사실이다. 따라서 만약 샤르트뢰즈 라벨을 게이지로 바꾼 사건이 실제로 일어났다면 이는 1725년보다 훨씬 이전에 일어났어야 한다. 그렇지 않으면 나무를 심고, 열매를 맺고, 원예가들의 관심을 끌 시간이 없었을 테니 말이다. 1693년에 발행된 영국 식물 카탈로그에도 녹색의 자두가 언급되어 있으므로 그보다 더 이전 세대의 게이지 가문 사람이 관여했을 가능성도 있다. 1900년대 초반에 영국왕립원예학회Royal Horticulture Society의 총무를 지낸 아서 시먼즈 Arthur Simmonds는 이러한 혼란을 바로잡기 위해 엄청난 노력을 기울였지만, 결국 여러 식물학 문헌에서 언급하고 있는 게이지 가문의 후보자들은 이 수수께끼 같은 샤르트뢰즈의 여행과 그후 라벨이 바뀌는 사건이 일어났을 때 살아 있지 않았거나, 나이가 너무 많았거나, 어린아이였다는 결론을 내렸다. 그러므로 현시점에서 게이지 가문과 녹색 자두와의 연관 관계는 단순한 추측에 불과하다.

진한 황금색의 미라벨 자두는 프랑스 로렌Lorraine지방의 특산물이다. 근처의 알자스에는 보라색 껍질에 노란빛이 도는 녹색 과육을 특징으로 하는 크베치quetsche라는 현지 자두 품종이 있다. 이 두 종류 모두 잼, 타르트, 사탕, 리큐어 및 근사한 오드비를 만드는 데 사용된다. 동부 유럽 국가들은 슬리보비츠slivovitz라는 파란 자두로 코셔kosher, 유대교 계율에 맞는 음식 브랜디를 만든다. 이 브랜디는 약간의 마지팬marzipan 향을 내기 위해 자두 통째로 씨앗까지 함께 증류하는 경우가 많으며 오크통에 숙성시켜 바닐라와 향신료의 풍미를 추가하기도 한다. 조악한 설탕 베이스 술과 자두 주스로 만든 싸구려 슬리보비츠

모조품은 악평을 들어도 할말이 없을 정도로 형편없는 음료지만, 제대로 만든 자두 브랜디나 오드비는 특별한 경험을 선사해준다.

다른 프루누스 품종들도 리큐어에 사용된다. 예를 들어 일본의 매실 와인인 우메슈는 살구에 더 가까운 중국산 품종 P. 무메*P. mume*로 만드는 것이 일반적이다. 매실을 설탕과 쇼추를 섞은 혼합물에 최대 1년까지 담가두었다가 마신다. 우메슈는 상업용으로 판매하며 병 안에 진짜 매실을 통째로 넣은 제품도 있지만, 매실이 잘 익었을 때 집에서 직접 담그는 사람들도 있다.

오스트레일리아 원산의 콴동은 반기생식물, 즉 전부는 아니지만 영양소의 일부를 다른 식물로부터 빼앗아 살아가는 식물이다. 이 식물은 척박한 토양에서 잘 자라며, 근처의 다른 나무나 관목으로 뿌리를 뻗어 다른 식물의 뿌리 부분에 구멍을 뚫고 물, 질소, 기타 영양소를 흡수한다. 자체적으로도 당을 생산하기는 하지만 그것만으로는 살아가는 데 충분하지 않다. 콴동은 근처에 다른 식물이 없으면 자랄 수 없으므로 재배하기가 어렵다.

붉은색의 작은 콴동 열매는 호주에서만 즐기는 과일이다. 복숭아, 살구, 또는 구아버와 비슷하지만 약간 더 시큼한 열매를 상상하면 된다. 호주 원주민들은 이 과일을 별미로 여겨 잼, 시럽, 파이 소를 만들 때 재료로 사용해왔다. 씨앗은 전통적으로 약재로 사용되었다. 딱딱한 껍질 안에 들어 있어 에뮤emu의 소화관을 통과해도 손상되지 않기 때문에 에뮤의 배설물에서 채집할 수도 있다.

그러나 에뮤의 배설물을 파헤치지 않고서도 콴동 칵테일을 즐길 수는 있는 방법이 있다. 창의적인 호주의 증류업자들은 이 토착 식물에 대한 애정을 담아 콴동 열매를 사용한 제품을 생산한다. 탬버린 마운틴 양조장에서는 콴동과 용담으로 만든 쌉쌀한 리큐어를 내놓고 있다. 이런 제품이 있는 덕분에 오스트레일리아 전역에서 콴동의 맛이 살아 있는 고급 칵테일을 맛볼 수 있다.

로언베리 ROWAN BERRY

Sorbus aucuparia

장미과

마가목European mountain ash이라는 이름으로 불리기도 하
는 이 꽃나무는 물푸레나무ash tree와는 전혀 연
관이 없으며 장미와 블랙베리에 가까운
품종이다. 이 식물은 영국 전역과 유
럽 대부분 지역의 생울타리 및 야
생 지대에서 무성하게 자라고, 주
황빛이 도는 붉은색의 작은 열매
는 비타민C 함량이 높아 좋은 평
가를 받는다. 이 로언베리는 지역 특
산 수제 와인의 재료로 삼거나 전통적인 에
일과 리큐어의 맛을 내는 데 사용한다. 로언베리를
증류하여 만든 포글비어Vogelbeer라는 오스트리아의 오드비는 포글비어슈납스
Vogelbeerschnaps라고 부르는 로언베리 증류주의 특징을 잘 보여주는 멋들어진
음료다. 알자스의 증류업자들도 오스트리아의 증류업자들에게 질세라 오드
비 드 소르비에eau-de-vie de sorbier라는 멋진 음료를 빚어낸다.

슬로베리 [스피노사벚나무] SLOE BERRY   *Prunus spinosa*   장미과

잊혀져 있던 슬로베리가 다시 주목을 받게 된 것은 특정 지역에서 자라는 야생 계절 과일에 새로운 관심이 쏟아지면서부터였다. 19세기에 스내그 진snag gin이라고 불렸던 슬로 진sloe gin은 단순히 진에 설탕과 약간의 향신료, 그리고 가시가 있는 슬로베리 관목에서 딴 작고 떫은 열매를 우려낸 음료에 불과했다. 이 슬로 진은 댐즌 진과 비슷한 달콤하고 붉은 리큐어로, 예전에는 시골 사람들이 근처에서 채취한 열매로 직접 담갔다. 인공적인 향이 가미된 시럽형 버전은 20세기에 그다지 좋은 평가를 받지 못했지만, 다행히 신선한 재료와 정통 레시피가 다시 부활했다. 플리머스 진의 제조업체는 이 음료가 명성을 회복할 수 있도록 자신들이 생산한 슬로 진을 여러 나라에 유통하고 있으며, 지금 이 순간에도 수제 증류업자들은 틀림없이 야생 자두로 실험을 하고 있을 것이다.

스피노사벚나무는 자두 및 체리와 근연종이지만 이러한 아름다운 나무들과는 달리 보통 과수원이나 정원에서 재배하지 않는다. 가시와 뻣뻣한 가지로 뒤덮인 4.5미터 높이의 거대한 관목을 형성하기 때문이다. 덤불이나 생울타리로는 너무나도 훌륭하지만 제멋대로 자라며 열매는 작고 시큼해 그냥 시골 지역에서 자라도록 내버려두는 것이 가장 좋은 식물이라는 인식이 퍼져 있다. 스피노사벚나무는 영국 전역과 유럽 대부분의 지역에서 자라지만 북미에서는 희귀한 과일을 전문적으로 다루는 열정적인 애호가들만 재배한다.

별 모양의 흰 꽃은 봄에 가장 먼저 모습을 드러내는 꽃 중 하나이며, 가을에는 짙은 자주색 열매가 열려 첫서리가 내릴 때까지 수확이 가능하다. 단맛이 부족해 그대로 먹기는 어려우므로 잼이나 파이를 만들기도 하지만 이 열매를 가장 많이, 그리고 가장 잘 활용하는 방법은 역시 슬로 진에 이용하는 것이다. 열매를 따서 세척한 뒤 칼로 갈라 껍질을 터뜨린 다음 설탕을 섞어 진이나 중

슬로베리를
직접
길러보자

그늘/햇볕이 잘 드는 곳

물은 적당하게 주기

−29℃까지 견딤

슬로베리는 영국의 생울타리에서 흔하게 발견할 수 있는 식물이다. 북미에서는 전문 과실수 종묘원에서도 찾아보기 어렵다(불가능하지는 않다). 기회만 있다면 이 억세고 강인한 관목은 관통할 수 없을 만큼 빽빽한 덤불을 형성하기도 한다. 4.5미터 높이에 너비는 최소 1.5미터 이상으로 자라지만 가지치기를 하면 작은 크기로 유지할 수 있다.

스피노사벚나무를 햇볕이 잘 드는 곳 또는 살짝 그늘이 진 촉촉하고 배수가 잘 된 토양에 심되, 가시가 성가실 수 있기 때문에 되도록이면 사람의 왕래가 많지 않은 곳에서 재배하는 것이 바람직하다. 이 관목은 낙엽성이므로 겨울에는 잎이 지고 초봄에 꽃을 피우며 가을에 열매를 맺는다. 슬로베리는 영하 29도쯤까지 견딘다. 첫서리가 내릴 때까지 가지에서 열매를 따지 않고 내버려두면 약간 단맛이 강해지지만, 슬로 진에 슬로베리가 그토록 근사하게 어울리는 이유는 역시 시큼한 맛 때문이다.

성 곡물 증류주에 최대 1년까지 담가둔다. 특히 이 리큐어는 겨울에 마시면 기운을 북돋워주는데 그냥 마셔도 좋고 슬로 진 피즈와 같은 클래식 칵테일로 만들어서 마셔도 좋다.

스페인의 바스크 지방과 프랑스의 남서부에서는 야생 자두를 아니제트 또는 아니스 씨를 섞은 중성 주정에 담가 불리고 바닐라와 커피콩 같은 몇 가지 다른 향신료를 추가해 파차란pacharan, patxaran이라는 리큐어를 만든다. 조코Zoco 등 이 리큐어를 상업적으로 생산하는 몇 가지 브랜드가 있기는 하지만, 아직도 많은 가정에서 이 술을 직접 담그며 집에서 만든 술을 작은 식당에서 판매하는 경우도 흔하다. 비슷한 음료로는 독일의 슐레헨포이어Schlehenfeuer와 이탈리아의 바르뇰리노bargnolino 또는 프루뇰리노prugnolino 등이 있으며 야생 자두와 도수 높은 증류주, 설탕, 레드 와인 또는 화이트 와인을 섞어 만든다. 오드비 드 프뤼넬 소바주eau-de-vie de prunelle sauvage는 프랑스의 알자스 지방에서 생산되는 술이다.

슬 로 진 피 즈

슬로 진 2온스
레몬 주스 1/2온스(대략 레몬 반 개 정도에서 짜낸 즙)
심플 시럽 또는 설탕 1티스푼
신선한 계란 흰자 1개
소다수

소다수를 제외한 모든 재료를 얼음이 없는 칵테일 셰이커에 넣는다. 최소 15초 이상 아주 세게 흔든다(이 '드라이 셰이크'는 셰이커 안에서 계란 흰자의 거품을 내는 데 도움이 된다. 계란 흰자를 넣지 않을 경우 이 단계를 건너뛰어도 좋다). 그다음 얼음을 넣고 10~15초 이상 더 흔든다. 얼음을 채운 하이볼 잔에 붓고 그 위에 소다수를 채운다. 어떤 사람들은 슬로 진의 반을 드라이 진으로 대체하여 단맛을 줄이기도 하지만 먼저 이 레시피대로 만들어보자. 상쾌하고 새콤한 맛에 깜짝 놀라게 될 것이다.

슬로 진에 인공 향료라는 혼합물이 추가되기 전에는 슬로 진 그 자체가 혼합물로 사용되었다. 품질이 나쁜 와인에 슬로 진을 섞은 것이 싸구려 와인 매장에서 포트와인으로 둔갑하여 판매되기도 했던 것이다. 1895년에 출간된 『새로운 숲―전통과 서식 생물, 그리고 관습 The New Forest: It's Traditions, Inhabitants and Customs』이라는 책에서 저자 로즈 챔피언 드 크레스피니와 호러스 허친슨은 다음과 같이 적었다. "포트와인의 유행이 지났을 때 우리는 통나무와 오래된 부츠를 이용하여 포트와인을 만든다는 이야기를 들었다. 포트와인의 유행이 다시 돌아오자 그에 비례하여 야생 자두의 수요도 늘어났는데 이러한 사실은 통나무와 부츠 이외의 다른 재료도 포트와인에 사용된다고 강력하게 반박할 근거가 된다."

감귤류

감귤류: 레몬, 오렌지, 라임, 시트론, 왕귤나무 열매를 비롯한 여러 변종과 재배종을 아우르는 식물 속이다. 감귤류는 내부가 여러 부분으로 나뉘어 있기 때문에 감과柑果 또는 두껍고 질긴 껍질이 달린 장과漿果로 분류된다.

감귤류: 바텐더의 오렌지 온실 *Citrus spp.* 운향과

감귤류가 들어 있는 모든 레시피가 사라진다면 바텐더가 얼마나 어려움을 겪을지 생각해보자. 모히토? 신선한 라임은 필수다. 마가리타? 라임과 오렌지 리큐어인 트리플 섹이 들어가야 한다. 진은 감귤류 껍질로 맛을 낸다. 감귤류는 대부분의 음료에 독특한 상쾌함과 생기를 불어넣는다. 탑 노트를 강조하여 복잡한 증류 과정에서 자칫 사라지기 쉬운 그 순간적인 꽃과 허브 풍미를 살려내기도 한다. 또한 가장 시고 먹을 만하지 않은 몇몇 감귤류가 최고의 리큐어로 변신한다는 사실도 놀랍다.

오늘날의 다양한 감귤류는 수세기에 걸친 실험과 이종교배의 결과 탄생한 것으로, 각각의 정확한 혈통을 추적하기는 어렵다. 레몬과 라임을 포함해 오늘날 우리가 알고 있는 모든 감귤나무는 예상 외로 자몽처럼 큼지막하고 껍질이 두꺼운 포멜로pomelo, 무시무시하게 생긴 껍질과 불쾌한 맛의 시트론, 달콤하고 껍질이 얇은 만다린, 이 세 가지 식물에서 파생했을 가능성이 크다. 일부 식물학자들은 현대 감귤류의 조상이 된 것이 몇 종류 더 있었지만 지금은 멸종해버렸다고 말한다.

감귤류에 대한 초기의 기록은 중국에서 찾아볼 수 있는데, 작은 오렌지와 포멜로 꾸러미를 들고 가는 사람들의 모습이 4000년 전의 기록에 묘사되어 있다. 그로부터 2000년 후에 시트론이 유럽 대륙을 건너 이동했다. 지중해 지역과 북부 아프리카 지역에 감귤류 나무가 자생하지 않았을 시절을 상상하기는 어렵지만, 아랍 무역상들이 새콤한 오렌지와 라임, 포멜로를 이 지역에 전파한 것은 800~1000년 전에 불과했다. 달콤한 오렌지가 비로소 등장한 것은 포르투갈 상인들이 이를 중국에서 들여왔던 400년 전의 일이다. 그즈음이 되자 감귤류는 전 세계로 퍼져나갔고, 때로는 의도치 않은 신기한 결과를 낳기도 했다.

콜럼버스는 1493년에 아메리카 대륙으로 두번째 항해를 떠나면서 달콤한 오렌지를 가져가 카리브 해 지방에 정착시키려고 몇 차례 시도했다. 그로부터 고작 몇십 년 후에 최초의 오렌지 나무가 플로리다에 모습을 드러냈다. 그러나 고향인 지중해 지역의 기후와 재배 조건에만 익숙했던 탐험가들이 더운 열대기후의 카리브 해 지역에 감귤류를 심자 놀라운 일이 일어났다.

우선 상당수의 나무가 주황색의 열매를 맺지 않았다. 날씨가 너무 덥자 열매가 도무지 녹색에서 주황색으로 변할 기미를 보이지 않았다. 캘리포니아나 스페인 또는 이탈리아와 같이 밤 기온이 약간 서늘해지는 환경에서만 가장 선명한 주황색이 발현되기 때문이었다. 서늘한 기온이 껍질에 들어 있는 엽록소를 분해해야 주황색 색소가 드러나게 되는 것이다. 뜨거운 날씨에서 자란 과일은 맛이야 달콤할지 몰라도 껍질은 계속 녹색과 노란색을 띠고 있었다.

그 외의 다른 놀라운 일은? 어떤 나무는 열대지방의 섬에 심자 돌연변이를 일으켜 맛이 쓰고 껍질이 두꺼우며 중과피가 잔뜩 들어 있는, 음식으로의 가치는 전혀 없어 보이는 열매를 맺었다. 그러나 너무나 많은 수고를 들여 심은 식물이 맺은 열매를 어떻게든 활용해보고자 필사적이었던 식민지 정착민들은 이 열매를 도수 높은 술에 담가놓으면 맛이 훨씬 좋아진다는 사실을 발견해냈다.

세비야 광귤이라고도 부르는 이 새콤한 오렌지는 18세기에 무어인들을 따라 스페인에 전파되었다. 열매는 절대 날로 먹었을 리가 없지만 껍질은 곧 리큐어, 향수, 마멀레이드에 사용되기 시작했다. 광귤 주스는 그대로 마시면 끔찍한 맛을 내지만, 허브와 마늘을 섞은 모호mojo 소스를 만들 때에는 빼놓을 수 없는 재료다.

광귤은 트리플 섹의 맛을 내는 데에도 사용된다. 트리플 섹이라 불리는 오렌지 리큐어는 수없이 많은 종류가 있지만 프랑스의 콩비에 주식회사는 자신들이 오리지널 레시피를 만들어낸 원조라고 주장한다. 이들은 이 술의 기원을 설명하며 전설과도 같은 이야기를 들려준다. 이 이야기에는 나폴레옹 3세로부터 도망치려다가 실패해서 감옥에 갇히고 나중에는 나폴레옹 반란군을 이끌었던 프랑수아 라스파유François Raspail라는 화학자가 등장한다. 저명한 식물학자이자 현미경을 사용해 식물 세포를 판별해낸 최초의 학자 중 한 명이기도 했던 라스파유는 방향성 식물로 약용 물약을 만들었다. 이야기는 계속 이어져서, 라스파유는 감옥에서 역시 나폴레옹 3세의 독재 집권을 비난했다는 이유로 복역하고 있던 제과업자 장-바티스트 콩비에Jean-Baptiste Combier를 만났다고 한다. 당시 콩비에는 이미 아내와 함께 오렌지 리큐어의 레시피를 개발해놓은 상태였다. 감옥에서 풀려난 두 사람은 자신들이 가진 레시피를 결합해 같이 사업을 해보기로 합의했고, 그 결과로 탄생한 것이 루아얄 콩비에다.

감옥에 갇힌 화학자 이야기는 이쯤 해두고, 오늘날의 애주가들이 알아두어야 할 것은 콩비에에서 만드는 트리플 섹이 광귤 껍질을 넣은 사탕무 증류주라는 사실이다. 이렇게 좋은 품질의 트리플 섹도 단독으로 마시기에는 지나치게 맛이 단순하다. 좋은 트리플 섹은 어느 것이든 오렌지 사탕과 흡사한 맛이 난다. 그럼에도 불구하고 마가리타, 사이드카를 비롯한 여러 가지 레시피에 사용할 수 있는 품질 좋은 오렌지 리큐어를 구해볼 가치는 충분하다.

쌉쌀한 세비야 광귤을 베네수엘라 해안에 있는 소앤틸레스제도의 섬 퀴라소Curaçao로 가져온 이들은 바로 스페인 탐험가들이었다. 그곳에 버려진 씨앗에서 자라난 품종은 라라하Laraha, *Citrus aurantium var. curassaviensis*라고 불리게 되었다. 맛은 고약하기 짝이 없었지만 대양을 건너 오랜 항해를 마친 선원들은 괴혈병을 치료해야겠다는 필사적인 마음으로 이 라라하 열매를 섭취했다. 사실 이 섬의 이름 자체가 '치료되다cured'라는 뜻의 포르투갈어에서 왔을지도 모른다. 그리고 리큐어를 만드는 데 자연스럽게 라라하를 사용하게 되었다. 원래는 껍질을 햇볕에 말려 다른 향신료와 함께 증류주에 담가두었다. 오늘날 진짜 퀴라소 리큐어 제조업자들의 말에 따르면 이 섬에는 아직도 그 당시에 심었던 마흔다섯 그루의 라라하 나무가 남아 있다고 한다. 이 나무는 1년에 두 번 수확하며, 생산되는 열매의 수는 900개에 불과하다. 5일간 껍질을 햇볕에 말린 후 마대에 담아 증류기 안에 걸어놓고 감귤 향을 추출해낸다. 그다음에는 다른 향을 첨가하고 나서 보틀링하는데, 식용색소를 넣는 경우도 있고 그렇지 않은 경우도 있다. 정확한 레시피는 기밀로 유지되지만 아마도 육두구, 정향, 코리앤더, 계피 등이 사용되고 있을 가능성이 높다. 퀴라소는 카리브 해를 닮은 선명한 푸른색으로 잘 알려져 있지만 이는 단순히 인공색소에 불과하며, 색소를 넣지 않은 진짜 퀴라소도 구입할 수 있다.

소소한 식물학적 불만

그랑 마니에의 증류업자는 키트루스 비가라디아*Citrus bigaradia*라는 열매의 껍질로 이 술의 맛을 낸다고 주장하지만 종묘원에서 이 품종을 찾으려고 해도 헛수고일 것이다. 이 이름에 대한 기록은 1819년으로 거슬러올라가지만, 식물학자들은 더이상 사용하지 않는 이름이다. 기껏해야 C. 아우란티움 품종의 특수한 변종인 키르투스 아우란티움 비가라디아*Citrus × aurantium var. bigaradia* 종을 지칭하는 정도다.

광귤 추출물은 코냑 베이스 리큐어인 그랑 마니에르Grand Marnier에서도 찾아볼 수 있다. 껍질을 햇볕에 말린 다음 도수가 높은 중성 알코올에 담가 향을 추출해낸다. 그다음 이 에센스를 코냑 및 몇 가지 다른 비밀 재료와 섞은 다음 오크통에서 숙성시킨다. 그랑 마니에르는 감귤류 리큐어가 들어가는 어떤 칵테일에도 희석음료로 사용할 수 있으며, 다른 오렌지 리큐어가 줄 수 없는 풍부하고 우아한 맛을 선사한다.

레드 라이언 하이브리드

클래식 레드 라이언의 변형인 이 레시피는 원래 레시피와 마찬가지로 그랑 마니에르의 맛을 잘 보여주지만 신선한 제철 오렌지주스를 사용한다는 점이 다르다. 귤이 한창 제철인 겨울에 마시면 그야말로 환상적인 맛이다.

플리머스 진 또는 보드카 1온스
그랑 마니에르 1온스
갓 짠 오렌지 또는 귤 주스 3/4온스
신선한 레몬 조각 한 개에서 짜낸 즙
그레나딘 약간
오렌지 껍질

오렌지 껍질을 제외한 모든 재료를 얼음에 넣고 섞은 다음 칵테일 잔에 담아낸다. 오렌지 껍질로 장식한다.

오렌지 껍질에는 무엇을 뿌린 것일까?

플로리다와 텍사스, 날씨가 따뜻한 카리브 해 섬에서는 밤에도 감귤류 열매가 녹색에서 주황색으로 변할 만큼 기온이 떨어지지 않는다. 따라서 과수업자들은 완벽하게 익었지만 상품성은 떨어지는 녹색 과일을 활용할 다른 방법을 찾아야 했다. 플로리다가 주스 산업으로 유명하고 상대적으로 밤 기온이 서늘한 캘리포니아가 신선한 생과일을 더 많이 판매하는 이유 중 하나도 이것 때문이다. 어떤 재배업자들은 숙성을 촉진시키고 엽록소를 분해하는 역할을 하는 에틸렌이라는 천연 기체에 열매를 노출시켜 녹색 과일 문제를 해결하기도 한다.

또한 미국 농부들은 감귤류 적색 2호Citrus Red No. 2라는 합성 착색료를 과일에 뿌릴 수 있다. 캘리포니아에서는 이 착색료의 사용이 금지되어 있지만 텍사스와 플로리다의 재배업자들은 아직 사용이 가능하다. 이 착색료는 껍질을 벗겨서 먹거나 주스로 만들 과일에만 사용이 허가되어 있고, 껍질 그 자체를 '처리'하여 음식이나 음료에 넣을 과일에는 사용할 수 없게 되어 있다. 슈퍼마켓에서 파는 과일은 보통 생으로 먹거나 주스로 만들 것이라 추정하므로 착색료가 뿌려져 있을 가능성이 있는데, 그 사실이 항상 라벨에 표기되어 있는 것은 아니다.

또한 감귤류 과일에 왁스를 뿌리기도 한다. 유기농 과일에는 합성이나 석유를 원료로 한 왁스를 사용할 수 없게 되어 있다. 만약 칵테일이나 리몬첼로, 또는 그 외 인퓨전에 합성 착색료나 왁스가 들어가는 것을 피하고 싶다면 유기농 과일을 선택하자.

방향유는 증류, 압착(짜내기), 또는 용제를 이용하여 식물에서 추출해낸 휘발성 기름이다. 감귤류에서 가장 보편적으로 추출하는 방향유는 다음과 같다.

등화유(네롤리유) neroli oil	보통 수증기 증류를 통해 광귤의 꽃에서 추출
페티그레인유 petitgrain oil	감귤류 나무의 잎과 가지를 증류
오렌지유 sweet orange oil	보통 냉간 압착으로 오렌지 껍질에서 추출

캘러먼딘 CALAMONDIN

Citrofortunella microcarpa (Citrus microcarpa)

귤과 금귤의 교배종으로 추정되는 이 캘러먼딘나무는 양쪽 품종의 가장 큰 장점을 모두 가지고 있다. 자그마한 크기에 껍질이 얇은 과일을 맺으며, 주스는 새콤하지만 쓴맛은 나지 않는다. 모든 감귤류 중에서도 가장 내한성이 뛰어난 편에 속하는 캘러먼딘은 심지어 영하의 온도에서도 살아남으며 실내용 화분에서도 무럭무럭 잘 자라기 때문에 가정용 화초로도 인기를 누린다. 캘러먼딘은 필리핀에서 널리 재배되고 있어 현지에서는 칼라만시 calamansi 라고 부르기도 한다.

캘러먼딘 주스는 칵테일에서 라임 대신 사용할 수 있을 정도의 산미를 가지고 있다. 껍질을 보드카와 설탕에 담가두면 리큐어를 만들 수 있다. 필리핀에서는 캘러먼딘 주스를 소다수를 넣은 보드카의 희석음료로 사용한다.

키노토 CHINOTTO

Citrus aurantium var. myrtifolia

골프공 크기의 자그마한 열매와 작은 다이아몬드 모양의 잎이 열리는 키노토는 감귤류 수집가라면 누구나 온실에 갖추어놓고 싶어할 나무다. 키노토 열매는 보통 쓰고 시큼하다고 알려져 있지만 사실은 라임이나 레몬보다 산미가 덜해 그대로 먹기에도 전혀 문제가 없다. 키노토나무는 지중해 지방에서 번성하며 열매는 1월에 제철을 맞는다.

독특한 맛을 가진 이 키노토는 네그로니에 넣거나 소다수에 살짝 첨가하면 가장 맛있게 즐길 수 있는 캄파리의 핵심 재료로 널리 알려져 있다. 이탈리아 전역과 세계 곳곳의 이탈리아 시장에서는 키노토라는 이름의 무알코올 탄산음료도 구할 수 있다. 이 두 가지를 혼합해보고 싶은 유혹은 뿌리치는 편이 좋다. 캄파리와 키노토를 합치면 아무리 좋은 것이라도 과유불급이 될 가능성이 높다.

네그로니

진 1온스
스위트 베르무트 1온스
캄파리 1온스
오렌지 껍질

오렌지 껍질을 제외한 모든 재료를 얼음 위에 붓고 섞은 다음 칵테일 잔에 담아낸다. 오렌지 껍질로 장식한다.

시트론 CITRON

Beta vulgaris

가장 오래된 감귤류 종 중 하나이며 다른 많은 종의 기원이 된 이 시트론은 무시무시하게 두꺼운 껍질과 거의 먹을 수 없는 수준의 시큼한 열매로 잘 알려져 있다. 기원전 30년경에 베르길리우스는 시트론에 대해 "불쾌한 맛이 끈질기게 남는 열매지만 독약 치료제로는 훌륭하다"라고 적었다. 당시에는 시트론의 껍질을 와인에 첨가해 치료약으로 사용했는데, 이 음료는 구토를 유발했기 때문에 칵테일 재료로 권장할 만한 것은 아니었다.

시트론은 감귤류 세계에서 공룡과도 같은 존재다. 두껍고 주름진 껍질과 괴상하게 뒤틀린 외형은 그야말로 파충류를 닮았다. 부처의 손Buddha's hand이라는 이름의 시트론Citrus medica var. sarcodactylis은 손가락이 여러 개 달린 손 모양을 하고 있기 때문에 거의 전부가 껍질이고 과육은 없다. 다른 시트론과 마찬가지로 이 과일을 절여서 설탕에 졸이면 서케이드succade라는 일종의 설탕절임 껍질이 된다. 한편, 부처의 손은 풍미가 가득한 껍질의 표면적이 워낙 넓기 때문에 통째로 보드카에 담가 우려내기도 한다.

시트론나무가 풍부하게 자라는 바베이도스에서 개발된 '시트론 워터'의 레

감귤류 껍질을 벗기기에 알맞은 도구

감귤류 껍질을 벗기는 데 가장 좋은 도구는 두툼하고 뭉툭한 포크처럼 생긴 소형 껍질 칼이다. 칼끝에 달린 갈라진 부분은 껍질을 파내는 데 사용하며, 갈라진 부분 밑에는 날카로운 날이 달린 구멍이 있어 길쭉하고 가느다란 모양으로 예쁘게 껍질을 벗겨낼 수 있다.

감귤류를
직접
길러보자

햇볕이 잘 드는 곳

물은 적당히 주기

-1℃까지 견딤

겨울 날씨가 온난한 지역에서 사는데도 뒷마당에 감귤류 나무를 키우지 않는 사람은 좋은 기회를 낭비하고 있는 것이다. 뒷마당에서 갓 딴 신선한 레몬이나 라임만큼 칵테일에 넣기에 근사한 재료는 없으며, 심지어 거의 먹을 수 없는 열매를 맺는 방치된 나무에서조차 장식으로 사용할 만한 멋진 껍질을 얻을 수 있다.

가능하다면 감귤류를 전문적으로 취급하는 과실 묘목상에 가서 해당 지역에서 잘 자라는 나무 중 자신이 좋아하는 열매를 맺는 것을 선택해보자. 일반 종묘점이라면 감귤류에 대해 잘 아는 점원을 찾아 자신이 살고 있는 지역에서 자주 발생하는 병충해가 무엇인지, 조심해야 할 질병은 무엇인지, 또 서리로부터 보호해주어야 하는지에 대한 조언을 구하자.

캘러먼딘, 마이어 레몬 개량종, 대부분의 라임나무는 화분에서 잘 자라며, 햇볕을 충분히 쐬어주고(단순히 햇볕이 잘 드는 창문 옆에 두기보다는 채광이 좋은 온실이나 생장 촉진 보조 램프를 달아놓은 곳에 놓는다) 겨울에 난로 때문에 공기가 지나치게 건조해지지 않도록 적당한 습기를 유지해준다면 실내에서도 살아남는다. 화분에 심은 감귤류의 뿌리는 차가운 상태에서 물에 젖으면 썩기 때문에 겨울에는 마른 곳에 보관해야 한다.

성장 시기에는 한 달에 한 번씩 감귤류용 특수 비료를 주되, 겨울에는 이미 낮은 온도로 스트레스를 받고 있는 뿌리에 지나친 부담을 가할 수 있기 때문에 삼간다. 거의 모든 감귤류 나무가 자가수분을 하므로 근처에 다른 나무가 없어도 수분이 가능하다.

시피는 1750년 이전으로 거슬러올라가며, 당시에는 베르무트의 맛을 내는 데 사용되었을 가능성도 있다. 이 열매를 잘게 자르거나 껍질을 벗겨 다양한 증류주에 담그고 설탕을 첨가하면 리몬첼로와 비슷한 코디얼을 만들 수 있다.

자몽 GRAPEFRUIT

Cirtus × paradisi

1790년경에 바베이도스에 등장한 오렌지와 포멜로의 교배종인 자몽은 아마도 돌연변이나 우연히 탄생한 잡종일 가능성이 크다. 톡 쏘는 상큼함과 쌉쌀함이 잘 조화된 맛 때문에 자몽을 희석음료로 사용하면 깜짝 놀랄 만큼 좋은 맛을 낸다. 네그로니를 변형한 여러 가지 음료와 잘 어울리며, 럼이나 테킬라에 섞어도 기가 막히다.

자몽 리큐어는 더욱 손에 넣기 어렵다. 분홍색 자몽을 우려내서 만든 지파르 팡플르무스Giffard Pamplemousse가 자몽 리큐어의 한 예다. 타파우스Tapaus라는 아르헨티나의 양조업체에서는 리코르 테 포멜로Licor de Pomelo라는 술을 만드는데, 여기서 포멜로는 '자몽'이라는 의미의 스페인어다. 두 가지 모두 단독으로 마셔도 좋고, 감귤류 리큐어가 들어가는 어떤 칵테일에든 시험 삼아 넣어보아도 좋다.

이창 파페다 Ichang papeda (*C. ichangensis*)

세계에서 가장 내한성이 강한 상록 감귤류로, 히말라야의 낮은 산지에 서식하며 영하 18도까지 내려가는 온도에서도 살아남는다. 열매에는 전혀 즙이 없고 씨와 중과피만 들어 있는 경우가 많아 향기는 좋으나 그냥 먹기는 거의 불가능하다.

레몬 LEMON

Citrus limon

레몬은 라임, 시트론, 포멜로의 교배종일 가능성이 가장 크다. 두꺼운 껍질과 시큼한 향을 가지고 있는 이탈리아의 소렌토 레몬(펨미넬로 오발레Femminello Ovale)은 분명 시트론의 특징을 보인다.

적당한 맛을 얻기 위해서는 소렌토나무를 팔리아렐로pagliarello라고 부르는 밀짚 돗자리나 최근에 많이 사용되는 플라스틱 차광천으로 덮어 그늘을 만들어준다. 이렇게 하면 낮은 기온으로부터 나무를 보호하고 숙성 과정을 지연시켜 여름에 수확을 할 수 있게 된다. 소렌토나무는 1년 내내 열매를 맺기 때문에 각 계절에 나오는 열매마다 다른 이름이 붙어 있다. 겨울에 처음 수확하는 열매는 리모니limoni, 그다음에는 비안케티bianchetti, 여름은 베르델리verdelli, 가을은 프리모피오리primofiori라고 부른다.

게리스 유레카Garey's Eureka라는 이름이 더욱 잘 어울리는 유레카 레몬Eureka lemon은 시실리 레몬에서 유래한 것으로, 산미가 강하고 껍질이 두꺼운 품종이다. 정원사, 요리사, 바텐더 사이에서 가장 인기가 높은 레몬은 달콤하고 즙이 풍부한 마이어 레몬이며, 이것은 사실 레몬과 귤의 교배종이다. 껍질에는

식물 채집가 프랭크 N. 마이어

일본계 이민자들은 1880년대에 스위트 레몬과 귤의 교배종을 미국으로 수입하기 시작했지만, 마이어 레몬Meyer lemon이라는 이름은 이 과일을 공식적으로 미국에 소개한 사람의 이름을 딴 것이다. 프랭크 N. 마이어는 1876년에 암스테르담에서 태어났으며 1901년에 뉴욕 시로 건너왔다. 그는 미국농무부USDA의 의뢰를 받고 러시아, 중국, 유럽으로 떠난 네 번의 원정길에서 미국 농부들에게 유용할 만한 씨앗과 식물을 수집해 왔다. 그는 감나무, 은행나무, 엄청나게 많은 종류의 곡물, 과일, 채소를 포함해 모두 2만 5000종의 새로운 식물을 미국에 들여왔다. 그 과정에서 부상, 질병, 강도를 당했을 뿐만 아니라 운송 문제나 세관 통과 지연으로 헤아릴 수 없이 많은 식물 표본을 잃어버리는 등, 상상할 수도 없는 어려움을 견뎌야 했다.

우리가 지금 마이어 레몬으로 알고 있는 것은 1908년에 베이징에서 그가 발견해 미국으로 가져온 것이다. 그후 수십 년간 농부들이 나무를 접붙이기하여 재배한 나무들이 트리스테이자tristeza라는 바이러스 병의 무증상 보균주라는 사실을 깨닫게 되었고, 그 결과 원래 마이어 레몬 나무의 상당수가 처분되었다. 1950년대에는 캘리포니아의 포 윈즈 그로어스Four Winds Growers라는 종묘원에서 바이러스가 없는 개체가 발견되었다. 오늘날에는 개량된 마이어 레몬이 다시금 널리 재배되고 있다.

마이어의 식물채집 원정은 1918년에 그가 양쯔 강을 따라 상하이로 향하던 도중 마흔세 살의 나이로 세상을 떠나면서 비극적인 결말을 맞았다. 마이어의 시신은 일주일 후에 강에서 발견되었지만, 정확한 사망 원인은 아직 수수께끼로 남아 있다.

프랭크 마이어의 탐험

순수한 증류주, 설탕, 마이어 레몬을 혼합한 이 음료는 레몬의 특징을 완벽하게 표현해준다.
맨 마지막에 삼페인을 첨가함으로써 상쾌한 거품까지 즐길 수 있다. 한꺼번에 많이 만들어서
마이어와 그의 용감한 모험을 기리며 친구들과 함께 건배해보자.

보드카 1과 1/2온스
심플 시럽 3/4온스
마이어 레몬 주스 3/4온스
드라이 스파클링 와인(스페인산 카바가 잘 어울린다) 또는 소다수
레몬 껍질

보드카, 심플 시럽, 레몬 주스를 얼음 위에 붓고 잘 흔든 다음 걸러서 칵테일 잔에 붓는다.
스파클링 와인으로 잔을 채우고 레몬 껍질로 장식한다. 이보다 도수가 낮은 버전을 원하는 경우
얼음을 채운 납작한 잔에 따른 다음 스파클링 와인 대신 소다수로 잔을 채운다.

그다지 많은 방향유가 함유되어 있지 않기 때문에 혼합주를 만들 때에는 껍질보다 주스 그 자체를 사용하는 편이 좋다.

라임 LIME

Citrus latifolia, Citrus aurantifolia, Citrus hystrix

라임은 인도 또는 동남아시아 원산이며 15세기에 유럽에 전파되었다. 잘 익은 라임은 사실 노란빛이 도는 녹색을 띠기 때문에 라임을 구매하는 사람들이 기대하는 녹색을 유지하려면 열매가 익기 전에 수확해야 한다. 당분 함량은 레몬의 반 정도이며 산미는 약간 더 강하다. 라임은 칵테일에서 매우 독특한 역할을 한다. 라임을 화학적으로 분석해보면 리날로올과 알파-테르피네올이라는 두 가지 풍부한 꽃향기 성분이 다량으로 들어 있고, 껍질에는 따스하고 알싸한 노트를 더해주는 오일이 들어 있음을 알 수 있다.

산미가 특히 강한 키 라임은 바텐더가 가장 선호하는 종류이며 마가리타와

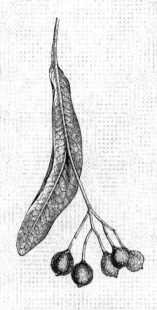

모히토에 첨가하면 딱 적절한 수준의 열대 느
낌을 더해준다. 또한 키 라임은 화분에서 아주
잘 자라고 작은 크기를 유지하면서도 거의 매
년 열매를 맺는다. 이보다 부드러운 맛의 버스
라임은 '진짜 라임'으로 간주되며, 열매의 크기
가 크고 좀더 서늘한 기후에서도 자란다. 카피
르 라임은 주로 잎을 수확하기 위해 재배하는
데 잎은 태국 음식에서 맛을 내거나 보드카에 넣
어 우리는 데 사용된다. 카피르 라임의 껍질은
갈아서 카레에 넣기도 하지만 열매 자체는 거
의 먹을 수 없다.

시장에는 여러 가지 라임 리큐어가 출시되어
있는데, 가장 유용한 것은 라임, 설탕, 향신료로 만든 벨벳 팔레르눔이다(라
임, 향신료, 설탕을 재료로 한 무알코올 희석음료인 팔레르눔도 음료에 넣으면 비슷
한 효과를 낸다). 마이타이, 좀비 등의 열대 칵테일에도 팔레르눔이 들어간다.
1912년에 첫선을 보인 모닝 오리지널 라임Monin Original Lime이라는 프랑스산
리큐어는 최근에 들어와서야 다시 판매되기 시작했고 미국에서는 좀처럼 손
에 넣기 어렵지만, 감귤 베이스 음료를 위해서라면 충분히 구해볼 가치가 있
다. 세인트 조지 스피리츠는 카피르 라임을 우려낸 행거 원 보드카를 생산한
다. 이 보드카는 태국을 테마로 한 칵테일에 완벽한 베이스 역할을 해준다.

감귤류 열매의 구조

겉껍질 또는 외과피
유선油腺, 지방산, 향미성분,
효소, 색소, 리모넨이라는 쓴맛의
방향성 화합물이 들어 있는 껍질

알베도albedo **또는 중과피**
껍질 안쪽의 폭신한 흰색 부분으로,
건강에 좋은 식물성 화학물질이
함유되어 있지만 보통은 먹지 않는다.
중과피라는 용어는 먹을 수 있는 부분에 붙어 있는
가느다란 섬유질 막을 의미하기도 한다.

내과피
씨를 직접 둘러싸고 있는 맨 안쪽의 층.
감귤류의 경우 내과피가 먹는
부분이다(복숭아와 같은 다른 과일의
경우 중과피는 먹지만 내과피는 씨에
붙어 있는 두꺼운 섬유질 막에 불과하다).

MANDARIN *Citrus reticulata, C. nobilis, C. unshiu, C. reticulata*

여러 차례의 교배를 거쳐 탄생한 귤은 가을이나 겨울에 열매를 맺는 달콤한 오렌지로 껍질이 느슨하여 쉽게 과육에서 벗겨진다. 이 과일은 만다린 나폴레옹Mandarine Napoleon이라는 코냑 베이스 리큐어의 맛을 내는 데 사용되는데, 제조업자에 따르면 이 술의 기원은 나폴레옹의 궁전이라고 한다. 푸르크루아Fourcroy의 백작이자 화학자였던 앙투안 프랑수아Antoine François가 오렌지 껍질을 담가둔 브랜디를 좋아했던 나폴레옹을 위해 이 레시피를 개발했다고 한다. 그리고 사실 귤은 나폴레옹의 출생지인 이탈리아 북부 해변의 코르시카섬에서 재배되었다. 세인트 조지 스피리츠는 귤을 우려낸 근사한 행거 원 보드카를 만들 때 귤꽃과 귤껍질을 함께 사용해 풍미를 낸다.

포멜로 POMELO
Citrus maxima [C. grandis]

왕귤나무라고도 불리는 포멜로는 오늘날 우리가 알고 있는 자몽과 광귤의 조상이다. 열매는 크고 무거워 1.8킬로그램까지 나가기도 한다. 껍질은 두껍고 녹색을 띠는 경우가 많은데, 특히 이 과일이 널리 재배되는 동남아시아산 포멜로에서 그런 특징이 두드러지게 나타난다.

샹보르 라즈베리 리큐어를 제조하는 샤를 자캥Charles Jacquin et Cie은 한때 포멜로와 꿀을 첨가해 '금단의 열매Forbidden Fruit'라는 이름의 브랜디 베이스 리큐어를 생산하기도 했다. 이 리큐어는 레몬 주스, 금단의 열매, 브랜디를 동량씩 섞어서 만드는 탄탈루스Tantalus를 비롯한 몇 가지 클래식 칵테일에서 빼놓을 수 없는 재료다(어떤 바텐더들은 포멜로나 자몽 껍질, 꿀, 향신료, 바닐라를 브랜디에 담가 이 리큐어를 재현하려고 하는데 완성도는 제각각이다). 포멜로와 퍼멀로pummelo라는 단어는 모두 진짜 포멜로 또는 자몽을 가리키는 말로 널리 사용되기 때문에 포멜로라는 이름이 붙어 있는 리큐어는 포멜로나 자몽 중 하나를 사용하여 맛을 냈을 가능성이 있다.

오렌지 SWEET ORANGE

Citrus sinensis

포멜로와 귤의 교배종으로 추정되는 오렌지는 세계에서 가장 널리 재배되는 과실수 중 하나로, 전체 감귤류 생산량의 약 4분의 3을 차지한다. 발렌시아 Valencia, 네이블Navel, 블러드 오렌지blood orange 등이 가장 잘 알려진 품종이다. 오렌지는 그냥 먹거나 주스 원료로 인기가 높지만 예상외로 감귤류 리큐어를 만드는 증류업자들이 가장 선호하는 품종은 아니다. 감귤류 리큐어에는 보다 복잡다단하며 쌉쌀한 산미가 있는 감귤류가 사용되는 경향이 강하다. 하지만 오렌지 껍질은 향신료 거래업자들을 통해 널리 유통되기 때문에 진과 허브

블러드 오렌지 사이드카

클래식 사이드카의 변형인 이 레시피에서는 레몬 주스 대신에 블러드 오렌지 주스를 사용한다. 취향에 맞게 비율을 조절하도록 한다. 브랜디를 그다지 선호하지 않는다면 버번으로 대체해도 좋다. (버번도 별로 좋아하지 않는다면 다른 술을 사용해도 좋다. 농담이 아니라 자신이 좋아하는 증류주로 시험해보자. 보드카, 진, 럼? 한번 만들어보자!)

코냑 또는 브랜디 1과 1/2온스
블러드 오렌지주스 3/4온스
솔레르노 블러드 오렌지 리큐어 1/2온스
(또는 트리플 섹 등의 다른 감귤류 리큐어)
앙고스투라 비터즈 약간

비터즈를 제외한 모든 재료를 얼음 위에 붓고 잘 섞은 다음 걸러서 칵테일 잔에 따른다. 맨 위에 비터즈를 약간 첨가한다.

리큐어에 상쾌한 느낌을 주기 위해 자주 사용된다.

진짜 오렌지로 맛을 낸 리큐어로 오랑주리Orangerie가 있는데, 증류업자에 따르면 손으로 껍질을 벗긴 나발리노Navalino 오렌지와 계피, 정향을 혼합한 후 스카치 위스키에 우려내서 만든 술이라고 한다(식물학자들은 나발리노라는 이름을 사용하지 않는데, 아마도 이 나발리노는 1910년에 처음 문헌에 등장한 달콤한 스페인산 네이블오렌지 나발리나Navalina를 지칭할 가능성이 크다). 상귀넬로Sanguinello 블러드 오렌지로 만든 솔레르노 블러드 오렌지 리큐어Solerno Blood Orange Liqueur라는 달콤한 리큐어는 오렌지 과육과 껍질, 레몬 껍질을 별도로 증류하여 혼합한 술이다. 트리플 섹을 더욱 고급스럽게 대체할 수 있는 제품으로 진 음료에 활기차고 달콤한 풍미를 더해준다.

등화수橙花水

오렌지 꽃물이라고도 부르는 등화수는 오렌지 꽃을 히드로졸(물을 분산매로 하는 콜로이드) 추출한 것이다. 등화수는 라모스 진 피즈의 핵심 재료다. 등화유(네롤리유)를 제조하는 과정에서 약간의 히드로졸이 부산물로 생성되기 때문에 증류 후에 남은 물을 보관했다가 등화수로 판매한다. 오일을 증류하는 과정 없이 등화수를 만들기 위해서는 오렌지 꽃을 물 또는 증기로 추출하기도 한다. 추출 방법이야 어떻든, 등화수에는 미량의 방향유와 함께 방향유에는 들어 있지 않은 수용성 향미 및 방향 화합물이 포함되어 있다. 바텐더들은 중동 브랜드보다 A. 몽퇴A. Monteux와 같은 프랑스 브랜드의 등화수를 선호하지만 둘 다 충분히 시험해볼 만하다.

라 모 스 진 피 즈

이 칵테일은 1888년경에 뉴올리언스의 바텐더 헨리 라모스Henry Ramos가 개발해낸
것으로 알려져 있다. 라모스는 1915년 마디 그라Mardi Gras 축제 때 35명의 근육질
바텐더들이 일렬로 서서 셰이커를 흔들며 음료를 만드는 멋진 장관을 연출해내기도 했다.
날계란을 그대로 내야 한다는 부담이 있고 상당히 공을 들여서 만들어야 하기 때문에 이
음료 자체를 취급하지 않는 술집이 많다. 런던의 근사한 진 술집 그래픽Graphic에서는
바텐더, 웨이트리스, 손님들이 돌아가면서 완벽한 거품이 나올 때까지 라모스 진 피즈를
흔드는 광경을 자주 볼 수 있다.

진(오리지널 레시피에는 올드 톰Old Tom 진을 사용) 1과 1/2온스
레몬 주스 1/2온스
라임 주스 1/2온스
심플 시럽 1/2온스
크림 1온스
계란 흰자 1개
등화수 2~3방울
소다수 1~2온스

소다수를 제외한 모든 재료를 칵테일 셰이커에 넣고 얼음 없이 30초 이상 흔든다. 그다음
얼음을 넣고 최소한 2분 이상 동상에 걸리지 않는 한도 내에서 여러 사람이 번갈아가며
필요한 만큼 흔든다. 하이볼 잔에 소다수를 넣고 그 위에 걸러낸 거품을 붓는다.

유자 YUZU

Citrus × junos (*C. ichangensis* × *C. reticulata* var. *austere*)

쓴맛을 내는 이상한 감귤류인 이창 파페다와 귤의 교배종인 이 껍질이 두껍고 시큼한 과일은 중국 원산이며 600년경에 일본으로 전파되었다. 과일 자체의 맛이 특별히 좋은 것은 아니지만 유자 껍질에서는 일본 요리사들이 사랑해 마지않는 복잡하면서도 진한 감귤 향이 풍겨나온다. 유자의 껍질을 간 것은 폰즈ponzu라는 간장 소스의 재료로 사용되며, 미소 된장국의 맛을 내기도 한다. 유자를 입욕제로 사용하는 사람들도 있으며 심지어 일본에는 동짓날에 따뜻한 물에 유자를 띄워서 목욕을 하는 전통이 있다.

유자는 가향 사케와 쇼추 베이스 리큐어에 고혹적인 매력을 더해준다. 아시아 식료품점에서 구할 수 있는 유자청이라는 한국의 유자 시럽은 따뜻한 물에 타면 유자차가 되지만 멋진 칵테일 재료로 변신하기도 한다.

유자나무는 영하 12도까지 견딜 수 있기 때문에 다른 감귤류를 찾아볼 수 없는 산악지방에서도 생존한다. 영국이나 미국의 서늘한 지방에 살고 있는데

마이 타이

다크 럼(다크 럼과 라이트 럼을 섞는 레시피도 있다) 1과 1/2온스
라임 주스 1/2온스
퀴라소 또는 다른 오렌지 리큐어 1/2온스
심플 시럽 약간
오르자 시럽 약간
마라스키노 체리
파인애플 조각

모든 액체 재료를 섞은 다음 걸러낸다. 잘게 부순 얼음을 채운 고블릿 잔이나 하이볼 잔에 따라낸다. 체리와 파인애플 조각으로 장식한다. 칵테일 잔에 장식용 종이우산을 꽂고 싶다는 생각을 해본 적이 있다면 지금이야말로 좋은 기회다.

꼭 실외에서 감귤류를 키워보고 싶은 사람이 있다면 다른 감귤류는 몰라도 유자는 살릴 가능성이 크다.

오르자Orgeat

아몬드, 설탕, 등화수로 만든 달콤한 시럽으로, 무알코올인 경우가 많고 보리 우려낸 물을 베이스로 사용하기도 한다. 오르자는 마이 타이의 핵심 재료지만 아예 빼고 만드는 경우도 부지기수다.

오렌지 리큐어 입문 가이드

리큐어	베이스 증류주	재료	오크통 숙성 여부
쿠앵트로	사탕무	오렌지와 광귤 껍질	×
콩비에	사탕무 (루아얄 콩비에에는 코냑도 들어간다)	아이티 감귤과 발렌시아 오렌지	×
시니어 퀴라소 오브 퀴라소	사탕수수	라라하 오렌지	×
그랑 마니에	코냑	광귤, 바닐라, 향신료	O
만다린 나폴레옹	코냑	말린 귤껍질, 허브, 향신료	O
오랑주리	스카치 위스키	오렌지 껍질, 계피, 정향	O
솔레르노 블러드 오렌지 리큐어	중성 주정	블러드 오렌지 과육, 껍질, 시실리 레몬	×
일반적인 트리플 섹 또는 퀴라소	증류업자에 따라 다름. 중성 곡주, 사탕무, 사탕수수당, 또는 포도 증류주	오렌지와 광귤 껍질	×

견과와 씨앗

견과:

다 익어도 껍질이 열리지 않아 씨앗이 드러나지 않는 마른 과일.
일반적으로 딱딱한 목질의 과피로 둘러싸여 있으며
하나의 씨가 들어 있다.

씨앗:

수정 이후 식물의 씨방을 형성하게 될 배아가 들어 있는 조직

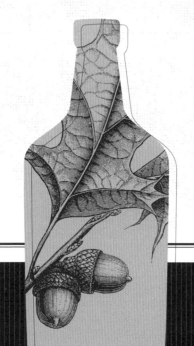

아몬드 ALMOND

Prunus dulcis

장미과

영국의 이발사이자 외과의, 약초상이었던 존 제라드는 1597년에 펴낸 『약초서 또는 식물의 역사 *The Herball, or Generall Historie of Plantes*』에서, "달콤한 아몬드에서 뽑아낸 물질에 술을 넣으면 우유 같은 흰 액체가 된다"고 적었다. 이 책은 식물에 대한 지식과 증명되지 않은 사실을 모아놓은, 생생하지만 상상으로 가득찬 개요서다. 제라드는 밤을 먹이면 말이 기침을 멈추고 바질 잎의 즙으로 뱀에 물린 상처를 치료할 수 있다고 주장했지만, 적어도 몇 가지에 관해서는 제대로 된 기록을 남겼다. 달콤한 아몬드? 술? 분명 뭔가 감을 잡고 있었음이 틀림없다.

아몬드는 살구 및 복숭아와 근연종이며 아마도 아시아가 원산지일 가능성이 크다. 아몬드나무는 1만 2000년 전에 중국에서 재배되었으며 기원전 5세기에 그리스에 전파되었다. 아몬드나무는 온난한 겨울과 길고 강수량이 적은 여름을 특징으로 하는 지중해성 기후를 선호하기 때문에 아시아 전역과 남부 유럽, 아프리카 북부, 미국의 서부 해안까지 성공적으로 퍼져나가 정착할 수 있었다. 이 나무는 캘리포니아에서 너무나 많이 자라기 때문에 유럽 꿀벌의 벌집을 이 과수원에서 저 과수원으로 옮겨가며 수분을 시켜주어야 할 지경이다.

아몬드를 먹을 때 항상 즐거운 것은 아니다. 쓴 아몬드인 프루누스 둘키스 아마라 변종 *Prunus dulcis var. amara*에는 50~70알만 먹어도 사람에게 치명적인 피해를 입힐 수 있을 정도의 시안화물이 함유되어 있다. 다행히도 사람이 쓴 아몬드를 실수로 먹을 가능성은 매우 낮다. 가게에서는 판매하지 않으며, 주로 압착해서 독성 물질을 제거한 후 아몬드 오일을 제조할 목적으로 재배하기 때문이다.

리큐어에 꿀처럼 달콤하고 고소한 풍미를 더해주는 것은 바로 단 아몬드, 즉 프루누스 둘키스 둘키스 변종 *Prunus dulcis* var. *dulcis*이다. 과수 재배자들은 더욱 단맛이 강하고 독성이 적은 아몬드를 생산하는 나무를 선택했기 때문에 수세기에 걸친 선별 과정을 통해 이 품종에서 독성 물질이 빠져나갔다.

아몬드 리큐어는 수많은 위대한 발견이 있던 르네상스시대 이후로 많은 인기를 누려왔다. 과일과 향신료, 견과류를 브랜디에 담가놓으면 여러 가지 멋진 일이 일어난다는 걸 알아낸 것도 그런 위대한 발견 중 하나였다. 약물을 만들고자 했을 수도 있고, 단순히 조악하게 증류된 증류주의 맛을 좀 부드럽게 하려는 의도였을 수도 있다. 이탈리아의 아마레토가 가장 알려진 예인데, 아이러니하게도 전 세계적으로 가장 널리 판매되는 아마레토 브랜드인 아마레토 디 사론노Amaretto di Saronno에는 아몬드가 전혀 들어 있지 않다. 그 대신 식물학적으로 매우 가까운 살구씨로 고소한 맛을 낸다. 하지만 진짜 아몬드를 사용해서 만드는 아마레토도 그다지 어렵지 않게 구할 수 있다. 룩사르도 아마레토 디 사스키라Luxardo Amaretto di Saschira 리큐어를 시음해보자.

이 리큐어는 단독으로 마셔도 훌륭하지만 비스코티의 맛을 내는 데 사용하기도 한다. 아마레토를 넣은 커피에 비스코티를 곁들이는 것보다 더 근사하게 식사를 마무리하는 방법도 좀처럼 찾기 힘들 것이다.

아몬드는 엄밀히 말해 견과류가 아니다

식물학적 기준에서 견과류는 마르고 단단한 껍질이 있는 과일이다. 그러나 아몬드는 씨가 다육질의 종자를 둘러싸고 있는 핵과核果 또는 석과石果에 해당한다. 다만 복숭아, 살구를 비롯한 다른 핵과와는 달리 아몬드의 '과일'은 가죽처럼 질긴 맛없는 외막에 불과할 뿐이다.

우리가 커피콩이라고 부르는 것은 사실 작은 붉은색 열매, 즉 커피 '체리' 안에 들어 있는 한 쌍의 씨앗이다. 이 열매를 맺는 에티오피아산 관목은 퀴닌뿐 아니라 용담과도 가까운 친척이다(식물 분류학상으로는 모두 용담목에 해당한다). 이 관목은 놀라운 독성 물질을 생성하여 자신을 먹이로 삼으려는 곤충을 마비시키거나 죽인다. 바로 이 독성 물질인 카페인 때문에 인간은 700년 전에 이 식물을 심게 된 것이다. 인간도 카페인에 면역되지는 않았지만 치사량에 도달하려면 커피를 최소 50잔 이상은 연거푸 빠른 속도로 들이켜야 한다.

아랍 상인들은 1500년 이전에 원산지 아프리카에서 유럽으로 커피를 처음 들여왔다. 커피가 인기를 얻는 데에는 100년 이상의 시간이 걸렸지만, 1600년대 중반이 되자 영국을 비롯한 유럽 전역에 커피하우스가 굳건히 자리를 잡게 되었다. 에티오피아의 염소가 커피 관목의 열매를 먹고 너무나 힘이 넘친 나머지 하루종일 뛰고 장난을 치면서 밤에는 도무지 잠을 자지 않았다는 재미있는 이야기도 떠돌았다. 물론 이것은 상인들의 과장된 이야기에 지나지 않았겠지만, 19세기 들어서서도 계속 인구에 회자되었다. 식물이 사람에게 각성 효과를 줄 수 있다는 사실은 중요한 과학적 발견으로 간주되었다.

1700년대 초기에 네덜란드와 프랑스의 상인들은 소수의 커피 품종 몇 가지만을 아메리카 대륙의 농장으로 가지고 갔는데 이것이 의도치 않게 일종의 유전적 병목현상을 야기하고 말았다. 커피 개체들 사이에 놀라울 정도로 다양성이 없는 상황은 오늘날까지 지속되고 있다. 세계적으로 알려진 커피 품종은 100가지가 넘지만 거의 모든 커피가 코페아 아라비카를 접붙이기하여 재배한 식물에서 유래한 것이며, 두번째로 많은 것은 C. 카네포라 *C. canephora*(C. 로부스타 *C. robusta*라고 불리기도 한다) 품종이다. 이 단일 작물에 발생하는 곤충과 해충 문제 때문에 식물학자들이 다른 품종을 찾아 나섰지만 일부 품종은 원래 서식지에서 거의 멸종 상태에 놓여 있다. 큐가든 소속의 식물 탐험가들은 지난 10년간 지금까지 알려진 바 없던 커피 품종을 30개 발견했는데 각 품종마다 독특한 특징을 지니고 있다. 어떤 품종은 카페인이 거의 들어 있지 않고, 어떤 품종은 크기가 두 배인 씨앗을 맺는가 하면, 또 어떤 품종은 병충해에 더욱 잘 견딜 수 있지 않을까 하는 기대를 모으고 있다.

커피를 쉽게 수확할 수 있는 방법은 없다. 열매가 모두 같은 시기에 익는 것이 아니기 때문에 일일이 손으로 따야 한다. 그다음 열매에서 씨를 빼낸 후 물에 담가 남아 있는 과육을 제거하는 '습식' 과정이나, 열매를 건조시켜 보다 쉽게 열매에서 씨를 빼내는 '건식' 과정을 통해 녹색의 씨앗을 열매로부터 분리한다(습식 과정을 사용하면 맛이 좋은 커피콩이 생산된다고 알려져 있으므로 가격이 더 높다). 일단 녹색의 씨앗이 깨끗해지면 볶을 준비가 다 된 것이다.

커피는 현재 50개국에서 재배되며 차를 제치고 세계에서 가장 많이 음용되는 음료가 되었다. 오늘날 커피 생산량은 차 생산량의 세 배에 달한다. 그러나 커피를 갈아서 물에 끓이는 것은 첫번째 활용 단계에 불과할 뿐이다. 1800년대 초반에 이미 커피는 리큐어 제조에도 사용되고 있었다. 가장 초기의 레시피는 단순히 볶은 커피콩, 설탕, 증류주를 섞은 것이었다. 그러다 이러한 제품이 상업적으로 생산되기 시작했고, 1862년에는 런던에서 열린 국제박람회에 출품되기도 했다. 20세기 초반의 레시피에는 계피, 정향, 메이스, 바닐라가 첨가되어 있었다.

1950년대에 들어서자 럼을 베이스로 한 멕시코산 리큐어 칼루아Kahlua가 인기를 얻게 되었다. 다른 수많은 리큐어 회사와 달리 칼루아의 제조업체는 레시피를 공개하고 있다. 사탕수수로 만든 증류주를 7년간 통에서 숙성시킨 다음 커피 추출물, 바닐라, 캐러멜을 혼합한다. 오늘날 전 세계에는 수십 종류의 커피 리큐어가 판매되고 있으며 베이스가 되는 증류주의 종류도 럼에서 코냑, 테킬라에 이르기까지 무척 다양하다. 수제 증류업자들은 커피 로스팅 전문가들과 손을 잡고 고급 커피 증류주를 생산한다. 캘리포니아 산타크루스Santa Cruz에 있는 파이어플라이Firefly도 그러한 사례 중 하나다. 이들은 습식 처리한 코스타리카산 커피콩을 시라syrah 및 진판델 포도로 만든 브랜디에 혼합한다. 바텐더들도 카운터 안쪽에서 커피콩을 칵테일에 머들링하거나 알싸한 음료에 커피 비터즈를 사용하는 등, 자신만의 커피 인퓨전을 만들어내고 있다.

그러나 뭐니 뭐니 해도 가장 유명한 커피콩과 알코올의 조합은 아마도 아이리시 커피일 것이다. 대다수 유명한 음료와 마찬가지로 아이리시 커피의 역사에 대해서도 뜨거운 논쟁이 벌어지고 있으나 그중 한 가지 이야기에 따

부에나 비스타 아이리시 커피

뜨거운 커피
각설탕 2개
아이리시 위스키 1과 1/2온스
거품기로 가볍게 저어둔 휘핑크림 2~3온스

내열 유리컵이나 머그컵에 뜨거운 물을 채워 잔을 데운다. 뜨거운 물을 따라 버리고 컵의 2/3 지점까지 커피를 붓는다. 각설탕을 넣고 세게 저은 다음 위스키를 첨가한다. 맨 위에 조심스럽게 휘핑크림을 얹는다.

르면 아일랜드의 섀넌 공항에서 일하던 바텐더가 처음 이 음료를 만들었다고 한다. 아일랜드 여행을 마치고 돌아온 한 여행 작가가 샌프란시스코에 있는 부에나 비스타 레스토랑의 바텐더에게 이 음료를 재현해달라고 부탁했다. 그리고 수많은 시행착오를 거친 끝에 잔 안에서 커피, 위스키, 설탕, 크림의 완벽한 조합이 탄생한 것이다.

헤이즐넛 (유럽개암) HAZELNUT   *Corylus avellana*   자작나무과

헤이즐나무는 아시아와 유럽 일부 지역 원산이며 이들 지역에서는 2000년 이상 활발히 재배되어 왔다. 프랑스인들은 이 나무에 필버트filbert라는 이름을 붙였는데, 이는 7세기 무렵의 수도원장 생 필리베르St. Philibert의 이름에서 따왔을 가능성이 크다. 생 필리베르의 축일은 이 나무의 열매가 마침 잘 익었을 시기인 8월 20일이다. 하지만 영국에서는 이 나무를 헤이즐넛이라 불렀다. 시간이 지나면서 식물학자들은 코릴루스 막시마*Corylus maxima*라는 품종에 필버트라는 이름을, C. 아벨라나라는 이름의 다른 품종에 헤이즐넛이라는 이름을 할당하여 이 의견 차이를 해소했다. 미국에서는 대부분의 농부들이 C. 아벨라나를 재배하지만 이 두 단어가 거의 비슷한 뜻으로 사용되므로 많은 혼란이 일어난다. 미국 원산의 품종들도 있지만 유럽산 나무들만큼 생산성이 높지 않다.

헤이즐나무는 높이 15미터까지 자랄 수 있지만 위로 곧게 뻗기보다는 관목처럼 수북하게 자라는 경향이 있고, 농부들도 이러한 현상을 조장한다. 나무의 중심 줄기를 잘라 뿌리 쪽에서 잔가지가 많이 자라나도록 하는 저목림 작업을 해주면 계속 많은 열매가 열리면서도 손쉽게 수확을 할 수 있게 된다.

헤이즐넛을 볶으면 79가지 이상의 풍미 화합물이 달콤한 캐러멜 향기를 낸다. 생 헤이즐넛에 들어 있는 풍미 화합물은 그 절반도 되지 않으므로 복잡한 맛을 끌어내는 데에는 볶는 과정이 필수적이다.

프란젤리코Frangelico나 프라텔로Fratello 같은 헤이즐넛 리큐어는 헤이즐넛에 바닐라나 초콜릿 같은 다른 향신료를 섞은 달콤한 음료다. 프란젤리코 양조 장에서는 구운 헤이즐넛을 으스러트린 다음 물과 알코올을 섞은 용매로 맛을 추출해낸다. 이 인퓨전의 일부도 증류를 하기 때문에 완성된 음료에는 증류 액과 인퓨전이 둘 다 들어 있다. 또한 바닐라, 코코아를 비롯한 다른 추출물도 첨가한다.

이것은 이탈리아 스타일이고, 프랑스식은 연한 호박색에 상쾌하고 깔끔한 헤이즐넛 향을 내는 에드몽 브리오테Edmond Briottet의 크렘 드 누아제트Creme de Noisette 리큐어와 같은 스타일이다. 미 태평양 연안 북서부의 수제 증류업자 들도 헤이즐넛을 우려낸 보드카와 헤이즐넛 리큐어로 실험을 하기 시작했다. 한편 술집에서는 비터즈를 소량씩 만들 때 헤이즐넛을 재료로 사용하는가 하 면, 순수 헤이즐넛 추출물을 칵테일 재료로 쓰거나 잘 저은 다음 크림에 첨가 하여 고소한 맛을 내는 커피 음료를 만들기도 한다.

콜라 너트 KOLA NUT

Cola acuminata   벽오동과

초콜릿의 재료가 되는 남미산 카카오 나무의 친척인 이 아프리카 나무는 자연 상태에서 18미터 이상까지 자라며 보라색 줄이 있는 연노란색의 아름다운 꽃을 무리지어 피운다. 꽃이 핀 다음에는 질기고 주름진 열매가 여러 개씩 열리는데, 각 열매마다 열두 개 정도의 씨앗이 들어 있다. 이 씨앗이 바로 콜라 너트다. 약간의 카페인이 들어 있어 서아프리카 사람들이 각성제로 즐겨 먹는다. 이 너트는 일단 유럽인들의 눈에 띈 후 18세기에는 약물로, 19세기에는 강장제로, 20세기에는 향미 추출물로 활용되며 변화무쌍한 여정을 거쳤다.

콜라 너트로 만든 일릭사Elixar는 배멀미 치료제나 식욕 촉진제로 처방되었으며 용담, 퀴닌과 함께 사용되는 경우가 많았다. 콜라 비터즈의 초기 레시피는 단순히 콜라 너트, 알코올, 설탕 감귤류를 섞는 것에 불과했다. 1800년대 후반에는 콜라 와인과 콜라 비터즈가 런던 시장에 모습을 드러냈으며 프랑스와 이탈리아의 증류업자들은 콜라를 재료로 사용한 가향 와인과 아마로를 출시했다. 토니 콜라Toni-Kola라는 식전 와인은 한때 유명했으나 지금은 사라진 브랜드다.

20세기 초반에는 소다수 판매점에서 콜라 시럽을 갖춰놓고 칵테일과 비슷하며 거품이 나는 무알코올 혼합 음료를 만들어 팔았다. 정성들여 만든 이 음료는 금주를 장려하는 방법 중 하나로 간주되었다. 코카콜라는 제품에 '콜라'

라는 단어를 사용하는 것과 관련해 헤아릴 수 없이 여러 차례 상표권 소송을 제기했지만 법정은 '콜라'란 콜라 너트의 추출물로 만든 모든 음료를 의미하는 일반적인 용어이기 때문에 상표권 등록을 허용할 수 없다는 입장을 굳건히 고수했다. 오늘날까지 콜라는 사용이 승인된 식품첨가물이며 많은 천연 소다 제조업체가 음료에 달콤하고 부드러운 콜라 향과 카페인을 첨가하기 위해 아직도 콜라 너트를 사용하고 있다.

남아프리카에서는 로즈 콜라 토닉Rose's Kola Tonic이라는 달콤한 시럽을 판매하고 있으며, 영국과 오스트레일리아, 뉴질랜드의 애주가들은 클레이턴스 콜라 토닉Clayton's Kola Tonic이라는 희석음료를 구할 수 있는데, 이 콜라 토닉은 (다른 콜라 음료처럼) 술을 마시지 않는 사람들도 술집에서 주문할 수 있는 음료라고 홍보한다. 영국의 주류 판매업체인 마스터 오브 몰트Master of Malt는 다크 럼을 베이스로 한 콜라 비터즈를 판매하며 이것이 칵테일에 "깊고, 톡 쏘는 떫은맛"을 더해줄 것이라 단언한다. 아베르나 아마로, 베키오 아마로 델 카포Vecchio Amaro del Capo와 같은 이탈리아산 아마로는 '콜라 향'이 난다고 알려져 있지만 제조업체에서는 이러한 음료를 만들 때 실제로 콜라 너트가 사용되는지 여부에 대해 함구하고 있다.

설익은 녹색 호두만큼 떫고 맛없는 것도 없다. 알코올과 설탕의 혼합물에 담가 노치노Nocino를 만들 때까지는 말이다. 이 이탈리아산 호두 리큐어는 역사상 잉여 생산물을 가장 독창적으로 활용한 사례 중 하나라고 해도 과언이 아니다.

호두나무는 중국과 동유럽 원산이며 아직도 키르기스스탄의 숲속에서 야생으로 자란다. 1769년경에 호두나무를 미국 서부 해안 지방에 소개한 것은 프란체스코회의 수도사들이었고, 캘리포니아의 선교 시설 내에서는 아직도 호두나무를 발견할 수 있다. 검은호두나무 J. 니그라*J. nigra*는 미국 동부 원산이며 튼튼하고 짙은 색의 목재가 열매만큼이나 좋은 평가를 받고 있다. 이 나무는 내한성이 매우 뛰어나기 때문에 17세기 유럽 탐험가들이 검은호두나무를 유럽으로 가져가기도 했다.

장대한 호두나무는 30미터가 넘는 높이로 자라며 넓은 그늘을 드리운다. 봄에 꽃차례라고 부르는 밧줄처럼 생긴 기다란 수꽃 무리가 모습을 드러내 꽃가루를 뿌리면 수수한 암꽃이 그 꽃가루를 받는다. 수분이 일어난 후에는 부드러운 녹색 열매가 달리기 시작하고, 초여름쯤 되면 이미 나무가 다 지탱할 수 없을 정도로 많은 호두가 열린다. 이들 중 상당수가 가을이 되기도 전에 땅으로 떨어진다.

재배하는 나무에서 열리는 것이라면 하나도 빼놓지 않고 활용하고자 했던 초기의 과수 재배업자들에게 이는 매우 안타까운 일이었음이 틀림없다. 다행히도 떫은 녹색 호두는 근사한 검은색 염료, 목재용 도료, 잉크 재료로 사용할

홈 메 이 드 노 치 노

사등분으로 쪼갠 녹색 호두 20개
설탕 1컵
보드카 또는 에버클리어 Everclear 750ml 1병
레몬 또는 오렌지 껍질 간 것 1개분
향신료(선택): 계피 스틱 1개, 통으로 된 정향 1, 2개, 바닐라콩 1개

녹색 호두는 여름에 나무에서 따거나 직거래 장터에서 구입할 수 있다. 상처가 없고 칼로
쉽게 자를 수 있는 통과일을 선별한다. 자르기 전에 깨끗하게 세척한다. 냄비에 설탕을 넣고
설탕이 간신히 잠길 만큼만 물을 부은 다음 잘 저어가며 끓인다. 설탕이 다 녹으면 다른
재료들과 함께 살균한 커다란 병에 넣고 밀봉한다. 가끔씩 흔들어주면서 서늘하고 어두운
곳에 45일간 보관한다. 45일이 지나면 호두와 향신료를 걸러내고 깨끗한 병에 옮겨 담아
다시 두 달간 숙성시킨다.
어떤 사람들은 마지막 두 달간 숙성시키기 전에 심플 시럽을 한 컵 추가하기도 한다.
새로운 것을 시도해보고 싶은 사람은 재료를 둘로 나누어 한쪽에만 심플 시럽을 1/2컵
넣어보자. 시럽을 넣든 넣지 않든, 숙성 과정에서 맛이 변하게 된다.

수 있었다. 먹을 수 없는 열매로 만든 이 리큐어 역시 매우 소중한 활용법이었을 것이다.

노치노 레시피(프랑스에서는 리쾨르 드 누아liqueur de noix라고 부른다)는 여러 세기에 걸쳐 조금씩 변해왔다. 원래 부드러운 녹색 호두를 사등분으로 자르거나 으깬 다음 설탕과 함께 일종의 증류주에 담가두는 간단한 레시피다. 바닐라와 향신료를 첨가할 수 있으며 어떤 사람들은 레몬이나 오렌지 껍질을 넣기도 한다. 한두 달 동안 숙성시켜 갈색이 도는 깊고 진한 검은색으로 변하면 마실 수 있는 상태가 된 것이다.

노치노를 반드시 집에서 직접 만들 필요는 없다. 하우스 알펜츠는 오스트리아에서 눅스 알피나Nux Alpina라는 호두 리큐어를 수입하며, 캘리포니아의 샤베이Charbay 양조장에서는 피노 누아 브랜디 베이스로 노스탈지Nostalgie라는 이름의 검은 호두 리큐어를 만든다. 캘리포니아에서 생산되는 또하나의 브랜디 베이스 호두 리큐어인 나파 밸리의 노치노 델라 크리스티나Nocino della Cristina 역시 엄청난 호평을 받은 바 있다. 노치노는 원래 단독으로 저녁식사 후에 마시거나 아이스크림에 부어서 먹지만, 바텐더들은 커피 음료에 넣거나 알싸하고 견과류 향이 나는 리큐어가 필요한 칵테일에 첨가하기도 한다.

3부

마지막으로 정원을 거닐며
칵테일 제조의 마지막 단계에 사용되는
다양한 계절별 가니시와 식물성 희석음료를 만나보자

정원사들은 궁극의 칵테일 기술자다. 아무리 평범한 채소밭에서도 근사한 음료를 만들 수 있는 희석음료와 가니시를 가꾸어낸다. 정원사에게 방취목, 로즈 제라늄 꽃, 달콤한 노란색 토마토, 진한 붉은색의 엘룸 셀러리 줄기를 키워내는 것은 그야말로 누워서 떡먹기다. 텃밭에서 수천 가지의 칵테일이 탄생할 수 있는 것이다.

모히토에 사용되는 민트 같은 일부 식물은 당연히 정원에서 길러야 한다. 반면 홈메이드 그레나딘에 필요한 석류 같은 식물은 열대기후 지역에서 살고 있거나 자체적으로 온실을 보유하고 있고 원예에 관심이 많아 식물이 죽지 않도록 잘 보살필 자신이 있을 경우에만 시도해볼 가치가 있다.

여기서는 희석음료나 가니시로 사용할 수 있는 모든 식물의 역사, 수명 주기, 재배법에 대해 하나하나 설명하기보다는 식물 몇 개만 선별하여 보다 자세하게 다루고, 그 외의 식물들은 한두 가지 재배 요령과 함께 간단히 언급하는 선에서 정리해볼까 한다. 또한 정원을 가꿀 때 가장 유용한 조언은 현지에서 얻을 수 있는 법이다. 특정한 식물이 해당 지역의 기후에 적합한지, 또는 기르는 사람의 숙련도와 관심 수준을 감안할 때 과연 알맞은지 여부는 주변에 있는 종묘점과 상의할 문제다. 종묘점에서는 자신이 사는 지역에 가장 적합한 품종에 대한 상세한 조언을 얻을 수 있다.

더 자세한 정보를 원할 경우 주변의 전문 원예 단체(보통 지역 농촌지도소에서 운영한다)를 찾거나 직거래 장터에서 지식이 풍부한 농부에게 문의하는 것이 좋다. DrunkenBotanist.com에서는 통신 판매 업체 정보, 재배 정보, 그리고 텃밭에서 식재료를 기르는 방법에 관한 정보를 추가적으로 제공하고 있다.

출발점은 허브

이러한 허브는
칵테일에 머들링하거나,
심플 시럽에 우려내거나,
보드카의 맛을 내거나,
장식을 하는 데 사용할 수 있다.

한해살이 허브는 수명이 1년에 불과한 식물로 따뜻한 여름과 햇볕, 주기적인 물 주기가 필요하다. 한편 줄기가 두꺼운 여러해살이 허브는 햇볕을 풍부하게 받고 여름에 기온이 높아야 무성하게 자라며 비교적 건조한 토양을 선호하고, 보통 겨울 기온이 영하12도~영하15도 이하로 내려가면 생존할 수 없다. 추운 지방에 사는 열성적인 정원사들은 여러해살이 허브를 화분에 심어 겨울에는 빛이 잘 들지 않는 지하실에 보관하며 물도 최소한 만큼만 준다.

이러한 허브는 모두 화분에 심을 수 있으며 대부분 불빛이 밝은 실내에서도 자란다. 온실이나 일광욕실이 이상적이다. 창문으로 햇볕이 잘 들어오는 곳이라 하더라도 보조 실내 전등이 필요한 경우가 있다. 일반적으로 매장에서 사용하는 형광등 조명에 타이머를 연결하면 가장 저렴하게 조명 문제를 해결할 수 있다. 종묘점이나 수경재배 전문점에서는 특수한 생장 촉진 램프와 일반 램프에 돌려 끼울 수 있는 LED 전구를 판매하고 있는데, 심미적으로는 이쪽이 더 나을지도 모르겠다.

허브를 수확하는 가장 좋은 방법은 식물의 밑동까지 하나의 줄기 전체를 잘라낸 다음 줄기에서 잎을 떼어내는 것이다. 그만한 양이 필요하지 않다면 줄기의 반만 자른다. 다만 잎을 하나씩 떼어내는 것은 삼가는 것이 좋다. 아무것도 없는 줄기에서 잎이 다시 자라나는 것은 쉬운 일이 아니기 때문이다. 한해살이 허브는 일단 꽃을 피우면 더 이상 자라지 않으므로 바질, 실란트로 등 계속 수확을 하고 싶은 허브가 있다면 꽃이 피기 전에 떼어버리는 것이 좋다.

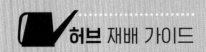
허브 재배 가이드

안젤리카 *Angelica archangelica*	두해살이(두번째 해에 꽃을 피운다). 줄기를 인퓨전에 사용한다. 다른 품종은 독성이 있으므로 반드시 가든 안젤리카라고 불리는 앙겔리카 아르캉겔리카 *Angelica archangelica* 종을 구하도록 하자. (193쪽 참조)
아니스 히솝 *Agastache foeniculum*	여러해살이. 꽃자루를 잘라주어 다시 꽃이 필 수 있도록 한다. 밝은 노란색의 골든 주빌리 Golden Jubilee나 많이 키우는 블루 포춘 Blue Fortune을 길러보자. (243쪽 참조)
바질 *Ocimum basilicum*	한해살이. 일반적으로 재배하는 잎이 큰 품종은 제노베제 Genovese다. 페스토 페르페투오 Pesto Perpetuo와 피니시모 베르데 Finissimo Verde는 그보다 잎이 작고 덤불처럼 자라는 품종으로, 실내에서 겨울을 날 수 있다.
실란트로 *Coriandrum sativum*	한해살이. 슬로 볼트 Slow Bolt 또는 산토 Santo는 다른 품종들처럼 빨리 꽃을 피우고 씨앗을 맺지 않는다. 실란트로 잎이 아닌 코리앤더의 씨를 얻기 위해 재배하는 경우 C. 사티붐 미크로카르품 종 *C. sativum var. microcarpum*이라는 품종을 찾아보는 것이 좋다. 씨앗은 완전히 말려서 갈색이 된 다음에 사용해야 한다. (212쪽 참조)
딜 *Anethum graveolens*	한해살이. 두캇 Dukat은 씨앗을 맺기 전에 더 많은 잎을 생성한다. 펀리프 Fernleaf는 왜성품종이다.
회향 *Foeniculum vulgare*	여러해살이. 피렌체 회향과 스위트 회향 모두 맛이 좋은 씨앗을 맺는다. 퍼펙션 Perfection과 제파 피노 Zefa Fino는 구근을 얻기 위해 재배한다. (243쪽 참조)
레몬그라스 *Cymbopogon citratus*	여러해살이. 주로 서인도산 품종은 줄기를 얻기 위해 재배하며, 동인도산 품종은 잎을 얻을 목적으로 재배한다. 칵테일에는 어느 쪽을 사용해도 좋다.

방취목 *Aloysia triphylla*	여러해살이. 줄기가 두꺼운 관목으로 1.2~1.5미터 높이까지 자랄 수 있다. 잎에서는 상쾌하고 진한 감귤 향이 난다. (238쪽 참조)
민트 *Mentha spicata*	여러해살이. 일명 '모히토 민트'로 불리는 멘타×빌로사 *Mentha × villosa* 또는 켄터키 커널*Kentucky Colonel*과 같은 스피어민트를 찾아보자. 시험해볼 만한 다른 민트로는 초콜릿 민트, 오렌지 민트, 페퍼민트 등이 있다. (412쪽 참조)
파인애플 세이지 *Salvia elegans*	여러해살이. 붉은색의 트럼펫 모양 꽃과 진짜 파인애플 냄새가 나는 잎이 돋아나는 억센 세이지.
로즈메리 *Rosmarinus officinalis*	여러해살이. 아프*Arp*가 가장 내한성이 뛰어나고 곧게 자라는 품종이다. 로만 뷰티*Roman Beauty*는 오일 함량이 높고 보다 조밀하게 자라는 습성이 있다. 땅을 기어가거나 벽을 타고 오르는 품종은 불쾌할 정도로 멘톨 향이 강하므로 피하도록 하자.
세이지 *Salvia officinalis*	여러해살이. 홀츠 매머드*Holt's Mammoth*는 전통적으로 요리에 자주 사용되는 품종이다. 잎이 은색을 띠는 품종이면 무엇이든 사용할 수 있다. 보라색과 노란색을 띠는 품종들은 상대적으로 풍미가 떨어진다.
세이버리 *Satureja montana*	여러해살이. 이것은 윈터세이버리라는 허브로, 가지가 좀더 튼튼하고 로즈메리와 비슷한 풍미를 낸다. 서머세이버리인 S. 호르텐시스 *S. hortensis*는 계란과 샐러드에 상큼한 맛을 내는 데 사용되는 경우가 많다.
센티드 제라늄 *Pelargonium sp.*	여러해살이. 보통 제라늄이라고 불리기는 하지만 사실은 양아욱 속屬이다. 이 허브를 재배하는 사람들은 장미에서 계피, 살구에서 생강에 이르기까지 놀라울 정도로 다양한 향기를 만들어냈다. 잎은 향기가 나며 풍미가 매우 강해 심플 시럽과 인퓨전에 사용한다. 꽃은 가니시로 사용하면 좋다.
타임 *Thymus vulgaris*	여러해살이. 일반적으로 요리에 쓰이는 것은 영국 타임이지만 레몬 품종도 근사한 효과를 낸다. 털이 많고 덩굴처럼 자라는 품종은 그다지 맛이 좋지 않다.

가든 인퓨전 심플 시럽

레몬 껍질에서 대황, 로즈메리에 이르기까지 식물성 재료라면 거의 대부분 심플 시럽에 넣어 우려낼 수 있다. 이렇게 하면 손쉽게 제철 수확물을 활용하고 기본 칵테일 레시피에 약간의 변화를 줄 수 있다.

허브, 꽃, 과일, 또는 향신료 1/2컵
물 1컵
설탕 1컵
보드카(선택) 1온스

보드카를 제외한 모든 재료를 냄비에 넣는다. 뭉근히 끓이면서 설탕이 완전히 녹을 때까지 잘 저어준다. 혼합물을 식힌 다음 체가 고운 거름망에 부어 걸러준다. 방부제 역할을 하는 보드카를 첨가하고(선택) 냉장 보관한다. 2, 3주 정도 보관이 가능하며 냉동하면 그보다 오래 보관할 수 있다.

허브를 마음껏 때려라

꿀풀과 식물(민트, 바질, 세이지, 아니스 히솝 등)에서 방향유를 얻어내는 비법은 으깨지지 않는 한도 내에서 잎을 때려주는 것이다. 이렇게 하면 잎의 표면에 있는 변형된 분비모, 즉 가느다란 솜털에서 방향유가 분리되면서도 엽록소 때문에 불필요하게 음료가 지저분해지는 일이 없다. 신선한 잎을 때려서 최대한의 풍미를 이끌어내도록 하자. 잎사귀를 한쪽 손바닥에 올려놓고 힘차게 한두 번 박수를 치기만 하면 된다. 그 모습이 마치 전문가처럼 보이는 것은 물론 음료 안에도 신선한 방향 물질이 가득 퍼지게 된다.

스피어민트 SPEARMINT   *Mentha spicata*   꿀풀과

쿠바를 여행하다가 모히토에 들어 있던 민트 가지들을 건져서 가지고 돌아온 여행자들의 용감한 노력 덕분에 이제 온라인 판매를 하는 종묘점에서는 멘타×빌로사, 일명 '모히토 민트'를 구비해놓게 되었는데, 판매업자들은 이 모히토 민트가 대부분의 스피어민트와는 확실히 차별화된다고 주장한다. "이 허브는 전형적인 쿠바인처럼 절제된 방식으로 여러분을 부드럽게 감싸며, 포근함이 사라질 즈음에는 다시 생각나게 됩니다." 카탈로그에 실린 이 허브의 판매문구다.

신선한 민트가 눈에 띄지 않는 술집에서는 절대 모히토를 주문하지 말라. 민트는 사실상 잡초이므로 너무나 쉽게 기를 수 있기 때문에 바로 쓸 수 있는 민트를 갖춰놓지 않은 점에 대해서는 어떠한 변명도 용납하기 어렵다. 민트는 주차장에 있는 화분이나, 창가의 화단에서 잘 자라는 것은 물론, 심지어 빗물을 흘려보내는 홈통이나 보도의 갈라진 틈에서도 싹을 틔울 수 있다.

민트는 기회만 된다면 순식간에 정원 전체를 덮어버린다. 민트의 성장을 늦추려면 38리터짜리 플라스틱 화분에 민트를 심은 다음 화분을 땅에다 묻는다. 결국에는 민트 줄기가 땅으로 뻗어가 뿌리를 내리면서 화분을 벗어나게 되지만, 그래도 어느 정도는 시간을 확보할 수 있다. 민트에는 물을 충분히 주어야 하므로 물이 새는 호스와 수도꼭지 연결부 옆의 항상 젖어 있는 곳이라면 민트가 자라기에 완벽한 위치다. 다음 세대는 격세유전을 하는 경향이 있어 모_母 식물만큼 품질이 좋지 않기 때문에 꽃이 피거나 씨를 맺기 전에 잘라준다. 식물이 성장함에 따라 풍미가 달라질 수 있으므로 어떤 정원사들은 몇 년마다 줄기를 뿌리째 뽑아 오래된 식물을 새것으로 대체한다.

재배를 권장하는 민트 품종은 스피어민트로, 이 품종의 상쾌하고 달콤한 향은 설탕과 럼에 녹아들어가듯 어울린다. '모히토 민트'나 남부 사람들이 민

워커 퍼시의 민트 줄렙

민트 줄렙은 재료 배합 순서와 비율을 잘 맞추기만 하면 소량씩 여러 번 만들 필요 없이
한 번 만들어두고 하루종일 마실 수 있는 음료라고 생각하는 사람들이 있다. 꽤 많은 양을
진하게 만들어놓은 후 얼음이 녹고 설탕과 버번이 유리잔의 바닥에 자리를 잡아가면서
점차 희석되고 달콤한 맛이 난다는 것이다.
남부 출신의 작가 워커 퍼시는 버번을 최소 5온스 이상 넣어야 좋은 줄렙이라고
주장하는데, 이 정도라면 어떤 사람이라도 하루 주량을 가볍게 넘길 양이다. 여기에
소개하는 레시피는 퍼시의 생각을 그대로 따르고 있지만, 문화인다운 모습을 지키고
싶다면 버번의 양을 조금 줄이는 것도 괜찮다.

버번 5온스
신선한 스피어민트 가지 몇 개
정선제당 4, 5큰술
얼음 부순 것

은으로 만든 줄렙 컵, 하이볼 잔, 또는 입구가 넓은 유리병에 아주 약간의 물과 함께
정선제당 2, 3큰술을 넣어 설탕이 개어질 정도로 만든다. 신선한 스피어민트 잎을 한 층
덮는다. 머들러나 나무 스푼으로 가볍게 눌러주되, 짓이기지는 않는다. 그 위에 방금 곱게
부순 얼음을 한 층 얹는다. 퍼시는 얼음을 마른 수건으로 감싼 다음 나무망치로 두들겨서
아주 곱게 갈아내는 것을 선호한다. 그 위에 설탕을 약간 뿌리고 손바닥 사이에 놓고
으깨지지만 않을 정도로 세게 때린 민트 잎을 몇 개 더 올려놓는다.
그 위에 다시 잘게 부순 얼음을 얹는 식으로 계속 층층이 재료를 넣으며, 버번 한 방울도
더 들어가지 않을 정도로 잔의 맨 위까지 꽉 채운다. 양에 신경쓰지 않고 흘러넘치지 않을
때까지 부으면 되는데, 대략 5온스 정도 들어갈 것이다. 이렇게 만든 줄렙을 들고 현관
베란다로 나가 잠자리에 들 때까지 거기서 시간을 보낸다. 매미 소리가 들려오는 가운데
줄렙을 홀짝거리며 느긋하게 하루를 보내는 것보다 더 기분좋은 일이 또 있을까.

트 줄렙Mint Julep, 박하술의 맛을 내는 데 가장 많이 사용하는 '켄터키 커널' 품종을 찾아보도록 하자.

그린 민트라고도 불리는 스피어민트는 중부와 남부 유럽 원산이며 이 지역에서는 수세기 동안 이 식물을 재배해왔다. 대 플리니우스는 스피어민트의 향이 "마음에 지각변동을 일으킨다"라고 했다. 동시에 스피어민트는 수많은 음료의 맛에 지각변동을 일으키며, 자칫하면 질릴 정도로 달콤하고 과일 향이 강한 칵테일에 꽃향기에 가까운 상쾌한 풍미를 더해준다.

이번에는 꽃

꽃은 가니시로 사용하거나 얼음에 넣고 얼려서
장식용으로 쓰는 경우가 가장 많다.
그러나 심플 시럽이나 보드카 인퓨전에 첨가해
향미와 색을 낼 수 있는 꽃들도 있다.
허브 섹션에서 다루었던 식물들의 꽃은 잎과 마찬가지로
먹을 수 있을뿐더러 사용하기에도 안전하다.
다만 식용이라는 사실을 확실히 알고 있는 경우가 아니라면
아무 꽃이나 칵테일에 첨가하는 것만은 삼가자.
예를 들어 수국에는 약간의 시안화물이 들어 있어
음료의 재료로 사용하기에는 바람직하지 않다.

꽃 재배 가이드

서양지치 *Borago officinalis*	한해살이. 짙은 푸른색의 꽃은 음료에 넣거나 각얼음 안에 넣고 얼리면 무척 아름답다. 잎에서는 희미하게 오이맛이 난다. 전통적으로 핌스 컵 칵테일에 가니시로 사용된다.
금잔화 *Calendula officinalis*	한해살이. 밝은 노란색과 주황색 꽃잎은 인퓨전을 해서 색을 우려낼 수 있다. 알파Alpha는 믿을 만한 주황색 품종이며, 선샤인 플래시백Sunshine Flashback은 진노랑, 네온Neon은 주황빛이 도는 붉은색이다.
엘더플라워 *Sambucus nigra*	여러해살이. 꽃이나 열매를 얻기 위해 재배한다. 꽃은 인퓨전이나 시럽에 사용한다. 화려한 블랙 레이스나 연초록의 잎이 달리는 서덜랜드 골드Sutherland Gold를 길러보자. 일부 북미 품종에는 시안화물이 들어 있기 때문에 반드시 과실 묘목상에서 구입해야 한다. (277쪽 참조)
허니서클 *Lonicera x heckrottii*	여러해살이. 골드 플레임Gold Flame은 강하고 튼튼하게 자라며 향기로운 꽃을 가득 피운다.
재스민 *Jasminum officinale*	여러해살이. 약 -18℃ 정도까지 견딘다. J. 그란디플로룸*J. grandiflorum*이라고 부르기도 하는 프렌치 재스민은 좀더 기후가 따뜻한 지역에서 자라지만 실내에서도 기를 수 있다. (289쪽 참조)
라벤더 *Lavandula angustifoloa*	여러해살이. 요리에 사용하기에 가장 적합한 것은 히드코트Hidcote나 먼스테드Munstead와 같은 영국산 라벤더 품종이며, 프렌치 그로스French Gross나 프레드 부탱*Fred Boutin, L. × intermedia*을 시도해보아도 좋다. (418쪽 참조)
천수국 *Tagetes erecta*	한해살이. 꽃잎은 밝은 주황, 빨강, 또는 노랑이며 날카롭고 알싸한 맛을 지니고 있다. 새로운 품종이 다수 나와 있지만 전통적으로 재배되어온 품종은 화려한 주황색을 띠는 아프리카 마리골드Afraican Marigold다.

한련 *Tropaeolum majus*	한해살이. 드워프 체리Dwarf Cherry는 봉긋하게 자라는 품종으로, 넓게 퍼지지 않아 화분에서도 충분히 기를 수 있다. 다른 품종들은 덩굴이 제멋대로 뻗어가기 십상이다. 어떤 품종이든 후추 향이 나는 주황, 빨강, 노랑, 분홍, 흰색의 꽃을 피운다.
장미 *Rosa* spp.	여러해살이. 장미 꽃잎으로 인퓨전을 하려면 미스터 링컨Mister Lincoln과 같이 향기가 진한 하이브리드 티hybrid tea, 꽃잎이 크고 사철 피는 품종를 선택하고, 로즈 힙을 수확하려는 경우에는 루고사rugosa 품종을 선택한다. (293쪽 참조)
쓰촨 버튼 *Acmella oleracea*	한해살이. 노란색 꽃눈에는 스필란톨spilanthol이라는 화합물이 들어 있어 씹으면 마치 톡톡 캔디 같은 반응을 일으킨다. 일종의 관심을 끌기 위한 방법이지만 재미있는 칵테일 장식임은 분명하다.
비올라 *Viola tricolor*	한해살이. 조니 점프업Johny-jump-ups이나 가까운 품종인 팬지는 먹을 수 있지만 특별히 맛이 좋지는 않다. 가니시로 유용하다.
제비꽃 *Viola odorata*	여러해살이. 오래전부터 사용되던 향기제비꽃은 매우 향기가 강하며 수명이 무척 짧다. 아프리카제비꽃과 혼동해서는 안 된다. (297쪽 참조)

라벤더 LAVENDER

Lavendula angustifolia (L. × intermedia)   꿀풀과

라벤더가 술집에서 자주 사용되지 않는 이유는 라벤더가 요리 재료로서 그다지 인기가 없는 이유와 같다. 라벤더의 날카롭고 강한 꽃향기는 향수에는 적합할지 몰라도 식사에는 전혀 어울릴 것 같지 않기 때문이다. 그러나 라벤더를 즐겨 재배하는 사람이라면 누구든 결국은 라벤더를 음료에 넣어보고 싶은 생각이 들기 마련이다. 실제로 라벤더는 진, 인퓨전 보드카, 리큐어에 사용된다.

라벤둘라 앙구스티폴리아, 즉 영국 라벤더는 좀더 단맛이 나고 음식의 맛을 내기에 적합하므로 라벤더 스콘이나 쿠키도 이 품종으로 만든다. 히드코트와 먼스테드는 인기 있는 품종들이고 둘 다 60센티미터 높이까지 자라며 든든한 생울타리를 형성한다.

라벤더-엘더플라워 샴페인 칵테일

라벤더 심플 시럽(405쪽 참조) 1온스
생제르맹 1온스
샴페인이나 다른 스파클링 와인
신선한 라벤더 가지 1개

심플 시럽과 생제르맹을 샴페인용 긴 잔에 넣고 그 위에 샴페인을 붓는다. 신선한 라벤더 가지로 장식한다.

그 외에 칵테일에 사용할 용도로 고려해볼 만한 유일한 라벤더는 향수와 비누 제조를 위해 프랑스에서 재배하는 L.×인테르메디아다. 그로소, 프레드 부탱, 아브리알리Abrialii 등을 길러보자. 영국 라벤더보다는 톡 쏘는 맛이 강할지 몰라도 찌는 듯이 무더운 여름 날씨를 더 잘 견뎌낸다. 그 외의 수많은 다른 라벤더 품종에는 약간의 독성 화합물이 들어 있어 먹을 수 없다.

햇볕이 잘 들고 배수가 잘 되는 토양에 라벤더를 심고 뿌리덮개보다는 자잘한 자갈을 덮어준다. 비료는 주지 않아도 되며 물도 거의 보충해줄 필요가 없다. 라벤더가 계속 꽃을 피우도록 하려면 늦가을에 한 번 잘라주어야 한다. 잎은 대부분 솎아내되, 맨 나무가 드러나도록 잘라서는 안 된다. 라벤더는 지중해성 기후를 가장 좋아하지만 아주 추운 곳이 아니라면 어디서든 자라며 겨울에는 −23℃도까지 견딘다.

라벤더의 드라이하면서도 톡 쏘는 향은 진과 같은 식물성 증류주에 안성맞춤이며 심플 시럽에 우려내는 용도로도 좋다.

라벤더 마티니

신선한 라벤더 가지 4개
진 1과 1/2온스
(워싱턴 주에서 생산되는 드라이 플라이를 사용해보자. 라벤더가 함유되어 있다)
릴레 블랑(주석 참조) 1/2온스
레몬 껍질

칵테일 세이커에 진과 라벤더 가지 3개를 넣고 머들링한다. 릴레와 얼음을 넣고 흔든 뒤 칵테일 잔에 걸러낸다. 으깨진 라벤더 조각들이 음료에 들어가지 않도록 하려면 체가 고운 거름망을 잔 위에 놓아 이중으로 걸러내도록 한다.

주석: 릴레는 냉장하면 최소한 몇 주 동안은 신선하게 보관할 수 있다. 만약 릴레가 없다면 보다 전통적인 드라이 베르무트로 대체해도 좋다.

다음 순서는 **과실수**

과실수는 충동적으로 쉽게 살 수 있는 품목이 아니다.
나무는 마치 강아지와 같아서
자그마할 때에는 귀엽지만 결국 크게 자라나며,
일생 동안 보살펴주어야 한다.

어떤 과실수는 일정 수 이상의 동계 저온 요구시간(기온이 0도 근처에 머무는 시간)을 충족시켜주어야 휴면기를 끝낼 수 있다. 일부는 병충해에 취약해 상당히 많은 살충제를 뿌려야 하는 경우도 있는데, 칵테일에 과일 껍질을 사용하는 경우가 많다는 사실을 생각하면 그다지 유쾌하지 않은 일이다. 근처의 믿을 만한 과실수 묘목상이나 농촌지도소에 병충해에 내성이 강한 품종으로는 어떤 것이 있는지, 유기농 재배는 어떻게 하는지 문의해보자. 이런 곳에서는 과실수 재배에 관한 무료 강좌를 열기도 한다.

감귤류 나무를 비롯한 일부 과실수는 화분에서도 기를 수 있으며 추운 겨울을 견딜 수 없는 품종이라면 실내에 들여놓고 겨울을 나게 할 수도 있다. 다만 뿌리줄기에 접붙이는 과실수는 뿌리줄기에 따라 크기가 결정되는 경향이 있으므로 나무의 크기를 작게 유지하고자 하는 경우에는 왜성 뿌리줄기에 접목한 나무를 구하자.

과실수에 영양을 공급하고 보살피는 방법 역시 다른 식물들과는 약간 다르다. 어떤 품종은 자가수정을 하므로 근처에 다른 나무가 없어도 상관없지만 주변에 수분을 할 수 있는 나무(꽃가루받이 나무라고 부른다)가 없으면 꽃을 피우지 않는 품종도 있다. 수분의 경우에는 아마 특별히 신경을 쓰지 않아도 근처의 벌들이 알아서 해주겠지만 실내에서 기르는 식물이라면 약간의 도움이 필요할 수도 있다(근처의 종묘점 직원과 생명의 탄생에 대한 이야기를 나누어보자). 또한 과실수에는 철분, 구리, 붕소 등의 미량영양소가 풍부하게 함유되어 있는 특별한 비료가 필요하다. 적절한 가지치기 전략을 세워야 하며, 어떤 과실수는 열매가 아직 작고 익지 않았을 때 솎아주어야 좋은 작황을 기대할 수 있다.

그러나 이런 어려움에 꺾이지 말자. 과실수는 그야말로 무한한 보람을 안겨준다. 일부 종묘점에서는 몇 가지 품종을 하나의 뿌리줄기에 접붙여서 그 보상을 두 배, 세 배로 만들기도 한다. 이렇게 "한 나무에 세 품종" "한 나무에 네 품종"을 접목한 과실수는 좁은 공간에서 여러 가지 품종의 과일을 재배하기에 좋은 방법이다. 약간의 학습 및 도움으로 사는 지역에 적합한 품종을 선택한다면 정원에서 갓 딴 신선한 제철 과일주스로 음료에 생동감을 불어넣는 큰 즐거움을 누릴 수 있다.

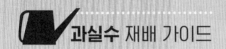

과실수 재배 가이드

사과 *Malus domestica*	살고 있는 지역의 기후에서 잘 자라는 품종을 선택하는 것이 관건이다. 농산물 직판장에서 시식을 많이 해보고 주변 재배 농들에게 나무 선택에 대한 조언을 구하도록 하자. (43쪽 참조)
살구 *Prunus americana*	미국에서 열매를 얻기 위해 재배하는 대부분의 살구에 들어 있는 씨는 매우 써서 먹을 수 없는데, 열매만을 사용하려는 경우 이런 품종도 상관없다. 달콤한 품종 중에서 아몬드 향이 나는 씨앗을 브랜디에 우려낼 수 있는 것은 스위트하트 Sweetheart다. (340쪽 참조)
체리 *Prunus cerasus var. marasca*	마라스키노 체리를 직접 만들어보고자 하는 경우, 파이 체리 라고도 부르는 새콤하고 색이 짙은 모렐로 타입을 찾아보자. (353쪽 참조)
무화과 *Ficus carica*	전통적인 프랑스 품종은 비올레트 드 보르도Violette de Bordeaux지만 살고 있는 지역에 맞는 품종을 고르는 것이 가장 중요하다. 품종을 결정하기 전에 주변 재배농들이 생산한 무화과를 시식해보자. 심플 시럽 리덕션에 사용하면 아주 좋다. (351쪽 참조)
레몬 *Citrus limon*	화분에서 매우 잘 자란다. 주스를 얻으려면 개량된 마이어 품종이, 풍미가 가득한 껍질을 사용하려는 경우 유레카나 리스본이 좋다. (380쪽 참조)
라임 *Citrus aurantifolia*	키 라임, 멕시코 라임, 서인도 라임이라고도 부르며 혼합 음료에 사용하기에 이상적인 품종이다. 카피르 라임C. hystrix은 태국풍 음료에 사용되는 향기 나는 잎을 얻기 위해 재배한다. (382쪽 참조)
리치 *Litchi chinensis*	독특한 열대 과일로, 주스를 칵테일에 넣으면 근사한 맛을 내며 열매는 아름다운 가니시로 활용할 수 있다. 리치 나무 는 기온이 영하 4도 이하로 내려가면 생존할 수 없으며 키가 9미터 이상 자라므로 날씨가 추운 지방이나 온실에서 키우기에는 적합하지 않다.

올리브 *Olea europaea*	고르달Gordal은 전통적인 스페인 품종이다. 아르베키나 Arbequina는 작고 내한성이 강하다. 장식용 나무가 아니라 열매를 얻기 위해 재배하는 품종을 찾아라. 올리브의 꽃가루는 계절성 알레르기를 크게 악화시킬 수 있다는 점을 유념하자. (418쪽 참조)
오렌지 *Citrus aurantium* 등	소위 광귤이라고 부르는 품종과 시트론은 껍질을 얻기 위해 재배한다. 네이블과 블러드 오렌지는 주스에 보다 적합하며, 일부 품종은 실내에서도 기를 수 있다. 화분에 심을 경우 기르기 쉬운 금귤과 캘러먼딘을 고려해보자. (371쪽, 386쪽 참조)
복숭아 *Prunus persica*	질병에 강한 왜성품종을 찾도록 하자. 복숭아(가까운 친척인 천도복숭아도 마찬가지)는 하나의 뿌리줄기에 여러 가지 품종을 접붙여서 소위 '콤보 나무'를 만들기에 이상적이다.
자두 *Prunus domestica*	와인, 리큐어, 오드비를 만드는 데 사용되는 전통적인 유럽산 품종은 짙은 푸른색의 댐즌, 밝은 노랑의 미라벨, 그린게이지 자두다. 북미에서도 잘 자라도록 코넬 대학에서 교배해 낸 빅 매키Big Mackey나 잼 세션Jam Session을 길러보자. (359쪽 참조)
석류 *Punica granatum*	왜성품종인 P. 그라나툼 나나 종*P. granatum var. nana*은 화분에서 잘 자라지만, 상업적으로 석류를 재배하는 사람들은 전세계 시장에 신선한 석류와 석류 주스를 공급하는 폼 원더풀 POM Wonderful사의 창업자들이 만들어 낸 원더풀 품종을 선호한다. 엔젤 레드Angel Red와 그레나다Grenada는 원더풀보다 빨리 여물기 때문에 이른 한파가 오기 전에 열매를 맺을 가능성이 더 높다. (425쪽 참조)

직접 절인 올리브

형편없는 올리브는 근사한 마티니를 망쳐놓는다. 신선한 올리브를 구할 수 있다면 물과
소금만으로 직접 절여보자.

농산물 직판장에서(또는 올리브나무를 기르고 있는 지인으로부터) 갓 딴 신선한 올리브를
구해서 각 열매를 세로로 한 번씩 절개한다. 물에 잘 씻은 다음 깨끗한 유리병이나 우묵한 그릇에
넣는다. 용기를 선택할 때에는 주의하도록 한다. 올리브를 꾹 눌러주어야 하므로 입구가 넓은
것을 고르고, 안쪽에 딱 맞는 접시나 뚜껑을 구하자(물을 가득 채운 튼튼한 비닐봉지도 누름돌
역할을 할 수 있다). 올리브를 물 안에 완전히 잠기도록 하여 24시간 담가둔다. 담가두는 동안에는
서늘하고 건조한 곳에 보관한다.

6일간 매일 물을 갈아준다. 6일이 지나면 냄비에 피클용 소금과 물을 1 대 10의 비율로 섞어서
절임용 소금물을 만든다. 한 번 펄펄 끓인 뒤 불을 끄고 식힌다. 유리병에 올리브를 넣고 소금물을
가득 채운다. 취향에 따라 레몬, 마늘, 향신료나 허브를 첨가한다. 뚜껑을 단단히 봉하고 냉장고에
넣어 4일간 더 숙성시키면 완성된다. 반드시 냉장 보관하고 신선할 때 먹어야 한다.

1867년의 한 의학 문헌에서는 석류에 대해 "정기제로 만들어 아침저녁으로 한 잔씩 복용하면 노란색 촌충을 확실히 퇴치할 수 있다"고 설명하고 있다. 석류의 구충 효과에 대한 기록은 이것이 처음이 아니다. 포르투갈의 한 의사는 1820년부터 같은 목적으로 석류나무 껍질 차를 만들었으며 이것을 그레나딘이라고 불렀다. 다행히도 19세기 후반에 이르자 그레나딘이라는 용어가 기생충을 퇴치하기 위한 나무껍질 차가 아닌, 탄산음료나 기타 음료의 맛을 내는 데 사용하는 다홍색의 달콤한 과일 시럽을 나타내는 말로 쓰이게 되었다.

석류나무는 사실 아시아 및 중동을 원산지로 하는 커다란 관목이다. 지금도 해당 지역에서 야생으로 자라기는 하지만 오늘날에는 유럽 전역, 아메리카를 비롯하여 전 세계의 열대지방에서 재배된다. 석류나무의 기원은 고대까지 거슬러올라가며 이집트인들이 광범위하게 재배했지만 딱 두 가지 종뿐이다. 석류는 한때 독자적인 과로 분류되었지만 새로운 분자생물학적 연구를 통해 털부처꽃, 배롱나무, 구피아를 비롯해 언뜻 보기에는 별로 닮은 데가 없는 식물들과 유전적으로 매우 가깝다는 사실이 밝혀지기도 했다(이들 식물이 공통적으로 가지고 있는 가장 뚜렷한 해부학적 특징은 쭈글쭈글한 꽃잎이다).

현재 석류나무는 중동, 인도, 중국에서 주로 재배되며 지중해 지방과 멕시코, 캘리포니아에서는 특수작물로 취급된다. '그라나툼'이라는 석류의 종 이름은 '씨가 있는'이라는 뜻의 라틴어에서 유래했으며 실제로 석류 열매를 보면 수백 개의 씨앗이 선홍색의 과육으로 둘러싸여 있다. 석류로 만든 시럽인 그레나딘은 석류를 나타내는 옛 프랑스어 단어 '그르나드grenade'에서 따온 것이다. 16세기에 발명된 수류탄을 뜻하는 영어 단어도 이와 같은 그르나드인데, 아마도 서로 크기가 비슷한데다 종류는 전혀 다를지언정 둘 다 터질 듯한 물질로 가득차 있기 때문에 같은 이름이 붙었을 가능성이 크다.

그레나딘 시럽은 1880년대에 물에 넣는 감미료로 프랑스 카페에서 인기를 누렸으며 그후 머지않아 미국의 소다수 판매점이나 칵테일 술집에도 모습을 드러내기 시작했다. 1910년에 뉴욕의 세인트 레지스 호텔에서는 진, 그레나딘, 레몬 주스, 소다수로 만든 폴리Polly라는 칵테일을 판매하기 시작했다. 1913년에 뉴욕타임스는 14번 도로와 6번가의 교차로에 있는 카페 데 보자르 Café des Beaux Arts라는 여성 전용 술집에 이곳에 대해 회의적인 시각을 갖고 있었던 남자 기자를 한 명 파견했다. 그 기자가 이 여성 전용 술집에서 경험한 여러 가지 놀라운 일들 중 하나가 화려하고 밝은색의 칵테일이었는데, 거기에는 진, 오르자(달콤한 아몬드) 시럽, 그레나딘, 레몬 주스로 만든 보자르 피즈Beaux Arts Fizz라는 거품 나는 분홍색 칵테일도 포함되어 있었다.

그레나딘이 순수한 석류 시럽을 의미하던 기간은 놀랄 만큼 짧았다. 20세기 초반에는 인공으로 만든 시럽이 등장했고 1918년이 되자 제조업자들은 어떤 종류의 붉은색 시럽도 그레나딘이라는 이름을 사용할 수 있도록 하는 새로운 상표법을 추진했다. 한 기자는 이 상황을 이렇게 표현했다. "그레나딘 시럽과 그 시럽의 이름을 따온 과일은 완전히 이방인이 되어버렸다." 결국 인공 버전이 승리를 거두기는 했지만 그래도 그레나딘 시럽은 계속해서 술집 진열대에 남아 잭 로즈Jack Rose, 클래식 티키 칵테일인 테킬라 선라이즈Tequila Sunrise 등을 비롯한 수백 가지 칵테일의 필수 재료가 되었다.

최근 전통적인 재료에 대한 관심이 다시 높아지면서 이제는 진짜 석류로 만든 그레나딘 시럽뿐만 아니라 석류 리큐어와 석류로 우려낸 보드카도 고급 주류점이나 전문 식료품점에서 찾아볼 수 있게 되었다. 하지만 갓 짜낸 신선한 석류로 만든 홈메이드 그레나딘을 따라갈 수 있는 것은 없다. 신선한 주스를 병에 담아 시판하는 주스로 대체하기만 해도 맛이 확 떨어진다. 석류 과일이 제철을 맞으면 부엌에서 한두 시간 투자하여 홈메이드 그레나딘을 넉넉히 만들어 냉동실에 보관해두자. 충분히 그럴 만한 가치가 있으니까.

잭 로즈

애플잭 1과 1/2온스
신선한 레몬 주스 1/2온스
그레나딘 1/2온스

모든 재료를 얼음 위에 붓고 흔든 다음 걸러서 칵테일 잔에 따라낸다.

다음 차례는 **베리와 덩굴**

딱 한 가지만 제외하면
과실수에 대한 거의 모든 내용이
베리와 덩굴에도 적용된다.
베리와 덩굴은 화분에서 제대로 자라지 않으며
실내 생활을 싫어한다.

베리는 덩굴이 타고 올라갈 수 있는 구조물을 세워주고 가끔씩 비료를 주면서 1년에 한 번씩 가지치기만 해주면 잘 자라기 때문에 비교적 손이 덜 가는 작물이다. 대부분의 베리는 겨울이나 초봄에 맨뿌리 형태로 심는다(어느 정도 자란 식물이 아니라, 살아 있는 뿌리 덩어리가 줄기에 붙어 있는 형태로 구입하게 된다).

자신이 살고 있는 지역의 기후에 가장 적합한 품종이 무엇인지, 근처에 꽃가루받이 나무가 필요한지 여부를 주변의 전문가에게 문의해보자. 선택한 품종에 어떤 가지치기 방법이 적당한지에 대해서도 조언을 구한다. 예를 들어 일부 라즈베리는 1년에 두 번 열매를 맺는데다 2년차 줄기에서만 열매가 열리므로 일단 열매를 맺은 오래된 줄기는 잘라내고 아직 어린 줄기는 열매를 맺을 때까지 계속 자라도록 해주어야 한다.

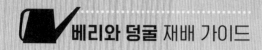

베리와 덩굴 재배 가이드

블랙베리 *Rubus* spp.	기르는 사람 본인을 위해 가시가 없는 품종을 선택하자. 서로 개화기가 다른 여러 가지 재배종을 선택하여 재배 기간을 늘리는 것이 좋다. 예를 들어 아라파호Arapaho는 6월 중순에 꽃을 피우기 시작하고 블랙 다이아몬드는 8월에 꽃이 핀다. 로건베리Loganberry, 매리언베리Marionberry, 보이즌베리Boysenberry, 테이베리Tayberry 교배종(일반적으로 블랙베리와 라즈베리를 이종교배한 것)은 충분히 키워볼 만하다.
블루베리 *Vaccinium* spp.	블루베리는 축축한 산성 토양을 좋아하므로 화분에 담아 기르면 필요한 조건을 비교적 쉽게 충족시킬 수 있다. 톱 햇Top Hat과 치페와Chippewa는 아담하기 때문에 화분에서 기르기 좋다. 일부 품종은 겨울에 영하 29도까지 견딘다.
커런트 *Ribes nigrum*	무서운 발진 녹병을 전파하지 않으며 질병에 강한 새 재배종이 등장했음에도 불구하고 아직도 몇몇 주에서는 카시스 제조에 사용되는 블랙 커런트의 재배를 금지하고 있다. 벤 로몬드는 왕성하게 자라는 스코틀랜드 품종이다. 레드와 화이트 커런트는 상큼하고 산뜻한 맛을 내며 음료에 넣으면 근사한 가니시가 된다. (343쪽 참조)
홉 *Humulus lupulus*	홉이 꽃을 피우기 위해서는 낮의 길이가 일정 시간 이상 되어야 하기에 홉은 북위와 남위 35~55도 지역에서 가장 잘 자란다. 노란색이나 라임빛이 도는 녹색 잎이 달린 황금색의 홉 덩굴 아우레우스와 어렸을 때는 잎이 연녹색을 띠었다가 성숙하면서 보다 진한 녹색으로 변하는 비앙카는 장식용으로 널리 판매되고 있다. (281쪽 참조)
라즈베리 *Rubus idaeus*	오랜 기간에 걸쳐 열매를 맺는 사철성 품종을 찾아보자. 매년 겨울마다 줄기를 전부 잘라주면 되므로 가지치기도 간단하다. 캐럴라인Caroline이나 폴카 레드Polka Red를 길러보자.
슬로베리 *Prunus spinosa*	야생 자두나무라고도 불리는 이 커다랗고 가시가 많은 관목은 내한성이 뛰어나 영하 34도까지 견딘다. 만약 새가 먼저 따가지 않는다면 이 나무에서 열리는 열매로 슬로 진을 만들 수 있다. (365쪽 참조)

인퓨전 보드카

허브, 향신료, 과일을 보드카에 우려내서 자신만의 향기로운 칵테일용 증류주를 만드는 것은 의외로 무척 간단하다. 한 가지 주의해야 할 것은 일부 식물, 특히 바질이나 실란트로처럼 연한 녹색 허브는 너무 오래 담가두면 쓰고 이상한 맛을 낸다는 점이다. 이런 문제를 방지하기 위해 시험 삼아 적은 양을 만들어보되, 우려내기 시작한 지 몇 시간 후부터 자주 맛을 본다. 허브의 경우 8~12시간, 과일은 1주일 정도면 충분하다. 감귤류 껍질과 향신료는 한 달 정도 담가두기도 한다. 좋은 맛이 나면 바로 걸러내는 것이 요령이다. 계속 담가둔다고 해서 반드시 맛이 좋아지는 것은 아니다.

제조법은 다음과 같이 간단하다.

깨끗한 유리병에 허브, 향신료, 또는 과일을 채운다. 스미노프처럼 가격은 저렴하지만 품질은 지나치게 떨어지지 않는 보드카를 붓는다. 단단히 밀봉하여 서늘하고 어두운 곳에 보관한다. 완벽하다고 판단될 때까지 정기적으로 맛을 본다. 재료를 걸러내고 몇 달 내에 사용한다.

리몬첼로 및 기타 리큐어

이 레시피는 다른 달콤한 인퓨전을 만들 때도 응용할 수 있다. 레몬 대신 커피콩, 카카오 배유, 또는 어떤 감귤류든 사용하면 식후에 마실 수 있는 달콤한 리큐어가 완성된다.

신선한 레몬(주석 참조) 12개
보드카 750ml 1병
설탕 3컵
물 3컵

레몬 껍질을 벗기되 조심스럽게 노란색 부분만 깎아낸다(과일을 딱히 다른 용도로 사용하지 않을 경우 주스를 짜내서 얼음 틀에 넣고 얼려 칵테일에 사용한다). 레몬 껍질과 보드카를 커다란 유리 피처나 단지에 넣는다. 뚜껑을 덮고 일주일 정도 숙성시킨다. 일주일이 지나면 설탕과 물을 끓인 다음 식혀서 보드카와 레몬을 섞은 혼합물에 붓는다. 24시간 놓아두었다가 걸러낸다. 마시기 전에 하룻밤 동안 냉동시킨다.

주석: 음료에 화학물질이나 합성 왁스가 들어가지 않도록 하려면 유기농 또는 약제를 뿌리지 않고 가정에서 재배한 감귤류를 고르자.

마무리는 **과일과 야채**로

다양한 구색이 갖춰진 텃밭이라면
바텐더가 사용하는 재료도 충분히 공급할 수 있을 것이다.
하지만 음료에 특화된 텃밭을 가꾸고 싶다면
샐러드 야채나 여름 호박처럼 요리에 자주 사용되는 재료는
과감히 포기하고 칵테일만을 위한 과일과 채소를 심어보자.
오랜 성장 시기에 걸쳐 열매를 맺는 품종, 또는 같은 과일이나 채소라도
조생종이나 만생종을 찾아 수확 기간을 늘려보자.
작은 열매가 열리는 품종을 선택하는 것도 잊지 말자.
사실 대부분의 음료에는 과일이 아주 소량만 사용되며,
칵테일 잔에 들어가는 가니시의 양도 최소한으로 하지 않으면
오히려 음료를 마시는 데 방해가 될 뿐이다.
여기서는 몇 가지 인기 있는 종류를 소개한다.

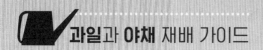

셀러리 *Apium graveolens*	날씨가 선선하고 작물을 오래 재배할 수 있는 지역에 살고 있다면 셀러리는 충분히 길러볼 가치가 있는 작물이다. 집에서 기른 셀러리 줄기는 가게에서 파는 두툼한 품종보다는 얇을지 몰라도 음료에 젓개용 막대로 곁들이기에는 안성맞춤이다. 화려한 진홍색의 레드벤처Redventure 품종을 찾아보자.
오이 *Cucumis sativus*	스페이스마스터 80과 이즈닉Iznik은 용기 화분에서 잘 자라며, 코린토Corinto는 열파와 예상치 못한 한파에도 잘 견딘다. 스위트 석세스Sweet Success는 질병 저항성이 뛰어나며, 소화가 잘 된다고 알려져 있는 영국산 '버플러스burpless'와 같은 종이다.
멜론 *Cucumis melo*	재배할 품종을 고르는 가장 좋은 방법은 아마도 농산물 직판장에서 멜론 몇 개를 사다가 가장 마음에 드는 과일의 씨앗을 남겨서 사용하는 것이다. 암브로시아Ambrosia는 백균병에 내성이 있으며 샤랑테Charentais는 전통적인 프랑스산 품종이다.
미라클푸르트 *Synsepalum dulcificum*	화분에서 잘 자라는 식물로, 열대식물을 취급하는 종묘점에서 구할 수 있다. 서아프리카 원산인 이 식물에 열리는 자그마한 암적색 베리에는 혀에 이상한 영향을 미치는 당단백질이 들어 있다. 이 열매를 먹으면 단백질이 미뢰와 결합하여 미각 수용기가 맛을 인식하는 방식을 바꿔놓는다. 소화효소가 이 단백질을 분해할 때까지 대략 한 시간 동안은 신 음식을 먹어도 달게 느껴진다. 바텐더들은 이러한 현상에 착안하여 새로운 칵테일 아이디어를 내놓았다. 레몬이나 라임 주스로 만든 새콤한 음료에 이 미라클 베리를 가니시로 첨가하면 손님들이 술을 몇 모금 마시다가 베리를 먹게 되고, 그 이후부터는 완전히 다른 맛의 음료를 즐길 수 있게 된다. 직접 기르지 않는 이상 신선한 미라클 베리를 구하기는 좀처럼 쉽지 않다.
고추 *Capsicum annuum*	높은 온도와 빛만 있으면 자라므로 화분에서 기르기 쉽다. 체리 픽Cherry Pick, 피멘토-L과 같은 단맛이 나는 품종이나 체리 밤Cherry Bomb, 페기스 할라페뇨Peguis Jalapeño와 같은 매운 품종을 시도해보자. 가니시로 사용하거나 보드카 인퓨전을 만들기에 매우 적합하다. (440쪽 참조)

파인애플 *Ananus comosus*	파인애플은 작은 브로멜리아드bromeliad 식물의 중심부에서 자라난다. 화분에 심어 실내에서 키우면 가장 잘 자라고 2년 후부터는 열매를 맺는다. 로얄Royale은 가정에서 파인애플을 기르는 사람들에게 적합한 자그마한 품종이다.
대황 *Rheum rhabarbarum*	대황 심플 시럽은 반드시 구비해 놓아야 할 칵테일 재료다. 영양이 풍부한 비옥한 토양에 붙박이로 심어주면 몇 년이고 계속해서 결실을 맺는다. 잎에는 독성이 있으므로 줄기만 먹는다.
딸기 *Fragaria × ananassa*	화분에 기르기에 완벽한 식물이다. 딸기는 걸어놓는 화분이나 전용 화분에 심고 정기적으로 물을 주면 아주 잘 자란다. 땅에 심는 경우에는 짚으로 땅을 덮어주어야 열매가 땅과 접촉하여 썩는 것을 방지할 수 있다. 사철 내내 열매를 맺거나 일조량의 변화에 관계없이 오랫동안 열매를 맺는 품종을 찾자. 야생 딸기인 알프스 딸기F. vesca는 크기가 작고 새콤한 맛을 내며 계절에 크게 구애받지 않고 열매를 오래 생산하는 품종으로, 가니시로 사용하면 아주 예쁘다. (438쪽 참조)
토마티요 *Physalis philadelphica*	이 시큼한 녹색 과일은 살사 베르데멕시코식 그린 살사 에 빼놓을 수 없는 재료이지만 테킬라 칵테일에 머들링해서 넣어도 기가 막힌 맛을 낸다. 전통적인 녹색 품종은 토마 베르데Toma Verde다. 파인애플Pineapple이라는 품종은 밝은 노란색에 열대를 연상케 하는 파인애플 향이 난다.
토마토 *Solanum lycopersicum*	즙이 많고 잘 익은 토마토는 보드카나 테킬라와 완벽한 궁합을 이룬다. 선골드Sungold는 누구나 좋아하는 방울토마토이며 옐로우 페어Yellow Pear 역시 가니시로 사용하면 아주 예쁘다. 기존의 품종을 건강하고 병충해에 강한 뿌리줄기에 접목하여 새로운 품종을 길러내기도 하는데, 이러한 품종은 가격이 비싸지만 더욱 튼튼하게 많은 열매를 맺는다.
수박 *Citrullus lanatus*	수박은 럼, 테킬라, 보드카 음료에 넣으면 천상의 맛을 낸다. 페어리Faerie는 껍질이 노랗고 속살은 붉은 품종으로 열매가 작고 질병에 강하다. 리틀 베이비 플라워Little Baby Flower 역시 질병에 내성이 있는 품종으로, 거대한 열매 몇 개가 아닌 작은 열매를 여러 개 맺는다.

신선한 작물로 가득찬 정원이 있다면 멋들어진 칵테일을 만들기 위한 레시피는 거의 필요하지 않다. 그냥 몇 가지 기본적인 비율만 지키면서 재료를 혼합하면 균형이 잘 잡힌 음료가 된다. 초보자를 위해 간단한 예를 몇 가지 소개한다.

베이스 1/2온스	머들링 재료	약간 첨가	더욱 멋을 내고 싶다면 살짝	담아내기
버번	복숭아와 민트	심플 시럽	복숭아 비터즈	잘게 부순 얼음을 넣은 입구가 넓은 유리병에
진	오이와 타임	레몬 주스	생제르맹	잘 흔든 뒤 얼음을 넣은 토닉 위에 따라냄
럼	딸기와 민트	라임 주스와 심플 시럽	벨벳 팔레르눔	얼음 위에 따른 뒤 탄산수나 스파클링 첨가
테킬라	수박과 바질	라임 주스	쿠앵트로	흔들어서 칵테일 잔에
보드카	토마토와 실란트로	라임 주스	셀러리 비터즈	흔들어서 칵테일 잔에

냉 장 고 피 클

오이, 껍질콩, 아스파라거스, 당근, 방울양배추, 셀러리, 그린토마토, 호박, 알이 작은 양파,
노란근대, 오크라는 모두 멋진 칵테일 가니시로 사용할 수 있다. 여기 소개하는 간단한
피클 레시피에는 특별한 장비가 필요 없다. 피클은 반드시 냉장 보관해야 하며 2, 3주
정도밖에 가지 않는다는 점만 기억하자.

얇게 저미거나 네모로 썬 야채 2컵
요오드 처리를 하지 않은 굵은 소금 2작은술
설탕 2컵
사과주 또는 백식초 1컵
피클링 향신료(딜 씨, 셀러리, 겨자, 회향 등) 각각 1작은술
레몬 껍질, 양파 저민 것, 마늘 저민 것(선택)

선호하는 가니시의 모양에 따라 야채를 저미거나 네모로 썬다. 소금을 뿌리고 30~45분
정도 절인다. 냄비에 설탕과 식초를 넣고 설탕이 녹을 때까지 열을 가한 다음 식힌다.
깨끗한 유리병에 야채와 피클링 향신료를 넣고 취향에 따라 추가 재료를 첨가한다. 설탕과
식초 혼합물을 병의 맨 위까지 붓고 뚜껑을 단단히 봉한 다음 냉장고에 넣고 하룻밤
숙성시킨다.

여름 칵테일에서 자태를 뽐내는 커다랗고 즙이 많은 빨간 딸기가 탄생하는 데는 프랑스의 스파이, 세계 항해, 그리고 심각한 성별 혼동이 필요했다.

1712년에 아메데 프랑수아 프레지에 Amédée François Frézier라는 엔지니어는 프랑스 정부로부터 정확한 해안선 지도를 작성하라는 임무를 받고 페루와 칠레로 떠났다. 해당 지역은 스페인의 통치하에 있었기 때문에 필요한 정보를 얻기 위해서는 이동하는 상인처럼 행세해야 했다. 프레지에는 그 지역에 머물면서 여러 가지 유용한 지도를 만드는 동시에 몇 가지 식물을 채집했다. 유럽에서는 이미 크기가 작은 토종 야생 딸기(알프스 딸기 *F. vesca*와 매우 맛이 뛰어난 머스크 딸기 *F. moschata*를 포함)가 재배되고 있었지만 칠레산 프라가리아 킬로인시스 *F. chiloensis*처럼 큼직한 딸기를 본 사람은 아무도 없었다.

프레지에는 최대한 많은 식물을 모았지만 고향으로 돌아오는 항해를 거쳐 살아남은 것은 고작 다섯 종뿐이었다. 그중 두 종은 배에 실려 있던 넉넉지 않은 담수 중 일부를 식물을 돌보는 데 사용할 수 있도록 해준 배의 화물 관리자에게 감사의 표시로 전달했다. 하나는 상사에게, 또하나는 파리의 식물원에 넘기고 나니 수중에는 딱 하나밖에 남지 않았다.

유럽의 식물학자들은 칠레산 딸기에 매우 만족했지만 한 가지 문제가 있었다. 이 딸기가 번식을 할 수 없다는 점이었다. 더 많은 딸기를 얻을 수 있는 유일한 방법은 식물을 둘로 나누는 것뿐이었다. 프레지에는 칠레산 딸기에 암개체, 수개체, 그리고 양성개체가 있다는 사실을 몰랐다. 그저 가장 큰 열매를 맺는 식물을 선별했을 뿐인데 우연히도 고른 것들이 모두 암개체였다. 생식을 하여 더 크고 달콤한 열매를 맺기 위해서는 주변에 수개체가 있어야 했다.

결국 농부들은 다른 딸기 품종의 수개체로도 칠레산 딸기를 번식시킬 수 있다는 사실을 깨달았다. 19세기 중반에 버지니아 원산 품종으로 역시 유럽에 전파되었던 F. 비르기니아나 *F. virginiana* 와 이 칠레산 딸기를 교배하여 오늘날의 딸기가 탄생했다.

프레지에 어페어

다이커리를 변형한 이 레시피에서는 아메디 프랑수아 프레지에가 프랑스 출신이라는 의미에서 샤르트뢰즈를 사용한다. 노란색 샤르트뢰즈가 더욱 달콤한 맛을 내지만 녹색 샤르트뢰즈밖에 없는 경우에는 약간의 심플 시럽과 함께 사용한다. 엘더플라워 리큐어인 생제르맹으로 대체해도 좋다.

잘 익은 딸기 3조각
화이트 럼 1과 1/2온스
노란색 샤르트뢰즈 1/2온스
신선한 레몬 조각 하나에서 짜낸 주스

딸기 한 조각은 장식을 위해 남겨둔다. 칵테일 셰이커에 나머지 재료를 모두 넣고 머들러로 딸기를 으깬다. 얼음을 넣고 잘 흔든 다음 걸러서 칵테일 잔에 따른다. 남겨둔 딸기 한 조각으로 장식한다.

이 열대성 아메리카 대륙 식물은 5500
년 전에 원주민들이 재배하기 시작했
다. 와일드 버드 고추 *Capsicum annuum* var.
*aviculare*라고 부르는 품종은 아직도 남미
와 중미에서 재배되며 다른 품종이 섞
이지 않은 원래의 야생 고추에 가장 가
까운 형태라고 알려져 있다. 이 식물은
건포도 정도 크기의 아주 작은 열매를
맺는데 충격적일 정도로 맵다.

아즈텍 사람들은 이 고추를 칠리chilli
라고 불렀다. 콜럼버스는 인도인 줄 알
고 도착한 아메리카에서, 이 쪼글쪼글
하게 마른 열매를 '페퍼pepper'라고 불렀다. 인도의 후추black pepper를 닮았기
때문이었다. 이 식물이 유럽에 전해졌을 때 스페인 사람들은 후추와의 혼동
을 없애기 위해 이름을 피멘토pimento로 바꾸려 했다. 오늘날 이 이름은 스페
인 사람들이 여전히 즐겨 먹는 특정한 종류의 피망을 뜻하게 되었지만, 그 외
의 다른 품종에는 아직도 페퍼 또는 칠리 페퍼라는 말이 사용되고 있다.

고추는 내부에 즙이 많은 과육이 아닌 공기가 꽉 차 있는 열매다. 보다 엄밀
히 말하자면 씨가 들어 있는 하나의 씨방을 지칭하는 장과berry이지만, 고추를
그렇게 부르는 사람은 식물학자뿐일 것이다. 고추 열매의 매운맛을 내는 성
분인 캡사이신capsaicin은 내막과 씨앗에 가장 높은 농도로 들어 있다. 캡사이
신은 실제로 물리적인 화상을 일으키지는 않지만 무언가 불타오르고 있다는
신호를 뇌에 전달한다. 뇌는 이에 대응하여 통증 신호를 보냄으로써 몸이 불

페퍼듀Peppadew 미스터리

페퍼듀는 일종의 절인 피망인데 제조업체에서는 이것을 달콤한 피칸테 고추 piquanté pepper라고 부른다. 업체에 따르면 요한 스틴캠프Johan Steenkamp라는 사람이 남아프리카의 트자넨Tzaneen에 있는 여름 별장의 뒷마당에서 이 식물이 자라고 있는 것을 발견했다. 이 병절임 피망이 칵테일이나 전채요리에 사용되어 큰 인기를 누리게 되자 농부들은 이 씨를 찾으려고 혈안이 되었지만, 제조업체에서는 품종의 이름을 공개하지 않았고 국제 육종권을 주장하며 이 고추에 대한 접근을 통제했다. 페퍼듀가 비밀을 누설하기 전까지는 체리 픽Cherry Pick을 재배하거나 그보다 약간 더 매운 체리 밤Cheery Bomb을 시도해보자.

을 피할 수 있도록 빠르게 설득한다.

뇌는 또한 화상과 같은 부상을 입었다고 여기면 천연 진통제인 엔돌핀을 배출한다. 그렇기 때문에 매운 고추는 진짜로 행복감을 느끼게 해준다. 칵테일에 들어 있지 않은 경우에도 말이다.

고추가 무럭무럭 자라기 위해서는 비옥한 토양, 따뜻한 기후, 밝은 태양빛, 정기적인 물 주기가 필요하다. 고추를 기르려는 사람들은 선호하는 맛을 고려해서 품종을 골라야 한다. 매운 고추를 못 먹는데 신선한 할라페뇨 고추를 재배할 이유는 없으니까 말이다.

카옌Cayenne :
말린 카옌 고추를 으깨서 만든 매운 향신료

파프리카:
말린 피망을 으깨서 만든 순한 맛의 향신료

블러싱 메리

보드카 또는 테킬라 1과 1/2온스
반으로 자른 방울토마토 4, 5개
순한 맛 또는 매운 고추를 저민 것 1개
우스터소스 소량씩 두 번
바질, 파슬리, 실란트로, 또는 딜 잎 2, 3 조각
토닉워터 4온스
셀러리 비터즈
으깬 후추(선택)
가니시로 사용할 고추 조각, 방울토마토, 허브 잎, 셀러리 줄기 또는 올리브

처음 다섯 재료를 칵테일 셰이커에 넣고 머들러를 사용하여 야채와 허브를 으깬다. 얼음을 넣고
잘 섞은 다음 걸러서 얼음을 채운 올드패션드 글래스에 따른다. 토닉워터를 첨가하고 젓는다.
마지막으로 셀러리 비터즈를 약간 넣고, 취향에 따라 그 위에 후추 알갱이를 쪼개서 올린다.
일반 우스터소스에 들어 있는 앤초비가 달갑지 않은 채식주의자라면 애니스 내추럴Annie's
Naturals 브랜드를 사용한다.

식후주

DIGESTIF

와인 생산업자, 양조업자, 증류업자, 바텐더는 창의력이 무한한 집단이다. 21세기 초반, 칵테일이 부활하고 신선한 현지 재료에 대한 관심이 다시금 높아졌다. 이는 애주가들이 끊임없이 바뀌는 흥미로운 음료 메뉴를 즐기게 되리란 걸 의미한다. 이전에는 잘 알려지지 않았던 식물이 유행하고, 오랫동안 잊혔던 허브 재료가 다시 주목을 받으며, 새로운 개량 품종의 등장으로 댐즌 자두나 블랙 커런트를 훨씬 손쉽게 뒷마당에서 직접 재배할 수 있게 될 것이다.

이 책의 끝은 오직 식물학과 술에 대한 담론의 시작일 뿐이다. 나의 홈페이지 DrunkenBotanist.com을 방문하면 식물과 술에 대한 자료, 참고문헌, 추천 도서 목록, 식물 칵테일 행사, 농장에서 양조장까지 아우른 각종 투어 정보, 레시피, 정원사와 칵테일 기술자 모두를 위한 팁 등을 얻을 수 있다. 궁금한 점이나 다른 의견, 추천할 만한 좋은 진, 직접 발견한 새로운 원예학적 사실 등이 있다면 홈페이지를 통해 귀띔을 해주시면 감사하겠다. 나는 앞으로도 계속 근사한 술 한 잔을 놓고 대화를 나누고 싶으니까. 건배!

추천 도서

레시피

Beattie, Soctt, and Sara Remington, *Artisanal Cocktails: Drinks Inspired by the Seasons from the Bar at Cyrus*. Berkeley, CA: Ten Speed Press, 2008.

Craddock, Harry, and Peter Dorelli. *The Savoy Cocktail Book*. London: Pavillion, 1999.

DeGroff, Dale, and George Erml. *The Craft of the Cocktail: Everything You Need to Know to Be a Master Bartender, with 500 Recipes*. New York: Clarkson Potter, 2002.

Dominé, André, Armin Faber, and Martina Schlagenhaufer. *The Ultimate Guide to Spirits & Cocktails*. Königswinter, Germany: H. F. Ullmann, 2008.

Farrell, John Patrck, *Making Cordials and Liqueurs at Home*. New York: Harper & Row, 1974.

Haigh, Ted. *Vintage Spirits and Forgotten Cocktails: From the Alamagoozlum to the Zombie and Beyond: 100 Rediscovered Recipes and the Stories Behind Them*. Beverly, MA: Quarry Books, 2009.

Meehan, Jim. *The PDT Cocktail Book: The Complete Bartender's Guide from the Celebrated Speakeasy*. New York: Sterling Epicure, 2011.

Proulx, Annie, and Lew Nichols. *Cider: Making, Using & Enjoying Sweet & Hard Cider*. North Adams, MA: Storey, 2003.

Regan, Gary. *The Joy of Mixology*. New York: Clarkson Potter, 2003.

Thomas, Jerry. *How to Mix Drinks, or, The Bon Vivant's Companion: The Bartender's Guide*. London: Hesperus, 2009.

Vargas, Pattie, and Rich Gulling. *Making Wild Wines & Meads: 125 Unusual Recipes Using Herbs, Fruits, Flowers & More*. North Adams, MA: Storey, 1999.

Wondrich, David. *Imbibe! From Absinthe Cocktail to Whiskey Smash, a Salute in Sotires and Drinks to "Professor" Jerry Thomas, Pioneer of the American Bar*. New York: Perigee, 2007.

원예

Bartley, Jennifer R. *The Kitchien Gardener's Handbook*. Portland, OR: Timber Press, 2010.

Bowling, Barbara L. *The Berry Grower's Companion*. Portland, OR: Timber Press, 2008.

Eierman, Colby, and Mike Emanuel. *Fruit Trees in Small Spaces: Abundant Harvests from Your Own Backyard*. Portland, OR: Timber Press, 2012.

Fisher, Joe, and Dennis Fisher. *The Homebrewer's Garden: How to Easily Grow, Prepare, and Use Your Own Hops, Brewing Herbs, Malts*. North Adams, MA: Storey, 1998.

Hartung, Tammi. *Homegrown Herbs: A Complete Guide to Growing, Using, and Enjoying More Than 100 Herbs*. North Adams, MA: Storey, 2011.

Martin, Byron, and Laurelynn G. Martin. *Growing Tasty Tropical Plants in Any Home, Anywhere*. North Adams, MA: Storey, 2010.

Otto, Stella. *The Backyard Orchardist: A Complete Guide to Growing Fruit Trees in the Home Garden*. Maple City, MI: OttoGraphics, 1993.

Otto, Stella. *The Backyard Berry Book: A Hands-on Guide to Growing Berries, Brambles, and Vine Fruit in the Home Garden*. Maple City, MI: OttoGraphics, 1995.

Page, Martin. *Growing Citrus: The Essential Gardener's Guide*. Portland, OR: Timeber Press, 2008.

Reich, Lee, and Vicki Herzfeld Arlein. *Uncommon Fruits for Every Garden*. Portland, OR: Timber Press, 2008.

Soler, Ivette. *The Edible Front Yard: The Mow-Less, Grow-More Plan for a Beautiful, Bountiful Garden*. Portland, OR: Timber Press, 2011.

Tucker, Arthur O., Thomas DeBaggio, and Francesco DeBaggio. *The Encyclopedia of Herbs: A Comprehensive Reference to Herbs of Flavor and Fragrance*. Portland, OR: Timber Press, 2009.

옮긴이 **구계원**

서울대학교 식품영양학과, 도쿄 일본어학교 일본어 고급 코스를 졸업했다. 미국 몬터레이 국제대학원에서 통·번역 석사과정을 수료하고, 현재 전문 번역가로 활발히 활동중이다. 옮긴 책으로 『화성 이주 프로젝트』 『옆집의 나르시시스트』 『우리가 사랑에 대해 착각하는 것들』 『봉고차 월든』 『스마트컷』 『우리는 왜 짜증나는가』 『자기 절제 사회』 『엉터리 심리학』 『결심의 재발견』 『2천 년 식물 탐구의 역사』 『뮤처 사이언스』 『왜 중국은 서구를 위협할 수 없나』 『제3의 경제학』 등이 있다.

술 취한 식물학자
위대한 술을 탄생시킨 식물들의 이야기

1판 1쇄 2016년 8월 23일
1판 6쇄 2022년 9월 30일

지은이 에이미 스튜어트
옮긴이 구계원

기획·책임편집 구민정 | 독자모니터링 정선우 이희연
디자인 강혜림 | 저작권 박지영 형소진 이영은 김하림
마케팅 정민호 이숙재 박치우 한민아 이민경 안남영 김수현 정경주
홍보 함유지 함근아 김희숙 박민재 박진희 정승민
제작 강신은 김동욱 임현식 | 제작처 더블비(인쇄) 경일제책(제본)

펴낸곳 (주)문학동네 | 펴낸이 김소영
출판등록 1993년 10월 22일 제2003-000045호
주소 10881 경기도 파주시 회동길 210
전자우편 editor@munhak.com | 대표전화 031)955-8888 | 팩스 031)955-8855
문의전화 031)955-2689(마케팅) 031)955-2671(편집)
문학동네카페 http://cafe.naver.com/mhdn
인스타그램 @munhakdongne | 트위터 @munhakdongne
북클럽문학동네 http://bookclubmunhak.com

ISBN 978-89-546-4188-3 03480

www.munhak.com